Großkommentare der Praxis

Das Reichshaftpflichtgesetz

Erläutert von

EMIL BÖHMER
Oberlandesgerichtsrat bei dem Oberlandesgericht
in Tübingen

Berlin 1950

WALTER DE GRUYTER & CO.
vormals G. J. Göschen'sche Verlagshandlung - J. Guttentag, Verlagsbuchhandlung
Georg Reimer - Karl J. Trübner - Veit & Comp.

Archiv Nr. 2242 50

Druck: Konrad Triltsch, Würzburg

Herrn
Landgerichtspräsident
DR. JUR. OSKAR SCHMID
in Ravensburg in dankbarer
Verehrung gewidmet

Vorbemerkung

Von 1937 bis 1945, fast 8 Jahre lang, hat der Verfasser dem VI. (später als V. bezeichnet) Zivilsenat des Reichsgerichts angehört. Diesem Senat waren vor allem die Revisionen zugewiesen, die Schadensersatzansprüche auf Grund des Reichshaftpflichtgesetzes, des Kraftfahrzeuggesetzes und Ansprüche aus unerlaubten Handlungen betrafen. Der Verfasser ist daher in der glücklichen Lage gewesen, mit der einschlägigen Rechtsprechung gerade dieses Spezialsenates des obersten Gerichtshofes völlig vertraut zu werden und an ihr bis zum Abschluß im April 1945 tätigen Anteil zu nehmen.
Die Ergebnisse dieser Tätigkeit bis in die allerletzte Zeit des reichsgerichtlichen Wirkens hinein konnten daher in diesem Kommentar verwertet werden Insbesondere sind zahlreiche Entscheidungen berücksichtigt worden, die nicht mehr zum Abdruck in der amtlichen Sammlung gelangen konnten.
Der Verfasser hegt die bescheidene Hoffnung, daß seine Erläuterungen auch der heutigen Rechtsprechung, wie auch der Wissenschaft von einigem Nutzen sein möchten. Es ist ihm ein herzliches Bedürfnis, bei dieser Gelegenheit seines langjährigen Vorsitzenden, Dr. Ernst Brandis, in Dankbarkeit zu gedenken.

Tübingen, im September 1949

Emil Böhmer

Inhalt

Verzeichnis der im Text verwendeten Abkürzungen

AG.	=	Amtsgericht
Art.	=	Artikel
AusfG.	=	Ausführungsgesetz
ArchZivPr.	=	Archiv für die zivilistische Praxis
BayrObLG.	=	Oberstes Landesgericht in Bayern
BGB.	=	Bürgerliches Gesetzbuch
DAR.	=	Deutsches Autorecht, Zeitschrift
DBG.	=	Deutsches Beamtengesetz
DJ.	=	Deutsche Justiz, Zeitschrift
DJZ.	=	Deutsche Juristenzeitung
DR.	=	Deutsches Recht Zeitschrift
EBBO.	=	Eisenbahnbau- und Betriebsordnung
EG.	=	Einführungsgesetz
EVO.	=	Eisenbahnverkehrsordnung
EisEntsch.	=	Eisenbahn- und Verkehrsrechtliche Entscheidungen und Abhandlungen, Zeitschrift
GewO.	=	Gewerbeordnung
GoldschmidtsZ	=	Zeitschrift für das gesamte Handelsrecht, begründet von Goldschmidt
Gruchot	=	Beiträge zur Erläuterung des deutschen Rechts, begründet von Gruchot
GrünhutsZ.	=	Zeitschrift für das Privat- und öffentliche Recht der Gegenwart, herausgegeben von Grünhut
JurRdsch.	=	Juristische Rundschau, Zeitschrift
JW.	=	Juristische Wochenschrift, Zeitschrift
KFG.	=	Gesetz über den Verkehr mit Kraftfahrzeugen
KG.	=	Kammergericht
LG.	=	Landgericht
LZ.	=	Leipziger Zeitschrift für Handels-, Konkurs- und Versicherungsrecht
OLG.	=	Oberlandesgericht
PrEisGes.	=	Preußisches Gesetz über die Eisenbahnunternehmungen vom 3. November 1838
Recht	=	Das Recht, Zeitschrift
RAG.	=	Entscheidungen des Reichsarbeitsgerichts
RGZ.	=	Entscheidungen des Reichsgerichts in Zivilsachen
RGSt.	=	Entscheidungen des Reichsgerichts in Strafsachen
RGBl.	=	Reichsgesetzpblatt
Rspr.	=	Rechtsprechung
RHpflG.	=	Reichshaftpflichtgesetz
RVO.	=	Reichsversicherungsordnung
SeuffArch.	=	Seufferts Archiv für Entscheidungen der obersten Gerichte
StGB.	=	Strafgesetzbuch
StVO.	=	Straßenverkehrsordnung
VR.	=	Verkehrsrechtliche Rundschau, Zeitschrift
VAE.	=	Verkehrsrechtliche Abhandlungen und Entscheidungen. Zeitschrift
WarnRspr.	=	Warneyers Jahrbuch der Entscheidungen, Ergänzungsband, Rechtsprechung des Reichsgerichts
ZAkDR.	=	Zeitschrift der Akademie für deutsches Recht
ZGWR.	=	Zeitschrift für deutsches Gemein- und Wirtschaftsrecht
ZPO.	=	Zivilprozeßordnung
ZS.	=	Zivilsenat

TEXT DES GESETZES

Gesetz betr. die Verbindlichkeit zum Schadenersatz für die bei dem Betriebe von Eisenbahnen, Bergwerken etc. herbeigeführten Tötungen und Körperverletzungen.

Vom 7. Juni 1871.
(RGBl. 1871 S. 207—209)

In der ihm durch Art. 42 EGBGB. vom 18. August 1896 (RGBL. S. 616—617), und durch das Gesetz zur Änderung des RHpflG. vom 15. August 1943 (RGBl. S. 489) gegebenen Fassung.

Wir Wilhelm, von Gottes Gnaden Deutscher Kaiser, König von Preußen usw. verordnen im Namen des Deutschen Reichs, nach erfolgter Zustimmung des Bundesrats und des Reichstags, was folgt:

§ 1

Wenn bei dem Betriebe einer Eisenbahn ein Mensch getötet oder körperlich verletzt wird, so haftet der Betriebsunternehmer für den dadurch entstandenen Schaden, sofern er nicht beweist, daß der Unfall durch höhere Gewalt oder durch eigenes Verschulden des Getöteten oder Verletzten verursacht ist.

§ 1a

Ist ein Unfall, der den Tod oder die Gesundheitsschädigung eines Menschen oder eine Sachbeschädigung zur Folge hat, auf die Wirkungen der Elektrizität oder des Gases zurückzuführen, die von einer Anlage zur Fortleitung oder Abgabe von Elektrizität oder Gas ausgehen, so ist der Inhaber der Anlage verpflichtet, den Schaden zu ersetzen. Das gleiche gilt, wenn der Schaden, ohne auf den Wirkungen der Elektrizität oder des Gases zu beruhen, auf das Vorhandensein einer solchen Anlage zurückzuführen ist, es sei denn, daß sich diese zur Zeit des Unfalls in ordnungsmäßigem Zustand befand. Ordnungsgemäß ist eine Anlage, solange sie den anerkannten Regeln der Technik entspricht und unversehrt ist.

Absatz 1 gilt nicht für Anlagen, die lediglich der Übertragung von Zeichen und Lauten dienen.

Die Ersatzpflicht nach Absatz 1 ist ausgeschlossen,

1. wenn der Schaden innerhalb eines Gebäudes entstanden ist und auf eine darin befindliche Anlage (Absatz 1) zurückzuführen oder wenn er innerhalb eines im Besitz des Inhabers der Anlage stehenden befriedeten Grundstücks entstanden ist;
2. wenn ein Energieverbrauchsgerät beschädigt oder durch ein solches Gerät ein Schaden verursacht worden ist;
3. wenn der Schaden durch höhere Gewalt verursacht worden ist, es sei denn, daß er auf das Herabfallen von Leitungsdrähten zurückzuführen ist.

Hat bei der Entstehung des Schadens ein Verschulden des Geschädigten mitgewirkt, so gilt § 254 BGB; bei Beschädigung einer Sache steht das Verschulden desjenigen, der die tatsächliche Gewalt über die Sache ausübt, dem Verschulden des Geschädigten gleich.

§ 2

Wer ein Bergwerk, einen Steinbruch, eine Gräberei (Grube), oder eine Fabrik betreibt, haftet, wenn ein Bevollmächtigter oder ein Repräsentant oder eine zur Leitung oder Beaufsichtigung des Betriebes oder der Arbeiter angenommene Person durch ein Verschulden in Ausführung der Dienstverrichtungen den Tod oder die Körperverletzung eines Menschen herbeigeführt hat, für den dadurch entstandenen Schaden.

§ 3

Im Falle der Tötung ist der Schadensersatz (§§ 1, 1a und 2) durch Ersatz der Kosten einer versuchten Heilung sowie des Vermögensnachteils zu leisten, den der Getötete dadurch erlitten hat, daß während der Krankheit seine Erwerbsfähigkeit aufgehoben oder gemindert oder eine Vermehrung seiner Bedürfnisse eingetreten war. Der Ersatzpflichtige hat außerdem die Kosten der Beerdigung demjenigen zu ersetzen, dem die Verpflichtung obliegt, diese Kosten zu tragen.

Stand der Getötete zur Zeit der Verletzung zu einem Dritten in einem Verhältnisse, vermöge dessen er diesem gegenüber kraft Gesetzes unterhaltspflichtig war oder unterhaltspflichtig werden konnte, und ist dem Dritten infolge der Tötung das Recht auf den Unterhalt entzogen, so hat der Ersatzpflichtige dem Dritten insoweit Schadensersatz zu leisten, als der Getötete während der mutmaßlichen Dauer seines Lebens zur Gewährung des Unterhalts verflichtet gewesen sein würde. Die Ersatzpflicht tritt auch dann ein, wenn der Dritte zur Zeit der Verletzung erzeugt, aber noch nicht geboren war.

§ 3a

Im Falle einer Körperverletzung ist der Schadensersatz (§§ 1, 1a und 2) durch Ersatz der Kosten der Heilung sowie des Vermögensnachteils zu leisten, den der Verletzte dadurch erleidet, daß infolge der Verletzung zeitweise oder dauernd seine Erwerbsfähigkeit aufgehoben oder gemindert oder eine Vermehrung seiner Bedürfnisse eingetreten ist.

§ 4

War der Getötete oder Verletzte unter Mitleistung von Prämien oder andern Beiträgen durch den Betriebsunternehmer oder den im § 1a bezeichneten Inhaber der Anlage bei einer Versicherungsanstalt, Knappschafts-, Unterstützungs-, Kranken- oder ähnlichen Kasse gegen den Unfall versichert, so ist die Leistung der letzteren an den Ersatzberechtigten auf die Entschädigung einzurechnen, wenn die Mitleistung des

Betriebsunternehmers oder des in § 1a bezeichneten Inhabers der Anlage nicht unter einem Drittel der Gesamtleistung beträgt.

§ 5

Die in den §§ 1 und 2 bezeichneten Unternehmer und der in § 1a bezeichnete Inhaber der Anlage sind nicht befugt, die Anwendung der in den §§ 1 bis 3a enthaltenen Bestimmungen zu ihrem Vorteil durch Verträge (mittels Reglements oder durch besondere Übereinkunft) im voraus auszuschließen oder zu beschränken.

Vertragsbestimmungen, welche dieser Vorschrift entgegenstehen, haben keine rechtliche Wirkung.

§ 6

(ist aufgehoben)

§ 7

Der Schadensersatz wegen Aufhebung oder Verminderung der Erwerbsfähigkeit und wegen Vermehrung der Bedürfnisse sowie der nach § 3 Abs. 3 einem Dritten zu gewährende Schadensersatz ist für die Zukunft durch Entrichtung einer Geldrente zu leisten.

Die Vorschriften des § 843 Abs. 2 bis 4 BGB. und des § 708 Nr. 6 ZPO. finden entsprechende Anwendung. Das gleiche gilt für die dem Verletzten zu entrichtende Geldrente von der Vorschrift des § 850 Abs. 3 und für die dem Dritten zu entrichtende Geldrente von der Vorschrift des § 850 Abs. 1 Nr. 2 ZPO.

Ist bei der Verurteilung des Verpflichteten zur Entrichtung einer Geldrente nicht auf Sicherheitsleistung erkannt worden, so kann der Berechtigte gleichwohl Sicherheitsleistung verlangen, wenn die Vermögensverhältnisse des Verpflichteten sich erheblich verschlechtert haben; unter der gleichen Voraussetzung kann er eine Erhöhung der in dem Urteile bestimmten Sicherheit verlangen.

§ 7a

Der Unternehmer oder der im § 1a bezeichnete Inhaber der Anlage haftet im Falle des § 7 Abs. 1 nur bis zu einer Jahresrente von 15 000 RM.

§ 7b

Im Falle des § 1a haftet der Inhaber der Anlage für Sachschaden nur bis zum Betrage von 25 000 RM., auch wenn durch dasselbe Ereignis mehrere Sachen beschädigt werden.

Sind auf Grund desselben Ereignisses an mehrere Personen Entschädigungen zu leisten, die insgesamt den Höchstbetrag von 25 000 RM. übersteigen, so verringern sich die einzelnen Entschädigungen in dem Verhältnis, in dem ihr Gesamtbetrag zu dem Höchstbetrag steht.

Abs. 1 und 2 gelten nicht für die Beschädigung von Grundstücken.

§ 8

Die Forderungen auf Schadensersatz (§§ 1 bis 3a) verjähren in zwei Jahren von dem Unfall an. Gegen denjenigen, welchem der Getötete Unterhalt zu gewähren hatte (§ 3 Abs. 2), beginnt die Verjährung mit dem Tode. Im übrigen finden die Vorschriften des Bürgerlichen Gesetzbuchs über die Verjährung Anwendung.

§ 9

Die gesetzlichen Vorschriften, nach welchen außer den in diesem Gesetze vorgesehenen Fällen der Unternehmer einer in den §§ 1, 2 bezeichneten Anlage oder eine andere Person, insbesondere wegen eines eigenen Verschuldens, für den bei dem Betriebe der Anlage durch Tötung oder Körperverletzung eines Menschen entstandenen Schaden haftet, bleiben unberührt.

§ 9a

Unberührt bleiben die reichsgesetzlichen Vorschriften, wonach der in § 1a bezeichnete Inhaber der Anlage für den Schaden in weiterem Umfang haftet oder die Haftung eines anderen begründet ist.

§ 9b

Ist der Schaden durch mehrere in § 1a bezeichnete Anlagen verursacht worden und sind die Inhaber der Anlagen einem Dritten kraft Gesetzes zum Ersatz des Schadens verpflichtet, so hängt im Verhältnis der Inhaber zu einander die Verpflichtung zum Ersatz sowie der Umfang des zu leistenden Ersatzes von den Umständen, insbesondere davon ab, inwieweit der Schaden überwiegend durch die eine oder andere Anlage verursacht worden ist. Das gleiche gilt, wenn der Schaden einem der Inhaber entstanden ist, von der Haftpflicht, die einen anderen von ihnen trifft.

Absatz 1 gilt entsprechend, wenn neben der Haftung des Inhabers der Anlage die Haftung eines anderen für den Schaden durch Gesetz bestimmt ist.

§ 10

Die Bestimmungen des Gesetzes, betreffend die Errichtung eines obersten Gerichtshofes für Handelssachen, vom 12. Juni 1869, sowie die Ergänzungen desselben werden auf diejenigen bürgerlichen Rechtsstreitigkeiten ausgedehnt, in welchen durch die Klage oder Widerklage ein Anspruch auf Grund des gegenwärtigen Gesetzes oder der in § 9 erwähnten landesgesetzlichen Bestimmungen geltend gemacht wird.

Gegeben Berlin, den 7. Juni 1871.

(L. S.)

Wilhelm.

Fürst von Bismarck

§ 1

Wenn bei dem Betriebe einer Eisenbahn ein Mensch getötet oder körperlich verletzt wird, so haftet der Betriebsunternehmer für den dadurch entstandenen Schaden, sofern er nicht beweist, daß der Unfall durch höhere Gewalt oder durch eigenes Verschulden des Getöteten oder Verletzten verursacht ist.

I. Wesen und Sinn der Gefährdungshaftung

Der Betrieb einer Eisenbahn bringt besondere Gefahren mit sich. Es werden sehr schwere Massen mit erheblicher Geschwindigkeit und Wucht bewegt, so daß ein sofortiges Anhalten beim Auftauchen von Hindernissen nicht möglich ist, vielmehr ein längerer Bremsweg benötigt wird. Auch können die an feste Gleise gebundenen Fahrzeuge etwaigen Hindernissen nicht ausweichen. Da der Zugverkehr an Fahrpläne gebunden ist, müssen die meisten Verrichtungen in Hast und Eile vorgenommen werden. Die Beförderung größerer Menschenmengen führt häufig zu starkem Gedränge und Überfüllung der Abteile. Alle diese Umstände machen den Eisenbahnverkehr gefährlich. Anm. 1.

Wegen dieser mit dem Eisenbahnverkehr verbundenen Gefahren ist dem Betriebsunternehmer eine besonders strenge Unfallschadenshaftung auferlegt. Diese Haftung ist eine auf Billigkeitserwägungen beruhende (RGZ. Band 53 S. 114) reine Gefährdungshaftung. Sie besteht wegen der mit dem Betriebe verbundenen Gefahren völlig unabhängig von einem Verschulden des Betriebsunternehmers oder seiner verfassungsmäßigen Vertreter oder Betriebsangestellten. Der Betriebsunternehmer haftet nicht nur dann, wenn der Verunglückte ihm ein Verschulden nicht nachweisen kann, sondern auch dann, wenn der Betriebsunternehmer beweist, daß ihn kein Verschulden trifft. Der Unternehmer kann sich also durch den Nachweis, daß der Unfall nicht durch sein Verschulden oder das seiner Organe oder Angestellten verursacht sei, nicht von der Haftung aus dem RHpflG. befreien. Vgl. RG. 27. Mai 1909 in JW. 1909 S. 469. Anm. 2.

Eine solche Gefährdungshaftung ist im deutschen Recht nicht die Regel. Im allgemeinen gilt im BGB. der Grundsatz, daß bei unverschuldeter Rechtsverletzung eine Schadensersatzpflicht nicht bestehe. In der Regel haftet für einen Schaden nur derjenige, der ihn verschuldet hat, RGZ. Bd. 60 S. 345. Anm. 3.

Dabei muß es sich entweder um ein festgestelltes oder um ein vermutetes Verschulden handeln. Anm. 4.

In Ausnahmefällen, z. B. § 829, § 831 Satz 1 oder § 833 BGB., ist eine Haftung auch für einen schuldlos, also rein zufällig zugefügten Schaden bestimmt. Dies ist aus Billigkeitsgründen geschehen, z. B. weil es der Gerechtigkeit und Billigkeit entspricht, daß derjenige, der gefährliche Einrichtungen unterhält und ihren Vorteil genießt, auch für die schädlichen Folgen aufkommen muß. Vgl. RGZ. Bd. 53 S. 114 (122); Bd. 71 S. 208 (209); Bd. 80 S. 237; Koffka in DJ. 1940 S. 538, Scheuner in Ztschr. AkDR. 1943 S. 49 ff. Anm. 5.

Eine solche reine Verursachungs- oder Veranlassungshaftung gilt aber nur, wenn sie gesetzlich ausdrücklich bestimmt ist. Diese Ausnahmebestimmungen dürfen nicht auf andere Tatbestände entsprechend angewendet werden. Wenn das Gesetz die Haftung für zufällige Schäden nicht angeordnet hat, muß daraus entnommen werden, daß es in dem betreffenden Falle eine so weitgehende Haftung nicht will, RGZ. Bd. 147 S. 353. Anm. 6.

Mit Recht bezeichnet RGZ. Bd 69 S. 357 (360) die Bestimmung des § 1 als ein Ausnahmegesetz, das die Haftung des Bahnunternehmers für bei seinem Betriebe vorkommende Ereignisse über das Maß hinaus ausgedehnt hat, in dem sie ihn nach allgemeinen Rechtsgrundsätzen treffen würde; diese gesteigerte Verantwortlichkeit ist bestimmt worden, weil erfahrungsgemäß der Eisenbahnbetrieb in besonderer Weise Gefahr für das Leben und die Gesundheit von Menschen mit sich bringt. Diese Ausnahmebestimmung kann daher nicht Anm. 7.

auf andere Tatbestände angewendet werden, mit denen diese besonderen Gefahren nicht verbunden sind.

Anm. 8. Die Haftung des Eisenbahnunternehmers ist in § 1 so völlig von seinem Verschulden unabhängig gestaltet, daß es auch nicht angeht, zu sagen, sein Verschulden werde „vermutet". Er haftet selbst dann, wenn feststeht, daß der Betrieb durchaus ordnungsmäßig gehandhabt worden ist und nachweislich kein Verschulden, sondern ein Zufall den Schaden verursacht hat, RGZ. Bd. 60 S. 300, mithin von der Vermutung eines Verschuldens nicht wohl gesprochen werden kann.

Anm. 9. Vgl. auch Biermann in VAE. 1943 S. 45 ff; RGZ. Bd. 53 S. 114.
Der Ansicht in RGZ. Bd. 61 S. 56,, daß dem § 1 der Gedanke einer allgemeinen Schuldvermutung mit zugrunde liege und die Bestimmung in der Mitte zwischen den auf vermutetem Verschulden im eigentlichen Sinne und den auf reiner Gefährdung beruhenden Gesetzen stehe, kann nicht zugestimmt werden. Diese strenge Haftung des Eisenbahnbetriebsunternehmers muß auch heute noch als berechtigt angesehen werden. Aus Eisenbahnkreisen wird vielfach eine Abschwächung der Haftung, z. B. eine Beschränkung auf Verschulden der Bahn gefordert. Dem kann nicht beigetreten werden. Wenn auch zuzugeben ist, daß sich der technische Stand des Sicherheitswesens der Eisenbahn im Jahre 1871, der die Grundlage für die Einführung der strengen Gefährdungshaftung bildete, seither erheblich geändert hat, so ist doch zu berücksichtigen, daß mit der Höherentwicklung der Technik neue Gefahren aufgetreten sind, daß der Eisenbahnverkehr seit 1871 ungeheuer zugenommen hat, daß die Zuggeschwindigkeiten sich erheblich erhöht haben und daß diese erhöhten Betriebsgefahren auch durch die höherentwickelte Sicherungstechnik nicht völlig behoben werden können. Anderer Ansicht zu Unrecht Kadenbach in VAE. 1940 S. 103, der die strenge Haftpflicht der Bahn, deren Betriebsgefahr nicht mehr die gleiche sei wie vor bald 80 Jahren, heute nicht mehr als richtig anerkennen will. Zu bedenken ist auch, daß der Einzelne heute mehr denn je auf die Benutzung der Eisenbahn angewiesen ist — man denke nur an den ungeheuren täglichen Berufsverkehr der Großstädte — und daß diese Nötigung, sich der Bahn anzuvertrauen, sich auf ihre Maßnahmen und Einrichtungen verlassen zu müssen, ihr sozusagen machtlos ausgeliefert zu sein, eine erhöhte Verantwortlichkeit des Unternehmers rechtfertigen.

Anm. 10. Für die Berechtigung einer Zufalls- oder Erfolgshaftung der Bahn spricht auch der Umstand, daß der Verunglückte in den meisten Fällen ein Verschulden der Bahn oder ihrer Angestellten, auch wenn es vorliegt, nicht zu beweisen vermöchte, weil ihm der nähere Einblick in den Betrieb und die nötigen technischen Kenntnisse fehlen. Auch dieser Beweisnotstand spricht dafür, die Eisenbahn auch ohne Verschulden haften zu lassen. Vgl. auch Rümelin in ArchZivPr. Band 88 S. 285.

Anm. 11. Voraussetzung für die Haftung des Betriebsunternehmers ist hiernach nicht, ob er die Möglichkeit gehabt hätte, die Gefährlichkeit des Bahnbetriebes durch geeignete Maßnahmen auszuschließen; er haftet grundsätzlich auch für ganz zufällige Unfälle bei dem Betriebe, RGZ. 27. Mai 1909 in JW. 1909 S. 469. Gerade für die notwendig und untrennbar mit dem Eisenbahnbetriebe verbundenen Gefahren, die vielfach nur schwer oder gar nicht zu verhüten sind, muß der Unternehmer aufkommen; wie er die Vorteile seines Betriebes genießt, so hat er auch die damit untrennbar verknüpften Gefahren zu tragen, RG. 21. Nov. 1910 in JW. 1911 S. 93.

Anm. 12. Bedingung für die Haftung ist jedoch, daß eine adäquat'e Verursachung des Unfalls durch den Bahnbetrieb vorliegt. Der Unternehmer muß nicht für jeden Kausalzusammenhang einstehen. Das verursachende Element muß die Wahrscheinlichkeit des Unfalls gesteigert haben, es muß ganz allgemein geeignet sein, derartige Unfälle zu begünstigen, vgl. Rümelin a. a. O.

Anm. 13. Der Umstand, daß es sich um eine Haftung ohne Verschulden handelt, schließt übrigens nicht aus, daß die bei dem Eisenbahnbetriebe verursachten Tötungen und Körperverletzungen als unerlaubte Handlungen im Sinne des BGB. anzusehen sind. Natürlich ist der Betrieb einer Eisenbahn an sich keine unerlaubte

Handlung, aber eine dadurch verursachte Tötung oder Körperverletzung muß als eine solche — im weiteren Sinne — bezeichnet werden. Das BGB. kennt auch unerlaubte Handlungen, die schuldlos begangen werden. Der Begriff umfaßt nicht nur schuldhafte Handlungen, sondern auch die Fälle der bloßen Gefährdungshaftung. So ist auch die Haftung der Eisenbahn aus § 1 RHpflG. eine solche aus unerlaubter Handlung, RGZ. Band 53 S. 114; Band 60 S. 300; Band 61 S. 56. Hieraus folgt, daß für Klagen auf Grund des RHpflG. der Gerichtsstand der unerlaubten Handlung gegeben ist. Es ist also auch das Gericht zuständig, in dessen Bezirk die Handlung begangen ist, § 32 ZPO.

Hieraus folgt, daß diejenigen Bestimmungen des BGB. über unerlaubte Hand- **Anm. 14.**
lungen, die mit Inhalt und Sinn des RHpflG. vereinbar sind, auch in den Fällen des § 1 anzuwenden sind.

Anwendbar sind hiernach die §§ 828, 830, 840, 846 BGB. **Anm. 15.**

Für Anwendung des § 840 BGB.: RGZ. Band 53 S. 114; Band 61 S. 56. **Anm. 16.**

Ausgeschlossen ist die entsprechende Anwendung der §§ 842, 845, 847, 852 BGB. **Anm. 17.**
Zu § 842 BGB. ist dies ausgesprochen in RGZ. Band 141 S. 169 (172); Band 169 S. 40 (45);

zu § 845 BGB. in RGZ. Band 57 S. 52, RG. 21. Jan. 1911 in JW. 1911 S. 332; RG. **Anm. 18.**
3. Juli 1911 in JW. 1911 S. 810. und RG. 1. März 1934 in VR. 1934 Sp. 390, vgl. auch OLG. Braunschweig 13. Nov. 1931 in VR. 1932 Sp. 453; LG. Frankfurt 14. Jan. 1927 in VR. 1927 Sp. 187.

Daß § 852 BGB. nicht anzuwenden ist, ergibt sich aus § 8 RHpflG. **Anm. 19.**

§ 847 BGB. ist nicht anwendbar, RG. 4. März 1909 in JW. 1909 S. 249; **Anm. 20.**

§ 1 bezieht sich nach seinen klaren und uneingeschränkten Worten auf *alle* **Anm. 21.**
Fälle einer bei dem Betriebe einer Eisenbahn vorgekommenen Tötung oder körperlichen Verletzung; die Haftung des Unternehmers ist also keineswegs allgemein dadurch bedingt, daß der Unfall durch einen die dem Eisenbahnbetrieb eigentümliche Gefahr mit sich bringenden Vorgang herbeigeführt worden ist, RG. 27. April 1887 in JW. 1887 S. 235.

II. Begriff der Eisenbahn

§ 1 regelt die Schadenersatzpflicht des Betriebsunternehmers einer *Eisen-* **Anm. 1.**
bahn. Was unter einer Eisenbahn zu verstehen sei, sagt das Gesetz nicht.

Von einer Eisenbahn kann nur gesprochen werden, wenn es sich um einen Be- **Anm. 2.**
förderungsbetrieb auf *Schienen* handelt.

Das Gesetz findet mithin keine Anwendung auf Fahrzeuge, die ohne Benutzung **Anm. 3.**
einer Schienenbahn bewegt werden.

So sind schienenlose elektrische Kraftwagen mit Oberleitung keine Eisenbahn. **Anm. 4.**
OLG. Colmar 29. Juni 1910 in EisEntsch. 28 S. 175. Vgl. auch Reichsversicherungsamt 8. Okt. 1904 in EisEntsch. 21 S. 278.

Nimmt ein Eisenbahnbetriebsunternehmer Beförderungen durch Kraftwagen **Anm. 5.**
ohne Schienen vor, so findet nicht das RHpflG., sondern das KFG. Anwendung. Es muß sich um metallische Schienen handeln. Ob sie aus Eisen oder aus anderem Metall bestehen, ist ohne Belang. Schienen aus Holz oder anderen nichtmetallischen Stoffen genügen nicht, RGZ. Band 1 S. 247 (252); Bd. 86 S. 94, sowie (zu §§ 315, 316 STGB) RGSt. Band 12 S. 205; Band 16 S. 431.

Die Beförderung von Bahnzügen auf Dampffähren mit Schienen (Trajekt- **Anm. 6.**
anstalten) fällt unter das Gesetz, RG. 16. Mai 1882 in EisEntsch. 2 S. 272.

Ob die Schienenbahn *über* oder *unter* der Erde verläuft, ist ohne Belang. **Anm. 7.**
Schwebebahnen fallen unter das Gesetz, RG. 4. Jan. 1915 in EisEntsch. 32 S. 320 = JW. 1915 S. 279 = RGZ. Band 86 S. 94; RG. 20. Jan. 1910 in JW. 1910 S. 235. Denn es kann keinen Unterschied begründen, daß sich die bewegten Fahrzeuge nicht, wie gewöhnlich, *über* der metallenen Grundlage befinden, sondern unterhalb der tragenden Schienen hängen, und daß die Schienen durch hohe Träger gestützt sind. Ebenso unterirdische Bahnen, wie Bergwerksbahnen zur Kohlenförderung. RGZ. Bd. 13 S. 17; RG. 8. April 1885 in JW. 1885 S. 188; RG. 16. Sept. 1885 in EisEntsch. 4 S. 222; RG. 16. Nov. 1886 in EisEntsch. 5 S. 389; RG. 6. Juni 1889 in EisEntsch. 7 S. 386; RG. 24. April 1902 in EisEntsch. 19 S. 61 (= JW.

1902 S. 316). Auch auf Untergrundbahnen findet das RHpflG. Anwendung, LG. Berlin 6. Febr. 1932 in JW. 1932 S. 2105.

Anm. 8. Was die Betriebskraft betrifft, so gehören zu den Eisenbahnen in erster Linie solche Bahnen, die mechanisch angetrieben werden, wie Dampfbahnen und elektrische Bahnen.

Anm. 9. Doch gehören auch Pferdebahnen dazu, soweit sie auf Schienen laufen, RG. 5. Mai 1880 in EisEntsch. 1 S. 164; RG. 11. Juni 1880 in EisEntsch. 1 S. 212 = RGZ Band 2 S. 38; RG. 22. Juni 1880 in EisEntsch. 2 S. 228 = RGZ. Band 2 S. 8; RG. 15. Juni 1881 in EisEntsch. 1 S. 357; RG. 25. Febr. 1882 in EisEntsch. 2 S. 223, RG. 16. Nov. 1886 in EisEntsch. 5 S. 389; RG. 8. Dez. 1890 in EisEntsch. 8 S. 87; RG. 27. Okt. 1892 in EisEntsch. 9 S. 368; RG. 30. April 1894 in EisEntsch. 10 S. 377; RG. 5. Nov. 1894 in SeuffA 50 Nr. 250; RG. 13. Juni 1912 in EisEntsch. 29 S. 213; RG. Band 21 S. 13; Band 56 S. 154.

Anm. 10. Werden Wagen auf Gleisen durch menschliche Muskelkraft gezogen oder geschoben, so kann ein Eisenbahnbetrieb vorliegen, wenn der Betrieb mit gleichartigen oder ähnlichen Gefahren verbunden ist wie der Dampfbetrieb, z. B. wenn Bahnwagen durch Arbeiter beim Rangieren durch Anstemmen verschoben werden. RGZ. Band 1 S. 247; Band 7 S. 40; RG. 15. Jan. 1881 in EisEntsch. 1 S. 357; RG. 16. Mai 1882 in JW. 1882 S. 158; RG. 2. Febr. 1884 in EisEntsch. 3 S. 178 hat bei Kippwagen (Hunten), die von Menschen langsam geschoben wurden, das Vorliegen einer Eisenbahn verneint.

Anm. 11. Auch die eigene Schwerkraft auf geneigter Schienenbahn kommt als Antriebskraft in Frage, wie z. B. bei Bergbahnen. RGZ. Band 1 S. 247 (252); RG. 14. Mai 1881 in SeuffA. 37 S. 433. Dagegen wurde bei der Beförderung von Holz zu einer Schneidemühle auf Schienen auf schiefer Ebene das Vorliegen einer Eisenbahn verneint. RG. 18. Jan. 1881 in EisEntsch. 1 S. 366.

Anm. 12. Ein Eisenbahnbetrieb liegt ferner nur dann vor, wenn es sich um einen, sei es öffentlichen oder privaten — Verkehr von Personen oder Gütern handelt. Davon kann nicht die Rede sein, wenn auf einem Vergnügungsplatz eine sogenannte Grottenbahn betrieben wird, die nur eine kurze kreisförmige Schienenstrecke besitzt; diese dient nicht dem Verkehr, sondern ist nur ein Spiel. KG. 4. Nov. 1910 in EisEntsch. 28 S. 182 = DJZ. 1911 S. 933. Ein Bahnverkehr liegt auch nicht vor, wenn beim Eisenbahnbau eine Dampframme auf Schienen nur wenige Schritte weitergerückt wird. RG. 29. März 1882 in EisEntsch 2 S. 253, oder wenn ein Dampfkran auf Schienen bewegt wird. In erster Linie kommen Bahnen in Betracht, die dem öffentlichen, d. h. allgemeinen Personen- und Güterverkehr dienen.

Anm. 13. Aber auch Bahnen, die nicht öffentlich sind, sondern den privaten Zwecken eines gewerblichen Unternehmens dienen, z. B. private Anschluß- und Fabrikbahnen, können dann unter § 1 fallen, wenn ihr Betrieb gleichartige oder ähnliche Gefahren mit sich bringt wie der Betrieb der dem allgemeinen Verkehr geöffneten Bahnen. Dies wird sich vor allem nach der Geschwindigkeit, der Schwere der bewegten Lasten, dem Umfang des Betriebes und der Länge der Schienenanlage richten. Gleichartige Gefahren wie bei öffentlichen Bahnen werden nicht vorliegen, wenn z. B. die Länge der Schienenstrecke sehr gering ist. Vgl. hierzu RG. 21. Jan. 1880 in EisEntsch. 1 S. 106; RG. 5. Mai 1880 in EisEntsch. 1 S. 164; RGZ. Band 1 S. 247 = EisEntsch. 1 S. 136; RGZ. Bd. 2 S. 9; RGZ. Bd. 2 S. 38 = RG. 11. Juni 1880 in EisEntsch. 1 S. 212; RGZ. Bd. 7 S. 40 = RG. 16. Mai 1882 in EisEntsch. 2 S. 273; RG. 18. Juni 1884 in EisEntsch. 3 S. 360 (Arbeitsbahn eines Bauunternehmers beim Bahnbau); RG. 8. April 1885 in JW. 1885 S. 188; RG. 16. Sept. 1885 in EisEntsch. 4. S. 222 (Kohlengrubenbahn); RG. 6. Juni 1889 in EisEntsch. 7 S. 366; RG. 16. Sept. 1889 in EisEntsch. 7 S. 306; RG. 24. Mai 1892 in EisEntsch. 9. S. 190 (= JW. 1892 S. 315: Arbeitsbahn einer Baugesellschaft); RG. 11. Jan. 1894 in EisEntsch. 10 S. 352 = JW. 1894 S. 126 (ob die Gefährlichkeit derjenigen des öffentlichen Bahnverkehrs gleichzuachten ist, ist stets nach den besonderen Umständen des einzelnen Falles zu beurteilen); RG. 4. März 1898 in EisEntsch. 15 S. 221 (Feldbahn zum Abfahren von Holz); RG. 23. April 1900 in EisEntsch. 17 S. 244 (Steinbruchbahn); RG. 24. April 1902 in EisEntsch. 19 S. 61 (= JW. 1902 S. 316: Bergwerksbahn von 3 km Länge zur

Beförderung von Kohlen); RG. 7. Jan. 1907 in JW. 1907 S. 132 = RGZ. Bd. 65 S. 69 (Anschlußbahn einer Zeche); RG. 18. April 1907 in JW. 1907 S. 340 (Fabrikanschlußgleis); RG. 13. Juni 1912 in EisEntsch. 29 S. 213 = JW. 1912 S. 878; RG. 18. März 1915 in EisEntsch. 32 S. 100 = JW. 1915 S. 586 (Feldbahn, die bedeutende Lasten [Erdmassen] auf Schienen mit Lokomotiven mehrere Kilometer weit mit entsprechender Schnelligkeit befördert); RG. 22. März 1915 in EisEntsch. 32 S. 103 = JW. 1915 S. 585 (schmalspurige Arbeitsbahn); RG. 10. Juni 1915 in EisEntsch. 32 S. 455; RG. 21. April 1921 in EisEntsch. 39 S. 60; RG. 2. Dez. 1939 VI 66/39. Eine von Pferden gezogene, auf Schienen Steine in aneinandergekoppelten Wagen befördernde private Förderbahn ist eine Eisenbahn im Sinne des § 1; zwar sind nicht alle Gefahren einer öffentlichen Eisenbahn gegeben, aber die Bahn befördert schwere Lasten durch öffentliche Straßen mit lebhaftem Verkehr, zwar mit geringer Geschwindigkeit, aber mit starkem Gefälle, RG. 13. Juni 1912 in EisEntsch. 29 S. 213 (= JW. 1912 S. 877).

Auch Schienenbahnen, die nicht zu dauerndem, sondern nur zu vorübergehendem Betrieb, z. B. während eines Bahnbaus, angelegt sind fallen unter § 1 wenn ihr Betrieb gleichartige Gefahren wie bei einer öffentlichen Bahn herbeiführt, vor allem Bau- und Arbeitsbahnen. RGZ. Bd. 1 S. 247; RG. 16. April 1880 in EisEntsch. 1 S. 152 = RGZ. Bd. 1 S. 279; RG. 5. Mai 1880 in EisEntsch. 1 S. 164 (vorübergehend angelegte Arbeitsbahn); RG. in EisEntsch. 1 S. 212 = RGZ. Bd. 2 S. 38 (Arbeitsbahn zur Materialbeförderung für einen Bahnbau); RG. 18. Februar 1882 in EisEntsch. 2 S. 209; RG. 18. Juni 1884 in EisEntsch. 3. S. 360; RG. 24. Mai 1892 in EisEntsch. 9 S. 190 und 10 S. 11; RG. 22. März 1915 in EisEntsch. 32 S. 103; RG. 31. Mai 1930 in EisEntsch. 51 S. 356. **Anm. 14.**

Das RHpflG. setzt keine dauernden Anlagen voraus; es findet auch Anwendung, wenn die Holzschwellen der Schienen nicht fest in den Boden eingebaut sind, so daß die Gleise verlegt werden können, RG. 22. März 1915 in EisEntsch. 25 S. 103. Daß eine Bahnstrecke schon förmlich dem öffentlichen Verkehr übergeben oder der Bahnbau schon vollendet sei, ist zur Anwendung des § 1 nicht erforderlich. RGZ. Bd. 1 S. 247; RG. 4. März 1882 in EisEntsch. 2 S. 227; RG. 11. März 1898 in EisEntsch. 15 S. 129 = JW. 1898 S. 267 (Materialzugbeförderung auf einer im Bau begriffenen Bahn); RG. 20. Jan. 1919 in EisEntsch. 37 S. 179 = JW. 1919 S. 316 (Einfahren eines neuen Gleises der Straßenbahn; RGZ. Bd. 61 S. 165. **Anm. 15.**

Ob eine Bahnanlage in Ansehung der Gefährlichkeit des Betriebes einer zum allgemeinen Verkehr bestimmten Eisenbahn gleichzuachten ist, ist im wesentlichen eine tatsächliche Frage, RG. 11. Jan. 1894 in EisEntsch. 10 S. 352 (= JW. 1894 S. 126). **Anm. 16.**

Das RHpflG. ist auch anwendbar, wenn Kinder unbefugt einen Straßenbahnwagen bestiegen haben, der auf einem neuen Gleis, auf dem der öffentliche Verkehr noch nicht aufgenommen ist, zwecks Erprobung der Festigkeit hin und her fährt, und dabei infolge Abspringens vom Wagen ein Kind verletzt wird; § 1 verlangt nicht, daß die Strecke schon dem öffentlichen Verkehr übergeben war; maßgebend ist, daß der Betrieb in Bezug auf die Gefährlichkeit einer öffentlichen Bahn gleichsteht, RG. 20. Jan. 1919 in JW. 1919 S. 316 Nr. 17 (= EisEntsch. 37 S. 179). Unrichtig v. d. Leyen daselbst. **Anm. 17.**

III. Tötung und Körperverletzung bei dem Betriebe einer Eisenbahn

Bei der Untersuchung der Frage, welche Unfälle als „bei dem Betriebe" der Eisenbahn geschehen anzusehen sind, ist zu berücksichtigen, daß die strenge Schadensersatzpflicht dem Betriebsunternehmer wegen der besonderen Gefährlichkeit des Eisenbahnverkehrs auferlegt worden ist. Die besondere Art dieses Verkehrs bringt es mit sich, daß er Leben und Gesundheit von Menschen gefährdet. Die große Geschwindigkeit der Fortbewegung der Fahrzeuge, die bedeutende Schwere der bewegten Massen, die Unmöglichkeit sofortigen Anhaltens beim plötzlichen Auftreten von Hindernissen, die Gebundenheit an feste Schienen und damit die Unmöglichkeit des Ausweichens vor Hindernissen, die wegen der Bindung an einen festen Fahrplan vielfach gebotene Eile und **Anm. 1.**

Hast aller Verrichtungen, die Ansammlung größerer Menschenmengen und das damit verbundene starke Gedränge, die Enge der Wagen und Abteile, alle diese Umstände begünstigen besonders das Auftreten von Unfällen. Es entspricht daher dem Sinn und Zweck des RHpflG., daß zum „Betrieb“ im Sinne des § 1 diejenigen Vorgänge und Verrichtungen gerechnet werden, die mit den genannten, der Eisenbahn eigentümlichen Gefahren verbunden zu sein pflegen, d. h. nach der Lebenserfahrung das Auftreten von Unfällen begünstigen.
Dabei spielt es keine Rolle, ob ähnliche Gefahren auch mit anderen Betrieben oder Verkehrsmitteln verbunden sind oder ob sich ein ähnlicher Unfall auch in anderen hätte ereignen können, RG. 13. April 1881 in EisEntsch. 2 S. 12. War jedoch ein Eisenbahnwagen der zufällige Schauplatz eines Ereignisses, das sich in gleicher Weise an jedem andern Orte zutragen konnte, so wird der Zusammenhang mit einem Betriebsvorgange zu verneinen sein, RG. 3. Juli 1913 in JW. 1913 S. 995; RG. 23. Dez. 1920 in JW. 1921 S. 343.

Anm. 2. Gefährlich ist vor allem die eigentliche Beförderungstätigkeit, insbesondere die Fortbewegung der Fahrzeuge auf den Gleisen, diese gehört daher vor allem zum Betriebe im Sinne des § 1. Die Beförderung endet nicht mit dem Halten an Zwischenstationen, RG. 8. Okt. 1903 in JW. 1903 S. 403, vielmehr umfaßt der Betrieb auch das Anhalten an den Haltestellen, RG. 22. März 1906 in JW. 1906 S. 316. Die Beförderung der Reisenden ist nicht schon dann abgeschlossen, wenn der Zug stille steht, sondern erst, wenn sie den Wagen verlassen haben, RG. 30. Okt. 1929 in RGZ. Bd. 126 S. 137 (= JW. 1930 S. 1936). Der gesamte das Aussteigen umfassende Vorgang muß schon beendet sein; dies braucht nicht schon mit dem Berühren des Erdbodens durch den Reisenden geschehen zu sein, RG. a. a. O.

Anm. 3. Auch die Vorgänge, die die Beförderung unmittelbar vorbereiten oder abschließen, führen nach der Erfahrung häufig zu Unfällen und gehören wegen dieser Gefährlichkeit ebenfalls zum Betriebe. Doch müssen sie in näherem Zusammenhang mit dem Gefahrenbereich der Beförderung bestehen. Ganz entfernte Vorbereitungshandlungen für die Beförderung gehören nicht hierher. Eine scharfe Grenzlinie wird sich allerdings schwer ziehen lassen (so schon RG. 29. Okt. 1884 EisEntsch. 3 S. 404).

Anm. 4. Verunglückt z. B. ein Arbeiter beim Einschlagen von Schienennägeln zu einer Zeit, in welcher auf dieser Strecke kein Zug zu erwarten war, so daß die Gleisarbeiten ohne Hast und Eile vorgenommen werden konnten, so liegt kein Unfall beim Betriebe im Sinne des § 1 vor, OLG. Kiel 15. Okt. 1883 in EisEntsch 3 S. 290. Diese Gleisarbeiten dienten nicht unmittelbar der Vorbereitung der Beförderung. Ebenso beim Reinigen einer Weiche von Sand, RG. 8. März 1900 in JW. 1900 S. 315. Ereignet sich ein Unfall bei Bedienung einer Signalstange, so liegt kein Betriebsunfall im Sinne des § 1 vor, wenn nicht festgestellt ist, daß der Eisenbahnbetrieb die Bedienung besonders gefährlich gemacht hat, z. B. daß die Bedienung wegen Nahens eines Zuges mit besonderer Eile vorgenommen werden mußte und aus diesem Grunde die besonderen, der Eisenbahn eigentümlichen Gefahren mit sich gebracht hat, RGZ. Bd. 1 S. 52.

Anm. 5. Anders aber liegt es, wenn sich bei eiliger Ausbesserung eines Gleises unmittelbar vor Herannahen eines Zuges ein Unfall ereignet, RG. 21. März 1884 in EisEntsch. 3 S. 200; ähnlich auch RGZ. Bd. 2 S. 85.

Anm. 6. Das Rangieren der Fahrzeuge, das Öffnen und Schließen der Schranken bei und nach Durchfahrt eines Zuges, das Ein- und Aussteigen der Reisenden ist im Bereich des mit dem Eisenbahnverkehr zusammenhängenden Gefahrenkreises gelegen, gehört daher zum Betrieb im Sinne des § 1.
Auch gehört dazu das Begehen der Bahnsteige durch die Reisenden, soweit hier die Gefahren des Bahnverkehrs — insbesondere Hast und Eile, starkes Gedränge — noch fortwirken (vgl. z. B. KG. Berlin in VAE. 1942 S. 177 Nr. 201 und 202).

Anm. 7. Nicht unter § 1 fallen Unfälle bei den kaufmännischen oder Verwaltungsgeschäften der Eisenbahn sowie bei der Tätigkeit in den Eisenbahn- und Reparaturwerkstätten. Vgl. auch Meyer in VAE. 1942 S. 148.
Betriebsunfälle sind auch solche, die durch die Betriebskräfte und ihre Wir-

kungen hervorgerufen werden (so zutreffend Geigel „Haftpflichtprozeß" S. 125), z. B. durch Explosion eines Lokomotivkessels, Funkenflug aus einer Lokomotive, auch das Verbrühen infolge Ausströmens von heißem Dampf aus der Lokomotive, OLG. Breslau in VAE. 1939 S. 356.

Dagegen sind Teile des Betriebes im weitesten Sinne, bei denen die Gefahren, die das Gesetz im Auge hatte, völlig mangeln, nicht zum Betrieb im Sinne des § 1 zu rechnen, RG. 20. Jan. 1882 in JW. 1882 S. 78. Wenn beim Entladen eines auf der Endstation angekommenen, auf einem Nebengleis des Güterbahnhofs abgestellten Wagens sich die Schiebetür des Wagens löst und jemanden verletzt, so liegt kein Betriebsunfall vor, da der eigentliche Eisenbahnbetrieb beendet war, RG. 26. Jan. 1916 in JW. 1916 S. 586. **Anm. 8.**

Es können unter Umständen auch m e h r e r e Betriebsunternehmer für einen Unfallschaden haftbar sein. **Anm. 9.**

Wenn z. B. der Verunglückte als Fahrgast eines Straßenbahnwagens durch den Anprall dieses Wagens gegen einen Eisenbahnzug auf die Gleise geschleudert und dann von dem Eisenbahnzug überfahren wird, sind sowohl die Straßenbahn wie die Eisenbahn nach § 1 schadensersatzpflichtig, RG. 29. Jan. 1900 in JW. 1900 S. 188. **Anm. 10.**

IV. Unfall „b e i" dem Betriebe einer Eisenbahn.

Voraussetzung der Haftung nach § 1 ist, daß sich der Unfall „bei" dem Betriebe ereignet hat. Dies bedeutet, daß der Unfall nicht nur d u r c h den Eisenbahnbetrieb — in dem oben dargelegten Sinne — v e r u r s a c h t sein muß, sondern es muß darüber hinaus, außer diesem sogen. inneren Zusammenhang, auch noch ein naher örtlicher und zeitlicher — sogen. äußerer — Zusammenhang zwischen Unfall und Betrieb bestehen. Das ergibt sich daraus, daß statt des Wortes „durch" das Wort „bei" gewählt ist, RGZ. Bd. 55 S. 229. **Anm. 1.**

Fehlt der nahe zeitliche und örtliche Zusammenhang des Unfalls mit dem Eisenbahnbetrieb, so kommt eine Haftung aus § 1 nicht in Frage, mag auch der Bahnbetrieb ursächlich für den Unfall gewesen sein. Wird z. B. jemand durch herabstürzendes Mauerwerk verletzt, das sich im Laufe der Zeit infolge der ständigen Erschütterungen durch einfahrende Züge gelockert hat, ohne daß jedoch im Zeitpunkt des Unfalls ein Zugverkehr stattfand, so ist zwar der Bahnbetrieb die Ursache des Unfalls gewesen, dieser hat sich aber nicht „bei" dem Betriebe ereignet, die Bahn haftet daher nicht aus § 1. Vgl. RGZ. Bd. 55 S. 239. RG. 6. Jun. 1903 in JW. 1903 S. 345; RG. 13. Juli 1904 in EisEntsch. 21 S. 179 (= JW. 1904 S. 487). **Anm. 2.**

Dagegen würde ein Betriebsunfall im Sinne des § 1 vorliegen, wenn eine Lokomotive eine Wand durchbricht und jemand alsbald infolge des Einsturzes verletzt wird. **Anm. 3.**

Der nahe zeitliche und örtliche Zusammenhang zwischen Unfall und Eisenbahnbetrieb fehlt z. B. auch dann, wenn jemand, nachdem seine Tochter einen Eisenbahnunfall erlitten hat, später infolge der Aufregung beim Anblick der Verletzten eine Nervenerschütterung davonträgt; letzteres ist kein Unfall „bei" dem Betriebe: RGZ. Bd. 68 S. 47; vgl. auch RG. 21. Sept. 1931 in VR. 1932 Sp. 50; LG. Nürnberg-Fürth in EisEntsch. 58 S. 202. Abweichend OLG. Köln 5. Febr. 1931 in JW. 1931 S. 1502. Ist der äußere Zusammenhang gegeben, fehlt es aber an einer Verursachung durch den Bahnbetrieb, so ist gleichfalls keine Haftung aus § 1 begründet, z. B. nicht, wenn ein Reisender nach dem Aussteigen aus dem Zuge, ohne daß Hast oder Gedränge mitgewirkt hatten, auf dem Bahnsteig stürzt; hier hängt der Sturz zwar äußerlich — zeitlich und örtlich — nahe mit dem Bahnbetriebe zusammen, er ist aber nicht durch ihn verursacht, da die Betriebstätigkeit nach dem Aussteigen beendet war, RG. 7. Jan. 1901 in EisEntsch. 18 S. 42. (= JW. 1901 S. 84); RG. 1. Juli 1904 in JW. 1904 S. 484; einen ähnlichen Fall siehe in RG. 14. März 1907 in JW. 1907 S. 315. Vgl. auch OLG. Hamburg in EisEntsch. 44 S. 240. **Anm. 4.**

Immer muß der Eisenbahnbetrieb die Ursache des Unfalls sein, RGZ. Band 50 S. 92, RG. 19. Okt. 1903 in JW. 1903 S. 136 Beil. Stürzt ein Reisender 20 Minuten **Anm. 5.**

vor Abgang des Zuges auf dem Bahnsteig, ohne daß Eile geboten war, so fehlt es an einem zeitlich nahen Zusammenhang mit dem Betriebe, LG. Stuttgart in VAE. 1938 S. 283.

Anm. 6. An einem zeitlichen Zusammenhang fehlt es z. B. auch, wenn spielende Kinder eine Bahndrehscheibe bewegen und dabei jemand verletzt wird, OLG. Kolmar in EisEntsch. 17 S. 153; OLG. Bamberg in EisEntsch. 22 S. 369; wenn beim Einschlagen von Nägeln in eine Schwelle sich ein Unfall ereignet, ohne daß ein Zug zu erwarten stand, OLG. Kiel in EisEntsch. 3 S. 290; wenn jemand beim Überschreiten eines Gleises stürzt, ohne daß ein Zug naht, RG. 23. Apr. 1900 in EisEntsch. 17 S. 214; beim Anrennen gegen eine längst geschlossene Bahnschranke, RG. 27. Mai 1909 in EisEntsch. 26 S. 178; beim Absturz an einer Eisenbahnböschung, RG. 10. Apr. 1913 in EisEntsch. 30 S. 108; dies alles sind keine Unfälle bei dem Betriebe der Eisenbahn.

Anm. 7. Der zeitlich nahe Zusammenhang mit dem Betriebe fehlt auch bei einem Unfall, der sich beim Abladen von Stämmen von einem Eisenbahnwagen infolge Bruchs einer Runge ereignet, wenn die Runge schon vorher bei den Erschütterungen der Fahrt beschädigt war, RG. 28. Febr. 1906 in JW. 1907 S. 276 (= EisEntsch. 23 S. 397).

Anm. 8. Läßt eine Lokomotive auf dem Bahnhof Wasser ab, das alsbald gefriert, und stürzt dann ein Reisender über die Eisfläche, so ist dies ein Unfall beim Betriebe, RG. 10. Juli 1911 in JW. 1911 S. 824 ebenso wenn durchgehende Pferde, scheu gemacht durch das Pfeifen einer rangierenden Lokomotive, ein Kind verletzen, OLG. Zweibrücken in EisEntsch. 17 S. 113, wenn Pferde beim Anblick einer haltenden Lokomotive scheuen, die Dampf sammelt, um dann weiterzufahren; hier ist die Fahrt nur vorübergehend unterbrochen, es herrscht keine Betriebsruhe, der enge zeitliche Zusammenhang mit dem Betrieb liegt daher vor, ebenso der ursächliche Zusammenhang (unrichtig RG. 13. Mai 1907 in EisEntsch. 24. S. 66 = JW. 1907 S. 394).

Anm. 9. Wird ein Reisender nach dem Aussteigen aus dem Zug auf dem Bahnsteig durch vom Glasdach beim Reinigen herabfallendes Glas verletzt, so hat sich dieser Unfall zwar noch in zeitlicher Nähe zu der beendeten Beförderung ereignet, er ist aber nicht durch den Eisenbahnbetrieb verursacht, ein Unfall beim Betriebe liegt daher nicht vor (unzutreffend OLG; Breslau 10. Apr. 1896 in EisEntsch. 13 S. 217).

Anm. 10. Der zeitliche und ursächliche Zusammenhang mit dem Betrieb fehlt auch, wenn sich ein Unfall infolge Herabfallens einer Schranke zu einer Zeit ereignet, in der sie nicht benutzt wurde, RG. 1. Febr. 1913 in EisEntsch. 29 S. 456; 30 S. 90. Hat ein Unbefugter die geschlossenen Bahnschranken wieder geöffnet und ist dann eine nicht völlig hochgezogene Schranke herabgefallen und hat jemanden verletzt, so liegt kein Unfall beim Betriebe vor; die Handlung des Unbefugten ist keine Betriebshandlung, RG. 28. Febr. 1916 in JW. 1916 S. 747.

Anm. 11. Zustimmend v. d. Leyen daselbst.

Anm. 12. Auch wenn Kinder unbefugt einen schon seit einer Woche auf einem Gleis abgestellten, in Ruhe befindlichen Eisenbahnwagen in Bewegung setzen und dabei jemand verletzt wird, findet das RHpflG. keine Anwendung; eine Betriebshandlung liegt nicht vor, wenn unberufene Dritte einen Wagen in Bewegung setzen; es fehlt an einem nahen zeitlichen und auch an einem ursächlichen Zusammenhang mit dem Bahnbetriebe, RG. 14. Nov. 1918 in JW. 1919

Anm. 13. S. 244. Zustimmend v. d. Leyen daselbst.
Erleidet eine Reisende während der Fahrt dadurch eine Nervenerschütterung, daß infolge eines heftigen Stoßes in der Kurve ihr Kind hinausstürzte, so liegt ein Betriebsunfall auch der Mutter vor (unzutreffend RGZ. Bd. 75 S. 285 (= RG. 30. Jan. 1911 in JW. 1911 S. 333); nicht nur der örtliche und zeitliche nahe Zusammenhang mit der Beförderung ist gegeben, sondern es besteht auch ein rechtlich beachtlicher ursächlicher Zusammenhang der Nervenerschütterung mit der Beförderung.

Anm. 14. Zweifelhaft kann die Frage sein, ob ein Unfall beim Betriebe vorliegt, wenn ein Reisender während der Fahrt im Abteil das Opfer eines Verbrechens, z. B. ermordet wird. An dem Vorhandensein eines nahen zeitlichen und örtlichen

Zusammenhanges zwischen dem Unfall und der Beförderung ist nicht zu zweifeln. Was den ursächlichen Zusammenhang mit dem Betriebe betrifft, so muß verlangt werden, daß zwischen dem Verbrechen und dem Eisenbahnbetriebe ein ursächlicher Zusammenhang im Rechtssinne bestehe, d. h. daß der Bahnbetrieb und seine Einrichtungen nach der Erfahrung des Lebens derartige Verbrechen ganz allgemein zu begünstigen geeignet seien. Es kann nicht genügen, wenn die Verhältnisse und die Art des Eisenbahnbetriebes, z. B. das Abgeschlossensein eines Reisenden in einem engen Abteil, aus dem er nur durch die ins Freie führende Tür entrinnen könnte, nur mitbestimmend gewesen sind; ein solches Bedingungsverhältnis kann noch nicht als ein Ursachenzusammenhang im Rechtssinne angesehen werden. In RG. 22. Okt. 1908 in RGZ. Bd. 69 S. 357 (= JW. 1908 S. 721) ist daher mit Recht angenommen worden, daß bei einem im Eisenbahnabteil verübten Mord nicht von einem Betriebsunfall gesprochen werden könne. Doch kann es auch Fälle geben, in denen gerade die Art und Weise der Beförderung die Verletzung von Reisenden durch Mitreisende in einer Weise begünstigt, daß mit derartigen Gefahren allgemein zu rechnen und ein ursächlicher Zusammenhang im Rechtssinne nicht wohl geleugnet werden kann, z. B. bei Verletzungen durch die von Mitreisenden eingebrachten Gepäckstücke. Hier kann unter Umständen die Enge der Abteile, die Unmöglichkeit, sich während der Fahrt einer auftretenden Gefährdung zu entziehen, mitursächlich für den Unfall sein. Daß die Enge der Eisenbahnabteile und die Unmöglichkeit, während der Fahrt einer Gefahr auszuweichen, eigentümliche Gefahren des Eisenbahnbetriebes sind, und daß der ursächliche Zusammenhang zwischen Unfall und Betrieb gegeben sein kann, wenn solche Umstände den Unfall mit verursacht haben, hat das RG. in RG. 3. Juli 1913 in JW. 1913 S. 995 und in RG. 23. Dez. 1920 in EisEntsch. 38 S. 228 (= JW. 1921 S. 343) anerkannt, siehe auch OLG. Naumburg 2. Nov. 1931 in EisEntsch. 52 S. 382.

Ist die Enge des Bahnwagens nicht ursächlich für den Unfall gewesen, so kommt eine Haftung nach § 1 nicht in Frage, KG. Berlin in EisEntsch. 48 S. 182. **Anm. 15.**

Hat die Enge des Wagenabteils den Fahrgast gehindert, der durch den Brand eines von einem Mitreisenden mitgeführten Benzinbehälters geschaffenen Gefahr auszuweichen, so liegt ein Unfall beim Betriebe vor; die Enge der Wagenabteile gehört zu den technischen Betriebseinrichtungen der Eisenbahn; der dadurch für die Reisenden bedingte Zwang der Enge, die Unmöglichkeit, einer Gefahr auszuweichen, gehört zu den eigentümlichen Gefahren des Betriebes, RG. 23. Dez. 1920 in EisEntsch. 38 S. 228 (=JW. 1921 S. 343). **Anm. 16.**

Hier liegt ein Betriebsunfall vor, auch wenn nicht festgestellt ist, daß das Benzin durch einen Funken der Lokomotive oder das Rütteln des Wagens während der Fahrt in Brand geraten ist. Vgl. auch Eugen Josef „Körperverletzung und Raubmord beim Eisenbahnbetrieb" in VR. 1926 S. 194 (gegen RGZ. Bd. 69 S. 357 und Bd. 109 S. 172).

Schmidt-Ernsthausen in JW. 1921 S. 343 vertritt die Ansicht, die Verletzung eines Reisenden durch den Brand eines von einem Mitreisenden in den Zug eingebrachten Benzinbehälters sei kein Unfall beim Betriebe, weil die Enge der Eisenbahnabteile, die den Verletzten hinderte, sich der Gefahr zu entziehen, keine der Eisenbahn eigentümliche Erscheinung sei, sondern sich auch bei anderen Verkehrsmitteln finde. Jedoch kann dieser Umstand nicht ausschlaggebend sein. Es genügt, wenn eine der Eisenbahn innewohnende Gefahr vorliegt, mag sie auch nicht ausschließlich der Eisenbahn eigentümlich sein. Wer die Eisenbahn benutzt, ist damit der Gefahr der Einwirkung der von Mitreisenden eingebrachten Gepäckstücke ausgesetzt, der er sich bei der Enge der Abteile und bei der Unmöglichkeit, während der Fahrt ins Freie zu gelangen, schwer entziehen kann. Derartige Unfälle sind nicht selten und von der Bahn in Rechnung zu nehmen, während z. B. Morde in der Eisenbahn äußerst selten sind und nicht in einen ursächlichen Zusammenhang im Rechtssinne mit dem Bahnbetrieb gebracht werden können. **Anm. 17.**

Es genügt nicht, daß ein Unfall in nahem zeitlichem und örtlichem Zusammenhange mit dem Betriebe steht, es ist auch erforderlich, daß er durch den Betrieb verursacht ist, also mit ihm in innerem Zusammenhange steht, vgl. **Anm. 18.**

z. B. den Fall RG. 30. Jan. 1908 in WarnRspr. 1908 Nr. 236. Es muß sich um einen nicht bloß natürlichen Ursachenzusammenhang handeln, vielmehr muß ein rechtlich beachtlicher — sogen. adäquater — ursächlicher Zusammenhang vorliegen.

Es muß also der Eisenbahnbetrieb nach der Erfahrung des Lebens allgemein geeignet sein, den Unfall herbeizuführen, nicht nur unter ganz ungewöhnlichen, in der Regel nicht zu erwartenden Umständen.

Anm. 19. Von einem ursächlichen Zusammenhang im Rechtssinne kann nicht mehr gesprochen werden, wenn der Betriebsvorgang nur unter besonders eigenartigen, ganz unwahrscheinlichen und daher regelmäßig außer Betracht zu lassenden Umständen zur Herbeiführung des Unfalls geeignet war.

RGZ. Bd. 66 S. 409; Bd. 69 S. 57; Bd. 72 S. 324; Bd. 75 S. 19; Bd. 78 S. 272; Bd. 81 S. 359; Bd. 94 S. 10; Bd. 105 S. 264; Bd. 119 S. 204; Bd. 133 S. 126; Bd. 133 S. 271; Bd. 135 S. 149 (154); Bd. 141 S. 169 (172); Bd. 142 S. 383 (388); Bd. 148 S. 65; Bd. 149 S. 135; Bd. 154 S. 41 (48); Bd. 158 S. 34 (38); Bd. 168 S. 86 (88); Bd. 171 S. 242 (250).
RG. 20. Sept. 1934 in JW. 1934 S. 2973;
RG. 13. Okt. 1942 in DAR. 1943 S. 25.

Ein natürlicher ursächlicher Zusammenhang genügt nicht. Die Möglichkeit des eingetretenen Erfolges darf nicht von vornherein außerhalb jeder Wahrscheinlichkeit liegen, RGZ. Bd. 169 S. 84 (91).

V. Beweislast für das Vorliegen eines Betriebsunfalls.

Anm. 1. Beweispflichtig dafür, daß ein Unfall sich „bei dem Betriebe" ereignet habe, ist der Ersatzfordernde.

Hat er bewiesen, daß der Unfall sich in nahem zeitlichen und örtlichen Zusammenhange mit einem Betriebsvorgang ereignet hat, so haftet die Eisenbahn, wenn die Möglichkeit auch eines inneren — ursächlichen — Zusammenhanges dargetan wird,
RG. 10. Dez. 1910 in EisEntsch. 27 S. 339 (= JW. 1911 S. 192);
RG. 4. Febr. 1921 in EisEntsch. 39 S. 208. Es kann nicht verlangt werden, daß der Verletzte auch noch das Vorliegen des ursächlichen Zusammenhanges beweise, wenn die Möglichkeit eines solchen besteht.

Vielmehr liegt es dem Eisenbahnunternehmer ob, besondere Umstände darzutun, aus denen sich ergibt, daß der ursächliche Zusammenhang zwischen Unfall und Bahnbetrieb fehlte,
RG. 30. Juni 1880 in EisEntsch. 1 S. 243;
RG. 8. Dez. 1890 in EisEntsch. 8 S. 87; (= JW. 1891 S. 73);
RGZ. Bd. 3 S. 20;
RG. 11 Juli 1887 in EisEntsch. 6 S. 56;
RG. 24. Sept. 1908 in EisEntsch. 25 S. 288 (= JW. 1908 S. 690);
RGZ. Bd. 55 S. 229;
RG. 8. Nov. 1915 in EisEntsch. 33 S. 109 (= JW. 1916 S. 122);
RG. 16. April 1917 in JW. 1917 S. 661;
RGZ. Bd. 144 S. 206 (= EisEntsch. 56 S. 89);
KG. Berlin in EisEntsch. 55 S. 377.

Anm. 2. Fehlt es an einem nahen zeitlichen und örtlichen Zusammenhang zwischen dem Unfall und dem Betriebe, so kann dennoch ein ursächlicher Zusammenhang bestehen; dieser ist dann von dem Ersatzfordernden nachzuweisen. Er hat z. B. den Nachweis zu führen, daß der Unfall durch Eisenbahnvorgänge verursacht worden ist, die im Bereich des Gefahrenkreises der Bahn gelegen sind, z. B. daß er durch starkes Gedränge der Reisenden auf dem Bahnsteig oder durch die mit dem Eisenbahnverkehr verbundene Hast und Eile herbeigeführt worden ist,
RG. 10. Dez. 1910 in EisEntsch. 27 S. 339 (JW. 1911 S. 192);
RG. 10. Nov. 1921 in EisEntsch. 39 S. 144 (= JW. 1922 S. 388);
RGZ. Bd. 126 S. 137 (= EisEntsch. 49 S. 271);
RGZ. Bd. 126 S. 335.

Anm. 3. Wird z. B. ein Reisender eine Stunde vor Abgang seines Zuges auf dem Bahn-

steig durch eine stark drängende Menschenmenge verletzt, so liegt ein zeitlich naher Zusammenhang mit dem Betriebsvorgang der Beförderung nicht vor, da letztere für ihn noch nicht begonnen hatte; die Eisenbahn haftet jedoch, da ein ursächlicher Zusammenhang mit dem starken Gedränge auf dem Bahnsteig, also mit einem innerhalb des Gefahrenkreises der Bahn sich abspielenden Vorgange, dargetan ist,
RG. 10. Nov. 1921 in EisEntsch. 39 S. 144 (= JW. 1922 S. 388).

Das Aussteigen aus dem haltenden Zuge schließt sich in der Regel unmittelbar an die Beförderung an, steht mithin in nahem zeitlichem und örtlichem Zusammenhange mit dieser. Unfälle beim Aussteigen erfordern daher nicht den Nachweis, daß sie durch den Betrieb verursacht worden sind; diese Möglichkeit besteht ohne weiteres, und es ist Sache des Eisenbahnunternehmers, darzutun, daß der Unfall lediglich durch eigene Unaufmerksamkeit des Verletzten herbeigeführt sei. Erfahrungsgemäß ereignen sich gerade beim Aussteigen häufig Unfälle, sei es weil es in Hast und Eile oder im Gedränge der Reisenden vorgenommen werden muß, sei es weil die Fahrgäste vielfach verhältnismäßig hohe und steile Trittbretter von geringer Breite benutzen müssen, wodurch die Gefahren und die Folgen eines Fehltritts bedeutend verstärkt werden (RG. 13. Juni 1907 in Recht 1907 Nr. 2220 (= EisEntsch. 24 S. 69). Es ist daher Sache des Eisenbahnunternehmers, nachzuweisen, daß der Unfall nicht durch einen dieser gefährlichen Umstände, sondern etwa durch eigenes Verschulden des Verletzten verursacht worden sei, RG. 31. März 1913 in JW. 1913 S. 648 (= EisEntsch. 30 S. 106). **Anm. 4.**

Es fehlt nicht nur an einem zeitlichen und örtlichen Zusammenhang, sondern auch an der Möglichkeit eines ursächlichen Zusammenhanges, wenn z. B. in den Zollabfertigungsräumen eines Bahnhofs ein Zollbeamter dadurch verletzt wird, daß beim Zuschieben einer Schiebetür eine Tür auf ihn fällt, RG. 21. Jan. 1896 in EisEntsch. 13 S. 40. **Anm. 5.**

Im übrigen gelten auch für den Nachweis des ursächlichen Zusammenhanges zwischen der Verletzung und dem Eisenbahnbetrieb die Grundsätze des Beweises des ersten Anscheins. Handelt es sich um einen sogen. typischen Geschehensablauf, d. h. weist der Sachverhalt nach allgemeiner Lebenserfahrung zwingend und überzeugend darauf hin, daß der Unfall gar keine andere Ursache als den Eisenbahnbetrieb haben kann, so ist auf Grund des Beweises des ersten Anscheins die Ursächlichkeit anzunehmen. Sache des Unternehmers ist es dann, darzutun, daß auch die Möglichkeit eines anderen Herganges bestehe. Die Führung eines Gegenbeweises liegt ihm nicht ob, da es sich bei dem Anscheinsbeweis nicht um eine Umkehrung der Beweislast, sondern nur um Beweiswürdigung handelt. **Anm. 6.**

Der adäquate Ursachenzusammenhang zwischen Betriebsvorgang und Unfall wird nicht dadurch ausgeschlossen, daß außerdem noch eine betriebsfremde Ursache mitgewirkt hat, **Anm. 7.**
RG. 16. Okt. 1924 in EisEntsch. 41 S. 374 (= LeipzZtschr. 1925 S. 595).

VI. Einzelne Beispiele von Betriebsunfällen.

Als Unfälle beim Betriebe der Eisenbahn sind in der reichhaltigen Rechtsprechung angesehen worden: **Anm. 1.**
Unfälle von Reisenden beim Einsteigen in einen Zug, RG. 8. Nov. 1894 in EisEntsch. 11 S. 338; RG. 16. Nov. 1908 in EisEntsch. 25 S. 308; RG. 1. Febr. 1909 in EisEntsch. 25 S. 403; RG. 27. Febr. 1913 in EisEntsch. 29 S. 466; RG. 19. Nov. 1917 in JW. 1918 S. 176; RG. 4. Mai 1921 in EisEntsch. 39 S. 61; RG. 4. Febr. 1921 in EisEntsch. 39 S. 208;
RG. 10. Jan. 1935 in EisEntsch. 57 S. 463; OLG. Stuttgart 27. März 1914 in EisEntsch. 31 S. 125; OLG. Hamburg 24. Jan. 1918 in JW. 1918 S. 572; KG. Berlin 8. Febr. 1935 in EisEntsch. 57 S. 343; OLG. Naumburg in EisEntsch. 52 S. 382; LG. Essen 27. Okt. 1942 in VAE. Bd. 15 (1943) S. 92,
Sturz im Gang des D-Zuges über einen Koffer beim Einsteigen, RG. 22. Febr. 1915 in EisEntsch. 32 S. 99, **Anm. 2.**

Anm. 3. Unfälle beim Einladen von Tieren, RG. 29. Febr. 1892 in EisEntsch. 9 S. 163; RG 9. April 1892 in EisEntsch. 53 S. 287,

Anm. 4. Unfälle beim Aussteigen aus dem haltenden Zuge, einerlei ob der Reisende am Zielpunkt angekommen ist oder auf einer Zwischenstation aussteigt, RG. 27. Juni 1884 in EisEntsch. 3 S. 363;
RG. 9. März 1894 in EisEntsch. 10. S. 363; RG. 30. April 1894 in EisEntsch. 10 S. 377; RG. 25. April 1899 in EisEntsch. 16 S. 146; OLG. Köln in EisEntsch. 16 S. 307; OLG. Kolmar in EisEntsch. 18 S. 229;
RG. 25. Juni 1906 in JW. 1906 S. 575; RG. 13. Juni 1907 in EisEntsch. 24 S. 69; RG. 21. Okt. 1907 in EisEntsch. 24 S. 272; RG. 24. Sept. 1908 in EisEntsch. 25 S. 288 (= JW. 1908 S. 690); RG. 30. Aug. 1909 in EisEntsch. 26 S. 199; RG. 3. April 1911 in WarnRspr. 1911 S. 324 (= EisEntsch. 27 S. 443); RG. 31. März 1913 in EisEntsch. 30 S. 106 (= JW. 1913 S. 648); RG. 12. Juni 1913 in EisEntsch. 30 S. 225; RG. 8. Nov. 1915 in JW. 1916 S. 122; KG. Berlin in EisEntsch. 56 S. 82; RG. 2. Febr 1920 in JW. 1920 S. 491; RG. 4. März 1920 in JW. 1920 S. 710; RG. 12. Dez. 1935 in VAE. 1936 S. 213; OLG. Breslau in VAE. 1938 S. 512; LG. Hamburg in VAE 1938 S. 336; LG. Ratibor in VAE. 1938 S. 513; OLG. Düsseldorf 13. Okt. 1938 in VAE. 1939 S. 134; KG. Berlin 3. März 1941 in VAE. 1941 S. 112; LG. Breslau 28. April 1942 in VAE. 1942 S. 234;

Anm. 5. Unfälle von Fahrgästen eines an einer Haltestelle haltenden Straßenbahnwagens beim Zusammenstoß mit einem andern Fuhrwerk, da hier der Betrieb nicht unterbrochen ist, RG. 22. März 1906 in JW. 1906 S. 316; es ist verfehlt, das Vorliegen eines Unfalls „bei dem Betriebe" deshalb zu verneinen, weil der Eisenbahnwagen, als der Fahrgast beim Aussteigen stürzte, schon gestanden habe und deshalb die Betriebsgefahr aufgehoben sei; vielmehr sind Unfälle beim Aussteigen aus dem schon haltenden Zuge ohne weiteren Nachweis des ursächlichen Zusammenhanges mit einem besonders betriebsgefährlichen Vorgang zu den Betriebsunfällen im Sinne des § 1 zu rechnen, RG. 8. Nov. 1915 in JW. 1916 S. 122. Denn das Aussteigen der Fahrgäste gehört noch zu den Betriebsvorgängen im engeren Sinne, es ist der Schlußvorgang der Beförderung, RG. 4. März 1920 S. 710 (= EisEntsch. 38 S. 69). Erst wenn der Reisende den Wagen verlassen hat, ist seine Beförderung beendet, erst wenn der gesamte das Aussteigen betreffende Vorgang abgeschlossen ist. Dies braucht nicht schon mit dem Berühren des Erdbodens durch den Reisenden geschehen zu sein, RG. 30. Okt. 1929 in RGZ. Band 126 S. 137 (= JW. 1930 S. 1936). Ist beim Aussteigen zweier Personen die schon auf dem Bahnsteige befindliche der anderen beim Verlassen des Wagens behilflich, so kann der gemeinschaftliche Akt des Aussteigens insoweit auch bei der ersteren noch andauern, RG. a. a. O.

Anm. 6. Ein Unfall bei dem Betriebe liegt auch dann vor, wenn ein Reisender, der auf dem Endbahnhof das Aussteigen verschlafen hatte, nach dem Abstellen des verdunkelten Zuges auf einem Nebengleis beim Aussteigen verunglückt, OLG. Düsseldorf 13. Okt. 1938 in VAE. 1939 S. 134 (= JW. 1939 S. 166); anderer Ansicht sind zu Unrecht Meyer in VAE. 1939 S. 135, Kröner in VAE. 1943 S. 41; zustimmend Booss in JW. 1939 S. 166. Zwar war der abgestellte Zug selbst nicht mehr in Betrieb, der Unfall hatte sich also nicht in näherem zeitlichem Zusammenhang mit dem Betrieb ereignet, er ist aber dennoch durch einen Betriebsvorgang verursacht, da die Sorge dafür, daß die Reisenden den Zug verlassen, zu den Tätigkeiten gehört, die unmittelbar dem Abschluß der Beförderung dienen.

Anm. 7. Dagegen wird man Unfälle, die sich außerhalb der Bahnsteige ereignen, nicht mehr als Unfälle beim Betriebe ansehen können, so z. B. nicht Unfälle beim Hineilen zur Bahn auf der Straße, RG. 19. Nov. 1906 in EisEntsch. 23 S. 381 (= DJZ. 1907 S. 131 = JW. 1907 S. 26), bevor der Reisende überhaupt mit den Betriebsmitteln der Bahn in Berührung gekommen ist; vgl. auch OLG. Breslau in EisEntsch. 56 S. 81; nicht Unfälle auf dem Bahnhofvorplatz, LG. Trier in VAE. 1939 S. 163; beim Aufsuchen der Wartehalle, OLG. Hamburg in EisEntsch. 44 S. 240 (= VR. 1926 S. 236); beim Gehen zum Bahnhof oder zur Haltestelle; beim Betreten des Gebäudes, OLG. Stettin in EisEntsch. 50 S. 89; in der Schalterhalle, OLG. Stettin in JW. 1931 S. 84 (= EisEntsch. 50 S. 89); KG. Berlin in Eis-

Entsch. 56 S. 88; OLG. Celle 18. Okt. 1940 in VAE. 1941 S. 93: auch nicht Unfälle beim Hinaufgehen auf der Treppe des Bahnhofsgeländes, RG. 8. Febr. 1939 in VAE. 1939 S. 149 (= SeuffArch. Band 93 Nr. 72); KG. Berlin in EisEntsch. 53 S. 184; durch Herabfallen einer Gardinenstange im Wartesaal, KG. Berlin 23. Sept. in JW. 1924 S. 1380 (= VR. 1924 S. 77); auf der Treppe des Bahnhofstunnels. RGZ. Band 121 S. 382; auf der Treppe zum Bahnsteig, RG. 26. Jan. 1910 in EisEntsch. 26. S. 333; RG. 17. Dez. 1915 in EisEntsch. 33 S. 213; LG. Wuppertal in VAE. 1937 S. 25; OLG. Köln in VAE. 1937 S. 317; LG. Bautzen in VAE. 1939 S. 427; Unfälle beim Überschreiten von Gleisen vor dem Einsteigen, es sei denn, daß sie durch Gedränge oder Hast des Betriebes herbeigeführt sind, RG. 30. Juni 1913 in EisEntsch. 30 S. 231; RG. 15. März 1915 in EisEntsch. 32 S. 336.

Unfälle der Reisenden beim Beschreiten des Bahnsteiges wird man nur dann als Unfälle beim Eisenbahnbetriebe ansehen können, wenn der Unfall durch besondere, nach den Umständen gebotene oder von dem Reisenden ohne Verschulden für geboten gehaltene Eile oder durch das auf den Bahnsteigen übliche Gedränge der Reisenden verursacht worden ist. Doch muß die Eile ihren Grund in irgendwelchen Betriebsvorgängen oder Betriebseinrichtungen haben, z. B. in verspäteter Öffnung der Bahnsteigsperre. Unter Eile ist auch die seelische Einwirkung einer Hast zu verstehen, welche die Aufmerksamkeit auf Gefahren und Hindernisse zu vermindern geeignet ist, RG. 23. Jan. 1932 in JW. 1932 S. 1728. Hat der Reisende nur aus persönlichen Gründen sich eilig bewegt, ohne daß seine Eile im Bahnbetriebe ihren Grund hatte, so liegt kein Betriebsunfall vor, RG. 7. Nov. 1907 in EisEntsch. 24 S. 280 (= JW. 1907 S. 845). Anm. 8.

Vgl. hierzu RG. 17. Jan. 1896 in EisEntsch. 12 S. 351 (= JW. 1896 S. 111;
RG. 7. Jan. 1901 in EisEntsch. 18. S. 42 (= JW. 1901 S. 84);
RG. 24. Jun. 1902 in JW. 1902 S. 426 (hier hatte der Schaffner den Fahrgast wegen der Kürze der Haltezeit zur Eile gemahnt);
RG. 1. Juli 1904 in EisEntsch. 21 S. 178 (= JW. 1904 S. 484);
RG. 14. März 1907 in EisEntsch. 24. S. 50 (= JW. 1907 S. 315);
RG. 7. Nov. 1907 in EisEntsch. 24 S. 280 (= JW. 1907 S. 845);
RG. 9. Jan. 1908 in EisEntsch. 24 S. 382;
RG. 30. Jan. 1910 in EisEntsch. 28 S. 165;
RG. 30. Juni 1913 in EisEntsch. 30 S. 231; RG. 2. Febr. 1914 in JW. 1914 S. 407,
RG. 10. Mai 1915 in JW. 1915 S. 703;
RGZ. Bd. 86 S. 321 (= EisEntsch. 32 S. 336 = JW. 1915 S. 585 Nr. 19);
RG. 30. Jan. 1911 in EisEntsch. 28 S. 88 (=WarnRspr. 1911 Nr. 179);
RG. 10. Nov. 1921 in EisEntsch. 39 S. 144 (= JW. 1922 S. 388 = WarnRspr. 1922 Nr. 21 = LeipzZtschr. 1922 S. 73 = SeuffArch. Bd. 77, 133) — hier ist im Hinblick auf die Eile ein Unfall beim Betriebe angenommen —;
RG. 22. März 1926 in EisEntsch. 45 S. 86; RG. 23. Jan. 1932 in JW. 1932 S. 1728;
RG. 9. März 1932 in EisEntsch. 53 S. 285;
KG. Berlin 31. Mai 1930 in EisEntsch. 51 S. 356;
vgl. auch AG. Gotha in EisEntsch. 51 S. 73;
LG. Breslau in EisEntsch. 56 S. 86;
OLG. Bamberg in EisEntsch. 57 S. 222;
OLG. Celle 19. März 1943 in VAE. 1943 Bd. 15 S. 92;
LG. Stuttgart in VAE. 1938 S. 283;
AG. Münster in VAE. 1939 S. 14;
LG. Dresden in VAE. 1939 S. 150;
LG. Karlsruhe in VAE. 1939 S. 197;
AG. Naumburg 3. März 1941 in VAE. 1941 S. 67;
AG. Essen 23. Jan. 1943 in VAE. Bd. 15 (1943) S. 93; (Sturz im Bahnsteigtunnel über verschüttete Suppe kein Betriebsunfall); Anm. 9.
ein Unfall auf der Rolltreppe ist kein Betriebsunfall, wenn er nicht durch Eile oder Gedränge verursacht ist, LG. Berlin in VAE. 1938 S. 141; Anm. 10.
wenn einem Reisenden auf dem Bahnsteig vom Dach Glas auf den Kopf fällt, liegt kein Betriebsunfall vor; unrichtig OLG. Breslau in EisEntsch. 13 S. 217. Anm. 11.

Nicht Unfälle beim Betriebe sind in der Regel solche auf dem Weg vom Bahnsteig zur Sperre, Anm. 12.

RG. 7. Jan. 1901 in EisEntsch. 18 S. 42 (= JW. 1901 S. 84);
RG. 1. Juli 1904 in JW. 1904 S. 484;
RG. 14. März 1907 in JW. 1907 S. 315;
RG. 5. Dez. 1918 in EisEntsch. 37 S. 170 (=JW. 1919 S. 316);
LG. Breslau in VAE. 1937 S. 316);
unrichtig AG. Kamen in VAE. 1941 S. 180.

Anm. 13. Stürzt ein Reisender beim Verlassen des Bahnsteigs über eine dort stehende Gepäckkarre, so fehlt es an einem äußeren (örtlichen und zeitlichen) und inneren (ursächlichen) Zusammenhange mit einem konkreten Betriebsvorgang der Eisenbahn, das RHpflG. findet daher keine Anwendung, RG. 5. Dez. 1918 in JW. 1919 S. 316 Nr. 18 (=EisEntsch. 37 S. 170). Zustimmend v. d. Leyen in JW. 1919 S. 316.

Anm. 14. Stürzt jemand, der im Bahnhof den Fahrplan eingesehen hat, bei Winterglätte auf den Stufen der Treppe eines Bahnhoftunnels, so besteht kein ursächlicher Zusammenhang mit einem gefährlichen Betriebsvorgang, vielmehr konnte sich ein solcher Unfall ebenso auf jeder andern Treppe ereignen, die der Winterglätte ausgesetzt war, RG. 5. Juli 1928 in RGZ. Bd. 121 S. 382.

Anm. 15. Betriebsunfälle liegen nicht vor:
beim Verlassen des Bahnhofs entlang dem Gebäude, OLG. Stuttgart 20. April 1928 in JW. 1928 S. 1756;
beim Verlassen des Bahnhofs in der Unterführung, AG. Breslau 5. Dez. 1940 in VAE. 1941 S. 31;
nach dem Aussteigen in der Abortanlage, OLG. München 28. Okt. 1925 in EisEntsch. 43 S. 328 (=VR. 1925 Sp. 824);
auf dem Bahngelände, OLG. Celle 19. März 1943 in VAE. 1943 S. 93;
nach dem Aussteigen aus der Straßenbahn, RG. 14. Febr. 1918 in EisEntsch. 36, S. 214;
beim Verlassen des Bahnhofs, RG. 8. Mai 1931 in EisEntsch. 51 S. 177; EisEntsch 53 S. 81;
nach dem Ausladen, RG. 30. Nov. 1912 in EisEntsch. 29 S. 426.

Anm. 16. Besondere Gefahren ergeben sich häufig, wenn der Eisenbahnverkehr ein starkes Gedränge von Reisenden herbeiführt oder sich mit besonderer Hast und Eile abwickelt. Werden durch ein solches Gedränge oder eine solche Eile Unfälle herbeigeführt, so sind sie als Betriebsunfälle auch dann anzusehen, wenn sie sich vor dem Einsteigen oder nach dem Aussteigen auf Bahnsteigen oder Bahntreppen ereignen. In solchen Fällen wird das Begehen der Bahnsteige und Treppen im Bereich und unter der Einwirkung von Vorgängen vorgenommen, die die dem Eisenbahnverkehr eigentümliche Gefährlichkeit aufweisen. Starkes Gedränge auf Bahnsteigen und Treppen, die dabei auftretende Eile und Hast gehören zum Betriebe der Eisenbahn, und wenn dadurch Unfälle herbeigeführt werden, sind sie als durch den Betrieb verursacht anzusehen.
Vgl. hierzu RG. 8. Nov. 1894 in EisEntsch. 11 S. 338;
RG. 24. Juni 1902 in EisEntsch. 19 S. 65;
RG. 10. Nov. 1921 in EisEntsch. 39 S. 144 (= JW. 1922 S. 388 = VR. 1922 Sp. 144);
RG. 13. März 1922 in EisEntsch. 39 S. 281 (= VR. 1922 Sp. 82);
OLG. Köln in EisEntsch. 55 S. 176 (= VR. 1933 Sp. 630 = JW. 1933 S. 2401, Verletzung auf dem Bahnsteig durch einen anderen eilig einsteigenden Reisenden).
Zustimmend Oertmann in VR. 1922 Sp. 144;
unrichtig v. d. Leyen in JW. 1922 S. 388; Hanow in VR. 1922 Sp. 244. v. d. Leyen ist der Ansicht, es widerspreche dem Begriff Betriebsunfall, wenn ein Unfall ganz ohne Betrieb, vor Beginn des Betriebes stattfinde. Er übersieht aber, daß bei einem Unfall, der auf dem Bahnsteig durch Gedränge und Hast der Mitreisenden herbeigeführt wird, die der Eisenbahn eigentümlichen Gefahren eine wesentliche Rolle spielen und der Unfall nahe mit ihnen zusammenhängt.
Unzutreffend LG. Berlin in EisEntsch. 53 S. 195: hier wurde die Verletzte von nachdrängenden Reisenden umgeworfen; dieser Unfall ist zweifellos durch den Eisenbahnbetrieb verursacht.
Unrichtig auch LG. München in Eis-Entsch. 53 S. 283; KG. Berlin in EisEntsch. 56 S. 280.

Wird ein Reisender durch einen eilig die Türen schließenden Schaffner umgerannt, so liegt ein Betriebsunfall vor, Anm. 17.
AG. Köln in EisEntsch. 50 S. 90 (= VR. 1931 Sp. 43);
vgl. auch RGZ. Bd. 126 S. 137 (140).
Vgl. ferner LG. Köln in EisEntsch. 52 S. 89;
KG. Berlin in VAE. 1936 S. 209;
KG. Berlin in VAE. 1942 S. 177 Nr. 201 und 202;

Ob die Eile im Bahnverkehr objektiv erforderlich war, ist nicht entscheidend; Anm. 18.
es kommt allein darauf an, ob der Verletzte die Eile für erforderlich gehalten hat und zu dieser Annahme durch bestimmte Betriebsvorgänge veranlaßt worden ist, RG. 2. Febr. 1914 in JW. 1914 S. 407; RG. 10. Nov. 1921 in JW. 1922 S. 388 (= VR. 1922 Sp. 144);
OLG. Köln 18. Mai 1933 in JW. 1933 S. 2401.

Eine Haftung aus § 1 RHpflG. dürfte nicht gegeben sein, wenn ein Reisender Anm. 19.
nach Ankunft des Zuges beim Verlassen des Bahnhofs zu Fall kommt, weil der Portier einen betrunkenen Reisenden gewaltsam entfernte; doch wird hier die Eisenbahn aus dem Beförderungsvertrage nach § 278 BGB. haften, RG. 19. April 1904 in JW. 1904 S. 358.

Der Weg, den der Reisende nach Abschluß der Beförderung — Aussteigen aus Anm. 20.
dem Wagen — über das Bahngelände zurücklegen muß, ist in der Regel nicht mehr durch die Betriebsgefahren beeinflußt, wenn nicht der Unfall durch Gedränge auf dem Bahnsteig infolge gleichzeitigen Aussteigens zahlreicher Personen oder durch gebotene Eile beim Umsteigen wegen der Kürze des Aufenthalts bis zur Abfahrt des Anschlußzuges verursacht ist,
OLG. Celle 19. März 1943 in VAE. Bd. 15 (1943) S. 92.
So liegt ein Betriebsunfall nicht vor, wenn ein Reisender nach dem Aussteigen auf dem Bahnsteig deshalb sich verletzt, weil er eilig nach Hause strebt; diese Eile hat mit dem Eisenbahnbetrieb nichts zu tun, RG. 14. März 1907 in JW 1907 S. 315.

Bleibt ein Reisender beim Verlassen des Bahnhofs mit dem Absatz an einem Anm. 21.
Schachtdeckel hängen, so ist dies kein Unfall bei dem Betriebe; die Bahn haftet aber aus unerlaubter Handlung, weil die Bahn auf diesem Gelände einen Verkehr eröffnet hatte und nicht für Verkehrssicherheit gesorgt hatte, OLG. Stuttgart 20. April 1928 in JW. 1928 S. 1756.

Ein Betriebsunfall dürfte auch vorliegen, wenn ein außerhalb der Sperre war- Anm. 22.
tender Reisender infolge der Eile und des Gedränges durch die umfallende Schiebetür am Gitter der Bahnsteigsperre verletzt wird (abweichend RG. 11. Juli 1912 in EisEntsch. 29 S. 221 = JW. 1912 S. 919). Sowohl der heftige Andrang der von den Zügen kommenden Reisenden als auch die Eile der Bahnbeamten zu den Zügen hin gehören zu den gefährlichen Eigentümlichkeiten des Bahnbetriebes, und wenn dadurch die Schiebetür aus der Laufschiene gedrückt und ein draußen Wartender verletzt wird, so kann nicht wohl bestritten werden, daß der Unfall durch gefährliche Betriebsumstände verursacht worden ist, daß also nicht nur der äußere, sondern auch der innere (ursächliche) Zusammenhang gegeben ist. Ebenso liegt ein Betriebsunfall vor bei einem Sturz auf dem Bahnsteig über Eis, das sich infolge Wasserablassens der Lokomotive gebildet hat,

RG. 10. Juli 1911 in EisEntsch. 28 S. 341. Unfälle von Reisenden infolge des auf Anm. 23.
dem Bahnhof herrschenden Gedränges können Betriebsunfälle sein. Zu Unrecht hält RG. 23. Dez. 1932 in JW. 1933 S. 785 einen Unfall infolge Drängens und Stoßens der Fahrgäste nicht für einen Betriebsunfall.

Unfälle beim Betriebe werden in der Regel auch die Unfälle auf dem Bahn- Anm. 24.
steig bei eiligem Umsteigen aus einem Zug in einen andern sein, wie z B. auch bei angeordnetem Umsteigen in einen andern Wagen,
RG. 22. Mai 1891 in EisEntsch. 9 S. 59; RGZ. Bd. 126 S. 137 (141);
vgl. ferner RG. 17. Dez. 1895 in EisEntsch. 12 S. 344 (= JW. 1896 S. 80);
RG. 6. Juni 1910 in EisEntsch. 27 S. 93;
RG. 30. Jan. 1910 in EisEntsch. 28 S. 165;
RG. 2. Febr. 1914 in WarnJahrb. 1914 Nr. 128;

OLG. Kassel in EisEntsch. 22 S. 14;
KG. Berlin 11. Mai 1942 in VAE. 1942 S. 177.
Die Beförderung wird durch den Aufenthalt auf dem Bahnhof zum Zwecke des Umsteigens nicht unterbrochen, RG. 17. Dez. 1895 in JW. 1896 S. 80. Hat der Reisende aber Zeit genug zum Umsteigen und ist beim Gang von einem Zug zum andern keine Eile nötig, so wird ein Unfall beim Betriebe nicht vorliegen, KG. Berlin in EisEntsch. 53 S. 382; OLG. Naumburg 2. Dez. 1929 in JW. 1931 S. 895.
Vgl. auch RG. 23. Jan. 1932 in VR. 1932 Sp. 329 (Unfall infolge Eilens der Reisenden wegen verspäteten Öffnens der Sperre).
RG. 17. Dez. 1895 in JW. 1896 S. 80 läßt dahingestellt, ob bei sehr langem Aufenthalt auf dem Umsteigbahnhof ein Betriebsunfall zu verneinen sein würde.

Anm. 25. Welche Eisenbahnverrichtungen und Vorgänge, die die Beförderung vorbereiten, zum Betriebe im Sinne des § 1 gehören, ist je nach der Nähe des Zusammenhanges mit der eigentlichen Beförderungstätigkeit zu beurteilen; eine scharf bestimmte Grenzlinie wird sich dabei nicht ziehen lassen, RG. 19. Okt. 1884 in EisEntsch. 3 S. 404.

Anm. 26. Unfälle, die durch das Öffnen oder Schließen der Eisenbahnschranken vor dem Herannahen oder nach der Durchfahrt eines Zuges verursacht werden, werden in der Regel im Bereich der mit der Eisenbahn verbundenen Gefahren — Hast und Eile — sich ereignen und daher unter § 1 fallen, RG. 2. Jan. 1882 in EisEntsch. 2 S. 171;
RG. 2. Jan. 1883 in EisEntsch. 2 S. 429 (= JW. 1883 S. 84);
RG. 16. Nov. 1894 in JW. 1894 S. 592;
RG. 13. Okt. 1913 in EisEntsch. 30 S. 488 (= JW. 1914 S. 95);
RG. 29. März 1915 in EisEntsch. 32 S. 106 (= WarnRspr. 1915 Nr. 150); aber auch wenn die Schranke nach der Meldung des herannahenden Zuges nicht mit besonderer Eile geschlossen worden ist, liegt ein Unfall beim Betriebe vor; das Schließen der Schranken gehört in diesem Falle zur unmittelbaren Vorbereitung des Eisenbahnbetriebes und ist mit dessen eigentümlicher Gefahr verbunden,
RG. 13. Okt. 1913 in EisEntsch. 30 S. 488 (= JW. 1914 S. 95). siehe auch RG. 25. März 1931 in JW. 1931 S. 1954.
OLG. Düsseldorf in VAE. 1939 S. 399 (Unfall beim Öffnen infolge Brechens des Schrankenbaums);
OLG. Breslau 11. Okt. 1940 in VAE. 1941 S. 92;
vgl. auch OLG. Köln in EisEntsch. 56 S. 398;
OLG. Frankfurt 15. Dez. 1932 in VR. 1933 Sp. 455.

Anm. 27. Hat ein Unbefugter die Schranke geöffnet, so liegt kein Unfall beim Bahnbetriebe vor, RG. 28. Febr. 1916 in EisEntsch. 33 S. 323 (= JW. 1916 S. 747);
auch nicht, wenn eine Bahnschranke herabfällt, während sie nicht in Benützung ist, RG. 1. Febr. 1913 in EisEntsch. 29 S. 456 und 30 S. 90;
KG. Berlin 4. Nov. 1932 in VR 1933 Sp. 144; wenn jemand gegen eine schon längst herabgelassene Bahnschranke anrennt und sich daran verletzt, RG. 27. Mai 1909 in WarnRspr. 1909 S. 438 Nr. 459; LG. Hamburg 26. März 1943 in VAE. 1943 S. 110.
Zutreffend Eger „Unfälle durch Bahnschranken" in VR. 1933 Sp. 555;
unrichtig OLG. Königsberg in VAE. 1937 S. 508.

Anm. 28. Beim Bahnbetriebe erfolgt sind auch Verletzungen infolge Öffnens oder Schließens der Wagen- und Abteiltüren,
RG. 1. Febr. 1895 in EisEntsch. 12 S. 52;
RG. 25. Febr. 1907 in EisEntsch. 24 S. 43 (= Recht 1907 Nr. 819); RG. 1. Febr. 1909 in EisEntsch. 26 S. 267;
RG. 3. Juli 1913 in JW. 1913 S. 995 (= EisEntsch. 30 S. 232);
RG. 2. Febr. 1914 in JW. 1914 S. 477.
RG. 27. Juni 1921 in EisEntsch. 39 S. 66;
AG. Köln in EisEntsch. 50 S. 90; LG. Frankfurt/O. in EisEntsch. 55 S. 172;
LG. Breslau in VAE. 1938 S. 61; AG. Erfurt in VAE. 1938 S. 177.

Anm. 29. Kommt ein Fußgänger beim Überschreiten der Gleise zu Fall, weil er durch das Ertönen der den Schrankenschluß ankündigenden Signalglocke zum eiligen Überschreiten des Bahnüberganges angetrieben wurde, so liegt ein Betriebsunfall vor, OLG. Frankfurt 2. Juni 1927 in JW. 1928 S. 3192.

Verletzt sich ein Fahrgast beim Schließen des Abteilfensters an der Scheibe, so ist dies ein Betriebsunfall, RG. 26. März 1934 in VR. 1934 Sp. 392. **Anm. 30.**

Daß zu den Unfällen beim Bahnbetriebe auch die Zusammenstöße der Eisenbahn oder Straßenbahn mit Kraftwagen oder anderen Fahrzeugen gehören, unterliegt keinem Zweifel, **Anm. 31.**
RGZ. Bd. 50 S. 92;
RG. 8. Dez. 1890 in EisEntsch. 8 S. 87;
RG. 27. Okt. 1892 in EisEntsch. 9 S. 368.
Dies ist auch dann der Fall, wenn die Straßenbahn schon angehalten hatte, RG. 22. März 1906 in EisEntsch. 22 S. 406.

Unter § 1 fallen ferner die Tötungen oder Körperverletzungen infolge Hinausstürzens von Fahrgästen aus dem fahrenden oder haltenden Zuge, **Anm. 32.**
RGZ. Bd. 95 S. 64; Bd. 114 S. 291;
RG. 4. März 1907 in EisEntsch. 23 S. 398; RG. 1. Juni 1908 in EisEntsch. 25 S. 76;
RG. 4. März 1920 in JW. 1920 S. 710;
RG. 21. Okt. 1909 in EisEntsch. 26 S. 393;
RG. 4. Nov. 1909 in EisEntsch. 26 S. 396;
RG. 24. Mai 1922 in EisEntsch. 39 S. 282;
RG. 12. Jan. 1925 in EisEntsch. 42 S. 346;
RG. 7. Okt. 1929 in EisEntsch. 50 S. 308;
RG. 1. Nov. 1932 in EisEntsch. 54 S. 249;
RG. 26. März 1934 in EisEntsch. 56 S. 92;
RG. 17. Juni 1935 in EisEntsch. 58 S. 378;
RG. 16. März 1936 in VAE. 1936 S. 275;
RG. 30. März 1936 in JW. 1936 S. 2404;
RG. 2. Sept. 1942 in VAE. 1942 S. 217;
OLG. Frankfurt 29. März 1928 in EisEntsch. 47 S. 378;
KG. Berlin in EisEntsch. 53 S. 183;
OLG. Hamm 15. Sept. 1934 in EisEntsch. 57 S. 220;
OLG. Nürnberg 28. Aug. 1936 in VAE. 1937 S. 155;
LG. Breslau in EisEntsch. 52 S. 277;
LG. Frankfurt 3. Mai 1938 in VAE. 1939 S. 147;
LG. Flensburg in VAE. 1939 S. 148;
OLG. Stuttgart 8. Dez. 1938 in VAE. 1939 S. 149.
Vgl. auch RG. 8. Okt. 1903 in JW. 1903 S. 403 (Hinauswerfen durch das Personal der Straßenbahn).

Werden Personen dadurch verletzt, daß dem Verbot des § 81 BO. zuwider aus vorbeifahrenden Zügen von Reisenden oder Bahnbediensteten Gegenstände hinausgeworfen werden, so ist die Eisenbahn nach § 1 RHpflG. schadensersatzpflichtig, wenn die schnelle Fortbewegung des Zuges die Geschwindigkeit und Wucht und die Richtung des Wurfes beeinflußt hat, RGZ. Bd. 1 S. 253; Bd. 75 S. 185; RG. 15. Mai 1905 in JW. 1905 S. 405; RG. 28. Mai 1938 in JW. 1938 S. 2337. Abweichend zu Unrecht Biermann in VAE. 1942 S. 106; vgl. dazu Böhmer in DGWR. 1942 S. 257. **Anm. 33.**

Unfälle infolge des Herabfallens von Gepäckstücken aus den Gepäcknetzen in den Zugabteilen sind gleichfalls Unfälle bei dem Betriebe im Sinne des § 1 RHpflG., RG. 28. Nov. 1907 in EisEntsch. 24 S. 268; RG. 3. Febr. 1912 in EisEntsch. 29 S. 85; RG. 17. April 1942 in VAE. 1942 S. 136; OLG. Köln in EisEntsch. 24 S. 25; OLG. München 28. Aug. 1941 in VAE. 1942 S. 61; **Anm. 34.**
ebenso Verletzungen infolge des Herabnehmens des Koffers aus dem Netz durch einen anderen Reisenden, KG. Berlin 13. März 1934 in EisEntsch. 55 S. 377,

Wird ein Reisender durch die infolge sehr heftigen Rucks des Zuges erfolgende Explosion zweier Handgranaten, die im Gepäckhalter eines Abteils lagen, getötet, so haftet die Bahn nach § 1 RHpflG., RG. 16. Okt. 1924 in LeipzZtschr. 1925 S. 595 (= EisEntsch. 41 S. 374); **Anm. 35.**

ebenso, wenn ein von einem Mitreisenden ins Abteil mitgebrachter Benzinbehälter in Brand gerät, RG. 23. Dez. 1920 in JW. 1921 S. 343;
oder wenn im Zugabteil ein Gefäß mit Vulkanisierlösung explodiert, das ein Mitreisender eingebracht hatte, RG. 29. April 1920 in WarnRspr. 1920 S. 216 Nr. 172. Vgl. auch v. Kienitz in EisEntsch. 41 S. 291.
Erleidet ein Fahrgast einer Straßenbahn infolge Schrecks eine Nervenzerrüttung, weil auf der Platform ein Karton mit Filmen mit Stichflamme in Brand geriet, so ist die Straßenbahn nach § 1 RHpflG. schadensersatzpflichtig; anderer Ansicht zu Unrecht KG. Berlin 22. Sept. 1928 in VR. 1929 S. 366.

Anm. 36. Ein Unfall beim Betriebe der Straßenbahn liegt vor, wenn ein Kraftwagen mit einem vorübergehend stillstehenden Straßenbahnwagen zusammenstößt; die Fahrt ist hier nur unterbrochen, nicht beendet, OLG. Düsseldorf 4. Nov. 1942 in VR. 1943 S. 2201.

Anm. 37. Ebenso, wenn ein Fahrgast einer Straßenbahn dadurch verletzt wird, daß der Wagenführer ihn durch Hinabstoßen vom Wagen zwangsweise entfernt; denn die Beförderung ist erst abgeschlossen, wenn der Fahrgast den Wagen verlassen hat, RG. 8. Okt. 1903 in JW. 1903 S. 403; OLG. Hamm 6. April 1927 in VR. 1927 S. 500.

Anm. 38. Dagegen liegt kein Unfall beim Bahnbetriebe vor, wenn ein Reisender außerhalb des Bahnbereichs auf einem schlüpfrigen Wege über einen Berg, auf dem er einen Anschlußzug erreichen will, stürzt, OLG. Naumburg 26. Okt. 1931 in VR. 1932 S. 42.

Anm. 39. Eisenbahn b a u arbeiten, z. B. Felssprengungen zur Verlegung von Gleisen, sind an sich keine Betriebsvorgänge. Wird jedoch ein Reisender in einem an der Sprengstelle vorbeifahrenden Zuge infolge der Sprengung verletzt, so findet § 1 Anwendung, RG. 16. April 1917 in JW. 1917 S. 661.
Ein Unfall beim Betriebe liegt auch vor, wenn ein Reisender während der

Anm. 40. Fahrt von einem durch den Zug von der Bettung emporgeschleuderten Stein verletzt wird, LG. München in VAE. 1939 S. 394; wenn er infolge des Ruckes beim Anhalten des Zuges verunglückt (unrichtig AG. Breslau in EisEntsch. 55 S. 286); wenn ein Reisender während der Fahrt beim Schließen des Fensters verletzt wird, RGZ. Bd. 144 S. 206;

Anm. 41. In einem Falle, in welchem ein Reisender infolge der Zugluft erblindete, hat OLG. Celle 5. Okt. 1898 in EisEntsch. 16 S. 24 eine Haftung der Bahn abgelehnt; richtiger Ansicht nach wird jedoch ein Betriebsunfall vorliegen.

Anm. 42. Ein solcher ist auch anzunehmen, wenn ein Reisender während der Fahrt durch den Steinwurf einer betriebsfremden Person verletzt wird, vorausgesetzt, daß der Verletzte durch die Bewegung des Zuges in die Richtung des Wurfes hineingebracht wurde, RG. 13. Juni 1927 in EisEntsch. 46 S. 95 (= SeuffO. 81 S. 308); doch kann hier unter Umständen höhere Gewalt vorliegen. Vgl. auch OLG. Königsberg 30. Nov. 1939 in VAE. 1940 S. 43; LG. Hamburg in EisEntsch. 45 S. 317.

Anm. 43. Ein Unfall beim Betriebe der Bahn liegt auch vor, wenn ein Tier, z. B. ein Pferd, infolge des Vorbeifahrens eines Zuges, insbesondere wegen des Geräusches, der Signale oder der Erschütterung scheu wird und Verletzungen herbeiführt, RGZ. Bd. 19 S. 37; Bd. 53 S. 114; RG. 21. März 1894 in EisEntsch. 12 S. 8; RG. 17. Febr. 1899 in EisEntsch. 16 S. 51; RG. 12. Mai 1902 in EisEntsch. 19 S. 63; RG. 29. April 1907 in EisEntsch. 24 S. 61; RG. 20. Jan. 1910 in JW. 1910 S. 235; RG. 9. Nov. 1911 in EisEntsch. 28 S. 356; RG. 14. Okt. 1912 in EisEntsch. 29 S. 328; RG. 26. Nov. 1931 in JW. 1932 S. 785; OLG. Kolmar in EisEntsch. 4 S. 39 und 19 S. 62; OLG. Köln in EisEntsch. 22 S. 390; Auch wenn Pferde vor einer haltenden Lokomotive scheuen, die nur eine Pause macht, um Dampf zu sammeln und die Weiterfahrt vorzubereiten, wird ein Betriebsunfall anzunehmen sein; abweichend RG. 13. Mai 1907 in EisEntsch. 24 S. 66 (= JW. 1907 S. 394), das zwar annimmt, daß der Zug im Betriebe war, aber dennoch den ursächlichen Zusammenhang zwischen Unfall und Betriebsvorgang verneint.

Anm. 44. Wenn von einer fahrenden Lokomotove jemandem ein Funken oder Kohlenstaub ins Auge fliegt, RG. 4. Jan. 1887 in EisEntsch. 5 S. 229; RGZ. Bd. 11 S. 146; RG. 4. Dez. 1905 in JW. 1906 S. 92, oder wenn jemand durch heißen Dampf einer

Lokomotive verbrüht wird, OLG. Breslau in VAE. 1939 S. 356, haftet die Bahn nach § 1; ebenso wenn sich von einer fahrenden Lokomotive ein Ölbehälter löst und einen Reisenden verletzt, LG. Wuppertal 17. Okt. 1939 in VAE. 1939 S. 424.

Ein Betriebsunfall wird auch anzunehmen sein, wenn infolge der Erschütterungen des Zuges Teile von Bauwerken herabstürzen und jemanden verletzen, z. B. wenn infolge Vorbeifahrens der Straßenbahn die Bekrönung eines Mastes herabstürzt, RG. 18. Juni 1903 in EisEntsch. 21 S. 351, oder wenn infolge Einfahrens eines Zuges ein Gesimsstück vom Bahnhofsgebäude herabstürzt; abweichend RG. 13. Juli 1904 in EisEntsch. 21 S. 179; oder wenn infolge der Erschütterungen durch Züge im allgemeinen ein Gesimsstück herabfällt; abweichend RGZ. Bd. 55 S. 229 (= EisEntsch. 20 S. 181). Anm. 45.

Dagegen liegt kein Unfall beim Betriebe vor, wenn ein Reisender nach dem Aussteigen auf dem Wege zum Abort auf dem Bahnsteig durch Glas verletzt wird, das beim Reinigen vom Glasdach fiel, abweichend OLG. Breslau in EisEntsch. 13 S. 217. Anm. 46.

Betriebsunfälle liegen auch vor: Anm. 47.

wenn beim Fahren einer Straßenbahn ein Tragedraht reißt und dabei jemand durch einen Leitungsdraht getroffen wird, RG. 15. Jan. 1900 in JW. 1900 S. 158;

wenn durch den Starkstrom der herabhängenden Drähte einer elektrischen Bahn jemand verletzt wird, RGZ. Bd. 56 S. 256; RG. 30. April 1906 in JW. S. 376; RG. 1. Okt. 1906 in JW. 1906 S. 706; Anm. 48.

wenn aus einer Lokomotive ausströmender Wasserdampf die Übersicht auf der Straße erschwert und so einen Zusammenstoß von Kraftfahrzeugen herbeiführt, RG. 30. März 1936 in JW. 1936 S. 2404; OLG. Köln in VAE. 1938 S. 59; OLG. Düsseldorf in VAE. 1939 S. 200; OLG. Hamm 12. Mai 1941 in VAE. 1941 S. 246, Anm. 49.

wenn der Dampfkessel einer Lokomotive explodiert, RG. 13. April 1881 in EisEntsch. 2 S. 12; RGZ. Bd. 56 S. 265 (267); OLG. München in EisEntsch. 22 S. 173. Anm. 50.

Zur Vorbereitung der Beförderung dient auch das Rangieren der Lokomotiven und Wagen, Unfälle hierbei fallen unter § 1, RGZ. Bd. 2 S. 8; Bd. 2 S. 38; RG. 9. Dez. 1879 in EisEntsch. 1 S. 43; RG. 9. Juni 1885 in EisEntsch. 4 S. 196; RG. 4. Jan. 1887 in EisEntsch. 5 S. 229; RG. 16. Sept. 1890 in EisEntsch. 8 S. 51; RG. 12. Mai 1902 in EisEntsch. 19 S. 63 (= JW. 1902 S. 367); RG. 18. April 1907 in EisEntsch. 24 S. 59; RG. 28 Sept 1908 in JW. 1908 S. 690; RG. 10. Juni 1915 in EisEntsch. 32 S. 455. Anm. 51.

Wenn aber Unbefugte einen außer Betrieb befindlichen Wagen verschieben liegt kein Betriebsunfall vor, RG. 6. Dez. 1898 in EisEntsch. 15 S. 334 (= JW. 1899 S. 64); RG. 29. April 1912 in JW. 1912 S. 805; RG. 14. Nov. 1918 in EisEntsch. 37 S. 168 (= JW. 1919 S. 244). Anm. 52.

Wenn Kinder unbefugt einen stillstehenden Wagen einer Feldbahn in Bewegung setzen, deren Betrieb für diesen Tag beendet war, so liegt kein Betriebsunfall vor, RG. 18. März 1915 in EisEntsch. 32 S. 100 (= JW. 1915 S. 586). Anm. 53.

Unfälle bei der Bedienung der Weichen sind Betriebsunfälle, RGZ. Bd. 46 S. 23 (= EisEntsch. 17 S. 223), ebenso bei der Bewegung von Drehscheiben, OLG. Celle in VAE. 1939 S. 151. Umschlagen einer Weiche durch den Weichenwärter gehört zum Betrieb, RG. 8. März 1900 in JW. 1900 S. 315. Anm. 54.

Ein Unfall beim Betriebe wird in der Regel nicht vorliegen, wenn es sich um Verletzung bei Vornahme von Arbeiten handelt, die nicht unmittelbar zur Vorbereitung der bald bevorstehenden Beförderung dienen und daher ohne jede gefährliche Eile vorgenommen werden können, Anm. 55.

z. B. Putzen einer im Schuppen stehenden Lokomotive, RG. 7. Dez. 1881 in EisEntsch. 2 S. 163; RG. 29. Jan. 1886 in EisEntsch. 4 S. 404; RG. 2. Febr. 1887 in EisEntsch. 5 S. 240; Anm. 56.

Auswechseln abgängig gewordener Schienen, RG. 16. Okt. 1885 in EisEntsch. 4 S. 311; Anm. 57.

Aufstellen von Kohlenkörben auf der Rampe, RG. 11. Juli 1885 in EisEntsch. 4 S. 214; Anm. 58.

Anm. 59. Reinigen der Abteillampen auf den Wagendächern, RG. 18. Nov. 1886 in EisEntsch. 5 S. 208;

Anm. 60. Aufgleisen einer entgleisten Lokomotive, RG. 29. Sept. 1880 in EisEntsch. 1 S. 280;

Anm. 61. Schließen der Tür eines Bahnschuppens, RG. 14. Nov. 1879 in EisEntsch. 1 S. 8;

Anm. 62. Putzen der Fenster und Reinigen des Verdecks stillstehender Bahnwagen, RG.

Anm. 63. 10. März 1887 in EisEntsch. 5 S. 259, (= JW. 1887 S. 119);

Anm. 64. Bedienung einer Signalstange, RG. 30. Juni 1880 in EisEntsch. 1 S. 243; RGZ. Bd. 1 S. 52;

Anm. 65. Herablassen einer Signallaterne, RG. 7. Febr. 1880 in EisEntsch. 1 S. 125;

Anm. 66. Bedienen einer Signalvorrichtung, RG. 20. April 1886 in EisEntsch. 5 S. 33; vgl. aber RGZ. Bd. 2 S. 85;

Anm. 67. auch nicht bei Arbeiten, die nur in ganz entferntem Zusammenhang mit der Beförderung stehen, wie

Anm. 68. Niederlegen einer Eisenstange im Expeditionsgebäude, RG. 22. April 1885 in EisEntsch. 4 S. 144;

Anm. 69. Arbeit an einer Kugelkette in der Werkstätte, RG. 11. Febr. 1889 in EisEntsch. 7 S. 62;

Anm. 70. im Zollabfertigungsraum, RG. 21. Jan. 1896 in EisEntsch. 13 S. 40 (=JW. 1896 S. 110);

Anm. 71. nach Entladung eines Wagens beim Bahnanlieger, RG. 17. Juni 1907 in EisEntsch. 24 S. 162;

Anm. 72. Verletzung eines Reisenden durch Steinwurf gegen den fahrenden Zug kann ein Betriebsunfall sein, allerdings nicht deshalb, weil das schnelle Fahren einen Anreiz zum Werfen mit Steinen ausübe, wie LG. Hamburg in EisEntsch. 45 S. 317 annimmt.

Anm. 73. Wenn der Verletzte durch die Bewegung des Zuges in die Richtung des Steinwurfes hineingebracht oder gar dessen Wirkung erst durch die Gegenbewegung des Zuges gefährlich wurde, liegt ein Betriebsunfall im Sinne des § 1 vor, von Kienitz in EisEntsch. 46 S. 95.

Anm. 74. Schuldhafte Mitwirkung eines Dritten steht der Annahme eines Betriebsunfalls nicht entgegen, z. B. wenn ein Reisender beim Aussteigen aus dem Zuge vom Trittbrett gleitet, weil ein anderer Reisender ihn wegdrängt, RG. 3. Juni 1926 in VR. 1926 Sp. 381.

Anm. 75. Wenn jemand beim Überschreiten der Schienen einer seinen Weg kreuzenden Feldbahn stürzt, ohne daß ein Zug sich nähert, so liegt kein Unfall beim Betriebe vor,

RG. 23. April 1900 in EisEntsch. 17 S. 244; OLG. Celle in VAE. 1939 S. 199.

Anm. 76. Unfälle beim Beladen oder Entladen stillstehender Eisenbahnwagen können Betriebsunfälle sein, wenn sie in zeitlichem, örtlichem und ursächlichem Zusammenhang mit Bahnverrichtungen stehen, die im Bereich der Eisenbahngefahren vorgenommen werden, z. B. wenn der Zug nur vorübergehend anhält, um nach der Be- und Entladung weiterzufahren, und daher Eile geboten ist; durch den vorübergehenden Zugaufenthalt wird der Beförderungsvorgang nicht unterbrochen,

RG. 2. Juni 1883 in EisEntsch. 3 S. 76;

RGZ. Bd. 6 S. 37; vgl. auch RGZ. Bd. 3 S. 20; RG. 16. Apr. 1886 in EisEntsch. 6 S. 1 (= JW. 1886 S. 167);

RG. 17. Juni 1886 in EisEntsch. 5 S. 281; RG. 24. Mai 1888 in JW. 1888 S. 273;

RG. 29. Febr. 1892 in EisEntsch. 9. S. 163;

RG. 9. April 1932 in EisEntsch. 53 S. 287 (= VR. 1932 Sp. 401);

Anm. 77. anders aber, wenn der Zug am Fahrtziel angelangt, also die Beförderung beendet ist und das Ausladen in Ruhe erfolgt,

RG. 7. Jan. 1885 in EisEntsch. 4 S. 249; RG. 12. Mai 1902 in EisEntsch. 19 S. 63 (= JW. 1902 S. 367); RG. 27. Febr. 1911 in JW. 1911 S. 412;

RG. 2. März 1911 in EisEntsch. 28 S. 210;

RG. 26. Jan. 1916 in EisEntsch. 33 S. 320 (= JW. 1916 S. 586);

RG. 19. Okt. 1916 in EisEntsch. 33 S. 436;

LG. Rostock in VAE. 1937 S. 513. Vgl. auch RG. 4. Dez. 1880 in EisEntsch. 1 S. 323.

Weitere Beispiele für Betriebsunfälle bei eiligem Be- oder Entladen siehe RG. **Anm. 78.**
28. Dez. 1880 in EisEntsch. 1 S. 343 ;
RG. 3. Jan. 1883 in EisEntsch. 2 S. 435;
RG. 23. Juni 1885 in EisEntsch. 4 S. 199;
RG. 24. Mai 1888 in EisEntsch. 6. S. 304;

Ein Unfall beim Umladen von Gepäckstücken aus einem Zug in den andern, **Anm. 79.**
wobei nur wenige Minuten zur Verfügung stehen, ist ein Unfall beim Betriebe,
RG. 21. Jan. 1911 in JW. 1911 S. 332.

§ 1 ist nicht nur anzuwenden, wenn die Verrichtung o b j e k t i v eine eilige **Anm. 80.**
war, sondern auch, wenn die Beteiligten die Eile in unverschuldetem Irrtum
für geboten hielten, oder wenn ein Vorgesetzter eilige Ausführung angeordnet
hatte, RG. 16. April 1886 in EisEntsch. 6 S. 1 (= JW. 1886 S. 167).

Ein ursächlicher Zusammenhang im Rechtssinne mit dem Eisenbahnbetrieb liegt **Anm. 81.**
nicht vor, wenn ein Reisender sich bei verbotswidrigem Überklettern der
Sperre verletzt, OLG. Köln in EisEntsch. 58 S. 390.

Wenn ein im Zuge eingeschlafener und nach Abstellung des Zuges auf einem **Anm. 82.**
Nebengleis aussteigender Reisender sich dabei verletzt, liegt ein Unfall beim
Betriebe vor, OLG. Düsseldorf 13. Okt. 1938 in VAE. 1939 S. 134 (mit abw. Anmerkung von Meyer) = JW. 1939 S. 166 (mit zust. Anmerkung von Booß).

Stürzt jemand im Schuppen von einer stillstehenden Lokomotive, wo er sich **Anm. 83.**
heißes Wasser geholt hatte, so liegt kein Unfall beim Betriebe vor, RG. 1. Okt.
1907 in EisEntsch. 24 S. 183,

ebenso nicht, wenn ein Arbeiter bei Bedienung einer von der Eisenbahn für **Anm. 84.**
Gleisarbeiten gestellten Gleisabladevorrichtung verletzt wird, OLG. Breslau
in VAE. 1938 Nr. 20.

Ist an einem Bahnwagen infolge der Beförderung eine Runge gebrochen und **Anm. 85.**
wird dann infolge Herabfallens von Holzstämmen jemand verletzt, so wird ein
Unfall beim Betriebe anzunehmen sein (abweichend RG. 28. Febr. 1907 in EisEntsch. 23 S. 397 (= JW. 1907 S. 276),

dagegen nicht, wenn ein zum Entladen abgestellter Wagen von Unberufenen **Anm. 86.**
weggerückt und dadurch jemand verletzt wird, RG. 6. Dez. 1898 in JW. 1899
S. 64; RG. 18. April 1907 in JW. 1907 S. 340.

Gerät ein stillstehender Eisenbahnwagen nach Entladung, ohne daß ein auch **Anm. 87.**
nur mit der Hand ausgeführtes Rangiermanöver stattgefunden hätte, aus nicht
aufgeklärter Ursache in Bewegung und verletzt jemanden, so fehlt es am ursächlichen Zusammenhang mit einem Betriebsvorgang, RG. 29. Apr. 1912 in JW.
1912 S. 805 Nr. 26.

§ 1 findet keine Anwendung, wenn ein Reisender nach Auseinandersetzung mit **Anm. 88.**
dem Zugschaffner bei Vorführung im Aufsichtsbüro tot umfällt, OLG. Karlsruhe 28. Okt. 1942 in VAE. 1943 S. 70, auch nicht wenn jemand durch einen bei
Schotterarbeiten vom Gleis herabfallenden Stein verletzt wird, da die Bahnunterhaltung nicht unter § 1 fällt, Meyer in VAE. 1942 S. 148.

Ein Betriebsunfall im Sinne des § 1 liegt nicht vor, wenn jemand auf dem Wege **Anm. 89.**
zum Postwagen des haltenden Zuges, wo er einen Brief einwerfen wollte, über
eine auf dem Bahnsteig liegende Leiter stürzt, RG. 17. Jan. 1896 in JW. 1896
S. 111.

Ist ein Fahrgast irrtümlich aus einem vor dem Bahnhof noch auf freier Strecke **Anm. 90.**
haltenden Zuge ausgestiegen und dabei einen Abhang hinuntergestürzt, so liegt
ein Unfall beim Betriebe vor, RG. 2. Jan. 1905 in EisEntsch. 21 S. 292 (= JW.
1905 S. 112).

Erkrankt ein Reisender, weil während der Fahrt die Heizvorrichtung beschädigt **Anm. 91.**
wurde und die Heizung versagte, so liegt ein Unfall im Sinne des § 1 vor (RG.
21. März 1944 in VAE. 1944 Bd. 17 S. 44 läßt die Frage offen).

Wird beim Zusammenstoß eines Kraftwagens mit einem Straßenbahnwagen **Anm. 92.**
dessen Weichenstellstange in die Luft geschleudert und dadurch ein Fußgänger
verletzt, so liegt ein Unfall beim Betriebe der Straßenbahn vor, RG. 8. Jan.
1931 in JW. 1931 S. 865 Nr. 11.

VII. Begriff des Unfalls

Anm. 1. § 1 gebraucht für die Tötung und Körperverletzung den Ausdruck Unfall. Darunter ist ein plötzlich eintretendes, zeitlich bestimmtes oder bestimmbares Ereignis zu verstehen, das auf den Menschen einwirkt und zum Tode oder zu einer Körperverletzung führt.

Kein Unfall ist dagegen eine dauernde und sich wiederholende, mit dem Betrieb gewöhnlich verbundene schädliche Einwirkung. Sogen. gewerbliche oder Berufskrankheiten sind keine Unfälle im Sinne des § 1.

Vgl. hierzu RGZ. Bd. 21 S. 77 (78); Bd. 44 S. 253 (260);
Bd. 52 S. 76; Bd. 66 S. 433;
R G. 7. Okt. 1901 in JW. 1901 S. 759;
RG. 24. Juni 1910 in EisEntsch. 27 S. 296 (= JW. 1910 S. 834);
RGZ. Bd. 158 S. 34 (37);
RG. 7. Febr. 1944 in DR. 1944 S. 410.

Anm. 2. So liegt ein Unfall vor, wenn ein Bremser während der Bahnfahrt Erfrierungen davonträgt, RG. 28. Nov. 1884 in EisEntsch. 3 S. 418;
vgl. auch RG. 4. Juli 1887 in EisEntsch. 5 S. 432;

Anm. 3. wenn ein Reisender infolge Beschädigung der Heizung eine Lungenentzündung davonträgt, RG. 21. März 1944 in VAE. 1944 Bd. 17 S. 44,

Anm. 4. wenn ein Lokomotivführer sich beim Fahren durch Tunnels eine Rauchgasvergiftung zuzieht, RG. 7. Febr. 1944 in DR. 1944 S. 585.

Anm. 5. Kein Unfall liegt vor, wenn infolge fortgesetzter Bodenerschütterungen einer Werkstatt ein chronisches Nervenleiden auftritt, RGZ. Bd. 29 S. 42 (= RG. 24. März 1892 in JW. 1892 S. 220).
Vgl. auch RG. 8. Febr. 1898 in EisEntsch. 14 S. 358.

Anm. 6. Es kann sich auch um eine psychische Einwirkung, z. B. eine Schreckwirkung handeln, RGZ. Bd. 158 S. 34 (37).

Anm. 7. Der Begriff des Unfalls erschöpft sich nicht in der Tötung oder Körperverletzung, sondern umfaßt den gesamten Hergang, RG. 13. Nov. 1924 in RGZ. Bd. 109 S. 172 (= JW. 1925 S. 619).

Anm. 8. Zwischen dem Tode und dem Unfall muß ein ursächlicher Zusammenhang im Rechtssinne bestehen. Nicht erforderlich ist, daß der Unfalleinwirkung sofort der Tod nachgefolgt sein müsse, RGZ. Bd. 1 S. 49 (51); RG. 29. Nov. 1888 in EisEntsch. 6 S. 441 (= JW. 1889 S. 25); RG. 3. Okt. 1921 in VR. Bd. 1 Sp. 300.

VIII. Begriff der Körperverletzung

Anm. 1. Unter Körperverletzung ist die äußere oder innere Schädigung des menschlichen Körpers durch Beeinträchtigung seiner Unversehrtheit oder seines gesundheitlichen Wohlbefindens zu verstehen.

Anm. 2. Sie liegt auch vor, wenn infolge der Schreckwirkung des Unfallereignisses eine Nervenerschütterung, ein Nervenzusammenbruch oder eine geistige Erkrankung auftritt, RG. 29. Sept. 1904 in EisEntsch. 21 S. 183; RG. 24. Febr. 1905 in EisEntsch.. 22 S. 56; RGZ. Bd. 68 S. 47; Bd. 75 S. 284; RG. 19. Okt. 1916 in EisEntsch. 33 S. 434 (= WarnRspr. 1917 S. 125 Nr. 87); RG. 20. Nov. 1919 in RGZ. Bd. 97 S. 177 (= EisEntsch. 37 S. 352 = JW. 1920 S. 145); RG. 3. Okt. 1921 in EisEntsch. 39 S. 68 (= LeipzZtschr. 15. Jahrg. S. 720); RG. 5. April 1924 in EisEntsch. 41 S. 371; RGZ. Bd. 133 S. 270 (= JW. 1932 S. 3708); RG. 11. März 1935 in EisEntsch. 58 S. 204; vgl. auch RGZ. Bd. 162 S. 321 (323).

IX. Ursächlicher Zusammenhang

Anm. 1. Die Eisenbahn haftet nur, wenn zwischen der Unfalleinwirkung auf den Verunglückten und dem Tod oder der Körperverletzung ein ursächlicher Zusammenhang im Rechtssinne besteht (sogen. adäquater Kausalzusammenhang).

Hierzu genügt nicht, daß die Unfalleinwirkung eine der nicht wegzudenkenden Bedingungen des Todes oder der Körperverletzung war, daß also ohne den Unfall der Verunglückte nicht verletzt oder getötet wäre, vielmehr darf der

Zusammenhang kein ganz entfernter und nach der allgemeinen Lebenserfahrung überhaupt nicht vorauszusehender sein. Die Möglichkeit der Tötung oder Körperverletzung muß nach den besonderen Umständen des Einzelfalles und der allgemeinen Erfahrung vernünftigerweise in Rechnung genommen werden können; sie darf nicht so entfernt und ungewöhnlich sein, daß sie jenseits aller Erfahrung und Berechnung liegt.

Aus der reichhaltigen Rechtsprechung hierzu seien angeführt: RGZ. Bd. 66 S. 409; Bd. 69 S. 57; Bd. 72 S. 324; Bd. 81 S. 359; Bd. 94 S. 10; Bd. 119 S. 204; Bd. 133 S. 126; Bd. 135 S. 149 (154); Bd. 141 S. 169 (172); Bd. 142 S. 383 (388); Bd. 154 S. 41 (48); Bd. 158 S. 34 (38); Bd. 168 S. 86 (88); ferner RG. 22. Okt. 1907 in SeuffA. Bd. 63 S. 261 (263); RG. 12. März 1908 in WarnRspr. 1908 S. 266; RG. 26. April 1911 in JW. 1911 S. 579; RG. 12. März 1912 in JW. 1912 S. 581; RG. 15. Febr. 1921 in WarnRspr. 1921 S. 85; siehe auch RG. 9. Juli 1903 in JW. 1903 Beil. S. 114. **Anm. 2.**

Hat der Unfall auf den Verletzten zunächst eine Schreckwirkung gehabt und führt diese dann zu weiteren Krankheitserscheinungen, deren Auftreten nach der Erfahrung des Lebens vernünftigerweise in Rechnung genommen werden konnte, so sind auch diese weiteren Erscheinungen im Rechtssinne als Unfallfolge anzusehen, z. B. wenn infolge eines Schrecks oder psychischen Schocks Lähmungen auftreten, RG. 24. Febr. 1905 in EisEntsch. 22 S. 56; **Anm. 3.**

wenn der Schreck ein Nervenleiden hervorruft, RG. 14. Jan. 1935 in EisEntsch. 57 S. 340; **Anm. 4.**

wenn ein Fußgänger infolge des heftigen Schrecks in einen Graben stürzt und sich verletzt, RG. 19. Okt. 1916 in EisEntsch. 33 S. 434 (= JW. 1917 S. 43); **Anm. 5.**

wenn jemand, weil sein Fuhrwerk vom Zuge erfaßt wird, erschrickt und eine Nervenerschütterung davonträgt, RGZ. Bd. 97 S. 177 (= EisEntsch. 37 S. 352); **Anm. 6.**

wenn jemand, der infolge eines Unfalls an epileptiformen Anfällen litt, bei einem hierauf zurückzuführenden Schwindelanfall stürzt, RG. 4. Jan. 1909 in EisEntsch. 25 S. 395; **Anm. 7.**

wenn ein infolge Sturzes in der Straßenbahn geistig Erkrankter infolge dieser Erkrankung Selbstmord begeht, RG. 3. Okt. 1921 in EisEntsch. 39 S. 68; **Anm. 8.**
vgl. auch RG. 5. Juni 1934 in EisEntsch. 57 S. 91.
Unrichtig LG. Nürnberg-Fürth 7. März 1935 in EisEntsch. 58 S. 202.

Wenn ein Unfallverletzter mit künstlichem Bein infolge dieser unfallbedingten Behinderung wiederum stürzt, so haftet der Haftpflichtige auch für den Schaden aus dem zweiten Unfall, RGZ. Bd. 119 S. 204. RG. 5. Dez. 1927 in JW. 1928 S. 563. **Anm. 9.**

Ursächlicher Zusammenhang im Rechtssinne liegt auch vor, wenn ein Verletzter infolge der Unfallerkrankung sich weitergehende Unfallfolgen einbildet und so eine hysterische Armlähmung erleidet, RG. 1. Dez. 1914 in EisEntsch. 32 S. 318. **Anm. 10.**

Ist aber ein Unfall ohne weitere Folgen abgelaufen, und bildet sich nun beim Verletzten der Gedanke einer Gesundheitsstörung, so ist dieser Zustand nicht durch den Unfall verursacht, RG. 4. Dez. 1913 in EisEntsch. 31 S. 80. **Anm. 11.**

Der ursächliche Zusammenhang zwischen Unfalleinwirkung und Körperverletzung wird nicht dadurch beseitigt, daß der Unfall einen Menschen mit schon vorher vorhandener krankhafter Anlage oder geschwächter Gesundheit und geringer Widerstandskraft traf, so daß die Wirkungen dadurch mit verursacht oder verschlimmert wurden, RGZ. Bd. 155 S. 37 (41); Bd. 151 S. 283; Bd. 159 S. 257 (260); RG. 13. Okt. 1905 in JW. 1905 S. 690. RG. 29. April 1942 in VAE. 1942 S. 114. Der Verletzer eines gesundheitlich schon anfälligen Menschen hat kein Recht darauf, so gestellt zu werden, als ob er einen völlig gesunden Menschen verletzt habe. **Anm. 12.**

Ist ein rechtskräftiges Feststellungsurteil dahin ergangen, daß die Eisenbahn dem Verletzten allen aus dem Unfall entstandenen und künftig entstehenden Schaden zu ersetzen habe und daß die bei dem Kläger vorhandene Gesundheitsbeschädigung in ursächlichem Zusammenhang mit dem Unfall stehe, so kann die Eisenbahn gegenüber der dann erhobenen Leistungsklage mit dem Vorbringen nicht mehr gehört werden, daß dieser ursächliche Zusammenhang nicht gegeben sei; dem steht die Rechtskraft des Feststellungsurteils entgegen, RG. 6. Nov. 1919 in RGZ. Bd. 97 S. 118 (= JW. 1920 S. 287). **Anm. 13.**

Erleidet z. B. jemand, der schon vorher Anlage zum delirium tremens hatte, **Anm. 14.**

einen Beinbruch und wird dadurch das delirium ausgelöst, so hat der Haftpflichtige auch diesen Schaden zu ersetzen, RG. 28. April 1885 in EisEntsch. 4 S. 145.

Anm. 15. Der ursächliche Zusammenhang im Rechtssinne ist gegeben, wenn eine Mutter auf die Nachricht von dem tödlichen Unfall ihres Kindes einen Nervenzusammenbruch erleidet, RGZ. Bd. 133 S. 271,

Anm. 16. oder wenn ein Ehemann infolge des sich vor seinen Augen abspielenden todbringenden Unfalls seiner Ehefrau einen solchen Zusammenbruch sich zuzieht, RG. 20. Sept. 1934 in JW. 1934 S. 2973 (= VR. 1934 Sp. 536).

Anm. 17. Anders aber, wenn jemand auf die Nachricht von einem l e i c h t e n Unfall des Sohnes hin infolge von Erregung den Tod findet, da diese Unfallfolge ganz ungewöhnlich und daher nicht in Rechnung zu nehmen war, OLG. Dresden 6. Nov. 1941 in DAR. 1942 S. 62.

Anm. 18. Ein ursächlicher Zusammenhang im Rechtssinne liegt auch nicht vor, wenn infolge eines völlig gefahrlosen Hundegebells eine Nervenschwäche vor Schreck zu Boden stürzt, RG. 9. Dez. 1907 in JW. 1908 S. 41.

Anm. 19. Dagegen ist der adäquate Zusammenhang zu bejahen, wenn jemand wegen einer Unfallverletzung ins Krankenhaus aufgenommen wird und an der dort herrschenden Grippe stirbt, RGZ. Bd. 105 S. 264.

Anm. 20. Ursächlicher Zusammenhang einer nervösen Störung mit einem Unfall ist anzunehmen, wenn eine Empfänglichkeit für die Wirkungen eines Nervenschocks vorhanden war; auch Mangel an Widerstandskraft gegen sich aufdrängende Vorstellungen kann durch den Unfall verursacht worden sein, RG. 26. Sept. 1935 in VR. 1935 Sp. 584 Nr. 356.

Anm. 21. Der ursächliche Zusammenhang mit der Unfalleinwirkung ist auch gegeben, wenn diese bei schon vorhandener Bruchanlage einen Bruch zur Auslösung bringt, RGZ. Bd. 6 S. 1; RG. 11. April 1900 in EisEntsch. 17 S. 242 (= JW. 1900 S. 420); RG. 3. Mai 1910 in EisEntsch. 27 S. 86 (= JW. 1910 S. 650); RG. 8. Mai 1914 in EisEntsch. 31 S. 240 (= JW. 1914 S. 840).

Anm. 22. Auch wenn die schweren Folgen des Unfalls nicht eingetreten wären, wenn der Verletzte nicht nervenleidend gewesen wäre, wird der ursächliche Zusammenhang nicht beseitigt, RG. 11. Okt. 1906 in JW. 1906 S. 739 (= Recht 1907 Nr. 280); RG. 14. Nov. 1910 in JW. 1911 S. 149; RG. 18. Okt. 1923 in EisEntsch. 41 S. 76; RG. 14. Jan. 1935 in EisEntsch. 57 S. 340; RG. 12. Dez. 1935 in JW. 1936 S. 1356.

Anm. 23. Der ursächliche Zusammenhang mit dem Bahnbetrieb ist zu bejahen, wenn ein Reisender, dessen Knochen abnorm brüchig sind, beim Öffnen der Wagentür das Schlüsselbein bricht, RG. 1. Febr. 1909 in EisEntsch. 25 S. 403 (= WarnRspr. 1909 S. 210).

Anm. 24. Wird ein schon bestehendes Leiden — Tabes und Paralyse — durch einen Sturz verschlimmert, so haftet der Betriebsunternehmer auch hierfür, RGZ. Bd. 102 S. 241.

Anm. 25. Wird bei einem infolge Unfalls teilweise Erwerbsbeschränkten durch widrige Erlebnisse die völlige Erwerbsunfähigkeit herbeigeführt, so ist der Unfall auch für letztere mitursächlich, RG. 3. April 1917 in EisEntsch. 34 S. 146.

Anm. 26. Daß ein Unfallverletzter nachher in der Narkose stirbt, liegt nicht außerhalb des Bereiches der nach der Lebenserfahrung in Rechnung zu nehmenden Auswirkungen des Unfalls, RGZ. Bd. 66 S. 409.

Anm. 27. Ein ursächlicher Zusammenhang im Rechtssinne mit dem Unfall ist gegeben, wenn eine durch den Unfall körperlich und seelisch geschädigte Ehefrau infolge nachträglicher Schwangerschaft Mutter von Zwillingen wird und die Unfallsfolgen ohne diese Schwangerschaft inzwischen ausgeglichen sein würden, RGZ. Bd. 155 S. 37 (41).

X. Schadenminderungspflicht des Verletzten

Anm. 1. Der Verletzte ist nach Treu und Glauben verpflichtet, den infolge der Unfalleinwirkung eintretenden Körperschaden nach Möglichkeit zu mindern, insbesondere dazu ärztlichen Rat und ärztliche Behandlung in Anspruch zu nehmen, RGZ. Band 72 S. 219 (220).

Unterläßt er dies schuldhaft, so findet § 254 BGB. Anwendung; er kann dann je nach den Umständen seinen Ersatzanspruch ganz oder teilweise einbüßen. Anm. 2.

Ein Verschulden liegt vor, wenn der Verletzte nicht mit der im Verkehr erforderlichen Sorgfalt darauf hingewirkt hat, daß der Schaden sich mindere. Die gebotene Sorgfalt erfordert, daß er, wenn es sich nicht um eine ganz geringfügige Körperverletzung handelt, einen Arzt zuzieht, der durch die staatliche Prüfung, seine Befähigung dargetan hat, RGZ. Bd. 72 S. 219. Anm. 3.

In der Regel verlangt die Sorgfalt nicht, daß der Verletzte die Leistungen des zugezogenen Arztes und die Richtigkeit seiner Anordnungen nachprüfe; dazu wäre er ja auch nur imstande, wenn er einen zweiten Arzt zuzöge; vielmehr hat er seine Verpflichtung gegenüber dem Ersatzpflichtigen dadurch vollständig erfüllt, daß er die Hilfe eines approbierten Arztes in Anspruch nahm und dessen Anordnungen befolgte ,RG. a. a. O. Anm. 4.

Die Tätigkeit des Arztes ist nicht mehr ein Teil der nach § 254 BGB. vom Verletzten dem Ersatzpflichtigen geschuldeten Schadensminderungsleistung; es ist daher rechtsirrig, wenn letzterer auf Grund von § 278 BGB. den Verletzten für ein vom Arzt begangenes Versehen haftbar machen will, RG. a. a. O. Anm. 5.

So wenn er es schuldhaft unterläßt, den beschädigten Fuß regelmäßig zu bewegen, und dadurch seine Arbeitsunfähigkeit vergrößert, RG. 17. Juni 1886 in EisEntsch. 5 S. 281, oder wenn er durch Nichtgebrauch seines Armes die Wiedererlangung der vollen Arbeitsfähigkeit hintertreibt, RG. 4. Juli 1882 in EisEntsch. 2 S. 323. Vgl. auch RG. 16. Dez. 1879 in EisEntsch. 1 S. 52. Anm. 6.

Der Unfallverletzte muß sich in Bezug auf die Heilungsmaßnahmen so verhalten, wie es ein verständiger Mensch unter den gleichen Umständen tun würde, RGZ. Bd. 60 S. 147 (= RG. 13. Febr. 1905 in EisEntsch. 22 S. 47). Vgl. auch OLG Hamburg 18. März 1942 in VAE. 1942 S. 140. Anm. 7.

Doch ist er nicht verpflichtet, nur der geringeren Kosten wegen sein Leben in einer Heilanstalt statt in der Familie zuzubringen, RG. 25. Jan. 1910 in Eis Entsch. 27 S. 60. Anm. 8.

Ein Verschulden des Verletzten kann unter Umständen darin gefunden werden, daß er sich weigert, sich einer Operation zu unterziehen und dadurch Heilung oder Besserung zu erreichen. In der Regel wird die Verweigerung einer Operation dann schuldhaft sein, wenn sie nach Ansicht der zugezogenen Ärzte gefahrlos und nicht mit erheblichen Schmerzen verbunden ist und sichere Aussicht auf Heilung oder doch wesentliche Besserung bietet. Auch hier kommt es auf Treu und Glauben an. Maßgebend ist, wie sich ein verständiger Mensch unter gleichen Umständen verhalten würde. Dabei sind die besonderen Umstände des Einzelfalles, insbesondere die persönlichen Verhältnisse des Verletzten, zu berücksichtigen, Anm. 9.

RG. 22. Dez. 1890 in EisEntsch. 8 S. 197; RG. 30. Jan. 1891 in EisEntsch. 8 S. 222; RG. 24. Jan. 1893 in EisEntsch. 11 S. 195; RGZ. Bd. 83 S. 15; RG. 24. Okt. 1907 in EisEntsch. 24 S. 273 (= JW. 1907 S. 740); RG. 20. Nov. 1911 in JW. 1912 S. 136; RG. 13. Mai 1913 in EisEntsch. 30 S. 218; RG. 25. Juni 1917 in EisEntsch. 35 S. 178; RGZ. Bd. 129 S. 398; Bd. 139 S. 131 (= RG 15. Dez. 1932 in LeipzZtschr. 1933 Sp. 310 = VR. 1933 Sp. 275); RG. 25. Jan. 1935 in JW. 1935 S. 1402; OLG. Kolmar in EisEntsch. 34 S. 118; RG. 26. April 1938 in JW. 1938 S. 2141.

Sind die Ärzte über die Rätlichkeit des Eingriffs verschiedener Meinung, so ist die Verweigerung der Operation nicht schuldhaft, RG. 25. Juni 1917 in EisEntsch. 35 S. 178. Anm. 10.

Es ist kein Verschulden, wenn sich der Verletzte auf ein ärztliches Gutachten verläßt und deshalb von weiterer Behandlung absieht, RGZ. Bd. 131 S. 67 (75). Anm. 11.
Auch Operation in allgemeiner Narkose ist zuzumuten, RGB. Bd. 139 S. 131. Die frühere abweichende Ansicht in RGZ. Bd. 83 S. 15 (= RG. 30. Mai 1913 in JW. 1913 S. 975) ist mit Recht aufgegeben worden.

Ein Verschulden des Verletzten liegt nicht vor, wenn er dem von der Operation abratenden Arzte besonderes Vertrauen entgegenbrachte, RGZ. Bd. 129 S. 398. Anm. 12.
Schuldhaft ist Ablehnung der Operation ohne jeden stichhaltigen Grund.

Anm. 13. Die Weigerung des Verletzten, sich operieren zu lassen, kann zu seinem Nachteil nur dann berücksichtigt werden, wenn die Unterlassung der Operation den Schaden verursacht oder vergrößert hat, wenn also eine Operation Heilung oder wesentliche Besserung gebracht haben würde. Vgl. auch RG. 16. Dez. 1879 in EisEntsch. 1 S. 52.

Anm. 14. Schuldhaft ist die Verweigerung der Operation aus übergroßer Ängstlichkeit, reinem Eigensinn oder gar aus Böswilligkeit. RG. 24. Okt. 1907 in EisEntsch. 24 S. 273 (= JW. 1907 S. 740).

Anm. 15. Ein Verschulden des ihn wegen Unfalls behandelnden Arztes braucht sich der Verletzte nicht nach §§ 278, 254 BGB. entgegenhalten zu lassen, RGZ. Bd. 72 S. 219; RG. 29. Nov. 1909 in EisEntsch. 26 S. 321.

Anm. 16. Wenn der Unfallverletzte sich in ärztliche Behandlung begibt und der Arzt durch unrichtige Behandlung die Heilung vereitelt oder das Leiden verschlimmert, so ist auch dies in der Regel eine adäquate Folge der Unfalleinwirkung, falls dem Arzt nicht Vorsatz oder eine gröbliche Fahrlässigkeit zur Last fällt. Denn nach der Erfahrung des Lebens ist stets damit zu rechnen, daß bei der ärztlichen Behandlung Irrtümer oder Fehler vorkommen können. Für diese Folgen haftet der Betriebsunternehmer gleichfalls, es sei denn, daß das Verhalten des Arztes ein so ungewöhnlich fehlerhaftes war, daß damit nach dem gewöhnlichen Verlauf der Dinge nicht gerechnet werden konnte; nur in solchen besonderen Ausnahmefällen kann von einer Verursachung im Rechtssinne durch die Unfalleinwirkung nicht mehr gesprochen werden. RG. 22. Juni 1911 in EisEntsch. 28 S. 328 (= JW. 1911 S. 754); RG. 7. Jan. 1913 in JW. 1913 S. 322; RG. 22. März 1920 in WarnRspr. 1920 S. 184; RG. 7. Febr. 1921 in EisEntsch. 38 S. 300 (= JW. 1921 S. 741); RGZ. Bd. 102 S. 230; RG. 12. Dez. 1935 in JW. 1936 S. 1356; RG. 24. Nov. 1936 in JW. 1937 S. 990. Vgl. auch RGZ. Bd. 140 S. 1 (9).

Anm. 17. Wenn eine infolge der Unfalleinwirkung notwendig gewordene Chloroformnarkose zum Tode führt, so liegt auch insoweit eine Verursachung im Rechtssinne durch den Unfall vor, RG. 25. Okt. 1907 in EisEntsch. 24 S. 276.

Anm. 18. Grundsätzlich muß der Ersatzpflichtige die Gefahr eines ärztlichen Kunstfehlers auf sich nehmen, weil diese Gefahr mit der durch die schädigende Handlung notwendig gewordenen ärztlichen Behandlung verbunden ist: nur dann ist der ursächliche Zusammenhang im Rechtssinne aufgehoben, wenn der Arzt alle ärztliche Regel und Erfahrung derart gröblich außer acht gelassen und jede berechtigte Erwartung auf ein gewissenhaftes und vernünftiges ärztliches Verhalten derart getäuscht hätte, daß der Mißerfolg der Heilung im Rechtssinne allein auf diese ungewöhnlichen Umstände zurückgeführt werden müßte, RG. 7. Febr. 1921 in EisEntsch. 38 S. 300 (= JW. 1921 S. 741).

XI. Die Unfallneurose

Anm. 1. Umstritten ist die Frage, ob nervöse Störungen, die nicht organisch bedingt sind, in einem ursächlichen Zusammenhang im Rechtssinne mit einem Unfall stehen können (sogen. traumatische Neurose, Unfallneurose, Rentenhysterie). Über den Streit der Meinungen unterrichtet gut Biermann „Die Unfallneurose im Haftpflichtrecht“ in VAE. 1942 S. 205 ff.

Anm. 2. Ob eine bei dem Verunglückten bestehende Neurose durch den Unfall verursacht ist, hat in erster Linie der Richter, nicht der medizinische Sachverständige zu entscheiden (so auch Biermann a. a. O.).

Anm. 3. Hierbei ist ohne Belang, ob eine echte Krankheit im biologischen Sinne vorliegt oder ob dies nach der Meinung der medizinischen Sachverständigen nicht der Fall ist und diese nur eine seelische Reaktion ohne Krankheitswert annehmen.

Anm. 4. Ob ein ursächlicher Zusammenhang im Rechtssinne zwischen den nervösen Erscheinungen und dem Unfall anzunehmen ist, ist nicht allein nach medizinisch-wissenschaftlichen Grundsätzen zu entscheiden. Von einem Wandel in den Anschauungen der ärztlichen Wissenschaft wird der Rechtsbegriff der Verursachung nicht betroffen. Es kommt in erster Linie darauf an, ob es sich um durch Entschädigungswünsche und Begehrungsvorstellungen veranlaßte oder auch ohne solche aufgetretene Erscheinungen handelt, die der Verunglückte bei gutem Willen zu überwinden imstande ist, die mithin nur bei Gelegenheit des Unfalls, nur in äußerem Zusammenhang mit ihm aufgetreten sind, oder ob die nervösen Störungen innerlich mit dem Unfall zusammenhängen, sei es daß der Unfall eine schon vorhandene nervöse Anlage verschlimmert, sei es daß er die Unfähigkeit zur Überwindung der aufgetretenen nervösen Störungen erst herbeigeführt hat. Die Frage des ursächlichen Zusammenhanges ist eine Rechtsfrage, für deren Entscheidung zwar die ärztlichen Erfahrungen und Erkenntnisse eine unentbehrliche Hilfe sind, die jedoch nicht lediglich nach medizinisch-wissenschaftlichen Gesichtspunkten zu beurteilen ist, RG. 12. Dez. 1931 in JW. 1933 S. 1307.

Bei der Untersuchung, ob der Verunglückte imstande ist, gegen seine nervösen Erscheinungen anzukämpfen, sie zu überwinden und einem Erwerb nachzugehen, wird der Richter naturgemäß sich weitgehend auf die Gutachten medizinischer Sachverständiger zu stützen haben, und diese Frage wird es in erster Linie sein, deren Beantwortung er von den Gutachtern verlangen wird. **Anm. 5.**

Diese Grundsätze sind in der Rechtssprechung, insbesondere des Reichsgerichts, anerkannt. Auch Biermann a. a. O. ist der Ansicht, daß diese Rechtsprechung durchaus die Möglichkeit biete, im einzelnen Falle zu einem befriedigenden Ergebnis zu gelangen. Dabei ist jede schematische Behandlung zu vermeiden, vielmehr jeder einzelne Fall individuell zu behandeln, Ziemke in JW. 1932 S. 3326. Aus der reichhaltigen Rechtsprechung sei angeführt: **Anm. 6.**

RG. 14. April 1908 in JW. 1908 S. 405; RG. 19. Juni 1908 in JW. 1908 S. 526;
RG. 1. Okt. 1910 in JW. 1910 S. 1003;
RGZ. Bd. 75 S. 19; RG. 7. Okt. 1915 in JW. 1915 S. 1436;
RG. 18. Okt. 1923 in JW. 1924 S. 464; RG. 12. Nov. 1928 in JW. 1929 S. 936;
RG. 21. Febr. 1929 in JW. 1929 S. 2251; RG. 7. Nov. 1929 in JW. 1930 S. 1579; zustimmend Straßmann daselbst;
RG. 3. März 1930 in GruchBeitr. 1930 S. 392 (= DAR. 1930 S. 120);
RG. 5. Febr. 1931 in JW. 1931 S. 2330 (= WarnRspr. 1931 S. 207 Nr. 102); RG. 9. Febr. 1931 in JW. 1931 S. 1700;
RG. 5. März 1931 in JW. 1931 S. 3333; RG. 12. Dez. 1931 in JW. 1933 S. 1307; RG. 11. Jan. 1932 in VR. 1932 Sp. 151;
RG. 21. Sept. 1933 in JW. 1933 S. 2643; RG. 22. März 1934 in JW. 1934 S. 1562;
RG. 29. April 1935 in VR. 1935 Sp. 389;
RG. 12. März 1935 in JW. 1936 S. 1356;
RG. 12. März 1936 in JW. 1936 S. 2130; RG. 12. März 1936 in JW. 1936 S. 2793; RG. 31. Mai 1937 in WarnRspr. 1938 S. 39;
RG. 4. Nov. 1937 in JW. 1938 S. 105 (= WarnRspr. 1938 S. 268);
RG. 30. Nov. 1940 in VAE. 1941 S. 12; RG. 9. Dez. 1940 in WarnRspr. 1941 S. 71;
RGZ. Bd. 159 S. 257; RG. 13. Juli 1943 V 39/43;
KG. Berlin 16. Mai 1925 in JW. 1927 S. 186;
OLG. München 28. Aug. 1941 in VAE. 1942 S. 6;
OLG. Karlsruhe 15. April 1942 in VAE. 1942 S. 141.

Ohne Belang ist hier, ob der Unfall eine äußere Verletzung oder organische Veränderungen herbeigeführt hat, denn es gibt auch nervöse Störungen als Folge des Unfalls, die nicht organisch bedingt sind. **Anm. 7.**

Insbesondere kann ein beim Unfall erlittener starker Schreck oder Nervenschock — vor allem bei nervösen schwächlichen Personen — nervöse Beschwerden herbeiführen, auch ohne daß organische Veränderungen vorliegen. Auch solche nervösen Erscheinungen können in ursächlichem Zusammenhang im Rechtssinne mit dem Unfall stehen. **Anm. 8.**

Vgl. hierzu RG. 3. März 1930 in GruchBeitr. 1930 S. 392 (= DAR. 1930 S. 120);
RG. 9. Febr. 1931 in JW. 1931 S. 1700;
RG. 22. März 1934 in JW. 1934 S. 1562; RG. 31. Mai 1937 in WarnRspr. 1938 S. 39;
RG. 4. Nov. 1937 in WarnRspr. 1938 S. 268 (= JW. 1938 S. 105).

Der ursächliche Zusammenhang im Rechtssinne zwischen der Neurose und dem Unfall ist auch dann gegeben, wenn der Unfall einen Menschen mit schon vorhandener krankhafter Anlage getroffen hat, die ohne die Unfalleinwirkung **Anm. 9.**

die aufgetretenen nervösen Störungen nicht herbeigeführt haben würde, oder wenn der Unfall schon vorhandene Störungen verstärkt hat,
RG. 18. Okt. 1923 in JW. 1924 S. 464;
RG. 12. März 1935 in JW. 1936 S. 1356; RG. 12. März 1936 in JW. 1936 S. 2793;
RG. 29. April 1935 in VR. 1935 Sp. 389 Nr. 227.

Anm. 10. Kann der Verletzte bei ihm zuzumutender Willensanspannung die nervösen Störungen überwinden und unterläßt er dies, so kann darin ein Verschulden liegen. Es hat dann eine Abwägung gemäß § 254 BGB. stattzufinden. Von dem Verletzten muß verlangt werden, daß er sich, wenn möglich, bemühe, der Störungen Herr zu werden und seine Arbeitsfähigkeit wieder zu erlangen. Läßt er es an der nötigen Energie fehlen, so ist zu prüfen, worauf dieser Mangel an Energie zurückzuführen ist. Ist er eine Folge des Unfalls, so trifft den Verletzten kein Verschulden. Gerade der Unfall kann die seelische Widerstandskraft des Verletzten so geschwächt haben, daß er zur Überwindung der nervösen Störungen nicht mehr imstande ist.
Vgl. hierzu RG. 3. März 1930 in GruchBeitr. 1930 S. 392;
RG. 12. Nov. 1928 in JW. 1929 S. 936;
RG. 5. März 1931 in JW. 1931 S. 3333; RG. 12. März 1936 in JW 1936 S. 2793; RG 31. Mai 1937 in WarnRspr. 1938 S. 39; RG. 4. Nov. 1937 in JW. 1938 S. 105 (= WarnRspr. 1938 S. 268);
OLG. Dresden 2. Mai 1941 in VAE. 1941 S. 165.

Anm. 11. Lebt der Verletzte nur in der irrigen Vorstellung, er sei krank und arbeitsunfähig, so besteht kein ursächlicher Zusammenhang mit dem Unfall, RG. 13. Jan. 1942 in DR. 1942 S. 799 (= VR. 1942 Blatt 272), ebensowenig, wenn der Verunglückte nur simuliert oder seine Beschwerden übertreibt.

Anm. 12. Auch die die Nerven zermürbenden Aufregungen des Entschädigungskampfes können Unfallfolgen im Rechtssinne sein, doch kann die Erhebung übertriebener Ansprüche ein Verschulden des Verletzten im Sinne des § 254 BGB. sein, RG. 4. Nov. 1937 in JW. 1938 S. 105 (= WarnRspr. 1938 S. 268). Der Verletzte muß sich mit seinen Ansprüchen in den Grenzen halten, die durch seine Lebens- und Erwerbsverhältnisse vor dem Unfall gegeben sind; wenn er seine Forderungen darüber hinaus maßlos erweitert, so daß dem Ersatzpflichtigen nicht zuzumuten war, ihn ohne Rechtsstreit zu befriedigen, so kann darin ein nach § 254 BGB. zu berücksichtigendes Verschulden liegen, RG. 14. Nov. 1910 in JW. 1911 S. 149.

Anm. 13. Ist die Prozeßaufregung die alleinige selbständige Ursache der Prozeßneurose und der Unfall nur die äußere Veranlassung hierfür, so ist der ursächliche Zusammenhang zwischen der Neurose und dem Unfall zu verneinen, RG. 7. Okt. 1915 in JW. 1915 S. 1436.

Anm. 14. Hat der Unfall ein Nervenleiden hervorgerufen und verschlimmert sich dieses infolge der Aufregung über den Rechtsstreit, so steht auch diese Verschlimmerung in ursächlichem Zusammenhang mit dem Unfall, RG. 19. Juni 1908 in EisEntsch. 25. S. 180.
Eine derartige Folge des Unfalls liegt nicht außerhalb der gewöhnlichen Erfahrung, RG. 3. März 1930 in GruchBeitr. 1930 S. 392.

Anm. 15. Dagegen kann ein ursächliches eigenes Verschulden des Verletzten vorliegen, wenn es sich bei den Beschwerden nur um die hysterische Reaktion eines Psychopathen auf einen an sich harmlos verlaufenen Unfall handelt und dieser durch eigene Willensanspannung die Beschwerden meistern könnte.

Anm. 16. So findet zu Lasten des Verunglückten § 254 BGB. Anwendung, wenn der Verletzte die infolge des Eisenbahnunfalls auftretenden Angstgefühle vor dem Schwindeligwerden bekämpfen könnte und dies unterläßt, OLG. Hamm 20. Dez. 1940 in VAE. 1940 S. 235.

Anm. 17. Eine durch Nervenschwäche verursachte Entschlußlosigkeit, die den Verletzten abhält, eine neue Stellung anzunehmen, kann Unfallfolge im Rechtssinne sein, RG. 11. Okt. 1934 in VR. 1934 S. 576.

Anm. 18. Die Frage, ob ein ursächlicher Zusammenhang im Rechtssinne vorliegt, hat das Gericht selbständig zu prüfen. Auch wenn der ärztliche Sachverständige ausspricht. der Leidenszustand des Verletzten sei nicht als adäquate Folge des

Unfalls zu werten, hat das Gericht nachzuprüfen, ob diese Ansicht nicht auf einer Verkennung des Begriffs des ursächlichen Zusammenhangs im Rechtssinne beruht, RG. 21. Sept. 1933 in VR. 1933 S. 528 (= JW. 1933 S. 2643).

Bei der Untersuchung, ob psychische Störungen in ursächlichem Zusammenhang mit dem Unfall stehen, sind die Rechtsgrundsätze über den Beweis des ersten Anscheins — sogen. Primafaciebeweis — anzuwenden. Für diesen Beweis sind neben den Anschauungen der medizinischen Wissenschaft die Persönlichkeit und die bisherige Lebensführung des Verletzten von Bedeutung. Hiernach kann von vornherein der Verdacht begründet sein, daß der Geschädigte seinen Willen nicht zur Überwindung der psychischen Störungen anstrenge, sondern dazu neige, aus dem Unfall ein Geschäft zu machen. Bei Personen, die vor dem Unfall mutig und tüchtig im Lebenskampf gestanden haben und keinen Anlaß hatten, sich an Entschädigungsforderungen anzuklammern, wird nach dem Beweis des ersten Anscheins die Ursächlichkeit des Unfalls für die Störungen anzunehmen sein, RG. 21. Sept. 1932 in LeipzZtschr. 1933 S. 185. **Anm. 19.**

Zum Beweis des ersten Anscheins vgl. RGZ. Bd. 112 S. 229; Bd. 130 S. 359; Bd. 134 S. 237 (242); Bd. 138 S. 201; Bd. 153 S. 137; Bd. 159 S. 235 (239); Bd. 159 S. 283 (289); Bd. 163 S. 21 (27); RG. 10. Febr. 1940 in DJ. 1940 S. 373; RG. 4. Sept. 1940 in DR. 1940 S. 2116; **Anm. 20.**

XII. Ursächlicher Zusammenhang im Rechtssinne

Es genügt nicht, daß zwischen der Betriebstätigkeit der Eisenbahn und dem Unfall ein natürlicher ursächlicher Zusammenhang besteht, d. h. daß die Betriebstätigkeit nicht weggedacht werden könnte, ohne daß der Unfall wegfiele. Man würde sonst zu praktisch unerträglichen Ergebnissen gelangen (RGZ. Bd. 78 S. 270 [272]). Vielmehr muß ein sogen. a d ä q u a t e r Ursachenzusammenhang, eine Verursachung im Rechtssinne vorliegen. Nicht jede Bedingung des Unfalls kann als Ursache im Rechtssinne angesehen werden. Rechtlich erheblich ist nur ein ursächlicher Zusammenhang, bei dem der Betriebsvorgang in einem so nahen Zusammenhange mit dem Unfall steht, daß nach der Erfahrung des Lebens und dem regelmäßigen Verlauf der Dinge der Betriebsvorgang zur Herbeiführung des Unfalls im allgemeinen geeignet erscheint. **Anm. 1.**

Steht dagegen der Unfall in einem so entfernten Zusammenhange mit dem Betriebsvorgang, daß der Eintritt des Unfalls vernünftigerweise nicht in Betracht zu ziehen und nur unter besonders eigenartigen, ganz unwahrscheinlichen Umständen zu erwarten war, so ist ein ursächlicher Zusammenhang im Rechtssinne nicht gegeben. Eine ganz außergewöhnliche Verkettung vom Umständen kann der Eisenbahn nicht zugerechnet werden.

Vgl.. hierzu RGZ. Bd. 66 S. 409; Bd. 69 S. 57; Bd. 72 S. 324; Bd. 75 S. 19; Bd. 78 S. 272; Bd. 81 S. 359; Bd. 94 S. 10; Bd. 105 S. 264; Bd. 119 S. 204; Bd. 133 S. 126; Bd. 133 S. 271; Bd. 135 S. 149 (154); Bd. 141 S. 169 (172); Bd. 142 S. 383 (388); Bd. 148 S. 56; Bd. 149 S. 135; Bd. 154 S. 41 (48); Bd. 158 S. 34 (38); Bd. 168 S. 86 (88); RG. 22. Okt. 1907 in SeuffArch. Bd. 63 S. 261 (263); RG. 19. Juni 1908 in JW. 1908 S. 526 (=SeuffArch. Bd. 64 S. 16); RG. 20. Sept. 1934 in JW. 1934 S. 2973; RG. 13. Okt. 1942 in DAR. 1943 S. 25. Siehe auch RG. 18. Febr. 1939, in DR. 1939 S. 442 = DJ, 1939 S. 969 = RGZ. Bd. 159 S. 312, ferner RGZ. Bd. 171 S. 242 (250).

Ein natürlicher ursächlicher Zusammenhang genügt nicht, die Möglichkeit des eingetretenen Erfolges darf nicht von vornherein außerhalb jeder Wahrscheinlichkeit liegen, RGZ. Bd. 169 S. 84 (91). **Anm. 2.**

Wird ein Reisender im Zugabteil während der Eisenbahnfahrt von einem Mitreisenden ermordet (RGZ. Bd. 69 S. 357), so haftet die Eisenbahn in der Regel nicht, weil der Tod nicht in ursächlichem Zusammenhang — im Rechtssinne — mit einem Betriebsvorgang steht, mithin ein Unfall „bei dem Betriebe" nicht vorliegt. Die Beförderung auf der Eisenbahn ist im allgemeinen nicht geeignet, die Ermordung durch Dritte herbeizuführen. Man wird ganz allgemein sagen können, daß in der Regel der Eisenbahnbetriebsunternehmer für strafbare Handlungen, die von Dritten an Reisenden im Zuge begangen werden — wie z. B. Mord, Beraubung, Mißhandlung, Notzucht — nicht haftet, da hier zumeist **Anm. 3.**

ein ursächlicher Zusammenhang im Rechtssinne mit dem Eisenbahnbetrieb fehlen wird. Doch kann ein rechtlich beachtlicher Ursachenzusammenhang dann vorliegen, wenn der Schadenseintritt durch die Vorgänge und Einrichtungen der Bahn begünstigt worden ist. Übrigens wird, auch wenn ein Unfall beim Betriebe vorliegt, in der Regel höhere Gewalt anzunehmen sein.

Anm. 4. Eine adäquate Verursachung durch den Betrieb liegt vor, wenn bei einem Zusammenstoß mit der Straßenbahn ein unter die Bahn geratenes Pferd durch einen Dritten, der es zu befreien versucht, tödlich verletzt wird; ein solches Eingreifen eines Dritten liegt durchaus im Bereich des nach der Erfahrung in Rechnung zu Nehmenden, RG. 9. Febr. 1922 in VR. 1922 Sp. 93.

Anm. 5. Trägt jemand bei einem Unfall ein Nervenleiden davon und wird dieses durch die Aufregungen des Rechtsstreits gegen den Ersatzpflichtigen und die bedrängte Vermögenslage, in die der Verletzte infolge der Verweigerung des geforderten Schadensersatzes gerät, noch erheblich gesteigert, so haftet der Ersatzpflichtige auch hierfür, da die Möglichkeit des Eintritts dieser Unfallfolge nicht so fern lag, daß sie nach der Auffassung des Lebens als Folge vernünftigerweise nicht mehr in Betracht gezogen werden könnte, RG. 19. Juni 1908 in JW. 1908 S. 526 (=SeuffArch. Bd. 64 S. 16).

Anm. 6. Dagegen ist ein ursächlicher Zusammenhang im Rechtssinne anzunehmen, wenn ein Ehemann infolge des sich vor seinen Augen abspielenden todbringenden Unfalls seiner Ehefrau einen Nervenzusammenbruch erleidet, RG. 20. Sept. 1934 in JW. 1934 S. 2973;

Anm. 7. wenn eine Mutter auf die Kunde vom Unfalltod ihres Kindes einen Nervenzusammenbruch erleidet, RGZ. Bd. 133 S. 271;

Anm. 8. wenn ein durch Unfall am Arm Verletzter im Krankenhaus an der dort herrschenden Grippe sich ansteckt und stirbt, RGZ. Bd. 105 S. 264.

Anm. 9. Hat die fahrlässige Handlung eines Dritten — eines Reisenden oder eines Beamten — den Unfall mitverursacht, so wird dadurch die Ursächlichkeit des Betriebes und damit die Haftung der Bahn nicht ausgeschlossen, RG. 28. Mai 1938 in JW. 1938 S. 2357; RGZ. Bd. 156 S. 257 (262). Vgl. auch RGZ. Bd. 114 S. 292

XIII. Begriff des Betriebsunternehmers

Anm. 1. Schadensersatzpflichtig ist nach § 1 der Unternehmer des Eisenbahnbetriebes. Vgl. hierzu den Aufsatz von Biermann in DR. 1944 S. 222. Eisenbahnbetriebsunternehmer ist diejenige physische oder juristische Person (auch Staat, Gemeinde), die über den Bahnbetrieb die selbständige Verfügungsgewalt besitzt und ihn auf eigene Rechnung und Gefahr führt.

RG. 19. Mai 1880 in EisEntsch. 1 S. 174; RGZ. Bd. 1 S. 279;
RG. 1. März 1882 in EisEntsch. 2 S. 226;
RG. 1. Mai 1883 in EisEntsch. 3 S. 73;
RG. 18. Juni 1884 in EisEntsch. 3 S. 360; RGZ. Bd. 12 S. 145;
RG. 27. April 1886 in EisEntsch. 5 S. 34;
RG. 8. Nov. 1888 in EisEntsch. 6 S. 436;
RG. 16. Sept. 1889 in EisEntsch. 7. S. 306;
RG. 24. Mai 1892 in EisEntsch. 10 S. 11;
RG. 19. Juni 1894 in EisEntsch. 12 S. 197;
RG. 28. Dez. 1894 in EisEntsch. 12 S. 207;
RG. 4. März 1898 in EisEntsch. 15. S. 221;
RG. 17. Sept. 1901 in EisEntsch. 18 S. 264 (= JW. 1901 S. 726);
RG. 16. Febr. 1903 in EisEntsch. 20 S. 140 (= JW. 1903 S. 158);
RG. 27. Juni 1907 in EisEntsch. 24 S. 171 (= Recht 07 Nr. 2441);
RGZ. Bd. 66 S. 376 (= RG. 14. Okt. 1907 in EisEntsch. 24 S. 185 = JW. 1907 S. 717);
RG. 30. Nov. 1908 in EisEntsch. 25 S. 315 (= JW. 1909 S. 59);
RG. 13. Jan. 1910 in EisEntsch. 26 S. 329; RG. 3. Nov. 1910 in JW. 1911 S. 62 Nr. 66;
RG. 9. März 1911 in EisEntsch. 28 S. 103;
RG. 18. Sept. 1911 in EisEntsch. 28 S. 241 (= JW. 1911 S. 951);
RG. 19. Febr. 1912 in EisEntsch. 29 S. 90;

RG. 10. Juni 1915 in EisEntsch. 32 S. 455;
RG. 16. Febr. 1920 in EisEntsch. 38 S. 68 (= JW. 1920 S. 556);
RG. 9. Jan. 1930 in EisEntsch. 50 S. 300;
RG. 26. Febr. 1923 in EisEntsch. 40 S. 220 (= LeipzZtschr. 1923 S. 398);
RGZ. Bd. 38 S. 90; Bd. 75 S. 7 (= EisEntsch. 27 S. 425 = JW. 1911 S. 62);
RGZ. Bd. 96 S. 209; Bd. 146 S. 340 (= EisEntsch. 58 S. 196);
OLG. Hamburg 10. Mai 1933 in VR. 1934 Seite 31;
KG. 19. Juli 1924 in EisEntsch. 43 S. 110.
Vgl. auch Biermann in DR. 1944 S. 222.

Dabei ist das Hauptgewicht auf die selbständige Verfügungsgewalt über den technischen Betrieb zu legen, da diese den Inhaber in den Stand setzt und verpflichtet, für Abwendung oder Verringerung der Betriebsgefahren zu sorgen, RGZ. Bd. 96 S. 209; RG. 18. Sept. 1911 in EisEntsch. 28 S. 241; RG. 16. Febr. 1920 in EisEntsch. 38 S. 68. Es wäre falsch, lediglich die ökonomische Seite in Betracht zu ziehen. Im allgemeinen wird demjenigen, der die Leitung des technischen Betriebes, insbesondere die Regelung des Verkehrs der Züge hat, auch die Verantwortung für Betriebsunfälle aufzuerlegen sein. Hat ein Bauunternehmer im Auftrage der Eisenbahn mit den von dieser nebst Personal gestellten Bauzügen die Materialien zum Bahnbau heranzuschaffen und hat er über die Bauzüge selbständig — unter Oberaufsicht der Bahn — zu verfügen, so hat nicht die Bahn den selbständigen Betrieb der Bauzüge übernommen; hier ist der Bauunternehmer Betriebsunternehmer der Bauzüge, RG. 3. Nov. 1910 in JW. 1911 S. 62 Nr. 66. Anm. 2.

Eine Bahn wird von demjenigen für eigene Rechnung betrieben, der die Kosten des Betriebes trägt und die Einnahmen daraus bezieht. Hat z. B. die Eisenbahn einem Privatunternehmer die Beförderung von Kies auf einer Nebenbahn übertragen und ihm die Benutzung der Nebenbahn für seine eigenen Zwecke und auf eigene Gefahr in der Weise überlassen, daß das wirtschaftliche Ergebnis des Betriebes ihm zum Vorteil oder Nachteil gereicht, so ist er, nicht die Eisenbahn Unternehmer dieses Betriebes, RGZ. Bd. 1 S. 279. Anm. 3.

Entscheidend ist das wirtschaftliche Interesse, RG. 16. Febr. 1903 in EisEntsch. 20 S. 140 (= JW. 1903 S. 158). Anm. 4.

Nicht entscheidend ist, wem das Eigentum am Betriebsgelände, an den Betriebsmitteln wie den Schienen, den Lokomotiven und Wagen zusteht, RG. 4. März 1898 in EisEntsch. 15; RGZ. Bd. 1 S. 279; RG. 16. Febr. 1903 in EisEntsch. 20 S. 140 (= JW. 1903 S. 158); RG. 13. Jan. 1910 in EisEntsch. 26 S. 329. Anm. 5.

Wer die selbständige Verfügungsgewalt über den Bahnbetrieb besitzt, ist auch dann Betriebsunternehmer, wenn der Betrieb der Aufsicht eines anderen unterliegt, z. B. wenn die Eisenbahnbehörde Verkehrsvorschriften allgemeiner Natur erlassen hat, RGZ. Bd. 66 S. 376; Bd. 75 S. 7. Anm. 6.

Wenn die beiden Merkmale — Betrieb auf eigene Rechnung, selbständige Verfügungsgewalt — nicht in derselben Person zusammentreffen, so ist der Betriebsunternehmer in der Weise zu bestimmen, daß geprüft wird, welches Merkmal im einzelnen Falle von besonderem Gewicht ist, RGZ. Bd. 75 S. 7; RG. 3. Nov. 1910 in JW. 1911 S. 62 Nr. 66; RG. 26. Febr. 1923 in EisEntsch. 40 S. 220; RG. 9. Jan. 1930 in EisEntsch. 50 S. 300; RG. 10. Jan. 1935 VI 413/34 in VR. 1935 Sp. 263. Anm. 7.

Eine Schlafwagengesellschaft ist nicht Eisenbahnbetriebsunternehmer im Sinne des § 1, da sie keine selbständige Verfügungsgewalt über den technischen Eisenbahnbetrieb hat. RGZ. Bd. 99 S. 227; RG. 4. Nov. 1901 in EisEntsch. 18 S. 329. Anm. 8.

Beim Zusammenstoß der Betriebsmittel mehrerer Eisenbahnen haftet dem Verletzten für den gesamten Schaden jeder der beteiligten Betriebsunternehmer, RG. 29. Mai 1905 in EisEntsch. 22 S. 167 (= JW. 1905 S. 429). Anm. 9.

Eine GmbH., die für Rechnung und Gefahr der Bahneigentümerin den Betrieb gegen Entgelt führt, ist nicht Betriebsunternehmerin, OLG. Hamm 22. Okt. 1927 in VR. 1928 Sp. 331. Anm. 10.

Nicht als Eisenbahnbetriebsunternehmer im Sinne des § 1 RHpflG. anzusehen Anm. 11.

sind die Besteller von Sonderzügen, auch nicht die Eigentümer von Privatgüterwagen, die von der Eisenbahn befördert werden.

Anm. 12. Zwei Personen können gleichzeitig Betriebsunternehmer einer Eisenbahn sein, wenn nämlich der Betrieb für Rechnung von beiden geführt wird und beiden die Verfügung über den Betrieb zusteht, RG. 7. Sept. 1943 in DR. 1943 S. 36; zustimmend Wussow in der Anm. daselbst.

Anm. 13. Eine Staatsbahn ist Unternehmerin, wenn sie einer Privatfirma über deren Anschlußgleis Wagen von der Hauptbahn zubringt oder in räumlich in das Gebiet des Betriebes des Anschlußgleises hinübergreifender Weise dort Wagen mit ihren Lokomotiven abholt, RG. 6. Nov. 1896 in JW. 1896 S. 707.

Anm. 14. Die Abmachungen zwischen dem Inhaber eines Anschlußgleises und der Bahn können unmittelbaren Einfluß auf die Frage nach der Haftpflicht nicht haben; denn die Haftpflicht kann nicht vertragsmäßig auf jemanden abgewälzt werden, in dessen Person die gesetzlichen Voraussetzungen nicht zutreffen; die wirkliche Gestaltung des Betriebes entscheidet, RG. a. a. O.

Anm. 15. Wer Betriebsunternehmer einer Eisenbahn ist, wird sich jedoch vielfach aus den vertraglichen Vereinbarungen der Beteiligten darüber ergeben, für wessen Rechnung der Betrieb geführt werden und wer die selbständige Verfügung darüber haben soll.

Anm. 16. Hat z. B. ein Kreis durch Vertrag den Bau und Betrieb einer Kreisbahn einer Firma als Unternehmerin zu einer bestimmten Summe übertragen und sollte die Firma den Bahnbetrieb auf 15 Jahre behalten und völlig selbständig führen, so kann der Kreis nicht als Betriebsunternehmer angesehen werden, RG. 17. Sept. 1901 in JW. 1901 S. 726.

Anm. 17 Die Heeresverwaltung, die die Überwachung einer Bahnstrecke durch Polizisten angeordnet hat, kann nicht als Unternehmerin angesehen werden, wenn ein Schutzmann durch einen vorbeifahrenden Zug verletzt wird; hier ist allein die Eisenbahn haftbar, RG. 5. Juli 1920 in JW. 1921 S. 170.

XIV. Haftungsausschließungsgründe

Anm. 1. Ist ein Unfall durch höhere Gewalt oder eigenes Verschulden des Verunglückten verursacht, so haftet nach § 1 der Betriebsunternehmer nicht, soweit nicht nach § 254 BGB. oder § 17 KFG. eine Abwägung und Schadensverteilung vorzunehmen ist.

Anm. 2. Höhere Gewalt oder eigenes Verschulden unterbrechen nicht den ursächlichen Zusammenhang zwischen dem Unfall und dem Bahnbetriebe. Da die Anwendung des § 1 das Vorliegen eines Betriebsunfalls voraussetzt, muß stets ein ursächlicher Zusammenhang zwischen dem Unfall und dem Bahnbetriebe gegeben sein.

Anm. 3. So ist z. B. bei dem durch eigene Unvorsichtigkeit eines Reisenden verursachten Betriebsunfall auch der Bahnbetrieb mitursächlich gewesen; der Unfall kann nicht ausschließlich auf die Handlungsweise des Verletzten zurückgeführt werden, dessen Unvorsichtigkeit unterbricht nicht den ursächlichen Zusammenhang zwischen dem Eisenbahnbetriebe und dem Unfall, RG. 21. Jan. 1929 in JW. 1929 S. 2815.

Anm. 4. Es wäre daher falsch, zu sagen, der Unfall sei ausschließlich durch eigenes Verschulden des Verletzten verursacht. Ist z. B. ein Reisender bei unvorsichtigem Einsteigen in den Zug verunglückt, so hat zwar sein Verschulden den Unfall mitverursacht, es ist aber nicht die alleinige Ursache dieses Betriebsunfalls; unzutreffend LG. Essen 27. Okt. 1942 in VAE. Bd. 15 (1943) S. 92); doch kann der Unfall so überwiegend durch den Reisenden selbst mitverursacht sein, daß bei der Abwägung nach § 254 BGB. die Verursachung durch den Bahnbetrieb ganz in den Hintergrund treten kann. Diese Abwägung führt nicht zur Verneinung der Ursächlichkeit des Eisenbahnbetriebes, aber sie kann es als gerechtfertigt erscheinen lassen, die Bahn von jeder Schadensersatzpflicht freizustellen.

XV. Begriff der höheren Gewalt

Der Betriebsunternehmer haftet nicht, wenn er beweist, daß der Unfall durch höhere Gewalt verursacht ist. Anm. 1.

Die strenge Verursachungs- oder Gefährdungshaftung des Eisenbahnunternehmers gilt nicht ausnahmslos; sie findet ihre Grenze bei den Unfällen, bei denen Ereignisse von ungewöhnlicher und elementarer Wucht und Schwere auf den Bahnbetrieb eingewirkt haben, Ereignisse, die so weit außerhalb der Einflußsphäre des Unternehmers liegen, daß ihm eine Haftung hierfür nicht zugemutet werden kann.

In solchen ungewöhnlichen und seltenen Fällen ist eine Befreiung von jeder Haftung gerechtfertigt. Vgl. Koffka in DJ. 1940 S. 540.

Man pflegt solche Ereignisse — entsprechend dem römischrechtlichen Ausdruck vis maior (auch vis divina, vis caelestis) — als höhere Gewalt zu bezeichnen. Auch das RHpflG. bedient sich dieses Begriffs.

Eine Begriffsbestimmung der höheren Gewalt gibt das Gesetz nicht. Anm. 2.

Es liegt in der Natur der Sache, daß eine Haftungsbefreiung wegen höherer Gewalt nur in äußerst seltenen Fällen angenommen werden kann. Schon der Ausdruck selbst — es muß sich um eine „Gewalt"einwirkung handeln, und zwar um eine „höhere", also eine Einwirkung von solcher Macht und Wucht, daß sie stärker ist als menschliche Kräfte, eine unwiderstehliche Einwirkung, zu deren Abwendung der Mensch zu schwach ist (vis cui humana infirmitas resistere non potest) — besagt, daß es sich hier um nichts Gewöhnliches, vielmehr um eines der seltenen Ausnahmeereignisse handelt, die man als Schicksalsschlag empfindet, das Unerhörte und Ungeheure (so treffend Exner in Grünhuts Ztschr. Bd. 10 S. 569, 581), das den Rahmen des Gewohnten augenscheinlich und mächtig überschreitet (extra consuetudinem). Anm. 3.

Daß damit die Anforderungen, die an die Einrede der höheren Gewalt gestellt werden, überspannt würden (Schmidt-Ernsthausen in JW. 1925 S. 619), kann nicht zugegeben werden. Man würde dem Ausdruck „höhere Gewalt" geradezu Gewalt antun, wenn man ihn auf Fälle ausdehnen würde, die sich im Eisenbahnverkehr mit einer gewissen Häufigkeit wiederholen und auf die der Unternehmer sich einstellen kann. Zutreffend bezeichnet Exner (a. a. O. S. 571) es als unmöglich, einem zwischen den Gleisen spielenden kleinen Kinde höhere Gewalt zuzuschreiben. Er weist mit Recht darauf hin, daß die Benennung dieses Begriffs auf Ereignisse hinweise, die wegen ihrer alle Normalerwartungen des Lebens durchbrechenden Wucht von altersher als unmittelbare Eingriffe göttlicher Übermacht (vis divina) erschienen. Anm. 4.

Daß damit die Gefährdungshaftung der Eisenbahn in unzumutbarer Weise gesteigert würde (Schmidt-Ernsthausen in EisEntsch. 36 S. 133), trifft nicht zu, und seiner Anregung, die Zufallshaftung der Eisenbahn bei Personenschäden auf die dem Eisenbahnbetrieb eigentümlichen Gefahren, soweit sie sich durch Menschenkräfte abwenden lassen, zu beschränken, wird man nicht folgen können. Es würde dann z. B. der Unternehmer einer Eisenbahn beim Überfahren eines auf die Gleise geratenen kleinen Kindes diesem nicht haften, was ein untragbares Ergebnis wäre. Anm. 5.

Die Rechtsprechung hat sich ganz allgemein der Ansicht angeschlossen, daß höhere Gewalt nur in ganz ungewöhnlichen Ausnahmefällen angenommen werden könne. Sie hält zur Annahme höherer Gewalt drei Voraussetzungen für unumgänglich: Das den Unfall verursachende Ereignis muß 1. ein äußeres, betriebsfremdes, ein sogen. äußerer Zufall sein, d. h. seine Ursachen und Wurzeln außerhalb des Betriebskreises der Eisenbahn haben, 2. ganz außergewöhnlich, also nicht ein mit einer gewissen Häufigkeit wiederkehrendes, und 3. mit zumutbaren Mitteln nicht abzuwenden oder in seinen schädlichen Folgen zu beseitigen sein. Vgl. KG. Berlin 11. Nov. 1943 in VAE. 1944 Bd. 17 S. 47. Anm. 6.

Diese Begriffsbestimmung hat sich in der Rechtsprechung bewährt. Bei vernünftiger Handhabung vermag sie brauchbare Ergebnisse zu liefern (so auch Staks in VAE. 1942 S. 121). Der häufig zu hörende Vorwurf, daß die Rechtsprechung bei der Bestimmung des Begriffes der höheren Gewalt so viele Anm. 7.

Merkmale aufeinanderhäufe, daß für diesen Einwand nur noch ein äußerst bescheidenes Anwendungsgebiet verbleibe (vgl. Schmidt-Ernsthausen a. a. O., siehe auch v. d. Leyen in JW. 1926 S. 1436), ist nicht begründet; höhere Gewalt kann eben schon der Natur der Sache nach nur in äußerst seltenen Ausnahmefällen angenommen werden.

Anm. 8. Zu verlangen ist hiernach Einwirkung von außen, Außergewöhnlichkeit und Unabwendbarkeit. Dagegen ist nicht erforderlich, daß das Ereignis nicht vorherzusehen gewesen sei. Auch ein vorhersehbares Ereignis kann unter Umständen, wenn es nicht verhütet werden konnte, höhere Gewalt sein.
Vgl. hierzu RG. 9. Juli 1880 in EisEntsch. 1 S. 250;
RG. 22. Juli 1903 in EisEntsch. 20 S. 184;
RG. 19. Nov. 1917 in EisEntsch. 36 S. 74;
RGZ. Bd. 95 S. 64 (= JW. 1919 S. 38); RGZ. Bd. 101 S. 94;
RG. 4. März 1920 in JW. 1920 S. 710;
RG. 8. Jan. 1931 in SeuffArch. Bd. 85 S. 173;
RG. 18 Okt. 1934 in EisEntsch. 57 S. 93 (= VR. 1934 Sp. 664); OLG. Königsberg in VAE. 1940 S. 43.
In RGZ. Bd. 104 S. 150 ist dahingestellt geblieben, ob die Nichtvoraussehbarkeit des Ereignisses unter allen Umständen zu den notwendigen Merkmalen der höheren Gewalt gehört.

Anm. 9. Die Verneinung der höheren Gewalt setzt nicht die Feststellung eines Verschuldens der Bahn voraus. RGZ. Band 89 S. 342 (= JW. 1917 S. 471).

Anm. 10. Der Begriff der höheren Gewalt deckt sich nicht mit dem des unabwendbaren Ereignisses im Sinne des § 7 Abs. 2 S. 2 KFG. Vielmehr ist letzterer Begriff der weitere. Während z. B. ein Ereignis, das sich im Betriebe mit einer gewissen Häufigkeit zu wiederholen pflegt, nicht als höhere Gewalt angesehen werden kann, kann es gleichwohl im Kraftfahrbetriebe ein „unabwendbares Ereignis" im Sinne des § 7 KFG. sein. Unverschuldetes plötzliches Hineinlaufen kleiner Kinder in die Fahrbahn ist nicht höhere Gewalt im Sinne des RHpflG., kann aber unter Umständen sehr wohl ein für den Kraftfahrer unabwendbares Ereignis im Sinne des § 7 KFG. sein, vgl. RG. 16. Nov. 1912 in JW. 1913 S. 218.

Anm. 11. Wenn Hanow (EisEntsch. 37 S. 290) meint, höhere Gewalt sei ein Ereignis, das „durch die umsichtigsten Schutzvorrichtungen nicht verhütet werden kann", so stellt er zu einseitig nur auf die Unabwendbarkeit ab.

Anm. 12. Ist ein Unfall durch mehrere Ursachen herbeigeführt, so ist für die Frage der höheren Gewalt diejenige Ursache maßgebend, welche den ersten Anstoß zu dem Unfall gegeben, ihn sozusagen ausgelöst, die gesamte Ursachenreihe in Bewegung gesetzt hat.

Anm. 13. Damit höhere Gewalt vorliege, muß es sich zunächst einmal um ein Ereignis handeln, dessen Ursachen völlig außerhalb des Betriebs- und Gefahrenbereichs und der Einflußphäre der Eisenbahn liegen und das nun von außen her störend auf den Eisenbahnbetrieb einwirkt. Dies ist z. B. der Fall, wenn ein Orkan eine Eisenbahnbrücke zum Einsturz bringt, wenn ein Verbrecher einen Zug dadurch zum Entgleisen bringt, daß er eine Weiche gewaltsam umlegt oder eine Straßenwalze auf das Gleis verbringt, oder wenn jemand durch eigenen Steinwurf auf einen fahrenden Zug einen Reisenden verletzt. In solchen Fällen wird höhere Gewalt vorliegen, falls die Bahn die schädlichen Folgen des von außen kommenden Eingriffs nicht durch ihr zuzumutende Maßnahmen verhüten konnte.

Anm. 14. Vgl. auch die Beispiele bei Oertmann in VR. 1924 Sp. 145 (Beschießen des Zuges durch Feinde oder Räuber, Vernichtung durch Blitz, Überflutung, Felssturz).

Anm. 15. Einwirkung „von außen" ist nicht räumlich zu verstehen. Auch Ereignisse, die sich räumlich im Innern eines Eisenbahnwagens abspielen, können außerhalb des Betriebs- und Gefahrenkreises der Eisenbahn ihren Ursprung haben. Wird z. B. während der Fahrt ein Reisender von einem Mitreisenden im Abteil ermordet, so ist dies kein innerer Zufall, sondern ein betriebsfremdes, von außen in den Betrieb hineinwirkendes Vorkommnis; die dem Eisenbahnbetrieb eigentümliche Gefährlichkeit kommt hier als mitwirkende Ursache nicht in Betracht, der Eisenbahnwagen ist nur der zufällige Schauplatz eines Verbrechens. Vgl. hierzu RG. 22. Okt. 1908 in RGZ. Bd. 69 S. 357 (= JW. 1908 S. 721). Dasselbe gilt im Fall eines Schusses mitreisender Soldaten, der eine Reisende so erschreckt, daß sie aus dem fahrenden Zuge springt, RGZ. Bd. 109 S. 172 (= RG 13. Nov. 1924 in JW. 1925 S. 619).

Dagegen wird manUnfälle, die sich im Eisenbahnzuge infolge Inbrandgeratens oder Explosion von durch Mitreisende als Handgepäck eingebrachten Gegenständen ereignen, nicht als äußere Zufälle anzusehen haben. Die von eingebrachtem Reisegepäck drohenden Gefahren müssen als innerhalb des Gefahrenkreises der Eisenbahn gelegen betrachtet werden, so z. B. die Explosion einer Zelluloidkiste, RG. 3. Juli 1900 in EisEntsch. 18 S. 204, **Anm. 16.**

das Inbrandgeraten eines von einem Mitreisenden eingebrachten Benzinbehälters, RG. 23. Dez. 1920 in EisEntsch. 38 S. 228 (= JW. 1921 S. 343).

Es muß sich also um ein Ereignis handeln, das seinem Ursprung nach betriebsfremd ist, also seine Wurzeln nicht innerhalb des Betriebskreises der Eisenbahn hat, kein „innerer Betriebsvorgang" ist, mithin in diesem Sinne „von außen" kommt, einen sogen. äußeren Zufall, der mit den Gefahrenquellen des Betriebes nicht zusammenhängt; der Unternehmer muß einstehen für seinen eigenen Betriebskreis, aber nicht für die in ihrem Urgrund darüber hinausragenden allgemeinen Zufälle, Oertmann in JW. 1928 S. 3193. Zu letzteren gehören nicht Ereignisse, die durch den fehlerhaften Zustand der Bahnanlagen und Bahnfahrzeuge verursacht sind, wie Achsenbruch, Schienenbruch, Dammbruch, Versagen der Bremse, Platzen des Bremsschlauches, Heißlaufen, Einsturz eines Tunnels, Kesselexplosion, Versandung der Schienen. Stürzt ein kleines Kind aus dem Zuge, weil der Verschluß der Abteiltür der Ordnung zuwider schon einem leichten Drucke nachgab und von einem dreijährigen Kinde leicht geöffnet werden konnte, so liegt höhere Gewalt nicht vor, weil die Betriebseinrichtungen nicht in tadellosem Zustande waren, RG. 29. Jan. 1906 in RGZ. Bd. 62 S. 346 (= JW. 1906 S. 192). **Anm. 17.**

Zum Eisenbahnbetrieb sind neben den sächlichen Einrichtungen und Betriebsmitteln, wie Gebäuden, Schienenwegen, Lokomotiven, Wagen, Gerätschaften usw. vor allem auch Menschen erforderlich, die den Betrieb leiten und die erforderlichen Arbeiten ausführen. Auch das Verhalten dieser Personen ist als innerer Betriebsvorgang aufzufassen. Vgl. RGZ. Bd. 104 S. 150. **Anm. 18.**

Siehe ferner RG. 30. Juni 1883 in EisEntsch. 3 S. 86 (= JW. 1883 S. 230) [Bruch eines Radreifens];

RGZ. Bd. 11 S. 146 (Erblindung infolge Kohlenstaubs aus einer Lokomotive);

RG. 15./29. Jan. 1900 in EisEntsch. 16 S. 265;

RG. 13. April 1910 in JW. 1910 S. 619 (Hausbrand infolge Funkenauswurfs einer Lokomotive); RG. 21. Nov. 1910 in JW. 1911 S. 93 (Brand infolge Funkenflugs);

RG. 11. Mai 1911 in EisEntsch. 30 S. 442 (Schleudern der Lokomotive); OG. Wien 18. Jun. 1913 in EisEntsch. 30 S. 227 (Heißlaufen eines Wagens); RG. 19. Nov. 1917 in EisEntsch. 36 S. 74 (= JW. 1918 S. 176) (elektrischer Schlag beim Anfassen der Haltestange der Straßenbahn infolge von Versandung der Schienen);

RGZ. Bd. 93 S. 305 (Tunneleinsturz);

RG. 18. Okt. 1934 in EisEntsch. 57 S. 93 (= VR. 1934 Sp. 664 Rauch der Lokomotive behindert die Sicht auf der Landstraße);

RG. 30. März 1936 in JW. 1936 S. 2404; RG. 22. Febr. 1940 in VAE. 1940 S. 73 (Brand eines Wiesengeländes infolge Ausstoßens von Funken aus einer vorbeifahrenden Lokomotive);

OLG. Hamburg 22. Febr. 1940 in DR. 1940 S. 1368 (Rauch der Lokomotive);

OLG. Hamm 12. Mai 1941 in VAE. 1941 S. 246 (Rauch);

zu den Unfällen, die durch fehlerhafte Handlungen oder Unterlassungen von Bahnbediensteten verursacht werden und die daher ihre Ursache innerhalb des Betriebskreises der Bahn haben, vgl. RGZ. Bd. 1 S. 253; Bd. 104 S. 150; Bd. 117 S. 12; RG. 22. Juli 1903 in JW. 1903 S. 316; RG. 17. Dez. 1910 in EisEntsch. 27 S. 341 (= JW. 1911 S. 227); RG. 25. Okt. 1913 in JW. 1914 S. 96.

Die auch bei sorgfältiger Auswahl der Betriebsbeamten vorkommenden Mängel und Versehen in der Ausführung der Betriebshandlungen sind eben Män- **Anm. 19.**

gel des Betriebes, die, auch wenn sie für den Unternehmer unvermeidlich sind, nach dem Grundsatz des § 1 von ihm zu vertreten sind. Siehe insbesondere RGZ. Bd. 117 S. 12 (14) = JW. 1927 S. 2201, wo ausgesprochen ist, daß dienstliche Handlungen oder Unterlassungen von Bahnbeamten zu den inneren Betriebsvorgängen gehören, für die die Bahn genau so haftet wie für das Nichtfunktionieren der Bremsen oder Räder.

Anm. 20. Die Berufung auf höhere Gewalt setzt zunächst einmal tadelloses Funktionieren aller Organe, der Leute und Betriebsmittel des Unternehmers voraus, RG. 22. Juli 1903 in JW. 1903 S. 316. Nur wenn ein Bahnangestellter in einem gefährlichen Augenblick infolge eines von außen auf ihn einwirkenden Ereignisses — Blitzschlag, Steinwurf, Schreckwirkung — versagen würde, könnte höhere Gewalt vorliegen; das von außen kommende Ereignis müßte ein solches sein, das auch einen geistig und körperlich normalen Bahnbeamten aus der Fassung bringen oder dienstunfähig machen mußte, RGZ. Bd. 117 S. 12 und Matthiessen in JW. 1927 S. 2201.

Anm. 21. Auch das Verhalten des Verunglückten selbst kann unter Umständen höhere Gewalt sein, z. B. wenn sich eine Person in selbstmörderischer Absicht unmittelbar vor einen heranbrausenden Zug wirft.

Anm. 22. Mit Recht bezeichnet RG. 23. März 1888 in JW. 1888 S. 197 es als unzutreffend, daß in einer Handlung des Verletzten niemals höhere Gewalt gefunden werden könnte. Abzulehnen ist die Ansicht von Schmidt-Ernsthausen in JW. 1925 S. 619, daß Handlungen dritter Fahrgäste, insbesondere unerlaubte Handlungen, als von außen einwirkend — betriebsfremd — anzusehen seien; dies kann in dieser Allgemeinheit nicht als richtig angesehen werden. Wenn auch vorsätzliche Verletzungen von Reisenden durch Mitreisende in der Regel für die Eisenbahn äußere Zufälle sein werden, so trifft dies bei fahrlässigen Handlungen dritter Mitreisender durchaus nicht immer zu. Wird z. B. jemand beim Aussteigen aus dem Zuge durch einen einsteigenden Reisenden vom Trittbrett gedrängt, so liegt dieser Vorgang innerhalb des Betriebs- und Gefahrenkreises der Eisenbahn, höhere Gewalt liegt daher nicht vor, RG. 3. Juni 1926 in Recht 1926 Nr. 1482.

Anm. 23. Dagegen ist ein Schuß mitreisender Soldaten, der eine Reisende so erschreckt, daß sie aus dem fahrenden Zuge herausspringt, kein innerer Zufall, sondern ein von außen auf den Eisenbahnbetrieb einwirkendes — betriebsfremdes — Ereignis; hier liegt höhere Gewalt vor, RG. 13. Nov. 1924 in RGZ. Bd. 109 S. 172 (= JW. 1925 S. 619).

Anm. 24. Wenn infolge einer Gesundheitsstörung eines Bahnbediensteten ein Unfall entsteht, kann nicht von einem betriebsfremden — von außen einwirkenden — Ereignis gesprochen werden, höhere Gewalt liegt daher nicht vor.

Anm. 25. Kommt es z. B. infolge einer schon längere Zeit vorher vorhandenen Paralyse des Lokomotivführers zu einem Unfall, so ist höhere Gewalt nicht anzunehmen, RGZ. Bd. 117 S. 12.

Vgl. auch Exner in Grünhuts Ztschr. Bd. 10 S. 561.

Anm. 26. Ein Streik der Eisenbahnbeamten ist kein außerhalb des Betriebskreises der Eisenbahn entspringendes Ereignis, sondern ein innerer Vorgang, daher nicht höhere Gewalt, RGZ. Bd. 104 S. 151 (= RG. 4. März 1922 in JW. 1922 S. 1320); RG. 16. Febr. 1925 in RGZ. Bd. 110 S. 209 (= JW. 1925 S. 1876 = VR. 1925 Sp. 262); OLG. Jena 21. Nov. 1922 in VR. 1924 Sp. 40;

KG. Berlin 2. April 1924 in VR. 1924 Sp. 227. Eine andere Beurteilung könnte möglicherweise geboten sein, wenn der Ausstand nicht aus eigener Entschließung der Eisenbahnarbeiter hervorging, sondern ihnen durch außerhalb des Eisenbahnbetriebes stehende Personen aufgenötigt worden ist. Ein auf der Entschließungen der Eisenbahner allein beruhender Streik ist eine innere Betriebsangelegenheit. Zustimmend Oertmann in JW. 1925 S. 1877.

Unrichtig OLG. Braunschweig 31. März 1922 in VR. 1924 Sp. 230; LG. Liegnitz 28. März 1924 in EisEntsch. 42 S. 311. Zutreffend weist RGZ. Bd. 110 S. 209 darauf hin, daß die streikenden Eisenbahner ja nicht aus ihrem Dienstverhältnis bei der Bahn ausgeschieden, sondern nach wie vor Betriebskräfte der Bahn sind; sie legen nur vorübergehend die Arbeit nieder; ihr Versagen ist daher ein Ereignis, das sich im Betriebskreis der Bahn abspielt.

Höhere Gewalt könnte in Frage kommen, wenn der Streik auf übermächtiger Einwirkung von außen her beruhen würde, etwa bei allgemeinem gewaltsamem Aufruhr, so zutreffend Exner in Grünhuts Ztschr. Bd. 10 S. 562; vgl. auch Hengstenberg in VR. 1924 Sp. 195; OGL. Köln 19. März 1928 in JW. 1928 S. 3193, Oertmann daselbst. Zu Unrecht nehmen Hartmann in VR. 1922 Sp. 307 und Bovensiepen in VR. 1922 Sp. 332 an, daß ein Eisenbahnerstreik höhere Gewalt sei. Ein solcher Streik ist in der Regel kein von außen auf den Bahnbetrieb einwirkendes Ereignis, RG. 4. Febr. 1922 in VR. 1922 Sp. 391. Anm. 27.

Unzutreffend auch Sperber in VR. 1922 Sp. 425.

Dagegen ist zutreffend höhere Gewalt angenommen worden im Falle der Stilllegung des Bahnverkehrs durch die Bahn wegen der beim Ruhreinbruch erfolgten Besetzung der Bahnen durch die Besatzungstruppen, RG. 27. März 1926 in JW. 1926 S. 1324, ebenso wenn die Betriebslage der Bahn infolge außenpolitischer Ereignisse unvorhergesehen und außergewöhnlich ungünstig sich gestaltet und daher ein Eisenbahnwagen mehrere Tage stehenbleiben muß, LG. München 26. Okt. 1939 in VAE. 1940 S. 84. Anm. 28.

Ein plötzlicher Ohnmachtsanfall eines Fahrgastes, der nicht durch den Eisenbahnbetrieb selbst herbeigeführt ist. ist ein von außen her in den Bahnbetrieb eingreifendes Ereignis — unzutreffend RG. 4. März 1907 in JW. 1907 S. 276 —, doch liegt höhere Gewalt nicht vor, weil es sich nicht um ein ungewöhnliches Vorkommnis handelt. Anm. 29.

Auch Unfälle, die gerade auf der durch den Eisenbahnbetrieb selbst hervorgerufenen Aufregung, Verwirrung und Bestürzung von Personen beruhen, also ihre Quelle im Betriebs- und Gefahrenkreis der Bahn haben, können in der Regel nicht als durch höhere Gewalt verursacht betrachtet werden, RG. 14. Nov. 1901 in EisEntsch. 18 S. 336 (= JW. 1902 S. 31); Anm. 30.
RGZ. Bd. 50 S. 92; OLG. Dresden in EisEntsch. 20 S. 226;
RG. 28. Mai 1904 in EisEntsch. 22 S. 12; RG. 17. Jan. 1907 in Recht 1907 Nr 668; RGZ. Bd, 95 S. 64: RG. 14. Dez. 1922 in EisEntsch. 40 S. 295 (= JW. 1924 S. 51); OLG. Köln in EisEntsch. 57 S. 336; bedenklich RG. 3. Juli 1899 in EisEntsch. 16 S. 255 (= JW. 1899 S. 542). Im letzteren Falle ist zu Unrecht höhere Gewalt angenommen in einem Falle, in dem eine erlaubterweise auf dem Bahnkörper gehende Person durch das Herannahen des Zuges in geistige Verwirrung geriet, den vorgeschriebenen sicheren Weg verließ und in das vom Zug befahrene Gleis lief. Dieser Unfall mag für die Bahn unabwendbar gewesen sein, er hat aber seine Ursache in erster Linie in dem Bahnbetriebe selbst, der die Bestürzung hervorgerufen hat. Höhere Gewalt kann daher nicht angenommen werden. Wie in RG. 14. Nov. 1901 in JW. 1902 S. 31 zutreffend ausgeführt ist, stellt Ratlosigkeit und Bestürzung eines Fußgängers im Augenblick höchster Gefahr keine höhere Gewalt dar, da die Bestürzung unmittelbar durch den Bahnbetrieb selbst herbeigeführt ist.

Verursacht die Überfüllung eines Zugabteils die Ohnmacht eines Reisenden, so liegt höhere Gewalt nicht vor, RG. 3. Febr. 1908 in EisEntsch. 24 S. 392. Anm. 31.

Unfälle, die durch das starke Gedränge der Reisenden auf dem Bahnsteig und ihren oft rücksichtslosen Ansturm auf den Zug herbeigeführt werden, beruhen nicht auf höherer Gewalt, da die Ursachen innerhalb des Betriebs- und Gefahrenkreises der Eisenbahn liegen, RG. 7. Juli 1890 in EisEntsch. 8 S. 40; RG. 9. Febr. 1893 in EisEntsch. 10 S. 58; RG. 26. März 1914 in EisEntsch. 31 S. 226; RG. 30. Jan. 1919 in EisEntsch. 37 S. 255; RG. 23. Dez. 1920 in EisEntsch. 38 S. 229 (= JW. 1921 S. 396); RG. 26. Juni 1924 in JW. 1925 S. 1273; RG. 20. Mai 1931 in EisEntsch. 52 S. 285; Anm. 32.
unrichtig RG. 27. März 1888 in EisEntsch. 6 S. 222, sowie Röder und Hanow in VR. 1922 S. 298.
Vergl. auch OLG. Naumburg in EisEntsch. 44 S. 85.

Wenn durch Gepäckstücke, die von mitfahrenden Reisenden in den Zug eingebracht sind, anderen Reisenden Schäden entstehen, so liegt nicht höhere Gewalt vor; auch hier liegt die Ursache innerhalb des typischen Gefahren- Anm. 33.

und Betriebskreises der Bahn, z. B. wenn ein Fahrgast dadurch verletzt wird, daß er wegen der Enge des Zugabteils der Gefahr eines in Brand geratenen, von einem Mitreisenden eingebrachten Benzinbehälters nicht ausweichen kann, RG. 23. Dez. 1920 in EisEntsch. 38 S. 228 (= JW. 1921 S. 343).

Anm. 34. Auch die Explosion eines als Gepäckstück ins Zugabteil eingebrachten Glasballons ist nicht höhere Gewalt, RG. 29. April 1920 in EisEntsch. 38 S. 72 (= WarnRspr. 1920 Nr. 172 = Recht 1920 Nr. 2929); RG. 13. Okt. 1924 in EisEntsch. 42 S. 206,

Anm. 35. ebenso nicht die Explosion zweier im Gepäckhalter des Abteils liegenden Handgranaten infolge sehr heftigen Rucks des Zuges, RG. 16. Okt. 1924 in EisEntsch. 41 S. 374 (= VR. 1925 S. 448). Vgl. auch v. Kienitz in EisEntsch. 41 S. 281.

Anm. 36. Wenn Reisende oder Eisenbahnbedienstete Gegenstände aus fahrenden Zügen herauswerfen, wie dies häufig geschieht, und dadurch jemanden körperlich verletzen, so kann sich die Eisenbahn nicht auf höhere Gewalt berufen. Solches Hinauswerfen ist eine weit verbreitete Unsitte, die nun einmal mit dem Eisenbahnbetrieb verbunden ist, es gehört zu den typischen Gefahren und kann niemals als betriebsfremdes Ereignis angesehen werden, RG. 15. Mai 1905 in EisEntsch. 22 S. 72; RGZ. Bd. 75 S. 185; RGZ. Bd. 1 S. 253; RG. 28. Mai 1938 in JW. 1938 S. 2357.

Anm. 37. Höhere Gewalt liegt auch nicht vor, wenn jemandem Kohlenstaub aus einer fahrenden Lokomotive ins Auge fliegt und dieses infolgedessen erblindet, denn dieser Unfall hat seine Ursache innerhalb des Betriebskreises der Bahn, RGZ. Bd 11 S. 146;

Anm. 38 ebenso bei Entstehung eines Brandes infolge Funkenflugs aus der Lokomotive, RG. 22. Febr. 1940 in VAE. 1940 S. 73.

Anm. 39. Wird ein zum Bahnschutzdienst auf der Strecke kommandierter Soldat von einer Lokomotive getötet, so liegt nicht höhere Gewalt vor. Unrichtig OLG. Kassel 24. Jan. 1916 in EisEntsch. 33 S. 219.

Anm. 40. Das Scheuen von Tieren vor Lokomotiven oder Zügen kann nicht als höhere Gewalt angesehen werden, RG. 26. Nov. 1931 in JW. 1932 S. 785, ebenso nicht die Verletzung eines Fahrgastes durch ein infolge der Erschütterung des Zuges aus dem Gepäcknetz herabfallendes Gepäckstück, RG. 28. Nov. 1907 in WarnRspr. 1908 Nr. 83; vgl. auch KG. Berlin in EisEntsch. 55 S. 377.

Anm. 41. Handlungen dritter, d. h. am Bahnbetriebe nicht beteiligter Personen können höhere Gewalt sein, da sie von außen her auf den Bahnbetrieb einwirken, RG. 9. Okt. 1902 in JW. 1902 S. 591; RG. 26. Mai 1910 in EisEntsch. 27 S. 93 (= WarnRspr. 1910 Nr. 278), falls das Ereignis zugleich außergewöhnlich und für die Eisenbahn unabwendbar war.

Anm. 42. Durchbricht an einer Kreuzung ein Kraftwagen die geschlossene Eisenbahnschranke und stößt mit einem Zug zusammen, so liegt ohne Zweifel ein von außen her auf den Eisenbahnbetrieb einwirkendes, also betriebsfremdes Ereignis vor. Anderer Ansicht ist zu Unrecht RG. 30. Mai 1918 in RGZ. Bd. 93 S. 66 (= JW. 1918 S. 689). Zwar nimmt die Eisenbahn an der Kreuzung die öffentliche Verkehrsstraße in Anspruch, aber dadurch wird dem schuldhaften Verhalten des Kraftfahrers doch nicht der Charakter einer Einwirkung von außen genommen. So auch v. d. Leyen in JW. 1918 S. 689. Höhere Gewalt liegt aus einem anderen Grunde hier nicht vor: weil nämlich ein derart unvorsichtiges Drauflosfahren eines Kraftfahrers nichts Außergewöhnliches ist. Vgl. auch Finger „Eisenbahngesetze" 1943 S. 14, ferner RG. 29. Jan. 1900 in JW. 1900 S. 188 (ein Straßenbahnwagen durchbricht eine geschlossene Eisenbahnschranke).

Anm. 43. Ein von außen her einwirkendes Ereignis und damit höhere Gewalt sind nicht gegeben, wenn ein Reisender infolge der Einwirkungen des Bahnbetriebes in einen Wahnzustand gerät und aus dem Zuge springt, RGZ. Bd. 95 S. 64 (= JW. 1919 S. 38); hier ist die Wahnvorstellung unmittelbar durch den Eisenbahnbetrieb selbst verursacht. Abweichend zu Unrecht v. d. Leyen in JW. 1919 S. 39. So hat denn auch die Rspr. in zahlreichen Entscheidungen mit Recht höhere Gewalt verneint, wenn durch Betriebsvorgänge Bestürzung, Schrecken oder Geistesverwirrung von Reisenden herbeigeführt worden sind, vgl. RG. 14. Nov. 1901 in EisEntsch. 18 S. 336 (= JW. 1902 S. 31); RG. 17. Jan. 1907 in EisEntsch. 23 S. 393 (= Recht 1907 Nr. 668 S. 320); OLG. Dresden 9. März 1903 in EisEntsch. 20 S. 226, ebenso im Falle starker Erregung eines Reisenden darüber, daß er im Abort des Zuges eingeschlossen war, RG. 28. Mai 1904 in EisEntsch. 22 S. 12.

Entgleist ein Eisenbahnzug, weil er in die auf dem Gleis liegenden Schuttmassen der infolge Felssturzes eingestürzten Tunneleinfassung hineinfährt, so liegt höhere Gewalt nicht vor, da der Einsturz eines betrieblichen Bauwerks kein von außen in den Bahnbetrieb hineinwirkendes Ereignis ist, OLG. Dresden 25. März 1918 in Recht 1920 Nr. 1667, bestätigt vom RG. in RGZ. Bd. 93 S. 305. Höhere Gewalt könnte nur in Frage kommen, wenn Felsen auf den fahrenden Zug gestürzt wären. **Anm. 44.**

Fällt ein unmündiges Kind, das die auf den schon fahrenden Zug aufsteigende Mutter auf dem Arme trug, unter den Zug, so kann sich die Bahn dem Kinde gegenüber nicht auf höhere Gewalt berufen, da es sich nicht um ein von außen auf den Betrieb einwirkendes Ereignis handelt, RG. 4. Dez. 1924 in Recht 1925 S. 47 (= EisEntsch. 42 S. 104). **Anm. 45.**

Wird ein Reisender beim Aussteigen verletzt, weil der Lokomotivführer zu weit — über den Bahnsteig hinaus — vorgefahren ist, so kann von höherer Gewalt keine Rede sein, KG. Berlin 3. März 1941 in VAE. 1941 S. 112. **Anm. 46.**

Höhere Gewalt liegt nicht vor, wenn ein Eisenbahnpostbeamter bei einem Rangierstoß den Halt verliert, weil er durch die umherliegenden Pakete behindert ist, RG. 20. Dez. 1915 in EisEntsch. 33 S. 214. **Anm. 47.**

Innerhalb des Betriebskreises der Eisenbahn entspringen auch die Einwirkungen auf Tiere durch starkes Geräusch und plötzliches Herankommen der Züge, z. B. das Scheumachen von Pferden, RGZ. Bd. 19 S. 37; RG. 23. Febr. 1891 in EisEntsch. 8 S. 245; RG. 1. März 1894 in EisEntsch. 10 S. 270 (= JW. 1894 S. 265); RG. 17. Febr. 1899 in JW. 1899 S. 185; RGZ. Bd. 62 S. 145; RG. 9. Nov. 1908 in EisEntsch. 25 S. 308; RG. 21. Apr. 1910 in EisEntsch. 27 S. 81. **Anm. 48.**

Höhere Gewalt liegt nicht vor, wenn eine Lokomotive Wasserdampf auf die Straße ausstößt, so daß in einer undurchsichtigen Dampfwolke 2 Kraftwagen zusammenstoßen, RG. 30. März 1936 in SeuffA. Bd. 90 Nr. 116. **Anm. 49.**

Erhöhte Beanspruchung der Bahnbediensteten infolge Personalmangels im Kriege ist nicht höhere Gewalt, LG. Klagenfurt 15. Nov. 1942 in VAE. 1943 S. 48. **Anm. 50.**

Das RHpflG. erwähnt unter den Entlastungsgründen das Drittverschulden überhaupt nicht. Doch kann, wenn ein Unfall durch schuldhaftes Verhalten eines am Bahnbetrieb nicht beteiligten Dritten verursacht wird, höhere Gewalt vorliegen, wenn es sich um ein ganz ungewöhnliches Ereignis handelt und die Bahn es durch die äußerste ihr zuzumutende Sorgfalt nicht abwenden konnte. Man denke z. B. an den Fall, daß ein Dritter in Mordabsicht jemanden vor den heranbrausenden Schnellzug stößt. Hier wird die Eisenbahn sich mit Erfolg auf höhere Gewalt berufen können. **Anm. 51.**

Vorsätzliches Handeln, insbesondere verbrecherische Anschläge betriebsfremder Personen auf fahrende Züge oder die darin befindlichen Reisenden werden in aller Regel höhere Gewalt darstellen, vgl. RG. 9. Okt. 1902 in JW. 1902 S. 591 (= EisEntsch. 19 S. 258) — verbrecherisches Umlegen einer Weiche —; **Anm. 52.**
RG. 13. Okt. 1904 in EisEntsch. 21 S. 371 (= JW. 1904 S. 577 = SeuffArch. Bd. 60 Nr. 170) — Legen einer Straßenwalze auf die Schienen —;
RG. 7. Dez. 1908 in RGZ. Bd. 70 S. 98 (= JW. 1909 S. 80 = EisEntsch. 25 S. 319) — Legen einer Schwelle auf die Schienen—;
RGZ. Bd. 69 S. 357;
RGZ. Bd. 109 S. 172;
RG. 8. März 1926 in EisEntsch. 46 S. 398 (= JW. 1926 S. 2290 = VR. 1926 S. 464) — Umstellung einer Weiche —;
RG. 13. Juni 1927 in EisEntsch. 46 S. 95;
RG. 13. Okt. 1928 in EisEntsch. 47 S. 384;
LG. Hamburg in EisEntsch. 45 S. 317;
OLG. Frankfurt in VRR. 1928 S. 283;

LG. Halle 28. Sept. 1932 in EisEntsch. 54 S. 352 — Eisenbahnanschlag Matuschka in Jüterbog —.

Anm. 53. Die Plünderung eines Eisenbahnwagens durch Aufständische (Rote Armee) im Jahre 1920 ist ein von außen auf den Eisenbahnbetrieb einwirkendes Ereignis; ob höhere Gewalt vorliegt, hängt davon ab, ob die Eisenbahn die Beraubung hätte verhindern können, RG. 28. Mai 1924 in RGZ. Bd. 108 S. 276 (= JW. 1924 S. 1869); RGZ. Bd. 112 S. 284.

Anm. 54. Ein betriebsfremdes Ereignis ist auch ein heftiger Schneesturm, RGZ. Bd. 101 S. 94.

Anm. 55. Hochwasser kann höhere Gewalt sein, doch werden Unfälle durch häufig wiederkehrende Hochwasser vielfach durch geeignete Maßnahmen der Eisenbahn zu verhüten sein, RG. 13. Jan. 1908 in EisEntsch. 26 S. 127.

Anm. 56. Werden Bahngleise auf ungenügend befestigtem Fahrdamm unmittelbar am Ufer eines häufig Hochwasser führenden Baches entlang verlegt, so ist ein bei Wolkenbruch und Hochwasser eintretendes Abrutschen des Fahrdammes und ein Bruch der Schienen ein von innerhalb des Betriebskreises der Bahn her wirkendes Ereignis, höhere Gewalt liegt daher nicht vor, RG. 16. April 1943 in RGZ. Bd. 171 S. 104 (= VR. 1944 S. 2315 = DR. 1943 S. 993).

Anm. 57. Plötzlicher Sturz eines Felsblockes auf ein Gleis kann höhere Gewalt sein, OLG. Wien in VAE. 1938 S. 388.

Anm. 58. Fliegerangriff auf einen Zug ist höhere Gewalt.

Anm. 59. Wird der Verletzte durch das Drohen eines Zusammenstoßes in Bestürzung versetzt und springt im Schrecken vom Straßenbahnwagen ab, so liegt höhere Gewalt nicht vor, da ja die Bestürzung des Verletzten gerade durch den Bahnbetrieb verursacht worden ist, RGZ. Bd. 50 S. 92.

Anm. 60. Herabfallen von Telefon- oder Telegrafendrähten auf Leitungsdrähte der elektrischen Bahn ist nicht höhere Gewalt, da solche Vorfälle sich im öffentlichen Verkehr mit einer gewissen Häufigkeit zu wiederholen pflegen, RG. 1. Okt. 1906 in JW. 1906 S. 706.

Anm. 61. Wenn ein Fahrgast durch Zuschlagen einer während der Fahrt aufgegangenen Abteiltür verletzt wird, liegt nicht höhere Gewalt vor, die Eisenbahn hafte für den Schaden, RG. 13. Okt. 1921 in VR. 1921 S. 154. Hanow bemerkt dazu, hier liege ein „Schulbeispiel für höhere Gewalt" vor. Davon kann keine Rede sein. Das Ereignis ist nicht nur innerhalb des gerade der Eisenbahn eigentümlichen Gefahrenkreises entsprungen, es ist auch keineswegs außergewöhnlich.

Anm. 62. Muß die Eisenbahn infolge des Krieges Güterwagen mit offenen Türen zur Personenbeförderung verwenden, so beruht ein infolgedessen eingetretener Unfall eines Reisenden nicht auf höhere Gewalt, da es sich nicht um ein von außen auf den Betrieb einwirkendes Ereignis handelt, sondern der Unfall gerade durch typisch gefährliche Betriebsvorgänge herbeigeführt ist. Unrichtig OLG. Hamm 21.5.1948 in Arch. f. d. ziv. Pr. 1949 Seite 329. Richtig Geigel daselbst Seite 334."

Anm. 63. Auch Ereignisse, die ihre Ursache außerhalb des Betriebskreises der Eisenbahn haben, also „von außen" in den Betrieb eingreifen, müssen nicht ohne weiteres als höhere Gewalt angesehen werden. Damit sich der Betriebsunternehmer mit Erfolg auf höhere Gewalt berufen kann, müssen noch weitere Erfordernisse hinzukommen. Vor allem muß es sich um ein ganz ungewöhnliches Ereignis handeln. Das liegt schon in dem Ausdruck „Gewalt", der einen besonders schweren, außergewöhnlichen Eingriff bezeichnet. Hierher gehören nicht nur elementare Naturereignisse, wie Erdbeben, Überschwemmungen, Blitzschlag u. ä. Auch gewaltsame Handlungen dritter Personen können höhere Gewalt sein, RG. 9. Okt. 1902 in JW. 1902 S. 591 (= EisEntsch. 19 S. 258). Begebenheiten, die sich tagtäglich im öffentlichen Verkehr ereignen, mit denen immer zu rechnen ist, weil sie fast unvermeidlich mit dem Bahnbetrieb verbunden zu sein scheinen, haben nicht den Charakter des Eingriffs höherer Gewalten. Die Rechtsprechung, vor allem des Reichsgerichts, hat häufig ausgesprochen, daß Vorgänge des gewöhnlichen Verkehrs, die häufig wiederkehren und wegen ihrer Häufigkeit von der Eisenbahn und Straßenbahn in

Kauf genommen werden müssen, nicht höhere Gewalt sind. Sie gehören zu den normalen Betriebsunfällen. Vergl. hierzu insbesondere RG. 5. Nov. 1894 in JW. 1894 S. 592; RGZ. Bd. 54 S. 404; RG. 29. April 1911 in EisEntsch. 28 S. 302; RG. 4. März 1920 in JW. 1920 S. 710 (= EisEntsch. 38 S. 69); RG. 9. Jan. 1928 in VR. 1928 S. 130.

So ist im großstädtischen Straßenverkehr jederzeit mit dem unvorsichtigen Hineinlaufen von Kindern, die mit der Gefährlichkeit des Betriebes nicht vertraut sind, in die Schienenbahn zu rechnen. Von höherer Gewalt kann hier nicht gesprochen werden; es handelt sich um Gefahren, die mit dem Straßenbahnbetrieb unzertrennlich verbunden sind und die der Straßenbahnunternehmer dadurch auf sich nimmt, daß er den Betrieb eröffnet. **Anm. 64.**

Vgl. hierzu RG. 5. Nov. 1894 in EisEntsch. 11 S. 337 (= JW. 1894 S. 592); RG. 25. Febr. 1896 in JW. 1896 S. 193; RG. 12. Juni 1899 in EisEntsch. 16 S. 163 (= JW. 1899 S. 497); RG. 2. Nov. 1899 in EisEntsch. 16 S. 335 (= JW. 1899 S. 773); RGZ. Bd. 44 S. 27; Bd. 54 S. 404; RG. 11. Mai 1903 in JW. 1903 S. 273; RG. 4. Febr. 1904 in EisEntsch. 20 S. 346 (= JW. 1904 S. 183); RG. 28. März 1904 in JW. 1904 S. 299; RG. 10. Nov. 1904 in EisEntsch. 21 S. 287 (= JW. 1905 S. 57); RG. 25. Jan. 1908inEisEntsch. 24 S. 390 (= JW. 1908 S. 210); RG. 16. Nov. 1912 in EisEntsch. 29 S. 347. Der Unternehmer muß eben insoweit die Gefahr tragen. Vgl. ferner RG. 14. Dez. 1922 in EisEntsch. 40 S. 295 (= JW. 1924 S. 51); RG. 23. Febr. 1925 in VR. 1926 S. 272; unrichtig und überholt früher RGZ. Bd. 21 S. 13.

Eine ganz andere Frage ist die, ob ein unabwendbarer Zufall vorliegt. Dieser Begriff ist viel weiter als der der höheren Gewalt. **Anm. 65.**

In der Rechtsprechung ist höhere Gewalt verneint worden, wenn ein Kind die Wagentüre öffnet und hinausfällt, RG. 29. Jan. 1906 in EisEntsch. 22 S. 400; beim Aufspringen eines Reisenden auf den schon anfahrenden Zug, RG. 4. Dez. 1924 in EisEntsch. 42 S. 104; **Anm. 66.**

beim Aufspringen von Kindern auf einen Rangierzug, RG. 14. Okt. 1911 in EisEntsch. 28 S. 405 (= JW. 1911 S. 1016); **Anm. 67.**

wenn Personen infolge von eigener Fahrlässigkeit, Ungeschicklichkeit, Erkrankung, plötzlicher Ohnmacht, eines epileptischen oder Schwindelanfalls u. ä. auf die Gleise gelangen und vom Zuge erfaßt werden, denn dies sind Vorfälle, die sich nicht selten ereignen, sondern mit einer gewissen Häufigkeit wiederkehren ,die nun einmal mit dem Bahnbetriebe verbunden und bei der Natur dieses Betriebes unvermeidlich sind, RGZ. Bd. 1 S. 276; RG. 21. Mai 1908 in EisEntsch. 25 S. 165; RG. 23. Mai 1882 in EisEntsch. 2 S. 291; RG. 20. Okt. 1891 in EisEntsch. 9 S. 91; RG. 21. Jan. 1907 in EisEntsch. 23 S. 305; RG. 22. April 1911 in EisEntsch. 28 S. 111; RG. 29. April 1911 in EisEntsch. 28 S. 203; RG. 6. Dez. 1913 in EisEntsch. 30 S. 507; RG. 11. Juli 1914 in EisEntsch. 32 S. 92; RG. 1. Nov. 1915 in EisEntsch. 33 S. 108; RG. 3. Juli 1916 in EisEntsch. 33 S. 428; RG. 9. Jan. 1928 in VR. 1928 S. 130; RG. 5. Dez. 1931 in EisEntsch. 53 S. 186; RG. 30. März 1933 in JW. 1933 S. 1404; OLG. Hamm 5. Jan. 1939 in VAE. 1939 S. 279; OLG. Stuttgart 2. Juni 1939 in VAE. 1939 S. 394; OLG. Köln 25. Okt. 1934 in VR. 1935 S. 394 Nr. 231; RG. 2. Nov. 140 in DR. 1941 S. 279; RG. 10. Febr. 1942 in DAR. 1942 S. 87; **Anm. 68.**

Abweichend zu Unrecht RGZ. Bd. 21 S. 13 (15); RG. 3. Juli 1899 in EisEntsch. 16 S. 255; OLG. Breslau in VAE. 1939 S. 57;

OLG. Kassel 24. Jan. 1916 in EisEntsch. 33 S. 324;

RG. 13. März 1916 in EisEntsch. 33 S. 324 (= JW. 1916 S. 839);

OLG. Hamm 30. Sept. 1916 in EisEntsch. 33 S. 431;

Zutreffend auch RG. in GruchBeitr. Bd. 49 S. 106; KG. Berlin in EisEntsch. 51 S. 360.

Zu Unrecht nimmt Finger „Eisenbahngesetze“ 1943 S. 14 an, daß bei einem Sturz vor den einfahrenden Zug infolge von plötzlicher Ohnmacht die Eisenbahn sich auf höhere Gewalt berufen könne. Ein solcher Unfall mag für den Eisenbahnbetriebsunternehmer unabwendbar sein, er kann aber trotzdem nicht auf höhere Gewalt zurückgeführt werden, weil es an dem Merkmal der Außergewöhnlichkeit fehlt. **Anm. 69.**

Anm. 70. So ist höhere Gewalt auch dann nicht gegeben, wenn ein spielendes Kind im Alter von weniger als 7 Jahren beim Aufspringen auf den langsam fahrenden Zug einer Anschlußbahn verunglückt. Unzutreffend LG. Essen 15. Nov. 1929 in JW. 1930 S. 1992.

Anm. 71. Daß Tiere, z. B. Vieh, Pferde, Hunde, auch Wild auf den Eisenbahnkörper geraten und vom Zuge erfaßt werden, wird in manchen Gegenden ein häufig wiederkehrendes, daher nicht ungewöhnliches Ereignis sein und somit nicht als höhere Gewalt angesehen werden können,
RG. 5. Jan. 1903 in EisEntsch. 20 S. 127 (= JW. 1903 S. 110);
RG. 28. Sept. 1936 in VAE. 1937 S. 26;
OLG. Hamm in EisEntsch. 26 S. 132;
OLG. Naumburg in EisEntsch. 38 S. 153;
OLG. Celle in VAE. 1936 S. 50;
OLG. Kiel 29. Sept. 1939 in VAE. 1940 S. 68;
OLG. Breslau in DR. 1943 S. 312.
Siehe andererseits RG. 24. Nov. 1904 in EisEntsch. 21 S. 382;
RG. 14. Dez. 1925 in EisEntsch. 43 S. 333;
OLG. Hamm in EisEntsch. 43 S. 428; EisEntsch. 46 S. 316;
OLG. Königsberg 4. Okt. 1928 in EisEntsch. 48 S. 297;
OLG. Breslau 9. Nov. 1942 in VAE. 1943 S. 70.

Anm. 72. Nicht ungewöhnlich ist das Zusammenstoßen von anderen Fahrzeugen mit Eisenbahnzügen oder Straßenbahnwagen. Derartige Verkehrsunfälle, mögen sie nun auf schuldhaftes Verhalten der Fahrer zurückzuführen sein oder nicht, sind mit dem Eisenbahn- und Straßenbahnbetriebe regelmäßig verbunden, sie sind bei der Natur dieser Betriebe unvermeidlich, pflegen mit einer gewissen Häufigkeit wiederzukehren und sind vom Betriebsunternehmer in Kauf zu nehmen. Höhere Gewalt liegt hier nicht vor, weil es an der Ungewöhnlichkeit des Ereignisses fehlt. Dies verkennt z. B. völlig LG. Lüneburg 28. Aug. 1942 in VAE. 1942 S. 233, das bei einem Zusammenstoß zwischen einem Omnibus und einem Zuge auf einem unbeschrankten Übergang höhere Gewalt annehmen will. Ein grobfahrlässiges Verhalten eines Omnibusfahrers beim Überqueren eines unbeschrankten Überganges ist aber nichts so Außergewöhnliches, daß die Eisenbahn sich auf höhere Gewalt berufen könnte. Eine andere Frage ist die, ob unter Umständen der Unfall so überwiegend durch den Omnibusfahrer verursacht ist, daß bei der Abwägung nach § 17 KFG. dieser den Schaden allein tragen muß.
Höhere Gewalt ist hiernach zutreffend verneint worden in RGZ. Bd. 19 S. 37;
RG. 27. Okt. 1892 in EisEntsch. 9 S. 368;
RG. 12. Jan. 1900 in EisEntsch. 17 S. 213; RG. 29. Jan. 1900 in JW. 1900 S. 188;
RG. Bd. 50 S. 92; RG. 1. Okt. 1903 in JW. 1903 S. 403.
RG. 30. Jan. 1908 in EisEntsch. 25 S. 41 (= WarnRspr. 1908 Nr. 236);
RG. 10. Dez. 1910 in JW. 1911 S. 192 Nr. 28;
RG. 4. Febr. 1911 in EisEntsch. 28 S. 94;
RG. 23. Dez. 1911 in EisEntsch. 28 S. 432;
RG. 29. April 1911 in EisEntsch. 28 S. 302 (= JW. 1911 S. 596);
RG. 13. Mai 1912 in EisEntsch. 29 S. 202 (= JW. 1912 S. 805);
RG. 2. Nov. 1912 in EisEntsch. 29 S. 336;
RG. 15. Juni 1914 in EisEntsch. 31 S. 364;
RG. 22. Juni 1914 in EisEntsch. 31 S. 369;
RGZ. Bd. 93 S. 67;
RG. 3. Dez. 1925 in EisEntsch. 44 S. 233;
RG. 9. Jan. 1928 in VR. Bd. 7 S. 130; RG. 8. Jan. 1931 in JW. 1931 S. 865;
RG. 1. März 1934 in EisEntsch. 56 S. 386;
RG. 13. April 1938 in VAE. 1938 S.. 385 (= DAR. 1938 S. 7);
RG. 14. Okt. 1941 in VAE. 1941 S. 236;
RG. 16. April 1943 V 179/42;
OLG. Oldenburg 25. Okt. 1939 in VAE. 1940 S. 90.
Unzutreffend nehmen in solchen Fällen höhere Gewalt an: RG. 3. Dez. 1906 in RGZ. Band 64 S. 404 (= EisEntsch. 23 S. 386 = JW. 1907 S. 58 = DJZ. 1907

S. 239); hier wird das Durchgehen eines Gespanns und sein Zusammenstoß mit einer Straßenbahn irrig als „ungewöhnlich" angesehen.
OLG. Breslau in EisEntsch. 52 S. 273; LG. Erfurt in EisEntsch. 50 S. 208.
Unrichtig auch RG. 1. April 1898 in JW. 1898 S. 295; AG. Berlin 7. Juni 1940 in VR. 1940 Bl. 206. Daß ein ungeschickt gelenktes, plötzlich die Fahrtrichtung wechselndes, mit voller Geschwindigkeit daherkommendes Kraftfahrzeug mit der Straßenbahn zusammenstößt, ist zwar ein von außen her auf den Straßenbahnbetrieb einwirkendes Ereignis, aber wegen seiner Häufigkeit nicht als höhere Gewalt anzusehen, RG. 13. Mai 1912 in EisEntsch. 29 S. 202 (= JW. 1912 S. 805 Nr. 27).

Höhere Gewalt liegt nur vor bei Zufällen, die über das Maß des Gewöhnlichen, auf das der Unternehmer gerüstet oder gefaßt sein muß, augenscheinlich hinausgehen. Abrollen eines auf dem Bahnsteig abgestellten Kinderwagens gegen einen abfahrenden Zug ist nicht höhere Gewalt, LG. Liegnitz 22. April 1942 in VAE. 1942 S. 179. **Anm. 73.**

Nicht ungewöhnlich und daher nicht höhere Gewalt ist es, wenn ein Kraftfahrzeug eine geschlossene Eisenbahnstrecke durchbricht und so auf das Gleis gerät, RGZ. Bd. 93 S. 67 (= JW. 1918 S. 689); Neumann-Duesberg in Arch. f. d. civ. Praxis 1949 S. 285; RG. 1. März 1934 in EisEntsch. 56 S. 386 (= VR. 1935 Sp. 90); LG. Breslau in EisEntsch. 53 S. 192; RG. 25. Mai 1943 V 141/42. **Anm. 74.**
Unzutreffend OLG. München 4. April 1932 in EisEntsch. 53 S. 193 (= VR. 1933 Sp. 51); OLG. Naumburg in EisEntsch. 53 S. 286; LG. Erfurt in EisEntsch. 50 S. 208 (= VR. 1929 S. 506).

Auch wenn eine Straßenbahn eine Eisenbahnschranke durchbricht, liegt nicht höhere Gewalt vor, RG. 12. Jan. 1900 in EisEntsch. 17 S. 213 (= JW. 1900 S. 188). **Anm. 75.**

Nach Anordnung der kriegsbedingten Verdunklung hat sich die Frage erhoben, ob ein Unfall, der durch Verdunklungsmaßnahmen der Eisenbahn oder Straßenbahn verursacht oder mitverursacht ist, als durch höhere Gewalt herbeigeführt angesehen werden kann. Diese Frage ist zu verneinen. Es kann schon zweifelhaft erscheinen, ob ein betriebsfremdes, von außen wirkendes Ereignis vorliegt, wenn die Eisenbahn ihre Anlagen und Fahrzeuge verdunkelt. Sicher aber liegt kein ungewöhnliches Ereignis vor. Die Verdunkelung im Kriege ist ein dauernder Zustand, auf den sich Eisenbahn und Straßenbahn einrichten, den sie in Kauf nehmen müssen, kein außergewöhnliches Ereignis. **Anm. 76.**
In der Rechtsprechung wird daher allgemein angenommen, daß hier höhere Gewalt nicht vorliege, RGZ. Bd. 167 S. 325 (= VR. 1942 Blatt 79); RGZ. Bd. 168 S. 304 (= VR. 1942 Blatt 80);
RG. 20.Dez. 1941 in VR. 1942 Blatt 80,
RG. 25. Mai 1943 V 141/42;
RG. 2. Juni 1943 V 182/ 42;
OLG. Marienwerder 24. Juni 1938 in DJ. 1938 S. 1800;
OLG. Darmstadt 3. Febr. 1938 in VAE. 1938 S. 142;
KG. Berlin 23. Dez. 1940 in VAE. 1941 S. 67 (dagegen Heinze das.);
OLG. Breslau 14. März 1941 in VAE. 1941 S. 131;
OLG. Celle 22. Dez. 1942 in VAE. 1943 S. 71;
OLG. Hamm 11. Mai 1942 in VAE. 1942 S. 175;
LG. Breslau 28. April 1942 in VAE. 1942 S. 234; LG. Klagenfurt 15. Nov. 1942 in VAE. 1943 S. 48.
Ebenso Däubler in DJ. 1940 S. 317;
Koffka in DJ. 1940 S. 540;
Köst in DR. 1940 S. 1334;
Danielcik in VR. 1940 Bl. 137;
Wussow in DR. 1941 S. 170.
Anderer Meinung sind Schiller in Verkehrstechn. 1940 S. 41;
Heinze in VAE. 1941 S. 68;
Staks in VAE. 1942 S. 121 und in VR. 1942 Bl. 149, 150.
Weigelin in VAE. 1940 S. 126.
Biermann „Sachschadengesetz" 1941 S. 44.

Sichtbehinderung infolge Lokomotivenrauchs ist nicht höhere Gewalt, RG. **Anm. 77.**

18. Okt. 1934 in VR. 1934 Sp. 664 (= EisEntsch. 37 S. 93); OLG. Hamburg 22. Febr. 1940 in VAE. 1940 S. 110 (= DR. 1940 S. 1368), denn es handelt sich um eine ganz gewöhnliche und häufige Erscheinung.

Anm. 78. Die gewöhnlichen Witterungseinflüsse und -erscheinungen sind nicht höhere Gewalt, z. B. ein starker Sturm, RG. 13. April 1910 in EisEntsch. 27 S. 76 (= JW. 1910 S. 619); OLG. Düsseldorf 24. Nov. 1939 in VAE. 1940 S. 130; starkes Schneegestöber, RG. 2. März 1916 in EisEntsch. 33 S. 323; Nebel; mit solchen Witterungseinwirkungen muß die Eisenbahn rechnen, KG. Berlin in VAE. 1939 S. 157;
OLG. Hamm 5. Jan. 1939 in VAE. 1939 S. 279;
unrichtig Röder in VR. 1935 Sp. 3.

Anm. 79. Dagegen kann ein ganz ungewöhnlich heftiger Schneesturm, der einen Zug zum Entgleisen bringt, höhere Gewalt sein, vorausgesetzt daß die Bahn die Entgleisung mit zumutbaren Mitteln nicht verhüten konnte, RGZ. Bd. 101 S. 94.

Anm. 80. Außergewöhnlich starker Schneefall kann unter Umständen höhere Gewalt sein, nicht aber die Auftürmung der Schneemassen durch Bahnarbeiter, RG. 5. Dez. 1931 in JW. 1932 S. 2077.

Außergewöhnliche, mit elementarer Wucht auftretende Naturereignisse, wie Blitzschlag, Erdbeben, Überschwemmung, Feuersbrunst, Vulkanausbrüche werden in der Regel höhere Gewalt sein, nicht dagegen z. B. Frost, Eis, Regen, Schneeverwehungen, stürmisches und trübes Wetter, OLG. Breslau in VAE 1938 S. 24, nicht Glatteisbildung auf den Trittbrettern des Zuges, KG. Berlin in EisEntsch. 54 S. 70 (anders zu Unrecht v. Kienitz in der Anmerkung daselbst).

Anm. 81. Ein außergewöhnlich starker Wolkenbruch kann für die Eisenbahn höhere Gewalt darstellen, RG. 11. April 1931 in VR. 1931 Nr. 359.

Anm. 82. Das Herabfallen von Gepäckstücken aus den Gepäcknetzen ist nicht höhere Gewalt, OLG. Köln in EisEntsch. 24 S. 25.

Anm. 83. Immer wieder ereignen sich im Eisenbahn- und Straßenbahnverkehr dadurch Unfälle, daß Reisende plötzlich einen Ohnmachts- oder Schwindelanfall erleiden oder in Bewußtlosigkeit oder Schlaftrunkenheit zu Schaden kommen, z. B. aus dem fahrenden Zuge oder Straßenbahnwagen stürzen. Mit derartigen immer wiederkehrenden Unfällen muß die Bahn rechnen, sie können nicht als höhere Gewalt angesehen werden, vgl. RG. 11. Juli 1914 in EisEntsch. 32 S. 92 (= GruchBeitr. Bd. 59 S. 526);
RG. 4. März 1920 in EisEntsch. 38 S. 69 (= JW. 1920 S. 710 = Recht 1920 Nr. 2631);
OLG. Hamburg 29. Okt. 1919 in Recht 1920 Nr. 2083;
OLG. Naumburg 23. Dez. 1924 in EisEntsch. 44 S. 85 (= VR. 1925 Sp. 532).

Anm. 84. Stürzt z. B. ein Fahrgast infolge eines Schwindel- oder Ohnmachtsanfalls von der offenen Plattform der Straßenbahn, so liegt höhere Gewalt nicht vor, RG. 4. März 1907 in JW. 1907 S. 276; RG. 24. Sept. 1925 in JurRdsch. 1925 Nr. 1656; RG. 29. April 1935 in JW. 1935 S. 2354 (= VR. 1935 Sp. 450), umso weniger, als der Sturz durch Sicherung der Plattform hätte verhütet werden können.

Anm. 85. Wird ein Fahrgast infolge Überfüllung des Abteils ohnmächtig, so ist höhere Gewalt nicht gegeben, RG. 3. Febr. 1908 in EisEntsch. 24 S. 392 (= Recht 1908 Nr. 1087).

Anm. 86. Die frühere Ansicht des Reichsgerichts (vgl. RG. 9. Dez. 1887 in JW. 1888 S. 79 und RG. 23. März 1888 in JW. 1888 S. 197), daß eine plötzlich eingetretene Schwäche oder Erkrankung, z. B. eine Ohnmacht, ein epileptischer Anfall, der Ausbruch von Geisteskrankheit, höhere Gewalt sein könne, beruhte auf einer zu weiten Ausdehnung des Begriffes der höheren Gewalt. Diese noch in RG. 2. Jan. 1901 in JW. 1901 S. 164 vertretene Ansicht, daß Eisenbahnunfälle, die durch den plötzlichen Ausbruch einer Geisteskrankheit bei dem Verunglückten, einen epileptischen Unfall, einen durch plötzliche Ohnmacht verursachten Sturz herbeigeführt sind, höhere Gewalt seien, ist später aufgegeben worden. Mit dem Auftreten derartiger Krankheiten im Verkehrsleben muß immer gerechnet werden, und gerade weil die Eisenbahn oder Straßenbahn nicht imstande ist, solche Verkehrsteilnehmer von Unfällen zu bewahren, vielmehr ihr Betrieb gerade solche Personen besonders gefährdet, hat sie solche Unfälle in Rechnung zu ziehen und zu vertreten; sie können nicht als ganz außergewöhnlich bezeichnet werden.

Auch die Entscheidung RG. 19. März 1917 in JW. 1917 S. 717 ist insoweit nicht zu billigen, als sie annimmt, eine plötzliche Ohnmacht eines Fahrgastes, der von der ungesicherten Plattform eines Straßenbahnwagens abstürzt, könne unter Umständen als höhere Gewalt erscheinen. **Anm. 87.**

Daß ein Reisender schlaftrunken wird und sich in der Schlaftrunkenheit einbildet, er sei am Reiseziel angekommen, und daß er dann in Bewußtlosigkeit aussteigt und zu Schaden kommt, ist zwar nichts Alltägliches, aber auch nicht so außergewöhnlich, daß höhere Gewalt angenommen werden könnte; es ist eine Erscheinung, die der Bahnbetrieb mit sich bringt und mit der der Unternehmer rechnen muß, RG. 4. März 1920 in EisEntsch. 38 S. 69 (= JW. 1920 S. 710) Unzutreffend v. d. Leyen daselbst. **Anm. 88.**

Mit dem Auftreten von Unzurechnungsfähigen im Verkehr muß gerechnet werden, dies ist kein ganz ungewöhnlicher Vorgang. Vgl. RG. 16. April 1943 in VAE. 1943 S. 96 (Bewußtlosigkeit eines Kraftfahrers); bedenklich RG. 9. Juli 1880 in EisEntsch. 1 S. 250. **Anm. 89.**

Höhere Gewalt liegt daher nicht vor, wenn ein unzurechnungsfähiger Radfahrer vor dem nahenden Zuge vom Rade steigt und verletzt wird, RG. 2. Nov. 1940 in DR. 1941 S. 279 (= ZtschrAkDR. 1941 S. 196). **Anm. 90.**

Unzutreffend OLG. Breslau in VAE. 1939 S. 57; LG. Gotha 15. Dez. 1939 in VAE. 1940 S. 25.

Rücksichtsloses Andrängen der Reisenden zum einfahrenden Zuge ist eine gewöhnliche Verkehrserscheinung und schon deshalb nicht höhere Gewalt, RG. 9. Febr. 1893 in EisEntsch. 10 S. 58 (= JW. 1893 S. 185); **Anm. 91.**
RG. 26. März 1914 in EisEntsch. 31 S. 226 (= WarnRspr. 1914 Nr. 222);
RG. 30. Jan. 1919 in EisEntsch. 37 S. 255; RG. 23. Dez. 1920 in JW. 1921 S. 396 (= EisEntsch. 38 S. 229);
RG. 20. Mai 1931 in EisEntsch. 52 S. 285 = JW. 1932 S. 2081 (Andrängen der Straßenbahnfahrgäste auf einer Verkehrsinsel).

Unzutreffend nimmt RG. 27. März 1888 in EisEntsch. 6 S. 222 (= JW. 1888 S. 185) bei rücksichtslosem, hastigem und wildem Anstürmen der Reisenden auf einen einfahrenden Zug höhere Gewalt an.

Vgl. auch RG. 26. Juni 1924 in JW. 1925 S. 1273, wo bei außerordentlichem Massenansturm höhere Gewalt verneint ist, weil die Bahn den Unfall hätte verhüten können.

Höhere Gewalt liegt nicht vor, wenn eine Baufirma schuldhaft ihre Arbeitsstellen beiderseits der Gleise einrichtete, so daß die Arbeiter über die Gleise gehen mußten und einer derselben vom Zuge überfahren wurde, RG. 12. Mai 1924 in JW. 1924 S. 1157. **Anm. 92.**

Es ist auch nicht ungewöhnlich, wenn ein Dritter fahrlässig mit einem Radfahrer zusammenstößt und dadurch letzterer vor den Straßenbahnwagen geschleudert und verletzt wird; derartige Vorgänge des gewöhnlichen alltäglichen Straßenverkehrs sind nicht höhere Gewalt, der Straßenbahnunternehmer muß diese Gefahren als Betriebsgefahren übernehmen, RG. 29. April 1911 in EisEntsch. 28 S. 302 (= JW. 1911 S. 596). **Anm. 93.**

Gerät jemand infolge einer Bewußtseinsstörung auf freier Strecke auf den Bahnkörper einer Eisenbahn, so liegt höhere Gewalt nicht vor. In RG. 3. Juli 1916 in JW. 1916 S. 1336 ist ausgeführt, ein solches Ereignis könne unter Umständen als höhere Gewalt erscheinen. Dem kann jedoch nicht beigetreten werden. Es handelt sich nicht um ein ganz außergewöhnliches Ereignis. Würde sich ein solcher Vorfall auf dem Gleis einer auf öffentlicher Straße fahrenden Straßenbahn ereignen, so würde von einer nicht in Rechnung zu nehmenden außergewöhnlichen Verhaltungsweise nicht gesprochen werden können. Aber auch, wenn sich der Vorfall auf dem besonderen Bahnkörper einer Eisenbahn ereignet, von dem jeder sonstige Verkehr ferngehalten wird, ist er nicht so ungewöhnlich, daß höhere Gewalt angenommen werden könnte, wenn er auch nicht gerade alltäglich ist. **Anm. 94.**

Daß ein Radfahrer auf einem neben dem Eisenbahnkörper liegenden öffent- **Anm. 95.**

lichen Wege stürzt und dabei auf das Gleis gerät, kann nicht als ein ganz ungewöhnliches Ereignis angesehen werden; unzutreffend RG. 13. März 1916 in JW. 1916 S. 839.

Anm. 96. Unzutreffend ist höhere Gewalt in einem Falle angenommen worden, bei dem jemand in geistiger Umnachtung ein Gleis angesichts des Zuges überschritt und in den Zug hineinlief, LG. Gotha 15. Dez. 1939 in VAE. 1940 S. 25. Zwar ist der Unfall durch ein von außen kommendes unabwendbares Ereignis verursacht, aber mit dem Auftreten krankhaft Behinderter im Verkehr muß immer gerechnet werden, es ist kein außergewöhnliches Ereignis.

Anm. 97. Nicht höhere Gewalt ist andauernder Gewitterregen, OLG. München 4. Febr. 1924 in VR. 1924 Sp. 411.

Anm. 98. Ungewöhnliche Kriegsereignisse sind höhere Gewalt, z. B. feindlicher Einmarsch, RG. 27. März 1926 in JW. 1926 S. 1324 (= JRPV. 1926 S. 116), Plünderung durch Soldaten, konnte jedoch die Eisenbahn die Beraubung von Eisenbahnwagen durch Aufständische verhindern, so liegt höhere Gewalt nicht vor, RGZ. Bd. 112 S. 284; RG. 3. Juni 1926 in JRPV. 1926 S. 194.

Anm. 99. Verbrecherische Eingriffe fremder Personen in den Eisenbahnbetrieb sind zweifellos ungewöhnliche Ereignisse. Solche Vorfälle kehren nicht regelmäßig oder mit einer gewissen Häufigkeit wieder, sie sind Ausnahmen. Sie stellen, wenn die Eisenbahn sie nicht durch geeignete Maßnahmen verhindern konnte, höhere Gewalt dar. RGZ. Bd. 70 S. 98 (= JW. 1909 S. 80 = EisEntsch. 25 S. 319); RG. 13. Okt. 1904 in EisEntsch. 21 S. 371 (= JW. 1904 S. 577 = SeuffA. 60 Nr. 170); OLG. Naumburg in EisEntsch. 45 S. 82; LG. Halle 28. Sept. 1932 in EisEntsch. 53 S. 352.

Anm. 100. So z. B. verbrecherisches gewaltsames Aufbrechen oder Umstellen einer Weiche, wenn nicht die Eisenbahn durch Nachprüfung der Weiche den Unfall hätte abwenden können, RG. 9. Okt. 1902 in EisEntsch. 19 S. 258 (= JW. 1902 S. 591); RG. 8. März 1926 in EisEntsch. 46 S. 398 (= VR. 1926 Nr. 174); RG. 13. Okt. 1928 in EisEntsch. 46 S. 384.

Anm. 101. Läuft ein von einem Knaben verfolgtes 10jähriges Mädchen in der Angst blindlings in die Straßenbahn hinein, so liegt nicht höhere Gewalt vor; solche Vorgänge muß der Straßenbahnunternehmer in einer verkehrsreichen Stadt in Kauf nehmen, RG. 25. Jan. 1908 in JW. 1908 S. 210; vgl. auch RG. 30. März 1933 in JW. 1933 S. 1404 = DAR. 1933 Nr. 136: ein von einem Betrunkenen verfolgtes Mädchen lief in der Bestürzung in einen Straßenbahnwagen hinein; hier liegt höhere Gewalt nicht vor, doch kann eigenes Verschulden der Verletzten in Frage kommen.

Anm. 102. Mit Recht ist höhere Gewalt angenommen worden, wenn eine betriebsfremde Person einen Stein gegen einen fahrenden Zug wirft und einen Reisenden verletzt; ein solches Ereignis gehört nicht zu denjenigen, die die Eisenbahn wegen ihrer Häufigkeit in Kauf nehmen muß, RG. 13. Juni 1927 in EisEntsch. 45 S. 93 = EisEntsch. 46 S. 95 = SeuffA. 81 S. 308.

Anm. 103. Ein ganz außergewöhnliches Ereignis ist ein plötzlicher Felssturz auf das Gleis, so daß ein Zug entgleist, OLG. Wien in VAE. 1938 S. 388.

Anm. 104. Ebenso das Hinausstoßen eines Betrunkenen aus dem fahrenden Zug durch betrunkene Fahrgäste, OLG. Frankfurt in EisEntsch. 46 S. 378 (= VR. 1928 Sp. 283).

Anm. 105. Wird jemand durch eine auf einem Lastwagen befindliche Stange getroffen und gegen einen Straßenbahnzug geschleudert, so kann sich die Straßenbahn nicht auf höhere Gewalt berufen. Der Ansicht des RG. — RG. 29. Juni 1908 in WarnRspr. 1908 Nr. 606 —, daß es sich hier um ein ungewöhnliches Ereignis handle, wird nicht beizustimmen sein. Bei dem starken Straßenverkehr sind derartige Unfälle eine regelmäßig wiederkehrende Erscheinung, der Straßenbahnunternehmer muß von vornherein mit ihnen rechnen und sie als mit dem Betrieb und seinen Gefahren in Zusammenhang stehend vertreten.

Anm. 106. Höhere Gewalt ist mit Recht angenommen worden bei Verletzung eines Reisenden dadurch, daß vom Bahnsteig aus ein Blumentopf in den fahrenden Zug geworfen wurde, OLG. Königsberg 30. Nov. 1939 in VAE. 1940 S. 43.

Anm. 107. Verletzung eines Fahrgastes durch das wuchtige Zustoßen einer Wagentür durch einen anderen Reisenden ist kein außergewöhnliches Ereignis, daher nicht höhere Gewalt, OLG. München 15. Dez. 1938 in VAE. 1939 S. 393.

Den Ansprüchen eines Kindes, das beim Sturz der auf den fahrenden Zug aufspringenden Mutter verletzt wurde, kann die Bahn nicht mit dem Einwand höherer Gewalt begegnen, da das Verhalten der Mutter nicht außergewöhnlich, vielmehr ein recht häufiges Ereignis, ein typischer Betriebsunfall ist, RG. 4. Dez. 1924 in EisEntsch. 42 S. 104 (= Recht 1925 S. 47). **Anm. 108.**

Wird bei einem Zusammenstoß eines Pferdefuhrwerks mit der Straßenbahn ein Fahrgast der letzteren verletzt, so kann sich die Straßenbahn auch dann nicht auf höhere Gewalt berufen, wenn dem Lenker des Pferdefuhrwerks eine größere oder geringere Fahrlässigkeit zur Last fällt, RG. 30. Jan. 1908 in EisEntsch. 25 S. 41 (= WarnRspr. 1908 Nr. 236). **Anm. 109.**

Unzutreffend hat RG. 1. April 1898 in JW. 1898 S. 295 höhere Gewalt angenommen in einem Falle, in dem jemand durch einen zu nahe vorbeifahrenden Wagen vom Laufbrett der elektrischen Straßenbahn herabgerissen wurde. **Anm. 110.**

Das Herabfallen von Telefon- und Telegrafendrähten auf die Leitungsdrähte einer elektrischen Bahn infolge von Naturereignissen oder menschlicher Tätigkeit ist nicht ungewöhnlich; derartige Unfälle wiederholen sich mit einer gewissen Häufigkeit, ergeben sich aus der Natur des Betriebes von selbst und müssen daher von dem Bahnunternehmer in Rechnung gestellt und vertreten werden, RG. 1. Okt. 1906 in JW. 1906 S. 706. **Anm. 111.**

Die Eisenbahn kann sich nicht auf höhere Gewalt berufen, wenn ein Arbeiter vom Zuge überfahren wird, weil seine Baufirma schuldhaft ihre Baustellen beiderseits der Bahnlinie so angelegt hat, daß die Arbeiter häufig die Gleise überschreiten mußten, RG. 12. Mai 1924 in JW. 1924 S. 1157. **Anm. 112.**

Auch wenn der Unfall durch ein von außen wirkendes und zu dem außergewöhnliches Ereignis verursacht ist, haftet der Bahnunternehmer, wenn er nicht außerdem noch beweist, daß der Unfall für ihn *unabwendbar* war, d. h. daß er das schädigende Ereignis oder seine Folgen nicht hätte abwenden können. Ob dies der Fall ist, kann nur nach den Umständen des einzelnen Falles beurteilt werden. Der Unternehmer muß dartun, daß er bei der gegebenen Sachlage auch durch die äußersten zumutbaren Maßnahmen den Unfall nicht hätte verhüten können. Es genügt nicht, daß er nachweist, er habe die im Verkehr erforderliche Sorgfalt beobachtet. Er hat darzutun, daß auch mit Aufbietung der äußersten Sorgfalt der Unfall nicht abgewendet werden konnte. Hierbei kommen jedoch nur Mittel in Betracht, die für den Unternehmer wirtschaftlich tragbar sind. **Anm. 113.**

RGZ. Bd. 14 S. 82; Bd. 21 S. 13; Bd. 60 S. 300.

RG. 9. Oktober 1902 in EisEntsch. 19 S. 258 (= JW. 1902 S. 591); RG. 13. Oktober 1904 in E.E. 21 S. 371; RG. 3. Dezember 1906 in E.E. 23 S. 386; RG. 26. Mai 1910 in E.E. 27 S. 341; RG. 8. März 1926 in E.E. 46 S. 398; RG. 13. Oktober 1928 in E.E. 46 S. 384.

So ist bei dem Sturz eines Fahrgastes vom Straßenbahnwagen infolge einer plötzlichen Ohnmacht höhere Gewalt nicht angenommen worden, weil der Unfall durch Sicherung der Plattform mittels einer Stange oder Kette hätte vermieden werden können, RG. 18. Febr. 1909 in JW. 1909 S. 230; RG. 19. März 1917 in EisEntsch. 34 S. 144 (= JW. 1917 S. 717); RG. 29. April 1935 in JW. 1935 S. 2354 (= VR. 1935 Sp. 450), vgl. auch RG. 4. März 1907 in JW. 1907 S. 276. **Anm. 114.**

Ein infolge Unterspülung der Schienen durch Wolkenbruch eingetretener Zugunfall hätte durch Verlangsamung der Fahrt und rechtzeitiges Bremsen verhütet werden können, RG. 22. Juli 1903 in EisEntsch. 20 S. 184 (= JW. 1903 S. 316). **Anm. 115.**

Höhere Gewalt liegt nicht vor, wenn nach Auftreten eines gefährlichen Sturmes ein Zug abgelassen und vom Sturm dann umgeworfen wird; der Betrieb hätte bei gewisser Windstärke eingestellt werden müssen, RG. 27. März 1905 in EisEntsch. 21 S. 394 (= JW. 1905 S. 321). **Anm. 116.**

Ein infolge eines zu bestimmten Jahreszeiten häufig wiederkehrenden Hochwassers eingetretener Zugunfall hätte vermieden werden können, wenn die Bahn die Strecke vorher hätte abschreiten und den Bahndamm auf seine **Anm. 117.**

Widerstandsfähigkeit hätte untersuchen lassen, RG. 13. Januar 1908 in EisEntsch. 26 S. 127.

Anm. 118. Im Straßenverkehr ist ein starkes Schneegestöber keine höhere Gewalt, da die dadurch entstandenen Schwierigkeiten nicht unüberwindlich waren, RG. 2. März 1916 in E. E. 33 S. 323.

Anm. 119. In RGZ. Bd. 101 S. 94 ist ein ungewöhnlich starker Schneesturm, der einen Zug zur Entgleisung brachte, als höhere Gewalt angesehen worden, da die Bahn nicht zu dem äußersten Mittel der Betriebseinstellung habe zu greifen brauchen. Nicht erörtert ist hier die Frage, ob der Unfall nicht durch vorsichtiges und langsameres Fahren hätte verhütet werden können.

Anm. 120. Die Gefährdung von Eisenbahnzügen durch verbrecherische Anschläge gehört zu den Ereignissen, die der Betriebsunternehmer in den Kreis seiner Sicherungsmaßnahmen zu ziehen hat; er hat den Bahnkörper in geeigneter Weise zu überwachen und Unbefugte von den Gleisen, den Signal- und Weichenstellvorrichtungen fernzuhalten; in verbrecherischen Eingriffen kann höhere Gewalt nur dann gesehen werden, wenn sowohl bei der Überwachung wie bei der Abwendung schädlicher Folgen eines trotz der Überwachung erfolgten verbrecherischen Eingriffs das höchste nur denkbare Maß an Sorgfalt vom Unternehmer aufgewendet worden ist, RG. 8. März 1926 in EisEntsch. 46 S. 398 (= JW. 1926 S. 2290). Höhere Gewalt kann nicht angenommen werden, wenn die Bahn durch Begehung der Strecke, Untersuchung ihrer Ordnungsmäßigkeit und ähnliche Maßregeln den Unfall oder seine Folgen hätte abwenden können; um sich zu entlasten, muß die Bahn dartun, daß sie auch bei äußerster Sorgfalt den Unfall nicht hätte verhüten können, vgl. hierzu RG. 9. Okt. 1902 in EisEntsch. 19 S. 258 (= JW. 1902 S. 591; hier hatte die Bahn sich nicht entlastet, da sie die Weichenstellung einen halben Tag lang nicht nachgesehen hatte); RG. 13. Okt. 1904 in EisEntsch. 21 S. 371 (= JW. 1904 S. 577 = SeuffA. 60 Nr. 170); RG. 8. März 1926 in EisEntsch. 46 S. 398 (= JW. 1926 S. 2290 = VR. 1926 Nr. 174). Vgl. auch § 46 Abs. 2 EBBO. und Bracke in VR. 1931 Sp. 375.

Anm. 121. Der Eisenbahn ist jedoch nicht zuzumuten, daß sie jede Weiche dauernd bewachen läßt, um verbrecherische Umstellung zu verhindern, RG. 9. Okt. 1902 in JW. 1902 S. 591; RG. 13. Okt. 1928 in EisEntsch. 47 S. 384. Vgl. auch RGZ. Bd. 70 S. 98 (= JW. 1909 S. 80 = EisEntsch. 25 S. 319); OLG. Naumburg in EisEntsch. 45 S. 82 und VR. 1925 Sp. 532.

Anm. 122. Ein Unfall infolge Werfens einer Dynamitbombe wird z. B. meist unabwendbar sein und auf höherer Gewalt beruhen, RG. 13. Okt. 1904 in JW. 1904 S. 577. Auch das Ekrasitattentat bei Jüterbog war höhere Gewalt, LG. Halle in EisEntsch. 53 S. 352.

Anm. 123. Regennässe der Schienen einer Straßenbahn ist nicht höhere Gewalt; Unfälle können durch rechtzeitiges Bremsen abgewendet werden, OLG. Kolmar 6. Febr. 1899 in EisEntsch. 16 S. 219.

Anm. 124. Als höhere Gewalt sind auch nicht Verunreinigung und Eisglätte der Trittbretter anzusehen, zumal wenn der Schaffner sie bemerkt hatte und für Beseitigung hätte sorgen können, OLG. Kolmar in EisEntsch. 18 S. 229.

Anm. 125. Wenn Unbefugte im Depot der Straßenbahn Wagen in Bewegung setzen, diese dann auf eine haltende Straßenbahn auffahren und dadurch Personen verletzen, liegt höhere Gewalt nicht vor, wenn der Unfall durch gehörige Aufsicht hätte abgewendet werden können, RG. 26. Mai 1910 in EisEntsch. 27 S. 93 (= WarnRspr. 1910 Nr. 278).

Anm. 126. Unfälle von Kindern beim Betreten des Bahnkörpers beruhen vielfach deshalb nicht auf höherer Gewalt, weil die Eisenbahn durch geeignete Vorkehrungen — Anbringen von Schranken oder Gittern u. ä. — den Unfall hätte vermeiden können, RGZ. Bd. 1 S. 276; RG. 23. Mai 1882 in EisEhtsch. 2 S. 291; RG. 20. Oktober 1891 in EisEntsch. 9 S. 91; RG. 22. April 1912 in EisEntsch. 28 S. 111; RG. 29. September 1924 in JW. 1925 S. 254; OLG. Köln in EisEntsch. 27 S. 59.

Anm. 127. Dagegen ist ein Steinwurf gegen einen fahrenden Zug auch durch die äußerste vernünftigerweise zuzumutende Sorgfalt nicht zu verhindern, RG. 13. Juni 1927 in EisEntsch. 46 S. 95; OLG. Hamm in EisEntsch. 45 S. 93; LG. Hamburg in EisEntsch. 45 S. 317.

Für unabwendbar ist es mit Recht auch angesehen worden, daß ein Mitglied einer angeheiterten Jagdgesellschaft von einem Genossen aus dem fahrenden Zuge gestoßen wurde, OLG. Frankfurt 29. März 1928 in VRR. 1928 S. 283. Anders dagegen in einem Falle, in dem die Eisenbahn mit Schlägereien im Zuge rechnen mußte, RG. 11. Februar 1907 in EisEntsch. 23 S. 396 (= DJZ. 1907 S. 483); vgl. auch Hanow in VR. 1925 Sp. 135 ff. **Anm. 128.**

Wird jemand dadurch verletzt, daß sich Wagen vom Ladegleis nach dem Hauptgleis in Bewegung setzen, so liegt keine höhere Gewalt vor, weil der Unfall hätte vermieden werden können, wenn man die Weiche geschlossen hätte, RG. 11. März 1898 in JW. 1898 S. 267. **Anm. 129.**

Ein disziplinloser Massenansturm der Reisenden auf die Züge ist nicht als höhere Gewalt anzusehen, wenn die Eisenbahn ihn hätte vorhersehen und durch geeignete Maßnahmen (Einlegung von Sonderzügen, zeitweilige Sperrung der Fahrkartenausgabe und der Bahnsteige) hätte abwenden können, RG 26. Juni 1924 in JW. 1925 S 1273. Ähnliche Fälle siehe RG. 7. Juli 1890 in EisEntsch. 8 S. 40; RG. 9. Febr. 1893 in JW. 1893 S. 185 (= EisEntsch. 10 S. 58); RG. 26. März 1914 in EisEntsch. 31 S. 226; RG. 30. Jan. 1919 in EisEntsch. 37 S. 255; RG. 23. Dez. 1920 in W. 1921 S. 396. Zu Unrecht ist höhere Gewalt angenommen in RG. 27. März 1888 in EisEntsch. 6 S. 222. Andrang der Reisenden zu den Zügen ist schon deshalb nicht höhere Gewalt, weil er keine ungewöhnliche Erscheinung ist und seine Ursachen innerhalb des Bahnbetriebes gelegen sind. Vgl. RG. 10. Nov. 1921 in JW. 1922 S. 388 (= VR. Bd. 2 Sp, 144. Unrichtig Hanow in VR. Bd. 2 Sp. 244. **Anm. 130.**

Wird jemand an einem Übergang, der wegen aufgehäufter Schneewälle unübersichtlich ist, überfahren, so liegt nicht höhere Gewalt vor; die Bahn hätte durch Abtragen des Schnees den Unfall abwenden können, OLG. Königsberg 2. Juli 1931 in VR. 1932 Sp. 270. **Anm. 131.**

Haben Unbefugte die geschlossenen Bahnschranken wieder gehoben, hätte die Bahn dies jedoch verhindern können, so liegt höhere Gewalt nicht vor, OLG. München in EisEntsch. 45 S. 92. **Anm. 132.**

Stürzt ein dreijähriges Kind während der Fahrt aus dem Eisenbahnzuge, weil der Türverschluß schon einem leichten Druck nachgab, so liegt keine höhere Gewalt vor; der Unfall hätte verhindert werden können, wenn das Türschloß in tadellosem Zustande gewesen wäre, RG. 29. Jan. 1906 in JW. 1906 S. 192 (= DJZ. 1906 S. 430). **Anm. 133.**

Hiernach hängt es stets auch von den im Einzelfall vorliegenden besonderen Umständen ab, ob ein Unfallereignis abwendbar war oder nicht, vgl. RGZ. Bd. 71 S. 208 (211); siehe auch RGZ. Bd. 19 S. 37. **Anm. 134.**

Die Umstände des Einzelfalles können so liegen, daß die Eisenbahn für ein Ereignis, das an sich höhere Gewalt sein könnte, dennoch haften muß, weil es ihr möglich gewesen wäre, den schädlichen Erfolg durch ihr zuzumutende Maßnahmen abzuwenden. **Anm. 135.**

Wird bei einem Zusammenstoß zwischen Kraftwagen und Straßenbahn eine am Straßenbahnwagen angebrachte Weichenstellstange in die Luft geschleudert und dadurch ein Fußgänger verletzt, so haftet die Bahn, wenn sie mit geringen Kosten die Stange hätte sachgemäß befesigen oder anderweit aufstellen und dadurch den Unfall hätte abwenden können, RG. 8. Jan. 1931 in DAR. 1931 S. 4 Nr. 92 (= JW. 1931 S. 865). **Anm. 136.**

Die Voraussetzungen der höheren Gewalt sind damit, daß der Eisenbahn kein Verschulden zur Last fällt, noch keineswegs erfüllt, RG. 29. Sept. 1924 in JW. 1925 S. 254 (= VR. 1925 Sp. 324). **Anm. 137.**

Plünderung eines Eisenbahnwagens im November 1918 durch Mannschaften eines Militärzuges kann höhere Gewalt sein, wenn die Eisenbahn sie mit den ihr möglichen und zuzumutenden Maßnahmen nicht verhindern konnte, RG. 26. März 1921 in VR. 1921 S. 1. **Anm. 138.**

Vgl. auch OLG. Hamm 12. Okt. 1925 in VR. 1926 Sp. 232.

Auch in einem Fall vom Oktober 1918, in welchem etwa 50 bis 60 Soldaten einen Güterzug plünderten, ist höhere Gewalt angenommen worden, da die **Anm. 139.**

Bahn den Schaden nicht hätte verhüten können, RG. 7. Mai 1921 in VR. 1922 Sp. 181.

Anm. 140. Dagegen ist bei der Beraubung eines Eisenbahnwagens durch Aufständische im März 1920 höhere Gewalt deshalb nicht angenommen worden, weil die Eisenbahn die Plünderung hätte verhindern können, RGZ, Bd. 108 S. 276 und RGZ. Bd. 112 S. 284 (= JW. 1926 S. 1436). Vgl. auch RG. 28. Jan. 1921 in VR. Bd. 2 Sp. 182.

Anm. 141. Auch in RG. 4. März 1922 in RGZ. Bd. 104 S. 150 (= JW. 1922 S. 1320) ist das Erbrechen und die Beraubung eines Eisenbahnwagens nicht als höhere Gewalt angesehen worden.

Anm. 142. Siehe ferner RG. 14. März 1923 in JW. 1923 S. 925 (= Recht 1923 Nr. 919), wonach höhere Gewalt bei Beraubung eines Eisenbahnwagens durch revolutionäre Arbeiter nicht vorliegt, wenn es der Eisenbahn betriebstechnisch möglich gewesen wäre, den Wagen umzuleiten und ihn so vom Aufstandsgebiet fernzuhalten. Höhere Gewalt, die die Haftung der Bahn beseitigt, ist nicht schon dann gegeben, wenn der Schaden durch die Vorkehrungen, zu denen die Bahn in normalen Zeiten verpflichtet ist, nicht abgewendet werden konnte, sondern sie ist erst dann gegeben, wenn auch außergewöhnliche Maßregeln, sofern sie nur noch zumutbar waren, nichts genützt hätten, RGZ. Bd. 112 S. 284.

Anm. 143. Höhere Gewalt ist zutreffend nicht angenommen worden in einem Falle, in dem eine im Jahre 1919 für Straßburg bestimmte Waggonladung durch Versehen der Bahn ohne Begleitpapiere nach Saarbrücken gesandt wurde und dort durch die französische Militärbehörde beschlagnahmt wurde; dieses Ereignis war für die Bahn nicht unabwendbar, denn sie hat durch eigenes schuldhaftes Verhalten verursacht, daß die Ladung durch Eingreifen der Besatzungsbehörde verlorenging, RG. 2. Febr. 1925 S. 1487.

Anm. 144. Abwendbar war auch der Verlust einer der Bahn am 31. Juli 1914 zur Beförderung nach Brüssel übergebenen Ladung, da die Bahn die Sendung schuldhaft ohne Begleitpapiere in die kriegsgefährdete Gegend beförderte, RGZ. Bd. 89 S. 342 (= JW. 1917 S. 471). Zustimmend Hanow in JW. 1925 S. 1487.

Anm. 145. Dagegen war für die Bahn unabwendbar die beim Ruhreinbruch 1923 infolge der Besetzung der Bahnen durch die Besatzungstruppen gebotene Stillegung des Bahnverkehrs durch die Bahnbehörden, RG. 27. März 1926 in JW. 1926 S. 1324 (= JRPV. 1926 S. 116).

Anm. 146. Hat die Straßenbahn die möglichen Sicherungsmaßnahmen gegen die Berührung von Telefondrähten mit ihren Starkstromdrähten versäumt, so kann sie sich nicht auf höhere Gewalt berufen, wenn ein Sturm die Telefondrähte auf die Straßenbahndrähte wirft und infolge des elektrischen Stromes ein Unfall eintritt, RG. 30. April 1906 in JW. 1906 S. 376; RG. 1. Okt. 1906 in JW. 1906 S. 706.

Anm. 147. Nicht unabwendbar ist das Eindrücken einer geschlossenen Bahnschranke durch Pferde, wenn die Schranke nicht genügend fest und sicher war, RG. 29. Sept. 1921 in VR. 1922 Sp. 66.

Anm. 148. Ein Brand infolge von Entzündung durch Sonnenhitze ist nicht höhere Gewalt, wenn der Betriebsunternehmer der Bahn den Schaden durch geeignete Maßnahmen hätte abwenden können, LG. Hannover 12. Nov. 1920 in VR. 1921 Sp. 129.

Anm. 149. Werden in der Nähe eines Gleises spielende Kinder von einem Zuge verletzt, so liegt höhere Gewalt nicht vor, da die Bahn den Unfall hätte abwenden können, indem sie den Aufenthalt von Kindern an dem Gleise verhindert oder für eine genügende Absperrung gesorgt hätte, RG. 29. Sept. 1924 in JW. 1925 S. 254 (= VR. 1925 Sp. 324).

Anm. 150. Höhere Gewalt liegt nicht vor, wenn ein kleines Kind einen ungenügend abgesperrten Bahndamm erklettert und oben vom Zuge erfaßt wird, OLG. Hamburg 30. Sept. 1925 in WarnJahrb. 1926 S. 101; auch nicht, wenn die Bahn durch Aufstellung einer genügenden Zahl von Bediensteten auf dem Bahnsteig die Ordnung unter der sehr großen Menge der Reisenden, mit der sie rechnen mußte, hätte aufrecht erhalten und so den Unfall hätte abwenden können,

RG. 9. Febr. 1893 in EisEntsch. 10 S. 58 (= JW. 1893 S. 185: Cannstatter Volksfest).

Die Anforderungen, die an den Eisenbahnbetriebsunternehmer zwecks Verhütung von Gefahren zu stellen sind, dürfen nicht überspannt werden. **Anm. 151.**

Es kann ihm z. B. nicht zugemutet werden, etwa den Bahnkörper in dessen ganzer Ausdehnung oder auch nur, wenn in seiner Nähe öffentliche Straßen laufen, durch Errichtung von Mauern, Zäunen oder dichten Hecken abzusperren, selbst wenn durch solche Einrichtungen der wirtschaftliche Erfolg des Unternehmens noch nicht in Frage gestellt würde, RG. 3. Juli 1916 in JW. 1916 S. 1336.

XVI. Eigenes Verschulden des Verunglückten

Mit der Einführung des BGB. ist auch die Bestimmung des § 254 für die Haftpflicht der Eisenbahn in Geltung getreten. § 254 ist nicht nur bei Verschulden eines Ersatzpflichtigen anzuwenden, sondern auch dann, wenn das Gesetz eine Haftpflicht ohne Verschulden angeordnet hat, RGZ. Band 112 S. 284. Hiernach ist der Eisenbahnunternehmer, wenn er ein mitwirkendes Verschulden des Verletzten nachweist, nicht schlechthin von jeder Haftung befreit, vielmehr hat eine Abwägung der beiderseitigen Verursachung und eine entsprechende Verteilung des Schadens stattzufinden. § 254 ist eine das RHpflG. ergänzende Bestimmung, RG. 14. Febr. 1927 in JW. 1927 S. 1141; sie hat insoweit den § 1 RHpflG. abgeändert. **Anm. 1.**

Auch wenn, wie Meyer in VAE. Bd. 14 (1942) S. 217 annimmt, im RHpflG. ursprünglich der Gedanke zum Ausdruck gekommen wäre, daß „als Gegengewicht gegen die sehr weitgehende Gefährdungshaftung ein Verschulden des Geschädigten den Ersatzanspruch aufheben sollte", so wäre eben diese Rechtslage durch § 254 BGB. geändert worden. **Anm. 2.**

In dem durch Gesetz vom 15. August 1943 (RGBl. S. 489) neu eingefügten § 1a ist bei der Haftung der Inhaber von Elektrizitäts- oder Gasanlagen die Anwendung des § 254 BGB. ausdrücklich vorgeschrieben, um alle Zweifel zu beseitigen. Damit ist den immer wiederholten Angriffen aus Eisenbahnkreisen gegen die Rechtsprechung, die eine Abänderung des RHpflG. durch § 254 BGB. annimmt, der Boden entzogen. Vgl. z. B. Kadenbach in VAE. 1940 S. 103, der behauptet hatte, diese Rechtsprechung sei „weder mit dem Wortlaut noch mit dem Sinn und Zweck" des § 1 RHpflG. zu vereinbaren, und der Haftungsausschließungsgrund des Selbstverschuldens des Verunglückten sei durch die Rechtsprechung über die in jedem Fall vorzunehmende Abwägung des eigenen Verschuldens gegenüber der Betriebsgefahr der Eisenbahn nahezu illusorisch geworden. Wenn Kadenbach sich gegen RGZ. Band 56 S. 154 wendet und geltend macht, § 254 BGB. setze stets voraus, daß bei der Entstehung des Schadens ein Verschulden des Beschädigten mitgewirkt habe, also dem Verschulden des Verunglückten stets auch ein Verschulden der Eisenbahn gegenüberstehen müsse, so ist diese Auslegung völlig unhaltbar. § 254 BGB setzt kein Verschulden des Ersatzpflichtigen voraus, vgl. auch Pittner in VAE. 1940 S. 149. **Anm. 3.**

Das Gesetz über die Haftpflicht der Eisenbahnen und Straßenbahnen für Sachschaden vom 29. April 1940 (RGBl. S. 691) schreibt in § 3 die Anwendung des § 254 BGB. ausdrücklich vor, wenn bei der Entstehung des Schadens ein Verschulden des Geschädigten oder desjenigen, der die tatsächliche Gewalt über die Sache ausübt, mitgewirkt hat. **Anm. 4.**

§ 254 BGB. stellt, wie OLG. Düsseldorf 5. Sept. 1938 in JW. 1939 S. 44 zutreffend ausführt, ein allgemeines Prinzip auf und erscheint als schärfere Fassung des in § 1 RHpflG. ausgesprochenen Gedankens. **Anm. 5.**

Die Verpflichtung zum Schadensersatz sowie der Umfang des zu leistenden Ersatzes hängen von den Umständen ab, insbesondere davon, inwieweit der Schaden vorwiegend von dem einen oder andern Teile verursacht worden ist. Dies gilt nicht nur dann, wenn dem Eisenbahnunternehmer oder seinen Angestellten ein Verschulden nachgewiesen ist, sondern auch, wenn er für den bei einem Betriebsunfall angerichteten Schaden nach § 1 ohne Verschulden **Anm. 6.**

haftet. RGZ. Bd. 53 S. 75; Bd. 53 S. 394; Bd. 56 S. 154; Bd. 62 S. 350; Bd. 63 S. 332; RG. 23. Mai 1912 in EisEntsch. 29 S. 108
RG. 9. Mai 1913 in JW. 1913 S. 921; RG. 23. Nov. 1914 in EisEntsch. 32 S. 93 (= JW 1915 S. 200);
RG. 29. April 1922 in EisEntsch. 40 S. 59; RGZ. Bd. 112 S. 284;
RG. 14. Nov. 1929 in EisEntsch. 50 S. 212;
RG. 16 Mai 1931 in EisEntsch. 52 S. 380;
RGZ. Bd. 168 S. 304 (307); RG. 2. Sept. 1942 in VAE. Bd. 14 (1942) S. 217;
RG. 17. Nov. 1942 in VAE. 1943 S. 24 Nr. 9;
OLG. Stuttgart in VAE. 1939 S. 394. Unrichtig Meyer in VAE. Bd. 14 S. 217.
Vgl. auch v. Weinrich in EisEntsch. 19 S. 369; Weber in EisEntsch. 19 S. 78.

Anm. 7. Bei der Abwägung und Schadensverteilung nach § 254 BGB. sind alle für den Unfall ursächlichen Umstände des einzelnen Falles zu berücksichtigen. Maßgebend ist in erster Linie, wer den Unfall vorwiegend verursacht hat. Dabei ist auch das Verschulden beider Teile nach Art und Grad zu berücksichtigen. Auf seiten der Eisenbahn ist die Betriebsgefahr zu beachten, insbesondere ihre etwaige Steigerung durch besondere Umstände.

Anm. 8. Auf der einen Seite sind die Umstände zu berücksichtigen, die das Verschulden des Verunglückten steigern oder mindern, auf der andern Seite die Umstände in die Wagschale zu legen, die die Betriebsgefahr erhöhen oder verringern. RG. 19. Okt. 1903 in JW. 1903 Beil. S. 136.

Anm. 9. In erster Linie kommt es auf die überwiegende Mitverursachung, erst in zweiter Linie auf das Verschulden an, RGZ. Bd. 112 S. 286; Bd. 141 S. 353 (357); Bd. 156 S. 193 (202); Bd. 169 S. 84 (95). Rechtsirrig ist die Annahme, durch ein mitwirkendes Verschulden des Verletzten werde die Wirkung der Betriebsgefahr der Bahn grundsätzlich ausgeschlossen; vielmehr ist die mitwirkende Betriebsgefahr bei der Abwägung mit zu berücksichtigen, RG. 5. Febr. 1923 in Recht 1923 Nr. 792.

Anm. 10. Ist ein Betriebsunfall weit überwiegend durch Verschulden des Verletzten verursacht, so haftet trotz teilweiser Mitwirkung der Betriebsgefahr die Eisenbahn nicht; nach § 1 soll nicht jedes Mitwirken der Betriebsgefahr bei eigenem Verschulden des Verletzten eine Ersatzpflicht begründen, RG. 11. Nov. 1912 in JW. 1913 S. 144.

XVII. Erhöhte Betriebsgefahr

Anm. 1. Haben bei einem Eisenbahnbetriebsunfall im einzelnen Fall besondere Umstände mitgewirkt, welche die Betriebsgefahr, wie sie sonst regelmäßig vorhanden ist, in nicht gewöhnlicher Weise verstärkt haben, so sind diese mitursächlichen Umstände gemäß § 254 BGB. — wie auch im Falle des § 17 Abs. 2 KFG. — bei der Abwägung zum Nachteil der Eisenbahn zu berücksichtigen. Man spricht hier von erhöhter Betriebsgefahr. Das RHpflG. gebraucht zwar diesen Ausdruck nicht (wie auch nicht das Wort Betriebsgefahr); dennoch ist dieser Begriff durch die Rechtsprechung nicht ohne gesetzliche Grundlage eingeführt worden; die Berücksichtigung solcher gefahrerhöhenden mitursächlichen Umstände beruht auf der gesetzlichen Bestimmung des § 254 BGB. Es ist daher ohne Belang, daß der Begriff der erhöhten Betriebsgefahr im RHpflG. nicht ausdrücklich enthalten ist, und es kann hieraus nichts gegen die Verwendung dieses Begriffes hergeleitet werden (unzutreffend Abitz-Schultze in VAE. 1937 S. 440 ff.). Unrichtig Staks in VAE. 1942 S. 127, der den Begriff für „rechtlich ebenso überflüssig wie schädlich" hält. Es kann auch nicht gesagt werden, das Gesetz mache keinen Unterschied, ob die Betriebsgefahr der Eisenbahn größer oder geringer sei. Tatsächlich macht § 254 BGB. diesen Unterschied, indem er den zu leistenden Schadensersatz von den Umständen abhängig macht: zu diesen gehören naturgemäß gerade auch die besonderen und regelwidrigen Umstände, die im einzelnen Falle zu dem Unfall mitgewirkt und die normale Betriebsgefahr der Eisenbahn gesteigert haben, RG. 10. Okt. 1944 V 54/44. Es kann keine Rede davon sein, daß auf diese Weise die Betriebsgefahr der Bahn doppelt zu ihrem Nachteil berücksichtigt werde, und daß dieses Verfahren im Gesetz keine Grundlage finde.

Siehe hierzu RG. 8. Dez. 1919 in EisEntsch. 37 S. 353 (= JW. 1920 S. 434). Hier ist zutreffend ausgeführt: „Es ist die besondere Gestaltung der Betriebsgefahr im einzelnen Falle, die naturgemäß den Maßstab bei der Abwägung bilden muß. Kommen hierbei Umstände in Betracht, die nicht schlechthin und regelmäßig mit dem Betriebe der Eisenbahn verbunden sind, wie örtliche Verhältnisse, die den Eisenbahnbetrieb für den Verkehr mit besonderen Gefahren umkleidet erscheinen lassen, z. B. unverwahrte Wegübergänge oder Kurven und Straßenkreuzungen bei Straßenbahnen, und zeitliche Schwierigkeiten, z. B. Mangel an Betriebspersonal oder übermäßige Abnutzung des Betriebsmaterials während der Kriegsjahre, so wird von einer erhöhten oder verstärkten Betriebsgefahr der Eisenbahn gesprochen." Derartige Umstände steigern die Betriebsgefahr der Eisenbahn in ihrem Gewicht gegenüber dem eigenen Verschulden des Verletzten. Abweichend v. d. Leyen in JW. 1920 S. 434, der die Ansicht vertritt, das Gesetz mache keinen Unterschied, ob die Gefahren größer oder geringer, ob sie gewöhnliche oder erhöhte seien, der dabei aber übersieht, daß § 254 BGB. gerade auf den Grad der Verursachung, also das Maß der Betriebsgefahr abstellt. Anm. 2.

Auch der Meinung von Hanow in JW. 1927 S. 1687, daß die Gerichte geneigt seien, schon allein in dem gewöhnlichen Betriebe der Eisenbahn eine besondere Gefahr zu sehen, ist nicht beizutreten; in der Rechtsprechung wird vielmehr allgemein zwischen normaler und erhöhter Betriebsgefahr scharf unterschieden. Vgl. auch RG. 15. Okt. 1928 in EisEntsch. 48 S. 399 (= JW. 1929 S. 918). Unzutreffend auch v. Kienitz in JW. 1932 S. 797; Hanow in JW. 1932 S. 2451. Siehe ferner RG. 15. Mai 1931 in JW. 1931 S. 3321. Anm. 3.

Vgl. auch Biermann in VAE. 1943 S. 7 ff., der zutreffend ausführt, es würde kaum billig sein, „wenn der Geschädigte nicht das Recht hätte, bei der Abwägung der beiderseitigen Verursachung des Schadens Umstände, die offensichtlich mit der normalen Betriebsgefahr der Eisenbahn nicht zu tun haben, aber im einzelnen Fall in erheblichem Maße zu dem ihn schädigenden Erfolge beigetragen haben (beispielsweise ein schuldhaftes Verhalten des Eisenbahnunternehmers selbst oder seiner Bediensteten) zu seinen Gunsten besonders geltend zu machen": die Rechtsprechung könne den Begriff der erhöhten Betriebsgefahr nicht ganz entbehren. Allerdings ist zu beachten, daß diejenigen gefahrbringenden und für den Unfall ursächlichen Umstände, die — wie große Schnelligkeit der Fortbewegung, Schwere der bewegten Fahrzeuge usw. — in aller Regel beim Eisenbahnbetriebe vorzuliegen pflegen, nicht zur Annahme einer Erhöhung der Betriebsgefahr herangezogen werden können. Immer muß es sich um besondere Umstände handeln, die sonst im allgemeinen nicht vorliegen und die geeignet sind, die gewöhnliche, stets vorhandene Betriebsgefahr über das normale Maß hinaus zu steigern. So auch Gülde in DR. 1941 S. 208. Anm. 4.

Eine genaue Grenze, bei der die normale Betriebsgefahr aufhört und die erhöhte beginnt (von Kienitz in EisEntsch. 50 S. 92), läßt sich nicht allgemein festlegen. Dies ist aber auch nicht nötig. Es genügt, wenn im einzelnen Falle festgestellt wird, daß bei dem Unfall besondere die Gefahr steigernde Umstände mitgewirkt haben, die sonst in aller Regel nicht vorhanden sind. Sind solche Umstände für den Unfall mitursächlich gewesen, so sind sie nach § 254 BGB. bei der Schadensverteilung zum Nachteil des Eisenbahnunternehmers zu berücksichtigen. Anm. 5.

Daß die Rechtsprechung hierbei „zufolge der Konstruktion erhöhter Betriebsgefahr die Berufung auf Eigenverschulden des Verunglückten den Schienenbahnen zumeist verwehre" (Finger in AktZtschr. 1941 S. 197), trifft nicht zu. Auch bei Vorliegen erhöhter Betriebsgefahr der Bahn pflegt ein mitwirkendes Verschulden des Verletzten je nach seinem Grade bei der Abwägung entsprechend berücksichtigt zu werden. Daß in der Rechtsprechung kaum ein Verschulden eines Verletzten als groß genug angesehen werde, um nicht durch Anm. 6.

die erhöhte Betriebsgefahr ausgeglichen zu werden (Joachimi in EisEntsch. 57 S. 366), ist unrichtig.

Anm. 7. Die Abwägung der beiderseitigen Verursachung des Unfalls erübrigt sich auch nicht durch die Erwägung, daß die Eisenbahnbetriebsgefahr — die doch auch bei mitwirkendem Verschulden des Verletzten unter allen Umständen bei dem Unfall schließlich mitursächlich geworden ist — erst infolge des Verschuldens des Verunglückten wirksam werden konnte, RG. 27. Okt. 1919 in JW. 1920 S. 282.

Anm. 8. Die Erhöhung der Betriebsgefahr ist auch dann zum Nachteil der Bahn zu berücksichtigen, wenn sie nicht auf einem Verschulden beruht. Es genügt, wenn rein tatsächlich die Betriebsgefahr der Bahn gegenüber der gewöhnlichen Gefahr gesteigert ist, RG. 23. Nov. 1914 in JW. 1915 S. 200; RG. 20. Sept. 1930 in EisEntsch. 51 S. 182 (= JW. 1931 S. 868 = SeuffA. Bd. 85 S. 79 [80]; RG. 15. Mai 1931 in JW. 1931 S. 3321; RG. 5. Febr. 1938 in VAE. 1938 S. 178 (= SeuffA. Bd. 92 S. 342); OLG. Köln 4. Febr. 1926 in JW. 1926 S. 2305; OLG. Breslau in VAE. 1937 S. 233.

Anm. 9. Ist z. B. die Nichtanbringung von Schranken an einem Übergang nach Lage der Umstände nicht schuldhaft gewesen, so ist doch, wenn sie den Unfall mitverursacht hat, dieser gefahrerhöhende Umstand bei der Abwägung zum Nachteil der Bahn zu berücksichtigen, RG. 23. Nov. 1914 in JW. 1915 S. 200.

Anm. 10. Hat die Bahn eine ihr mögliche und gebotene größere Sicherung unterlassen, so wird dadurch die Betriebsgefahr erhöht, RG. 20. Sept. 1930 in EisEntsch. 51 S. 182 (= JW. 1931 S. 868).

Anm. 11. Besonders verstärkt wird die Betriebsgefahr, wenn der Unfall durch ein Verschulden der Bahn oder ihrer Bediensteten verursacht worden ist,
RG. 28. Okt. 1907 in EisEntsch. 24 S. 277;
RG. 14. Juni 1909 in EisEntsch. 26 S. 189;
RG. 27. Febr. 1911 in EisEntsch. 28 S. 102;
RG. 25. Okt. 1913 in EisEntsch. 30 S. 374;
RGZ. Bd. 56 S. 154; Bd. 114 S. 292;
RG. 12. Juli 1926 in EisEntsch. 45 S. 88;
RG. 15. Mai 1931 in EisEntsch. 51 S. 363 (= JW. 1931 S. 3321);
RG. 7. Dez. 1933 in JW. 1934 S. 342;
RG. 9. Juli 1934 in VR. 1934 Sp. 461;
RG. 13. Mai 1935 in EisEntsch. 58 S. 375;
RG. 5. Jan. 1943 in VAE. 1943 S. 69.
Es liegt auf der Hand, daß eine ohne genügende Sorgfalt betriebene Bahn eine größere Gefahr bedeutet als eine ordnungsgemäß arbeitende, RG. 23. März 1938 in SeuffA. Bd. 92 Nr. 142.
Ebenso OLG. Köln in EisEntsch. 53 S. 83 und 58 S. 396;
OLG. München in JW. 1936 S. 328;
OLG. Kassel in VAE. 1937 S. 235;
OLG. Königsberg in VAE. 1937 S. 459;
OLG. Köln in VAE. 1938 S. 59;
KG. Berlin in VAE. 1938 S. 228;
OLG. München in VAE. 1939 S. 242;

Anm. 12. Die Betriebsgefahr ist z. B. erheblich erhöht, wenn ein Schrankenwärter fahrlässig unterlassen hat, die Schranken zu schließen. OLG. Köln in EisEntsch. 53 S 83; OLG. Breslau 13. März 1944 in VAE. 1944 Bd. 17 S. 49.

Anm. 13. Ein Verschulden der Eisenbahn hat der Verletzte zu beweisen. RGZ. Bd. 38 S. 162 (165); RG. 23. Nov. 1908 in EisEntsch. 25 S. 380; OLG. Frankfurt 15. Dez. 1927 in EisEntsch. 48 S. 79.

Anm. 14. Hat ein Verschulden eines Eisenbahnbediensteten zu dem Unfall mitgewirkt, so ist die Betriebsgefahr auch dann erhöht, wenn die Bahn gemäß § 831 BGB. den Entlastungsbeweis hinsichtlich der Bediensteten geführt hat; RG. 14. Juni 1909 in EisEntsch. 26 S. 189;
RG. 25. Okt. 1913 in EisEntsch. 30 S. 374 (= JW. 1914 S. 96);
RG. 13. Mai 1935 in EisEntsch. 58 S. 375;
OLG. Köln in VAE. 1938 S. 59; OLG. München in VAE. 1939 S. 242;
OLG. Kassel in VAE. 1937 S. 235.

Abweichend zu Unrecht Biermann „Gesetz über die Haftpflicht der Eisenbahnen und Straßenbahnen für Sachschaden" S. 47 u. 48.
Mag auch die Bahn, die sich nach § 831 BGB. entlastet hat, nicht über den Rahmen des RHpflG. hinaus für den Unfallschaden haften, so hindert dies nicht, daß bei der Abwägung nach § 254 BGB. ihre Haftung im Rahmen des RHpflG. dadurch beinflußt wird, daß ein Verschulden ihrer Bediensteten die Betriebsgefahr gesteigert hat.

Ist z. B. ein Unfall dadurch verursacht worden, daß ein von der Bahn sorgfältig ausgewählter und überwachter Schrankenwärter es fahrlässig unterlassen hat, die Schranken zu schließen, und daß der Verunglückte nicht genügend auf den sich nähernden Zug geachtet hat, so kann nicht wohl bezweifelt werden, daß die Betriebsgefahr der Bahn durch die Fahrlässigkeit des Wärters ganz erheblich gesteigert worden ist, und daß dies bei der nach § 254 BGB. gebotenen Abwägung entscheidend zum Nachteil der Bahn ins Gewicht fallen muß; hier ist doch der Unfall weitaus überwiegend durch den Umstand verursacht worden, daß die Schranken nicht geschlossen waren, und das mitwirkende Verschulden des Verletzten tritt dem gegenüber zurück. Es wäre unbillig, wenn die Bahn hier, weil sie den Wärter sorgfältig ausgewählt und beaufsichtigt hat, nur in geringem Maße haften würde, obwohl das Verschulden des Verletzten gegenüber der verstärkten Betriebsgefahr stark zurücktritt. Wenn Biermann a. a. O. meint, auf diese Weise würde die Haftung des Betriebsunternehmers für seine Leute, die durch die Führung des Entlastungsbeweises beseitigt sei, wieder eingeführt, so übersieht er, daß der Entlastungsbeweis des § 831 BGB. sich nur auf die Haftung aus dem BGB. bezieht, nicht aber auf die aus dem RHpflG., die ja von einem Verschulden ganz unabhängig ist. In dem Falle RG. 25. Okt. 1913 in EisEntsch. 30 S. 374 (= JW. 1914 S. 96) war die Eisenbahn der Ansicht, daß, wenn das Verhalten eines ihrer Angestellten, sei es schuldhaft gewesen oder nicht, bei der Entstehung des Schadens mitgewirkt habe, ihr der Entlastungsbeweis aus § 831 BGB. zu gestatten sei und daß bei dessen Gelingen das Verhalten des Angestellten als die Betriebsgefahr erhöhender Umstand bei der Abwägung des Verschuldens des Getöteten bezw. Verletzten mit der Betriebsgefahr nicht in Betracht zu kommen habe. Das RG. hat diese Ansicht mit Recht als rechtsirrig bezeichnet und ausgeführt: „Die auch bei sorgfältiger Auswahl der Betriebsbeamten vorkommenden Mängel und Versehen in der Ausführung der Betriebshandlungen sind eben Mängel des Betriebes, die auch wenn sie für den Unternehmer unvermeidlich sind, nach dem Grundsatz des § 1 RHpflG. von ihm zu vertreten sind; entscheidend ist hier lediglich die objektive Sachlage; das Verhalten der Angestellten ist daher bei Anwendung des § 254 BGB. stets zugrunde zu legen." Unzutreffend ist auch die Ansicht, daß Umstände, die die Betriebsgefahr erhöhen, aus der vom Unternehmer zu vertretenden Betriebsgefahr dann auszuscheiden hätten, wenn sie dem Verunglückten bekannt oder für ihn erkennbar waren; denn damit wird die Erhöhung der Betriebsgefahr nicht beseitigt, RG. 6. Okt. 1913 in JW. 1914 S. 45 Nr. 13; RG. 25. Okt. 1913 in EisEntsch. 30 S. 374 (= JW. 1914 S. 96). Anm. 15.

Daß der die Betriebsgefahr erhöhende Umstand leicht zu erkennen und von den Reisenden in seiner Gefahr zu überschauen war, steht seiner Berücksichtigung nicht entgegen, RG. 8. Dez. 1919 in EisEntsch. 37 S. 353 (= JW. 1920 S. 434). Anm. 16.

Ein besonders häufiger Fall erhöhter Betriebsgefahr liegt vor, wenn ein Unfall durch das Fehlen von Schranken an einem verkehrsreichen, gefährlichen, unübersichtlichen Bahnübergang verursacht wird. Daß ein unbeschrankter Übergang größere Gefahren mit sich bringt als ein durch Schranken gesicherter, sollte nicht bezweifelt werden. Ob es in Deutschland mehr unbeschrankte als beschrankte Bahnübergänge gibt (vgl. Wachtel in VAE. 1939 S. 348, Finger in VAE. 1942 S. 86), ist hier ohne Belang; damit wird — entgegen der Ansicht von Wachtel — das Fehlen von Schranken noch nicht zu einem schlechthin und regelmäßig mit dem Bahnbetrieb verbundenen Umstand. Das Normale ist die Sicherung durch Schranken; fehlt sie, so ist die Gefahr eines Unfalls Anm. 17.

gegenüber dem normalen Zustand gesteigert. Wenn auch Bahnschranken keinen absolut sicheren Schutz bilden, so ist doch der Schutz ein größerer als bei ungesicherten Übergängen, KG. Berlin 8. Juni 1932 in JW. 1932 S. 3724.

Anm. 18. War an einem unbeschrankten Bahnübergang stets ein Warnposten aufgestellt und ist dieser zur Zeit des Unfalls nicht mehr vorhanden, so ist hierdurch die Betriebsgefahr erhöht, OLG. Zweibrücken 3. Dez. 1942 in VAE. 1943 S. 107.

Anm. 19. Der Ansicht von Biermann in VAE. 1943 S. 7 ff., daß das Fehlen von Schranken die Betriebsgefahr nicht erhöhe, kann nicht gefolgt werden. Unzutreffend auch Finger „Eisenbahngesetze" 1943 S. 15, der sogar meint, das RHpflG. finde hier keine Anwendung, weil es sich nicht um Gefahren des Betriebs, sondern um solche der Anlage der Bahn handle! In der Rechtsprechung wird weit überwiegend in solchen Fällen Erhöhung der Betriebsgefahr angenommen,
RG. 17. Juni 1907 in EisEntsch. 24 S. 71 (= Recht 1907 Nr. 1973);
RG. 7. Dez. 1911 in EisEntsch. 29 S. 167;
RG. 23. Nov. 1914 in JW. 1915 S. 200;
RG. 19. April 1916 in EisEntsch. 33 S. 331 (= WarnRspr. 1916 Nr. 146);
RG. 4. April 1917 in EisEntsch. 34 S. 237;
RG. 7. Nov. 1925 in JW. 1926 S. 573; RG. 28. März 1927 in JW. 1927 S. 1687;
RG. 28. Juli 1928 in EisEntsch. 47 S. 186;
RG. 25. Okt. 1928 in JRPV. 1928 S. 348; RG. 21. März 1929 in EisEntsch. 49 S. 70;
RG. 17. Okt. 1929 in EisEntsch. 50 S. 209 (= VR. 1929 S. 562);
RG. 16. Dez. 1929 in EisEntsch. 50 S. 218;
RG. 30. Mai 1930 in EisEntsch. 50 S. 306 (= JW. 1931 S. 870);
RG. 15. Nov. 1930 in JW. 1931 S. 869;
RG. 17. Jan. 1931 in JW. 1932 S. 797;
RG. 15. Mai 1931 in DAR. 1931 Sp. 330 (= JW. 1931 S. 3321 = EisEntsch. 51 S. 363);
RG. 24. Juni 1931 in DAR. 1931 Sp. 327;
RG. 17. Dez. 1931 in VR. 1932 Sp. 98 (= JW. 1932 S. 2065);
RG. 25. Jan. 1934 in EisEntsch. 55 S. 371;
RG. 26. Aug. 1935 in VAE. 1936 S. 41;
RG. 8. Okt. 1936 in VAE. 1937 S. 37;
RG. 17. Dez. 1936 in VAE. 1937 S. 158;
RG. 8. März 1937 in JW. 1937 S. 1776 (= VAE. 1937 S. 239);
RG. 5. Febr. 1938 in VAE. 1938 S. 178;
RG. 6. Mai 1939 in DR. 1939 S. 1446 (= VAE. 1939 S. 283);
RG. 7. Juli 1942 in VAE. 1942 S. 213 (= RGZ. Bd. 169 S. 376);
RG. 10. Okt. 1944 V 54/44.
Ebenso OLG. Köln 4. Febr. 1926 in JW. 1926 S. 2305;
OLG. Naumburg in EisEntsch. 58 S. 385;
OLG. Königsberg 3. Jan. 1928 in VR. 1928 Sp. 389; OLG. Nürnberg 19. Okt. 1928 in JW. 1929 S. 954; KG. Berlin 8. Jun. 1932 in JW. 1932 S. 3724;
OLG. Stettin 4. Juli 1935 in EisEntsch. 58 S. 388;
KG. Berlin in VAE. 1936 S. 39; OLG. Breslau in VAE. 1937 S. 233;
KG. Berlin in VAE. 1937 S. 391; OLG. Hamm in VAE. 1937 S. 504;
KG. Berlin in VAE. 1937 S. 509; OLG. Breslau in VAE. 1938 S. 24;
OLG. Stuttgart in VAE. 1938 S. 284; KG. Berlin in VAE. 1938 S. 288;
OLG. Königsberg in VAE. 1939 S. 11; OLG. Zweibrücken in VAE. 1939 S. 198;
OLG. München in VAE. 1939 S. 242; OLG. Celle in VAE. 1939 S. 393;
OLG. Köln in VAE. 1939 S. 425; OLG. Braunschweig 8. Apr. 1941 in VAE. 1941 S. 132;
OLG. Zweibrücken 3. Dez. 1942 in VAE. 1943 S. 107;
siehe auch KG. 22. Nov. 1941 in VAE. 1942 S. 139 Nr. 159; OLG. Naumburg 9. Nov. 1943 in VAE. 1944 Bd. 17 S. 46; OLG. Celle 14. Jan. 1944 in VAE. 1944 Bd. 17 S. 48.

Anm. 20. Die Betriebsgefahr ist besonders groß, wenn an einem früher beschrankten Übergang die Schranken entfernt, Gabeln und Läutewerk aber stehen geblieben waren und dadurch der Irrtum erweckt wurde, der Übergang sei beschrankt, RG. 5. Febr. 1938 in VAE. 1938 S. 178 (= SeuffA. Bd. 92 Nr. 141); OLG. Düsseldorf 13. Okt. 1939 in VAE. 1940 S. 24, oder wenn an einem unbeschrankten Übergang überdies auch noch jegliches Warnsignal unterlassen wird, RG. 23. Sept. 1907 in DJZ. 1907 S. 1322 Nr. 1; vgl. auch RG. 10. Okt. 1944 V 54/44.

Eine starke Steigerung der allgemeinen Betriebsgefahr liegt vor, wenn ein Bahnübergang, der die Landstraße an sehr unübersichtlicher Stelle mit zwei selbständigen Gleisen kreuzt, nicht abgeschrankt ist, RG. 7. Nov. 1925 in JW. 1926 S. 573. **Anm. 21.**

Verdeckt eine Bodenerhebung den Kraftfahrern die Lichter der Züge an einem ungesicherten Übergang, so ist die Betriebsgefahr der Bahn erhöht, RG. 6. Mai 1939 in DR. 1939 S. 1446. Vgl. auch RG. 8. März 1937 in JW. 1937 S. 1776. **Anm. 22.**

Die Betriebsgefahr ist außerordentlich gesteigert, wenn an einem unübersichtlichen Bahnübergang nicht nur Schranken und Beleuchtung fehlen, sondern außerdem noch — bei Regen, Schnee und heftigem Wind, — keine Warnungszeichen mit der Dampfpfeife gegeben werden, RG. 28. März 1927 in JW. 1927 S. 1687; RG. 15. Mai 1931 in JW. 1931 S. 3321; zumal wenn der Zug rückwärts fährt, so daß bei der großen Entfernung der Lokomotive das Läutewerk schwerer zu hören ist, RG. 17. Dez. 1931 in JW. 1932 S. 2065. **Anm. 23.**

Unübersichtlichkeit eines Bahnüberganges infolge aufgehäufter Schneewälle erhöht die Betriebsgefahr, OLG. Königsberg in VR. 1932 Sp. 270, ebenso zu spätes Schließen der Bahnschranke, OLG. Königsberg in VAE. 1937 S. 459; KG. Berlin in VAE. 1938 S. 228. **Anm. 24.** Liegen z w e i unbeschrankte Bahnübergänge nahe hintereinander und ist einer derselben durch ein Warnsignal angekündigt, so ist die Betriebsgefahr besonders erhöht, KG. Berlin 29. Okt. 1937 in VAE. 1938 S. 288. **Anm. 25.**

Es genügt, daß die Betriebsgefahr, z. B. infolge Fehlens von Schranken, tatsächlich erhöht ist; die Gefahr ist auch dann erhöht, wenn den Betriebsunternehmer kein Verschulden an diesem Zustand trifft, RG. 25. Jan. 1934 in VR. 1934 Sp. 137; **Anm. 26.**
OLG. Celle 10. Mai 1939 in VAE. 1939 S. 393.

Liegt außerdem noch ein Verschulden der Eisenbahn vor, so ist auch dieses weiterhin zu ungunsten der Bahn bei der Abwägung zu berücksichtigen, RG. 25. Okt. 1928 in JRPV. 1928 S. 348; **Anm. 27.**
RG. 5. Febr. 1938 in VAE. 1938 S. 178;
OLG. Stuttgart 2. Jun. 1939 in VAE. 1939 S. 394.

Daß die zur Sicherung eines Eisenbahnüberganges getroffenen Maßnahmen den behördlichen Anordnungen, insbesondere der Planfeststellung (§ 23 des Reichsbahngesetzes vom 4. Juli 1939) oder der EBBO. entsprochen haben, hindert nicht die Annahme erhöhter Betriebsgefahr wegen Fehlens von Schranken, RG. 25. Okt. 1928 in JRPV. 1928 S. 348; **Anm. 28.**
RG. 6. Mai 1939 in DR. 1939 S. 1446 = VAE. 1939 S. 283;
RG. 7. Juli 1942 in RGZ. Bd. 169 S. 377;
OLG. Breslau in VAE. 1938 S. 24.
Anders zu Unrecht Biermann in VAE. 1943 S. 7 ff.,
Finger „Eisenbahngesetze“ 1943 S. 15, 16.

Daß an Stelle von Schranken eine Warnlichtanlage zugelassen war (vgl. den Erlaß des RVM. vom 30. Dez. 1935, RAnz. 1936 Nr. 5), hindert nicht die Annahme erhöhter Betriebsgefahr, **Anm. 29.**
OLG. Oldenburg 25. Okt. 1939 in VAE. 1940 S. 90.
Abweichend Finger a. a. O.

Wird ein Unfall durch starken Andrang von Reisenden zum Zuge verursacht, so ist die Betriebsgefahr der Bahn erhöht, **Anm. 30.**
RG. 8. Dez. 1919 in EisEntsch. 37 S. 353 (= JW. 1920 S. 434);
RG. 11. Nov. 1920 in Leipz.Ztschr. 1921 Sp. 178;
RG. 27. Juni 1921 in EisEntsch. 39 S. 66;
RG. 21. Jan. 1929 in JW. 1929 S. 2815 (hier hatte die Bahn auch noch die gebotenen Sicherungsmaßnahmen unterlassen);
OLG. Stuttgart 22. Jun. 1939 in VAE. 1939 S. 396.

Anders Biermann in VAE. 1943 S. 7 ff.; siehe auch Hanow in JW. 1929 S. 2815.

Anm. 31. Während des Krieges sind häufig Unfälle durch die angeordnete Verdunkelung der Bahnhöfe, Bahnsteige, Züge und Straßen verursacht worden. Es ist nicht zu bezweifeln, daß durch solche Verdunkelungsmaßnahmen die Gefahren des Eisenbahn- und Straßenbahnverkehrs erheblich gesteigert werden können. In der Regel wird die Verdunkelung die Betriebsgefahr erhöhen und daher bei der Abwägung zu ungunsten der Bahn zu berücksichtigen sein. Andererseits sind auch die Reisenden bei Verdunkelung zu aller ihnen möglichen besonderen Vorsicht verpflichtet, und die Außerachtlassung dieser Aufmerksamkeit kann unter Umständen ihr Verschulden erhöhen. Daß das Verhältnis von Verdunkelungsgefahr und Vorsicht des Reisenden sich stets gleich bleibe, wie LG. Berlin 7. Jul. 1941 in VAE. 1942 S. 29 Nr. 31 meint, ist unrichtig; die Betriebsgefahr kann weit überwiegen.

Anm. 32. Daß die im Kriege angeordnete Verdunkelung die Betriebsgefahr erhöht, nehmen insbesondere an RGZ. Bd. 167 S. 325; RGZ. Bd. 168 S. 304;
RG. 2. Juni 1943 V 182/42; RG. 14. Sept. 1943 in RGZ. Bd. 171 S. 354 (= VR. 1944 S. 2321 = DR. 1944 S. 197).
OLG. Breslau 14. März 1941 in VAE. 1941 S. 131;
KG. Berlin in VAE. 1941 S. 67; KG. Berlin in VAE. 1942 S. 139 Nr. 159 und S. 177; OLG. Zweibrücken 26. Jan. 1944 in DJ. 1944 S. 222; LG. Breslau 6. Aug. 1942 in VAE. 1943 S. 29;
Anders zu Unrecht Staks in VAE. 1942 S. 121 und in VR. 1942 Bl. 149, 150; Pittner in VAE., Bd. 15 (1943) S. 81. Unzutreffend LG. Berlin 7. Juli 1941 in VAE. 1942 S. 29 u. 31;
LG. Essen 27. Okt. 1942 in VAE. 1943 S. 92;
Zum österr. Recht vgl. RG. 21. Jan. 1942 in VAE. 1942 S. 118.

Anm. 33. Insbesondere ist die Betriebsgefahr der Eisenbahn gesteigert, wenn die Bahnbediensteten die Verdunkelung auf dem Bahnsteig ordnungswidrig zu stark vorgenommen haben, RG. 17. Nov. 1942 in VAE. 1943 S. 24.

Anm. 34. Der Umstand, daß auf einem verkehrsreichen größeren Bahnhof keine Unterführungen vorhanden sind, so daß die Reisenden, um einzusteigen, über die Gleise gehen müssen, kann die Betriebsgefahr erheblich erhöhen, RG. 20. Sept. 1930 in EisEntsch. 51 S. 182 (= SeuffArch. Bd. 85 S. 79 = JW. 1931 S. 868 = VR. 1931 Sp. 44);
Vgl. auch RG. 5. Jan. 1943 V 123/42.

Anm. 35. Bei kleinen verkehrsarmen Bahnhöfen sind Unterführungen nicht üblich, ihr Fehlen erhöht daher hier nicht die übliche Betriebsgefahr; abweichend RG. 20. Sept. 1930 a. a. O.
Siehe ferner OLG. Stuttgart in VAE. 1939 S. 394;
OLG. Kiel 6. Aug. 1940 in VAE. 1940 S. 205.
Unrichtig Finger „Eisenbahngesetze" 1943 S. 15.

Anm. 36. Gefahrensteigernd können ferner wirken Offenstehen der Abteiltüre im fahrenden Zuge,
RG. 12. Nov. 1923 in EisEntsch. 41 S. 275;
OLG. Hamburg in EisEntsch. 31 S. 118;
KG. Berlin in EisEntsch. 50 S. 294;
OLG. Köln in VAE. 1937 S. 316;
OLG. Hamm in VAE. 1942 S. 176;

Anm. 37. Offenstehen einer Packwagentüre während der Fahrt,
OLG. Nürnbrg 28. Jan. 1928 in VR. 1928 Sp. 389;

Anm. 38. mangelhafter Verschluß der Bordwand,
RG. 2. Sept. 1942 in VAE. Bd. 14 (1942) S. 217;

Anm. 39. starke Besetzung der Abteile,
RG. 27. Juni 1921 in VR. 1 Sp. 298; RG. 11. Okt. 1928 in EisEntsch. 48 S. 298;
KG. Berlin in VAE. 1938 S. 446;
(Anderer Ansicht Biermann in VAE. 1943 S. 7 ff.)

Anm. 40. Ausführung von Arbeiten in gefährlicher Nähe von befahrenen Gleisen, insbesondere wenn es an ausreichender Sicherung der Arbeiter durch Warnsignale oder Sicherungsposten fehlt,

RG. 6. Okt. 1910 in EisEntsch. 27 S. 410;
RG. 26. Nov. 1928 in EisEntsch. 48 S. 405;
RG. 15. Nov. 1934 in EisEntsch. 57 S. 225;
RG. 23. März 1938 in SeuffArch. Bd. 92 S. 346 Nr. 142;
vgl. auch RG. 2. Jan. 1911 in EisEntsch. 28 S. 74; bedenklich OLG. Oldenburg 12. Juli 1929 in JW. 1932 S. 425;
OLG. München in VA E. 1939 S. 398;
KG. Berlin in EisEntsch. 58 S. 401 (= VR. 1935 Sp. 578 Nr. 347);

Lärm und Qualm bei Arbeiten im Tunnel, Anm. 41.
RG. 20. Nov. 1933 in EisEntsch. 56 S. 179 (= VR. 1934 Sp. 34);

unzureichende Beleuchtung des Bahnsteigs bei trübem Wetter und Unterlassen eines Warnungsrufs beim Einfahren des Zuges, Anm. 42.
RG. 4. Mai 1922 in VR. 1922 Sp. 251;

ungenügende Beleuchtung der Straßenbahn und Unterlassung des Läutens. Anm. 43.
RG. 26. Jan. 1922 in VR. 1922 Sp. 257;

das Fehlen ausreichender Schallsignaleinrichtungen. Anm. 44.

Die Betriebsgefahr wird erhöht, wenn das Läutewerk eines Zuges wegen Sturms nicht zu hören ist, RG. 23. Febr. 1905 in JW. 1905 S. 229; Anm. 45.

mangelhaftes Läutewerk der Lokomotive erhöht die Gefahr, Anm. 46.
RG. 17. Jan. 1931 in JW. 1932 S. 797;
RG. 5. Febr. 1938 in VAE. 1938 S. 178 (= JW. 1938 S. 1461);

Fehlen eines Läutewerks, RG. 24. Juni 1931 in DAR. 1931 Sp. 327; Anm. 47.

Unzweckmäßige Anbringung der Bahnschranke zu nahe am Bahnkörper und ungenügende Kenntlichmachung, Anm. 48.
RGZ. Bd. 129 S. 128 (133).

Ausbleiben des gewohnten Läutens einer durch die Stadt fahrenden Kleinbahn, zumal wenn die Pufferlaternen der Lokomotive nicht brannten, RG. 9. Jan. 1922 in VR. 1922 Sp. 28. Anm. 49.

Nichtabgabe von Dampfpfeifensignalen, RG. 15. Mai 1931 in DAR. 1931 Sp. 330; Anm. 50.
Zu schwache Eisenbahnsignale, RG. 7. Nov. 1925 in JW. 1926 S. 573; RG. 21. Mai 1931 in DAR. 1931 Sp. 329; RG. 14. Nov. 1935 in VAE. 1936 S. 133.

Fahren einer Lokomotive in den Bahnhof ohne Signal, RG. 21. Sept. 1909 in JW. 1909 S. 667. Anm. 51.

Unterlassen eines Warnungszeichens mit der Dampfpfeife am Bahnübergang, RG. 28. März 1927 in JW. 1927 S. 1687. Anm. 52.

Vgl. auch RG. 21. Sept. 1909 in JW. 1909 S. 667; Unterlassen des Läutens an unbeschranktem Übergang, RG. 18. Okt. 1909 in JW. 1910 S. 37. Anm. 53.

Mangelhaftes Warnzeichen am Bahnübergang, RG. 25. Okt. 1928 in JRPV. 1928 S. 348; RG. 7. Jan. 1931 in VR. 1932 Sp. 142; Anm. 54.
RG. 23. Febr. 1938 in VAE. 1938 Nr. 293.
OLG. Königsberg 15. Dez. 1932 in VR. 1934 Sp. 140.

Zu schwache Beleuchtung (Petroleumlampe) der Schranken, Anm. 55.
OLG. Königsberg in VAE. 1937 S. 508.

Fehlen von Beleuchtung am Bahnübergang, RG. 2. Okt. 1913 in EisEntsch. 31 S. 67; RG. 28. März 1927 in JW. 1927 S. 1687. Anm. 56.

Diesiges Wetter, das die Sicht erschwert, insbesondere auch bei Dämmerung und mangelhafter Beleuchtung, Anm. 57.
RG. 4. Mai 1922 in VR. 1922 Sp. 251;
RG. 28. März 1927 in VR. 1927 Sp. 402;
RG. 14. Sept. 1943 in RGZ. Bd. 171 S. 354 (= DR. 1944 S. 197 = VR. 1944 S. 2321).
Nebel, RG. 10. April 1913 in EisEntsch. 30 S. 197;
RG. 7. Nov. 1925 in JW. 1926 S. 573;
RG. 12. Jan. 1928 in VR. 1928 Sp. 525;
RG. 15. Okt. 1928 in EisEntsch. 48 S. 399 (= JW. 1929 S. 918 = VR. 1929 Sp. 363);
RG. 17. Jan. 1931 in JW. 1932 S. 797;
OLG. Breslau in EisEntsch. 51 S. 74 und VAE. 1938 S. 232.

Starker Sturm, OLG. Düsseldorf 24. Nov. 1939 in VAE. 1940 S. 130. Anm. 58.

Schlüpfrigkeit der Straßenbahnschienen infolge Regenwetters, Anm. 59.
RG. 27. Okt. 1904 in EisEntsch. 21 S. 378 (= JW. 1905 S. 14);

Anm. 60. Unübersichtlichkeit einer Kreuzung, RGZ. Bd. 142 S. 356;
RG. 7. Nov. 1925 in JW. 1926 S. 573;
RG. 28. März 1927 in JW. 1927 S. 1687.

Anm. 61. Zweigleisiger Betrieb, so daß Straßenbahnwagen gleichzeitig von beiden Seiten kommen, kann die Betriebsgefahr erhöhen,
RG. 23. Jan. 1919 in WarnRspr. 1919 Nr. 74 S. 112.

Anm. 62. Wenn die nach demselben Ziel fahrenden Züge bald auf Gleis 1, bald auf Gleis 3 einfahren und von den Reisenden wegen der Gleisanlage erst verhältnismäßig spät erkannt werden kann, auf welchem Gleis der Zug einläuft, ist die Betriebsgefahr erhöht. RG. 7. Febr. 1941 in VR. 1941 Bl. 76.

Anm. 63. Erhebliche Zugverspätungen können unter Umständen die Betriebsgefahr wesentlich erhöhen, OLG. Breslau 19. Jan. 1942 in VAE. 1942 Bd. 14 S. 145.

Anm. 64. Die Betriebsgefahr ist ferner erhöht:
beim Fehlen eines Aufsichtsbeamten auf dem Bahnsteig bei starkem Verkehr, RG. 21. Jan. 1929 in JW. 1929 S. 2815; RG. 15. April 1935 in EisEntsch. 58 S. 94 (= VR. 1935 Sp. 391 Nr. 228); anders bei kleinen Bahnhöfen, RG. 5. Mai 1913 in JW. 1913 S. 735, wo der Bahnsteig nicht schon vor dem unmittelbaren Eintreffen eines Zuges besonders beaufsichtigt zu werden pflegt;

Anm. 65. bei vorzeitigem Abfahrzeichen des Bahnbeamten oder Schaffners,
RG. 28. Okt. 1907 in JW. 1907 S. 740; RG. 15. März 1928 in VR. 1928 Sp. 286;
OLG. Kolmar in EisEntsch. 34 S. 337;
OLG. Köln 21. Aug. 1935 in EisEntsch. 58 S. 396;
RG. 15. Dez. 1942 VI 125/42;

Anm. 66. bei Abfahren vor Beendigung des Aussteigens, OLG. München 14. Nov. 1936 in JW. 1936 S. 328;

Anm. 67. bei besonders kurzem Zugaufenthalt und dadurch bedingter Eile beim Aussteigen, RG. 1. Febr. 1909 in EisEntsch. 25 S. 405;
RG. 17. Okt. 1910 in EisEntsch. 27 S. 318;
RG. 12. Nov. 1936 in VAE. 1937 S. 92;
OLG. Düsseldorf in VAE. 1939 S. 136;
KG. Berlin 11. Mai 1942 in VAE. 1942 S. 177;

Anm. 68. bei Eile infolge großer Zugverspätung, OLG. Breslau in VAE. 1942 S. 145;

Anm. 69. bei Bewegung von Rangierzügen auf offener Straße oder verkehrsreichem Übergang, RG. 14. Okt. 1911 in EisEntsch. 28 S. 405 (= JW. 1911 S. 1016); LG. München in VAE. 1938 S. 19;

Anm. 70. beim Fahren einer Kleinbahn bei Dunkelheit auf einer nicht besonders abgesperrten Verkehrsstraße, RG. 27. Okt. 1919 in JW. 1920 S. 282;

Anm. 71. beim Rangieren ohne Signale; insbesondere wenn auf einem Verschiebebahnhof ohne Überwachung und ohne Warnung des Publikums rangiert wird, OLG. Braunschweig 3. Jan. 1933 in JW. 1933 S. 856 Nr. 3 (= VR. 1934 Sp. 663);

Anm. 72. wenn das Umsteigen in sehr großer Eile geschehen muß, weil nur ½ Minute Zeit zum Umsteigen war, RG. 17. Okt. 1910 in EisEntsch. 27 S. 318 (= JW. 1911 S. 62 Nr. 65).

Anm. 73. Ferner ist die Betriebsgefahr erhöht
beim Rangieren mit hinten schiebender Lokomotive bei offenen Schranken, RG. 27. Sept. 1920 in LeipzZtschr. 1920 Sp. 958; RG. 7. Jan. 1932 in JW. 1932 S. 2067;

Anm. 74. bei unerwartetem nachträglichem Vorziehen des Zuges, RG. 14. Febr. 1927 in EisEntsch. 47 S. 176 (= JW. 1927 S. 1141), vgl. auch EisEntsch. 45 S. 319, weil dies von den Reisenden leicht irrig als Wegfahren aufgefaßt wird,

Anm. 75. bei Fahrt im Packwagen, OLG. Nürnberg 27. Nov. 1931 in VR. 1933 Sp. 140,

Anm. 76. bei gefährlicher Lage der Bahn unmittelbar neben der Landstraße,
RG. 30. März 1936 in VR. 1936 S. 455,

Anm. 77. bei Lage der Straßenbahngleise unmittelbar an einem schmalen Bürgersteige,
OLG. Breslau 3. Juli 1924 in VR. 1925 S. 587,

Anm. 78. bei unauffälliger Einbettung der Schienen einer die Straße kreuzenden Hafenbahn, RG. 28. Juli 1928 in VR. 1928 S. 474 (= EisEntsch. 47 S. 186),

Anm. 79. bei zu scharfem ruckartigem Anfahren des Zuges, RG. 22. März 1915 in EisEntsch. 32 S. 104; OLG. Karlsruhe in VR. 1934 Sp. 200;

bei sachwidrigem ruckartigem Anfahren der Straßenbahn, RG. 15. Okt. 1928 in JW. 1928 S. 3170 (= VR. 1928 S. 588 Nr. 381); anderer Ansicht Biermann in VAE. 1943 S. 7 ff.; Anm. 80.

bei Glätte der Trittbretter, RG. 13. Febr. 1930 in EisEntsch. 50 S. 92; Anm. 81.

bei Fehlerhaftigkeit des Abteiltürschlosses, OLG. Hamm in VAE. 1942 S. 176. Anm. 82.

Dulden Bahnbeamte das Betreten der überfüllten Plattformen des Zuges, so ist die Betriebsgefahr erhöht, RGZ. Bd. 114 S. 292 = RG. 12. Juli 1926 in VR. 1927 Sp. 85; Anm. 83.
RG. 28. Juni 1915 in JW. 1915 S. 1016.

Eine Kurve der Straßenbahn bedeutet für die am Rand der offenen Plattform stehenden Fahrgäste eine Gefahrerhöhung, Anm. 84.
RG. 27. Okt. 1919 in WarnRspr. 1920 Nr. 85.

Aufgerissenes Straßenpflaster und schlechte Beleuchtung der Arbeitsstelle erhöht die Betriebsgefahr der Straßenbahn, Anm. 85.
RG. 9. Mai 1913 in EisEntsch. 30 S. 212 (= JW. 1913 S. 921).

Gegenüber der durch Verschulden des Kraftfahrers erhöhten Betriebsgefahr des Kraftwagens ist die Betriebsgefahr der vorschriftsmäßig fahrenden Straßenbahn gering, RGZ. Bd. 142 S. 356 (= JW. 1934 S. 342). Anm. 86.

Dagegen liegt eine Erhöhung der Betriebsgefahr nicht vor: Anm. 87.
wenn die Plattform eines Straßenbahnwagens offen und ungesichert ist, RG. 10. Dez. 1938 in DR. 1939 S. 183 (= VR. 1939 S. 1097 = SeuffA. Bd. 93 Nr. 71). Anders früher RG. 6. März 1911 in EisEntsch. 28 S. 103; RG. 1. März 1934 in VR. 1934 Sp. 277; RG. 29. April 1935 in JW. 1935 S. 2354 (= VR. 1935 Sp. 450 Nr. 270);
die frühere Ansicht ist in DR. 1939 S. 183 ausdrücklich aufgegeben, da offene Plattformen überwiegend üblich und gestattet seien; wenn Lokomotive und Wagen während der Fahrt seitlich schwanken, RG. 21. Juni 1939 in VAE. 1939 S. 359;

wenn das Windleitblech der Lokomotive verhältnismäßig nahe an das Nachbargleis gebracht wird, so daß ein Reisender eines andern Zuges an der Hand verletzt wird; unrichtig OLG. Köln in EisEntsch. 56 S. 393; LG. Nürnberg-Fürth in VAE. 1938 S. 15; hier handelt es sich um eine regelmäßige Erscheinung; wenn der Zug bei Nacht fährt, RG. 2. Juli 1908 in EisEntsch. 25 S. 188; dies ist nichts Ungewöhnliches; Anm. 88.

Bedenklich erscheint das Urteil OLG. Zweibrücken 2. Dez. 1942 in VAE. 1943 S. 70, wonach die Betriebsgefahr der Bahn an einem unbeschrankten Übergang durch die kriegsbedingte Verdunkelung dann nicht erhöht sei, wenn der Verletzte den Übergang kannte und sich fahrlässig in Gefahr begab. Denn die Verdunkelung darf nicht allein zu Lasten des Verletzten gehen. Anm. 89.

Behauptet der Verunglückte, daß besondere Umstände vorlägen, welche die regelmäßig vorhandenen Betriebsgefahren über das normale Maß erhöhten, so trifft ihn die Beweislast, RG. 3. Dez. 1925 in EisEntsch. 43 S. 331; RG. 21. Juni 1939 in VAE. 1939 S. 359. Anm. 90.

Die Umstände, in denen die Erhöhung der Betriebsgefahr erblickt wird, sind im einzelnen festzustellen, RG. 15. Okt. 1928 in JW. 1929 S. 918. Anm. 91.

Nach RG. 1. Juni 1932 in EisEntsch. 54 S. 68 bedingen die besonderen Verhältnisse im Berliner Vororts- und Stadtverkehr, die eine jedesmalige Warnung der auf dem Bahnsteig Wartenden beim Nahen eines Zuges unmöglich machen, eine Erhöhung der Betriebsgefahr. Man wird aber hier auch von den Reisenden, die dies wissen, eine erhöhte Vorsicht verlangen müssen. Anm. 92.

Die Betriebsgefahr ist nicht erhöht, wenn bei der Straßenbahn zwischen den beiden Schienensträngen nur 1 m Zwischenraum ist, RG. 3. Juli 1911 in EisEntsch. 28 S. 333. Anm. 93.

Führt ein Zug am Schluß 4 Paar leicht übersehbare Rollschemel mit, so erhöht dies die Betriebsgefahr an einem unbeschrankten Bahnübergang, OLG. Stuttgart in VAE. 1938 S. 284. Anm. 94.

Ist das Herankommen der Straßenbahn infolge des Geräusches eines über eine Überführung fahrenden Eisenbahnzuges nicht zu hören, so ist an dieser Anm. 95.

Stelle die Betriebsgefahr der Straßenbahn gesteigert, RG. 30. Mai 1907 in EisEntsch. 24 S. 158.

Anm. 96. Die Betriebsgefahr ist gesteigert, wenn eine Straßenbahn nur mit einem Wagenführer fährt, ohne einen Schaffner, der das Ab- und Aufsteigen überwacht, RG. 11. Nov. 1907 in EisEntsch. 24 S. 281.

Anm. 97. Außergewöhnlich scharfe Krümmung eines behelfsmäßigen Gleises, veraltete Bauart eines Anhängewagens, die starkes Schaukeln zur Folge hatte, und Fehlen von Griffen zum Festhalten erhöhen die Betriebsgefahr, RG. 22. Sept. 1913 in EisEntsch. 30 S. 352.

Anm. 98. Die Erhöhung der Betriebsgefahr braucht nicht *allen* Reisenden gegenüber vorzuliegen, es genügt, wenn der Verletzte besonders gefährdet war, RG. 28 Juni 1915 in EisEntsch. 32 S. 459 (= JW. 1915 S. 1016).

Anm. 99. So ist die Betriebsgefahr gesteigert, wenn der Straßenbahnführer einen achtlosen Fußgänger nicht durch Läuten warnt, RG. 7. Dez. 1908 in JW. 1909 S. 47.

Anm. 100. Wenn jemand von einem ungesicherten Fußweg an einer Eisenbahnböschung abstürzt und vom Zuge überfahren wird, ist die Betriebsgefahr erhöht, weil die Bahn den gefährlichen Weg schuldhaft nicht gesichert hat, RG. 29. Juli 1935 in EisEntsch. 58 S. 393.

Anm. 101. Wenn auf einer kleinen ländlichen Haltestelle mit geringem Verkehr keine besondere Absperrung der Gleise vorhanden ist, ist die Betriebsgefahr nicht erhöht, RG. 16. Sept. 1912 in EisEntsch. 29 S. 317.

Anm. 102. Bei einem *haltenden* Zug wird in der Regel die Betriebsgefahr der Bahn ganz gering sein und gegenüber einer Unachtsamkeit des einsteigenden Reisenden ganz außer Betracht bleiben, KG. Berlin in EisEntsch. 57 S. 343.

Anm. 103. Die allgemeine Betriebsgefahr ist wesentlich erhöht, wenn ein sich einer Haltestelle nähernder und deshalb langsam fahrender Straßenbahnwagen plötzlich zu schneller Fahrt übergeht und ohne anzuhalten weiterfährt, RG. 15. Mai 1922 in VR. 1922 Sp. 145.

Anm. 104. Die Betriebsgefahr der Straßenbahn ist gesteigert, wenn der Wagenführer dienstpflichtwidrig zum Abspringen des Fahrgastes mitgewirkt und durch
JW. 1911 S. 109; oder wenn die Straßenbahn Hilfshaltestellen eingerichtet hat,
vorzeitiges Schnellerfahren den Sturz herbeigeführt hat, RG. 24. Nov. 1910 in
wo nur auf besonderes Verlangen gehalten wird; dadurch werden die Fahrgäste unsicher gemacht, RG. 6. Okt. 1913 in JW. 1914 S. 45 Nr. 13;

Anm. 105. oder wenn auf dem Straßenbahnhof bei offener Sperre rangiert wird, RG. 17. Sept. 1917 in JW. 1918 S. 38.

Anm. 106. Höherlegen dere Bahnsteige steigert nicht ohne weiteres die Betriebsgefahr, RG. 11. Okt. 1928 in EisEntsch. 47 S. 383 = Leipzig Z. 1928 S. 1698. Dagegen

Anm. 107. kann das Fehlen von Übergängen über die Gleise die Betriebsgefahr erhöhen, RG. 23. Jan. 1932 in JW. 1932 S. 1728.

Anm. 108. Die Betriebsgefahr ist erhöht, wenn eine Eisenbahn unmittelbar neben einer Straße liegt und durch Ausstoßen von Wasserdampf den Verkehr gefährdet, RG. 30. März 1936 in SeuffA. Bd. 90 Nr. 116; ebenso bei Schmalheit eines

Anm. 109. Bohlenüberganges über ein Gleis bei Verdunklung, KG. Berlin 30. April 1942 in VAE. 1942 S. 177.

Anm. 110. Die Betriebsgefahr einer Straßenbahn kann durch Bauarbeiten auf der Straße erhöht sein, RG. 22. Okt. 1932 in JW. 1933 S. 1948 = LeipzZtschr. 1933 Sp. 312. Denn der Unternehmer einer Bahn, die nicht über bahneigenes abgeschlossenes Gelände, sondern über eine dem Verkehr dienende Straße geführt ist, muß sich auch alle solchen Umstände anrechnen lassen, die damit zusammenhängen, daß die Straße auch zu andern Zwecken benutzt wird, sofern nur dadurch die Möglichkeit von schädigenden Einwirkungen des Bahnbetriebes selbst auf die Straßenbenutzer vergrößert wird, wie dies z. B. bei Bauarbeiten auf der Straße für eine Fernheizleitung der Fall ist.

Anm. 111. Liegen die Schienen einer Straßenbahn nicht in der Straßenmitte, sondern auf der einen Straßenseite ganz nahe am Rand, und wird das Gleis noch dazu in beiden Richtungen befahren, so daß in der einen Richtung die Bahn regelwidrig auf der linken Straßenseite verkehrt, so ist die Betriebsgefahr erhöht, so zutreffend Gülde in DR. 1941 S. 208; abweichend OLG. Düsseldorf 21. Okt. 1940 in DR. 1941 S. 207; siehe auch RG. 21. Sept. 1938 in VAE. 1938 S. 461.

XVIII. Beweislast bei Erhöhung der Betriebsgefahr

Behauptet der Verunglückte, daß bei dem Unfall besondere Umstände mitgewirkt hätten, welche die gewöhnliche Betriebsgefahr der Eisenbahn erhöhten, so muß er das Vorliegen solcher Umstände beweisen. Kann der Sachverhalt insoweit nicht genügend aufgeklärt werden, so geht dies zu Lasten des Verunglückten, RG. 21. Juni 1939 in VAE. 1939 S. 359. Anm. 1.

Ist nicht aufgeklärt, ob solche die regelmäßige Betriebsgefahr steigernden Umstände vorliegen, so geht dies nicht zu Lasten der Eisenbahn, RG. 3. Dez. 1925 in EisEntsch. 43 S. 331. Anm. 2.

Die die Erhöhung der Betriebsgefahr begründenden Umstände sind im einzelnen festzustellen. Die Verweisung auf bloße Möglichkeiten genügt nicht. Anm. 3.

Der Verunglückte muß z. B. beweisen, daß die Bremse mangelhaft gewesen sei und deshalb versagt habe und daß die Eisenbahn insoweit ein Verschulden treffe, RG. 26. Juni 1887 in EisEntsch. 6 S. 54; Anm. 4.

daß der Lokomotivführer schuldhaft bei dem Übergang nicht geläutet habe, RGZ. Band 38 S. 162 (165); RG. 23. Febr. 1897 in JW. 1897 S. 195; Anm. 5.

daß die Überlegeeisen der Plattform nicht geschlossen gewesen seien, RG. 23. Nov. 1908 in EisEntsch. 25 S. 380; Anm. 6.

vgl. auch OLG. Frankfurt 15. Dez. 1927 in EisEntsch. 48 S. 79.

Ebenso trägt der Eisenbahnbetriebsunternehmer die Beweislast, wenn er behauptet, daß bei dem Halten des verunglückten Kraftfahrzeugs Umstände vorgelegen hätten, welche die Betriebsgefahr des Wagens erhöht hätten, z. B. ein Verschulden des Fahrers, Fehler des Kraftfahrzeugs u. ä. Anm. 7.

XIX. Vorsatz oder Fahrlässigkeit des Verletzten

Macht der Betriebsunternehmer geltend, der Unfall sei durch eigenes Verschulden des Verunglückten verursacht oder mitverursacht, so hat er darzutun, daß diesem ein vorsätzliches oder fahrlässiges Verhalten zur Last falle. Anm. 1.

Vorsatz liegt vor, wenn der Verunglückte die Schädigung hat herbeiführen wollen oder doch er sich bewußt gewesen ist, daß sein Handeln den schädlichen Erfolg herbeiführen müsse, wenn er also diesen Erfolg vorausgesehen und trotzdem gehandelt hat. Dagegen ist nicht erforderlich, daß die Schädigung beabsichtigt oder bezweckt war. Anm. 2.

Vgl. RGZ. Bd. 57 S. 239 (241); Bd. 58 S. 214 (216); Bd. 62 S. 137 (139); Bd. 63 S. 146 (148).

Der Begriff der Fahrlässigkeit bestimmt sich auch auf dem Gebiet des RHpflG. nach § 276 BGB, RG. 14. Nov. 1901 in JW. 1902 S. 31. Hiernach handelt fahrlässig, wer die im Verkehr erforderliche Sorgfalt außer Acht läßt. Wer bei Anwendung der gebotenen Vorsicht den Eintritt eines schädlichen Erfolges als mögliche Folge seines Handelns hätte voraussehen können, die nötige Aufmerksamkeit aber nicht angewendet und dadurch den Unfall verursacht hat, hat ihn fahrlässig herbeigeführt. Anm. 3.

Vgl. RG. 30. April 1896 in EisEntsch. 13 S. 163; RGZ. Bd. 13 S. 9; RG. 14. Dez. 1900 in EisEntsch. 18 S. 35.

Daß der Verunglückte gerade den tatsächlichen Verlauf des Unfallereignisses in seinen Einzelheiten bei der gebotenen Vorsicht hätte voraussehen können, ist nicht erforderlich. Es genügt, daß er bei Anwendung der nötigen Aufmerksamkeit mit der Möglichkeit einer Schädigung im allgemeinen hätte rechnen können. Anm. 4.

RG. 25. Okt. 1906 in JW. 1906 S. 740; RG. 29. April 1909 in JW. 1909 S. 358; RGZ. Bd. 136 S. 4 (10).

Geboten ist diejenige Sorgfalt, die der Eisenbahn- und Straßenbahnverkehr angesichts der Gefahren, die er mit sich bringt, von jedem erfordert, der an diesem Verkehr teilnimmt oder mit ihm in Berührung kommt Anm. 5.

Insbesondere müssen auch die Fahrgäste durch sorgfältiges Verhalten zur Vermeidung von Unfällen beitragen. Es ist das Maß von Aufmerksamkeit zu verlangen, das von jedem vernünftigen und ordentlichen Menschen nach den Umständen des Falles angewendet zu werden pflegt und erwartet werden kann. Je größer die Gefahrumstände sind, umso höher werden auch die Anforderungen sein müssen, die an den Verkehrsteilnehmer zu stellen sind. So wird z. B. beim Überschreiten eines unbeschrankten Bahnüberganges bei Nebel ganz besondere Achtsamkeit verlangt werden müssen. Es kommt immer auf die besonderen Umstände des einzelnen Falles an.

RGZ. Bd. 38 S. 162 (164); RG. 30. April 1896 in EisEntsch. 13 S. 163; RG. 3. Juli 1899 in EisEntsch. 16 S. 255; RG. 13. Nov. 1899 in EisEntsch. 16 S. 340; RG. 28. Dez. 1899 in EisEntsch. 17 S. 210; RG. 23. Sept. 1907 in EisEntsch. 24 S. 259; RGZ. Bd. 68 S. 422.

Anm. 6. Maßgebend ist der Grad von Sorgfalt, der erforderlich ist, es kommt also nicht darauf an, was sich als tatsächliche Übung herausgebildet hat. Es gibt Verkehrsunsitten, die nicht auszurotten, aber dennoch nicht gestattet sind, z. B. das vorzeitige Auf- oder Abspringen bei der Straßenbahn. Die Berufung auf eine solche Verkehrsunsitte ist keine Entschuldigung. Entscheidend ist, welches Maß von Vorsicht im Verkehr notwendig ist, um die infolge seiner Gefährlichkeit drohenden Unglücksfälle möglichst zu verhüten.

RGZ. Bd. 128 S. 39 (44); RGZ. Bd. 138 S. 320 (325); RGZ. Bd. 148 S. 154 (162).

Anm. 7. Auf ein eigenes Verschulden des Verunglückten kann sich die Eisenbahn auch dann berufen, wenn es nur gering ist. Das Maß der Fahrlässigkeit ist nur von Bedeutung bei der gemäß § 254 BGB. vorzunehmenden Abwägung.

Anm. 8. Vielfach sind die Anforderungen, die an die Sorgfalt der Verkehrsteilnehmer zu stellen sind, in eisenbahn- und verkehrspolizeilichen Vorschriften niedergelegt. Diese Vorschriften sind zu beachten. Geschieht dies nicht, so wird in der Regel mindestens Fahrlässigkeit vorliegen.

Anm. 9. Die kriegsbedingte Verdunkelung erhöht die Gefahren des Eisenbahn- und Straßenbahnverkehrs. Sie darf aber nicht einseitig zu Lasten der Bahnen berücksichtigt werden. Auch von anderen Verkehrsteilnehmern ist zu verlangen, daß sie sich auf die Verdunkelung einstellen und durch erhöhte Sorgfalt dazu beitragen, die mit der Verdunkelung verbundenen Verkehrsgefahren tunlichst zu mindern. Vgl. hierzu insbesondere RGZ. Bd. 167 S. 325; Bd. 168 S. 304; RG. 8. Jan. 1943 in VAE. 1943 S. 49; RG. 14. Sept. 1943 in RGZ. Bd. 171 S. 354 (= DR. 1944 S. 197 = VR. 1944 S. 2321).

OLG. Hamm in VAE. 1942 S. 138; OLG. Hamburg in VAE. 1942 S. 142;
Unrichtig LG. Essen 27. Okt. 1942 in VAE. 1943 S. 92.
Kröner in VAE. 1943 S. 41 ff.
Vgl. auch RG. 21. Jan. 1942 in VAE. 1942 S. 118 (zum österr. Kraftfahrrecht).

Anm. 10. Bei der Feststellung, ob eine Handlung mit der erforderlichen Sorgfalt vorgenommen ist, ist ein objektiver Maßstab anzulegen; die besondere Eigenart des Handelnden, seine Eigentümlichkeiten sind hier ohne Belang, er hat diejenige Sorgfalt anzuwenden, die ganz allgemein erforderlich ist. RG. 24. Juni 1920 in EisEntsch. 38 S. 73; vgl. auch RG. 6. März 1911 in WarnRspr. 1911 Nr. 269. Nicht unbedenklich OLG. Dresden 18. Okt. 1908 in EisEntsch. 26 S. 254. Wer sich ohne Not einer ihm bekannten Gefahr aussetzt, handelt regelmäßig fahrlässig, RG. 3. März 1931 in JW. 1932 S. 2064 Nr. 1.

Anm. 11. Der Eisenbahnunternehmer kann dem Verunglückten eigenes Verschulden gemäß § 254 BGB. nur entgegenhalten, wenn der Verunglückte schuldfähig ist. Die §§ 827, 828 BGB. sind hier entsprechend anzuwenden. Vgl. RG. 27. Mai 1908 in EisEntsch. 25 S. 76 (= WarnRspr. 1908 Nr. 579). Hiernach kann § 254 BGB. zu Lasten des Verunglückten nicht angewendet werden, wenn er im Zustande der Bewußtlosigkeit oder in einem die freie Willensbestimmung ausschließenden Zustande krankhafter Störung der Geistestätigkeit gehandelt hat, es sei denn daß er sich durch geistige Getränke oder ähnliche Mittel schuldhaft in einen vorübergehenden Zustand dieser Art versetzt hat (§ 827 BGB.)

Anm. 12. Ebenso ist es, wenn ein noch nicht siebenjähriges Kind verunglückt, oder jemand, der das siebente, aber nicht das achtzehnte Lebensjahr vollendet hat

und nicht die zur Erkenntnis der Verantwortlichkeit erforderliche Einsicht hat (§ 828 BGB.).
Vgl. RGZ. Bd. 51 S. 275; Bd. 54 S. 404; Bd. 54 S. 407; Bd. 59 S. 221; Bd. 108 S. 86 (89); Bd. 114 S. 291; Bd. 156 S. 193 (202); RG. 7. Dez. 1905 in JW. 1906 S. 55; RG. 29. Jan. 1906 in EisEntsch. 22 S. 400; RG. 28. Mai 1903 in JW. 1903 Beil. S. 101 Nr. 228; RG. 1. Juli 1935 in SeuffA. 90 S. 50. Den abweichenden Ausführungen von Pfizer in DJZ. 1904 S. 711 ist nicht beizutreten. Bei einem noch nicht 7jährigen Kind ist jedes mitwirkende Verschulden ausgeschlossen, auch ein solches bei der eigenen Beschädigung.

Selbstverschuldete Trunkenheit des Verunglückten ist zu seinem Nachteil gemäß § 254 BGB. zu berücksichtigen, RG. 8. Febr. 1900 in EisEntsch. 17 S. 147; RG. 27. Febr. 1902 in EisEntsch. 19 S. 50, wenn die Trunkenheit ursächlich für den Unfall gewesen ist; **Anm. 13.**
RG. 9. Okt. 1905 in EisEntsch. 22 S. 190 (= JW. 1905 S. 696);
RG. 1. Febr. 1906 in EisEntsch. 22 S. 401 (= JW. 1906 S. 192);
RG. 23. Nov. 1908 in EisEntsch. 25 S. 312 und S. 380; OLG. Köln 30. April 1925 in EisEntsch. 43 S. 221.

Ein jugendlicher Verunglückter hat die erforderliche Einsicht, wenn er die Gefahr, der er sich durch sein Verhalten aussetzte, zu erkennen vermochte RG. 27. Mai 1908 in EisEntsch. 25 S. 76 (= WarnRspr. 1908 Nr. 579). **Anm. 14.**

Ob der Verunglückte die zur Erkenntnis der Verantwortlichkeit erforderliche Einsicht besessen hat, ist im Einzelfalle unter Berücksichtigung der besonderen Umstände (Alter, geistige Entwicklung und Begabung, Erziehung usw.) festzustellen. **Anm. 15.**

Behauptet der Verunglückte, daß er die erforderliche Einsicht nicht besessen habe, so trifft ihn hierfür die Beweislast, RGZ. Bd. 51 S. 30; Bd. 61 S. 239; Bd. 74 S. 143; Bd. 76 S. 187; RG. in JW. 1906 S. 473; RG. 27. Mai 1908 in EisEntsch. 25 S. 76; RG. 6. März 1911 in WarnRspr. 1911 Nr. 269; RG. 19. Juni 1911 in EisEntsch. 28 S. 237; RG. 6. Juni 1921 in EisEntsch. 39 S. 210; RG. 1. Juli 1935 in SeuffA. Bd. 90 S. 50. **Anm. 16.**

Das Vorhandensein der nötigen Einsicht ist angenommen worden in den Fällen RG. 30. April 1903 in EisEntsch. 20 S. 160; **Anm. 17.**
RG. 18. Okt. 1909 in EisEntsch. 26 S. 313;
RG. in VR. Bd. 7 S. 131;
verneint in RG. 2. Juni 1924 in EisEntsch. 41 S. 373; RG. 24. Juni 1920 in EisEntsch. 38 S. 73; RG. 18. Okt. 1906 in EisEntsch. 23 S. 285 (= JW. 1906 S. 747); ein Verschulden eines Jugendlichen ist verneint in RG. 14. Dez. 1922 in EisEntsch. 40 S. 295.

Nicht angewendet werden kann hier § 829 BGB., RGZ. Bd. 59 S. 222; LG. München 3. Jan. 1933 in VR. 1934 Sp. 46. Anderer Meinung Weimar in DR. 1944 S. 608. **Anm. 18.**

Wenn auch bei der Feststellung, ob ein Verschulden vorliegt, als allgemeiner Maßstab die Sorgfalt des Vorsichtigen, die normale Vorsicht eines ordentlichen und vernünftigen Menschen gilt und die Individualität des Einzelnen nicht zu berücksichtigen ist, so ist letztere doch bei der Abwägung der beiderseitigen Verursachung nach § 254 BGB. in Betracht zu ziehen, RGZ. Bd. 68 S. 422; Bd. 114 S. 291; RG. 19. Juni 1911 in EisEntsch. 28 S. 237; **Anm. 19.**
RG. 21. Jan. 1931 in JW. 1931 S. 3319.

Eisenbahnbeamte sind häufig, namentlich bei eiligen Dienstverrichtungen, nicht imstande, wie ein vorsichtiger Unbeteiligter jede gefährliche Lage zu vermeiden; sie können oft nicht das Maß von Vorsicht anwenden, wie es ein Dritter tun würde, da sonst die Abwickelung des Verkehrs darunter leiden würde. Man wird ihnen daher ein Verschulden dann nicht zur Last legen können, wenn sie die im Eisenbahndienst mögliche Vorsicht beobachtet haben. **Anm. 20.**
Vgl. RG. 13. Juli 1880 in EisEntsch. 1 S. 263 und S. 264;
RG. 21. März 1884 in EisEntsch. 3 S. 200.
Hier kann nicht der bei Laien gebotene Grad von Vorsicht verlangt werden,
RG. 23. Dez. 1879 in EisEntsch. 1 S. 63;
RG. 18. Okt. 1882 in EisEntsch. 3 S. 260.

Anm. 21. Gröbliche Leichtfertigkeit kann jedoch auch den Eisenbahnbeamten nicht entschuldigen, RG. 11. Febr. 1915 in EisEntsch. 32 S. 99.

Anm. 22. Ein Verschulden kann auch durch unverschuldeten Irrtum ausgeschlossen werden, RG. 13. Nov. 1899 in EisEntsch. 16 S. 340. Anders aber, wenn z. B. die irrtümliche Annahme, der Zug halte schon, auf Fahrlässigkeit beruht, OLG. Darmstadt 28. Juni 1901 in EisEntsch. 19 S. 200;
LG. München 29. Nov. 1940 in VAE. 1941 S. 67.

Anm. 23. Unzweckmäßiges Handeln in der Bestürzung angesichts plötzlich drohender Gefahr kann entschuldbar sein, RG. 14. Nov. 1901 in EisEntsch. 18 S. 336 (= JW. 1902 S. 31); RGZ. Bd. 50 S. 92 (95); OLG. Dresden 9. März 1903 in EisEntsch. 20 S. 226; RG. 10. April 1903 in EisEntsch. 20 S. 71; RG. 5. Jan. 1911 in EisEntsch. 29 S. 35; RG. 22. Febr. 1912 in EisEntsch. 29 S. 93; RG. 19. März 1913 in EisEntsch. 30 S. 102; RG. 14. Dez. 1922 in EisEntsch. 40 S. 295 (= JW. 1924 S. 51). Zum mindesten kann das Verschulden im Hinblick auf die Bestürzung in milderem Licht erscheinen, RG. 14. Febr. 1927 in JW. 1927 S. 1141.

Anm. 24. So kann Fahrlässigkeit ausgeschlossen sein, wenn ein Fahrgast der Straßenbahn in der Bestürzung über einen drohenden Zusammenstoß im Augenblick der Gefahr unbesonnen etwas Sachwidriges tut, RGZ. Bd. 50 S. 92 (95),
ebenso bei Kopflosigkeit eines die Gleise überschreitenden Fußgängers infolge höchster Bestürzung über die nahende Straßenbahn, RG. 14. Nov. 1901 in EisEntsch. 18 S. 336 (= JW. 1902 S. 31),
oder bei unsachgemäßem Abspringen eines Fahrgastes von der Straßenbahn bei Kurzschluß im heftigen Schreck über eine aus dem Schalterkasten dringende Flamme, OLG. Dresden 9. März 1903 in EisEntsch. 20 S. 226.

Anm. 25. Wer sich in eigene Gefahr begibt, um von dem Zug Gefahr abzuwenden, handelt nicht schuldhaft, wenn er annehmen konnte, sein gefahrvolles Handeln sei zur Erreichung des Zweckes notwendig gewesen, RG. 24. Okt. 1882 in JW. 1882 S. 262.

Anm. 26. Verschulden liegt nicht vor, wenn jemand unter Hintansetzung seiner eigenen Sicherheit drohenden Schaden abwenden will und dabei ohne die sonst erforderliche Überlegung handelt, RG. 31. Jan. 1887 in JW. 1887 S. 69.

Anm. 27. Ein Verschulden kann ausgeschlossen sein, wenn der Verletzte, um einer sittlichen Verpflichtung zu genügen, z. B. um ein Menschenleben zu retten, sich einer Gefahr ausgesetzt hat, z. B. eine Person vor der herannahenden Lokomotive wegreißt oder ein auf den Schienen liegendes Hindernis noch im letzten Augenblick entfernt und dadurch den Eisenbahnzug vor dem Entgleisen bewahrt; dem bei solcher Rettungstätigkeit Verletzten wird man seine unter Einsetzung von Leib und Leben unternommene Tat nicht zum Verschulden anrechnen dürfen, RG. 16. Jan. 1902 in JW. 1902 S. 136 Nr. 53.

Anm. 28. Doch darf, wer einem anderen das Leben zu retten versucht, nicht auf Gefahr des haftenden Betriebsunternehmers ohne jede Vorsicht und Überlegung und ohne jede Aussicht auf Erfolg handeln; wer sich selbst in Lebensgefahr begibt, um andere zu retten, handelt nur dann ohne Verschulden, wenn er berechtigter Weise annehmen durfte, sein Vorhaben werde von Erfolg begleitet sein, und nur beim Vorliegen solcher Umstände kann von Erfüllung einer sittlichen Pflicht die Rede sein, RG. 16. Sept. 1907 in JW. 1907 S. 673.

Anm. 29. Hat der Verletzte auf Weisung des Zugführers wegen Überfüllung des Wagens die Plattform betreten, so trifft ihn, trotz Übertretung des an sich bestehenden allgemeinen Verbots des § 81 Abs. 2 BO., kein Verschulden, RG. 30. Juni 1891 in EisEntsch. 8 S. 374.

Ein Bahnwärter handelt nicht schuldhaft, wenn er, den Anordnungen der
Anm. 30. Bahnverwaltung gehorchend, einen schwer zu handhabenden Signalapparat bedient und sich dabei einen Leistenbruch zuzieht, RG. 8. Juni 1883 in EisEntsch. 3 S. 76.

Anm. 31. Ebenso trifft einen Postschaffner kein Verschulden, wenn er sich auf Grund seiner Dienstanweisung im Bahnpostwagen aufhält und dort bei einem starken Rangierstoß verletzt wird, RG. 28. Febr. 1882 in EisEntsch. 2 S. 224.

Anm. 32. Das Zuwiderhandeln gegen dem Verletzten bekannte Verbotsvorschriften wird in der Regel schuldhaft sein. Doch kann es an einem Verschulden fehlen, wenn ein zwar formell bestehendes Verbot tatsächlich fortgesetzt übertreten wird und die zuständigen Bahnbediensteten davon Kenntnis haben und es dulden oder nicht mit Warnungen oder anderen Maßnahmen einschreiten. Vgl. RG. 20. Okt. 1883 in JW. 1884 S. 10.

So handelt ein Schaffner nicht schuldhaft, wenn er aus einem in der Einfahrt begriffenen, sehr langsam fahrenden Zuge aussteigt, da die Bahnbeamten die Übertretung des Verbots im Interesse des Dienstes stillschweigend geduldet und gebilligt hatten, RG. 23. Dez. 1879 in EisEntsch. 1 S. 63. Anm. 33.

Wenn das Verbot, beim Rangieren zwischen den Wagen zu gehen, unter den Augen der Rangiermeister fortgesetzt übertreten wurde, ohne daß sie einschritten, kann es an einem Verschulden des Verletzten fehlen, RGZ. Bd. 1 S. 48; Bd. 4 S. 23; ebenso, wenn das Verbot des Überschreitens der Gleise unter Duldung der Bahnbeamten unter ihren Augen übertreten zu werden pflegte, RG. 30. Jan. 1883 in EisEntsch. 2 S. 465; RG. 20. Okt. 1883 in EisEntsch. 3 S. 121. Vgl. auch RG. 31. März 1883 in EisEntsch. 3 S. 64. Anm. 34.

Wenn trotz des allgemeinen Verbots, den Bahnkörper zu betreten (vgl. § 79 BO.), der Weg von vielen Personen seit Jahren unter den Augen und mit Duldung der Bahnbeamten begangen wird, liegt kein Verschulden des Verletzten vor, RG. 31. März 1890 in EisEntsch. 8 S. 23; RG. 17. März 1904 in EisEntsch. 21 S. 52 (= JW. 1904 S. 232); RG. 29. April 1922 in EisEntsch. 40 S. 59; mindestens ist dieser Umstand bei der Abwägung nach § 254 BGB. zu Gunsten des Verletzten zu berücksichtigen. Anm. 35.

Auch dem Verbot des Aufspringens auf eine fahrende Straßenbahn wird vielfach zuwidergehandelt. Unterläßt es die Bahn, dagegen einzuschreiten, oder duldet sie es stillschweigend, so kann es an einem Verschulden des Verletzten fehlen, oder es kann bei der Abwägung milder zu beurteilen sein, RG. 30. April 1896 in EisEntsch. 13 S. 163 (= JW. 1896 S. 343; RG. 5. Dez. 1927 in EisEntsch. 46 S. 408. Anm. 36.

Ein Verschulden beim Betreten der Plattform des Eisenbahnwagens liegt nicht vor, wenn zwar formell ein Verbot (§ 81 Abs. 2 BO.) besteht, die Bahnbeamten aber die Übertretung dulden, ohne einzuschreiten, RG. 26. Juni 1903 in EisEntsch. 20 S. 77. Anm. 37.

Läßt sich nicht völlig aufklären, unter welchen Umständen und aus welchen Gründen eine Dienstvorschrift nicht beachtet worden ist, so wird ein Verschulden des Verletzten nicht festzustellen sein, RGZ. Bd. 13 S. 9; RG. 14. April 1885 in EisEntsch. 4 S. 141. Anm. 38.

Wird jedoch einem wiederholten ausdrücklichen Verbot zuwider ein Fußweg über die Gleise betreten, so liegt eigenes Verschulden des Verletzten vor, RG. 5. Febr. 1886 in EisEntsch. 4 S. 405. Anm. 39.

Wer zur Abwendung einer drohenden Gefahr, z. B. zur Verhütung einer Zugentgleisung, sein eigenes Leben in Gefahr bringt, wird unter Umständen nicht schuldhaft handeln, so wenn jemand kurz vor dem herannahenden Zug über das Gleis eilt, um eine Gefahr abzuwenden, eine Person vor der Lokomotive wegreißt oder ein Hindernis von den Gleisen entfernt, RG. 25. April 1885 in EisEntsch. 4 S. 144; RG. 16. Jan. 1902 in EisEntsch 19 S. 24; RG. 21. Febr. 1925 in EisEntsch. 42 S. 348; OLG. Frankfurt in EisEntsch. 4 S. 76. Anm. 40.

Vgl. auch RG. 16. Sept. 1907 in EisEntsch. 24 S. 179.

Dagegen ist mit Recht ein Verschulden angenommen worden, wenn jemand zur Rettung eines Pferdes seine Gesundheit aufs Spiel setzt, RG. 28. Dez. 1899 in EisEntsch. 17 S. 210. Anm. 41.

Eigenes Verschulden von Eisenbahnbediensteten

Ein Bahnbediensteter handelt schuldhaft, wenn er ohne dringenden dienstlichen Grund unmittelbar vor einem herankommenden Zuge das Gleis betritt oder sich ihm zu sehr nähert, ohne auf den Zug zu achten, RG. 13. März 1886 in EisEntsch. 5 S. 19; RG. 18. Febr. 1882 in EisEntsch. 2 S. 209; RG. 17. März 1904 in EisEntsch. 21 S. 52 (= JW. 1904 S. 232); RG. 23. März 1910 in EisEntsch. 27 S. 70; OLG. Bamberg 28. April 1941 in VAE. 1942 S. 179. Anm. 1.

Anm. 2. Fahrlässig ist ein Durchkriechen unter einem rangierenden Zuge, RG. 22. Sept. 1885 in EisEntsch. 4 S. 373.

Anm. 3. Andrerseits dürfen die Anforderungen an die Vorsicht der Bahnbediensteten auch nicht überspannt werden. Sie sind bei eiligem Dienst oft nicht in der Lage, fortgesetzt ängstlich Umschau zu halten, RG. 13. Juli 1880 in EisEntsch. 1 S. 263.

XX. Beispiele eigenen Verschuldens der Eisenbahnfahrgäste

Anm. 1. Angesichts der strengen Haftung des Eisenbahnbetriebsunternehmers muß auch von den Reisenden verlangt werden, daß sie die zur Verhütung von Unfällen gebotenen und jedermann geläufigen Sicherheitsvorkehrungen benutzen, RG. 25. Juni 1906 in JW. 1906 S. 575, und die von der Eisenbahn erlassenen Vorschriften beachten.

Anm. 2. Zuwiderhandlungen werden in der Regel ein mitwirkendes Verschulden begründen, das gemäß § 254 BGB. die Schadensersatzansprüche der Verletzten ganz oder teilweise ausschließen kann.

Anm. 3. Als besonders schweres Verschulden wird es in der Regel anzusehen sein, wenn Reisende, dem Verbot des § 81 Abs. 2 EBBO. zuwider, auf einen schon in Bewegung befindlichen Zug aufspringen oder von einem noch in Fahrt befindlichen Zuge abspringen,
RG. 14. Febr. 1899 in EisEntsch. 16 S. 48 (= JW. 1899 S. 185);
RG. 23. Sept. 1907 in EisEntsch. 24 S. 260 (= DJZ. 1907 S. 1322 Nr. 2);
RG. 4. Nov. 1907 in EisEntsch. 24 S. 278;
RG. 2. Juli 1908 in EisEntsch. 25 S. 188;
RG. 1. März 1909 in EisEntsch. 26 S. 45;
RG. 6. Febr. 1909 in JW. 1909 S. 190;
RG. 17. Okt. 1910 in EisEntsch. 27 S. 318 (= JW. 1911 S. 62 Nr. 65);

Anm. 4. doch ist das Verschulden geringer, wenn der Fahrgast sich schon auf dem untersten Trittbrett befand, als der Zug sich wieder in Bewegung setzte, RG. 6. Febr. 1909 in JW. 1909 S. 190.
Vgl. ferner RG. 8. März 1909 in EisEntsch. 26 S. 47 (= WarnRspr. 1909 S. 251);
RG. 20. Febr. 1919 in WarnRspr. 1919 Nr. 73;
RG. 11. Nov. 1920 in LeipzZtschr. 1921 Sp. 178;
RG. 21. Jan. 1929 in JW. 1929 S. 2815;
RG. 14. Nov. 1929 in EisEntsch. 50 S. 88 (= JW. 1931 S. 45);
OLG. Naumburg 21. März 1924 in VR. 1924 Sp. 540;
KG. Berlin 20. Dez. 1924 in EisEntsch. 43 S. 112 (= VR. 1925 Sp. 579);
OLG. München 14. Nov. 1936 in JW. 1936 S. 328;
OLG. Köln 20. März 1940 in VAE. 1940 S. 111;
KG. Berlin 4. Nov. 1940 in VAE. 1941 S. 7;
OLG. Breslau 14.März 1941 in VAE. 1941 S 131;
OLG. Celle 16. Okt. 1942 in VAE. 1943 S. 70;
OLG. Dresden 5. Jan. 1943 in VAE. 1943 S. 72;
OLG. Nürnberg 29. Okt. 1942 in VAE. 1943 S. 28;
vgl. auch OLG. Stuttgart 16. Okt. 1941 in VAE. 1942 S. 32;
OLG. Stuttgart 25. März 1942 in VAE. 1942 S. 139;
ferner LG. Innsbruck 16. Aug. 1941 in VAE. 1941 S. 194;
LG. Kiel 5. Aug. 1941 in VAE. 1942 S. 6.

Anm. 5. Beim Einsteigen und Aussteigen in den oder aus dem Zug hat der Reisende die nach den Umständen erforderliche Sorgfalt anzuwenden.

Anm. 6. Verunglückt ein Fahrgast, weil er es unterlassen hat, sich beim Einsteigen oder Aussteigen über die hohen, schmalen und steilen Trittbretter an der Schutzstange oder dem Handgriff genügend festzuhalten, so kann darin ein Verschulden liegen,
RG. 25. Juni 1906 in JW. 1906 S. 575;
RG. 21. Okt. 1907 in EisEntsch. 24 S. 272 (= WarnRspr. 1908 S. 17 Nr. 20);
RG. 3. April 1911 in WarnRspr. 1911 S. 324 Nr. 284;
RG. 8. Nov. 1915 in WarnRspr. 1916 Nr. 18;

RG. 11. Nov. 1920 in LeipzZtschr. 1921 Sp. 178;
OLG. Nürnberg 27. Nov. 1931 in VR. 1933 Sp. 140;
OLG. Breslau 24. Sept. 1940 in VAE. 1941 S. 3;
beim Aussteigen aus dem Zuge bei winterlicher Glätte ist es schuldhaft, wenn der Reisende das Trittbrett nicht daraufhin ansieht, ob es vereist oder verschneit ist, oder sich nicht vorsichtig mit beiden Händen festhält, **Anm. 7.**
OLG. Dresden 31. Mai 1935 in JW. 1935 S. 3049;
in der Regel wird jedoch ein Festhalten mit beiden Händen nicht zu verlangen sein, RG. 8. Juni 1943 in RGZ. Bd. 171 S. 137 (= DR. 1943 S. 994 = VAE. 1943 S. 49), **Anm. 8.**
siehe auch VAE. 1943 S. 105,
OLG. Breslau 24. Sept. 1940 in VAE. 1941 S. 3.
Der aussteigende Reisende braucht in der Regel nicht damit zu rechnen, daß sich zwischen Wagentrittbrett und Erdboden ein ungewöhnlich großer Abstand befindet, der das Aussteigen erschwert, und es ist nicht fahrlässig, wenn er beim Aussteigen nicht Bahnbeamte zu Hilfe ruft, RG. 30. März 1908 in EisEntsch. 24 S. 402; RG. 30. Nov. 1908 in EisEntsch. 25 S. 316 (= JW. 1909 S. 59); **Anm. 9.**
RG. 29. Febr. 1912 in EisEntsch. 29 S. 95;
OLG. Stuttgart 22. Sept. 1927 in JW. 1928 S. 2332;
KG. Berlin 3. März 1941 in VAE. 1941 S. 112;
abweichend OLG. Köln 13. Okt. 1906 in EisEntsch. 23 S. 190.
Die im Verkehr erforderliche Sorgfalt verlangt, daß der Reisende sich auf dem Bahnsteig bei der Einfahrt eines Zuges in solchem Abstand von dem Einfahrtsgleis zu halten hat, daß er mit dem Zuge, insbesondere der Lokomotive oder etwa vorzeitig geöffneten Wagentüren nicht in Berührung kommen kann; zu nahes Herantreten an das Einfahrtsgleis kann fahrlässig sein, RG. 4. Mai 1922 in VR. 1922 S. 251; RG. 12. Nov. 1923 in EisEntsch. 41 S. 275; RG. 24. Aug. 1936 in VAE. 1936 S. 560; RG. 17. Nov. 1942 in VAE. 1943 S. 24; OLG. Frankfurt 15. Dez. 1927 in EisEntsch. 48 S. 79 (= VR. 1928 S. 522); **Anm. 10.**
OLG. München 3. März 1941 in VAE. 1941 S. 130;
OLG. Bamberg 28. April 1941 in VAE. 1942 S. 179;
OLG. Hamm 15. April 1943 in VAE. 1943 S. 109;
LG. Klagenfurt 15. Nov. 1942 in VAE. 1943 S. 48;
OLG. Hamm 2. Okt. 1943 in VAE. 1943 S. 110;
LG. Berlin 7. Juli 1941 in VAE. 1942 S. 29 Nr. 31;
LG. Berlin 25. Juli 1941 in VAE. 1942 S. 29 Nr. 32;
nicht unbedenklich OLG.Innsbruck 17. Mai 1941 in VAE. 1941 S. 179;
LG. Chemnitz in VAE. 1943 S. 73.
Es ist aber nicht fahrlässig, wenn sich ein Reisender auf dem Bahnsteig beim Einlaufen des Zuges eineinhalb Meter von der Bordschwelle aufstellt, RG. 16. Mai 1919 in WarnRspr. 1919 S. 314. **Anm. 11.**
Mit der Unsitte des vorzeitigen Öffnens der Abteiltüren des einfahrenden Zuges müssen die Reisenden auf dem Bahnsteig rechnen, KG. Berlin 28. Sept. 1929 in VR. 1930 Sp. 86. **Anm. 12.**
Nebenherlaufen neben dem einfahrenden Zug ist nicht fahrlässig, solange es nicht nahe am Gleis erfolgt, RG. 19. März 1923 in EisEntsch. 40 S. 222; anders aber zu nahes Herandrängen an die Tür des einlaufenden Zuges, RG. 24. Aug. 1936 in SeuffA. Bd. 91 Nr. 9. Mitfahren außen auf dem Trittbrett des Eisenbahnwagens ist ein grobes Verschulden, nicht aber Fahren in überfülltem Abteil, RG. 26. Juni 1924 in JW. 1925 S. 1273. **Anm. 13.** **Anm. 14.**
Schuldhaft ist auch das Hinabsteigen auf das Trittbrett während der Fahrt, OLG. Hamm in VAE. 1942 S. 138; OLG. Dresden in VAE. 1943 S. 72. Vgl. hierzu auch § 81 Abs. 2 EBBO. **Anm. 15.**
Es ist fahrlässig, wenn der Reisende die offene Wagentür, mit deren Schließung er rechnen muß, derart mit der Hand berührt, daß diese beim Zuschlagen der Tür gequetscht wird, RG. 30. Juni 1896 in EisEntsch. 13 S. 238 (= JW. 1896 S. 417); RG. 1. Febr. 1907 in EisEntsch. 24 S. 36; RG. 25. Febr. 1907 in EisEntsch. 24 S. 43; RG. 29. April 1909 in EisEntsch. 26 S. 67; RG. 22. April 1911 in EisEntsch. 28 S. 111; RG. 13. Okt. 1913 in EisEntsch. 30 S. 366; RG. 2. Febr. **Anm. 16.**

1914 in JW. 1914 S. 477; RG. 21. April 1928 in EisEntsch. 48 S. 83; KG. Berlin 28. April 1928 in VR. 1928 Sp. 475; OLG. Darmstadt 1. März 1932 in EisEntsch. 53 S. 190; LG. Erfurt 13. Dez. 1927 in VR. 1928 Sp. 433; LG. Erfurt 30. Juni 1930 in VR. 1931 Sp. 41; LG. Aschaffenburg 29. Sept. 1938 in VAE. 1939 S. 18; AG. Schweinfurt 4. April 1941 in VAE. 1941 S. 155; AG. Ratibor 9. Juni 1942 in VAE. 1942 S. 213.

Anm. 17. Öffnen der Abteiltüre während der Fahrt ist fahrlässig, RG. 28. Okt. 1909 in EisEntsch. 26 S. 315; RG. 11. Nov. 1912 in JW. 1913 S. 144. § 81 Abs. 2 EBBO. verbietet ausdrücklich das Öffnen der Türen, solange ein Fahrzeug sich in Bewegung befindet.

Vgl. auch KG. Berlin 1. Nov. 1932 in VR. 1933 Sp. 328; RG. 19. Jan. 1944 in VAE. 1944 S. 26; ferner KG. Berlin 23. Juli 1936 in VAE. 1936 Bd. 2 S. 555 (Spielen am Türschloß).

Anm. 18. Nicht schuldhaft ist, daß sich ein Reisender während der Fahrt im Seitengang des D-Zuges aufstellt, RG. 1. Juli 1909 in EisEntsch. 26 S. 194, oder daß er sich in der Nähe der Tür aufstellt, RG. 24. Mai 1922 in EisEntsch. 39 S. 282 (= JW. 1923 S. 121).

Anm. 19. Doch kann es schuldhaft sein, wenn sich ein Reisender bei schneller Fahrt des Zuges nicht festhält, RG. 29. Jan. 1914 in EisEntsch. 31 S. 103; RG. 22. April 1926 in EisEntsch. 45 S. 424 (= JW. 1926 S. 1975, vor allem auf kurvenreicher Strecke.

Anm. 20. Das Stehen im Abteil trotz Vorhandenseins von Plätzen ist an sich noch kein Verschulden, RG. 15. Febr. 1917 in EisEntsch. 35 S. 90.

Anm. 21. Anlehnen an die Wagentür nach Feststellung, daß der Türgriff nach oben zeigt, also auf „geschlossen“ steht, ist nicht fahrlässig, RG. 5. Jan. 1943 in WarnRspr. 1943 S. 144.

Anm. 22. Doch kann Anlehnen an die Wagentür ohne Prüfung, ob sie geschlossen ist, fahrlässig sein, RG. 17. Mai 1906 in JW. 1906 S. 421; OLG. Hamm 15. Sept. 1934 in VR. 1935 Sp. 265; KG. Berlin 16. April 1942 in VAE. 1942 S. 175. Nicht unbedenklich RG. 4. Nov. 1909 in EisEntsch. 26 S. 396 (= JW. 1909 S. 736).

Vgl. auch AG. Zwenkau 5. Nov. 1940 in VAE. 1941 S. 30.

Anm. 23. Fahrlässig ist das — in § 81 Abs. 2 EBBO. ausdrücklich verbotene Betreten der Plattform des fahrenden Zuges, RGZ. Bd. 114 S. 292; OLG. Marienwerder 8. Juni 1928 in EisEntsch. 48 S. 84; OLG. Innsbruck 24. Okt. 1940 in VAE. 1941 S. 4. Geschieht es mit Duldung der Bahnbeamten wegen Überfüllung des Wagens, so ist es fahrlässig, wenn der Fahrgast sich nicht festhält, RG. 28. Juni 1915 in JW. 1915 S. 1016.

Anm. 24. Vor dem Aussteigen muß der Reisende sich vergewissern, ob der Zug im Bahnhof hält oder schon vorher auf freier Strecke. Steigt er blindlings auf freier Strecke aus, so kann dies fahrlässig sein, RG. 2. Jan. 1905 in EisEntsch. 21 S. 292 (= JW. 1905 S. 112);

RG. 10. Okt. 1912 in EisEntsch. 29 S. 327 (= JW. 1913 S. 23);

RG. 22. Jan. 1940 in VAE. 1940 S. 46.

Siehe aber auch RG. 8. Jan. 1943 in VAE. 1943 S. 49.

Anm. 25. Besonders leichtsinnig ist das Betreten des Trittbretts, solange der Zug noch fährt, OLG. Hamm 12. März 1942 in VAE. 1942 S. 138.

Anm. 26. Wer beim Aussteigen, ohne das untere Trittbrett zu benutzen, einen Sprung von 65 cm tut und sich dabei verletzt, hat durch seine Unachtsamkeit den Unfall so überwiegend verursacht, daß er keinen Ersatzanspruch hat, OLG. Breslau 3. Okt. 1939 in VAE. 1940 S. 3.

Anm. 27. Müssen Reisende auf einem Bahnhof ohne Unterführungen zum Einsteigen ein Gleis überschreiten, so brauchen sie in der Regel nicht damit zu rechnen, daß auf diesem Gleis ohne Warnung Züge einlaufen, RG. 6. März 1913 in EisEntsch. 30 S. 99.

Anm. 28. Anders jedoch, wenn die Überschreitung von Gleisen nicht notwendig war, OLG. Kiel 6. Aug. 1940 in VAE. 1940 S. 205.

Anm. 29. Auf dunklen Treppen müssen Reisende vorsichtig gehen, evt. sich mit den Füßen vortasten, OLG. Köln 27. Aug. 1942 in VAE. 1943 S. 27.

Anm. 30. Es ist fahrlässig, wenn sich ein Reisender auf dunkler Bahnhofstreppe nicht am Seitengeländer festhält, LG. Bautzen 1. Juni 1939 in VAE. 1939 S. 427; LG. Nürnberg-Fürth 24. Mai 1937 in VAE. 1938 S. 15.

Wenn sich ein Reisender beim Betreten eines vereisten Trittbretts beim Einsteigen nicht mit beiden Händen an den Handgriffen festhält, liegt Fahrlässigkeit vor, OLG. Hamburg 29. Mai 1940 in VAE. 1940 S. 165. Anm. 31.

Schlafen im Zuge ist nicht unter allen Umständen fahrlässig, OLG. Düsseldorf 13. Okt. 1938 in VR. 1939 Heft 3 (= JW. 1939 S. 166); abweichend Heinze in VR. 1940 Bl. 129; zustimmend Booß in JW. 1939 S. 166. Anm. 32.

Sehr gefährlich ist das Sichhinauslehnen aus dem Fenster des fahrenden Zuges, vor allem wenn auf dem benachbarten Gleis andere Züge vorbeifahren, das Hinausstrecken des Armes, das Hinauswinken u. ä. Hier wird meist eine sehr grobe Fahrlässigkeit vorliegen. Anm. 33.

Vgl. hierzu RG. 16. Mai 1931 in EisEntsch. 52 S. 380 (= JW. 1932 S. 2064);
OLG. Nürnberg 28. Jan. 1928 in VR. 1928 Sp. 389;
KG. Berlin 16. Nov. 1939 in VAE. 1940 S. 70;
LG. Berlin 5. April 1940 in VAE. 1940 S. 177.

Dagegen ist es nicht schuldhaft, wenn ein Fahrgast den Kopf nur wenige Zentimeter aus dem Abteilfenster herausstreckt und dabei gegen einen Brückenmast stößt, OLG. Marienwerder 3. Jan. 1939 in VAE. 1939 S. 154. Anm. 34.

Ein Fahrgast auf der offenen Plattform einer Straßenbahn handelt fahrlässig, wenn er sich bei Kurven nicht sichert, insbesondere sich nicht festhält, OLG. Düsseldorf 2. Dez. 1924 in VR. 1925 Sp. 399. Anm. 35.

Anlehnen an die mangelhaft verschlossene Bordwand eines Materialwagens der Bahn ist fahrlässig, RG. 2. Sept. 1942 in VAE. Bd. 14 (1942) S. 217. Anm. 36.

Einsteigen in ein überfülltes Abteil ist nicht notwendig ein Verschulden, RG. 27. Juni 1921 in VR. Bd. 1 Sp. 298. Anm. 37.

Ein Handeln in Schlaftrunkenheit begründet kein Verschulden, OLG. Düsseldorf 13. Okt. 1938 in JW. 1939 S. 166. Anm. 38.

Es ist fahrlässig, wenn eine Reisende mit sehr hohen Absätzen beim Begehen der Bahnsteigtreppe nicht besonders vorsichtig geht, insbesondere sich nicht des Geländers bedient, RG. 3. März 1931 in JW. 1932 S. 2064 Nr. 1. Anm. 39.

Wenn ein Reisender sich auf dem Bahnhof beim Überschreiten eines Gleises nicht nach dem einfahrenden Zuge umsieht, so ist dies eine erhebliche Fahrlässigkeit, RG. 7. Febr. 1941 in VR. 1941 S. 76, Anm. 40.

ebenso, wenn er bei unvorschriftsmäßigem Anhalten des Zuges blindlings aussteigt, ohne sich zu vergewissern, ob der Bahnhof schon erreicht ist, RG. 10. Okt. 1912 in JW. 1913 S. 23. Anm. 41.

Trunkenheit im Reiseverkehr ist in der Regel ein erhebliches Verschulden. Gerät ein Reisender infolge von selbstverschuldeter Trunkenheit vom Bahnsteig auf das Gleis und wird vom einfahrenden Zug überfahren, so liegt ein überaus fahrlässiges Verhalten vor, dieses bildet die erste und hauptsächliche Ursache des Unfalls, RG. 5. Mai 1913 in JW. 1913 S. 735. In derartigen Fällen wird in der Regel die Anwendung des § 254 BGB. dazu führen, daß die Eisenbahn für den Schaden überhaupt nicht haftet. Anm. 42.

Während kriegsbedingter Verdunkelung des Bahnhofs sind die Reisenden zu besonderer Vorsicht verpflichtet. So müssen sie z. B. beim Aussteigen erhöhte Vorsicht walten lassen, RG. 8. Juni 1943 in VAE. 1943 S. 105; die Unterlassung kann fahrlässig sein, OLG. Hamm 12. März 1942 in VAE. 1942 S. 138. Anm. 43.

XXI. Eigenes Verschulden dritter Personen

Außerhalb der Bahnübergänge darf der Bahnkörper nicht betreten werden, § 79 EBBO. Anm. 1.

Das Betreten der Gleise außerhalb der erlaubten Übergänge wird in aller Regel ein grobes Verschulden darstellen,
RG. 29. Mai 1885 in EisEntsch. 4 S. 183;
RG. 18. Juni 1895 in EisEntsch. 13 S. 194; RGZ. Bd. 94 S. 11;
OLG. Frankfurt 3. Nov. 1927 in VR. 1928 Sp. 128;
KG. Berlin 7. Mai 1935 in VR. 1935 Sp. 578 Nr. 347;

OLG. Hamm 31. Mai 1943 in VAE. Band 15 (1943) S. 92;
LG. Kiel 2. Sept. 1941 in VAE. 1942 Bd. 14 S. 143;

Anm. 2. wenn jemand unter dem Einfluß des Alkohols die Gleise an verbotener Stelle überschreitet, kann gegenüber diesem groben Verschulden die Betriebsgefahr der Eisenbahn völlig zurücktreten,
RG. 18. Sept. 1943 V 25/43; OLG. Breslau 21. Febr. 1930 in JW. 1932 S. 2451.

Anm. 3. Das Überschreiten des Bahnkörpers an einer an sich verbotenen Stelle ist weniger schuldhaft, wenn die Eisenbahn das Überschreiten durch die Anwohner jahrelang geduldet hat,
RG. 29. April 1922 in VR. 1924 Sp 75.

Anm. 4. Schuldhaft ist auch zu nahes Herantreten an die Gleise,
RG. 20. Febr. 1928 in VR. 1928 Sp. 235; OLG. Bamberg 28. April 1941 in VAE. 1942 S. 179; LG. Klagenfurt 15. Nov. 1942 in VAE. 1943 S. 48.

Anm. 5. Besondere Vorsicht ist an unbeschrankten Bahnübergängen geboten, zumal wenn sie unübersichtlich sind. Hier muß der Überquerende sich sorgfältig vergewissern, ob sich ein Zug nähert, und auf die Geräusche und Signale des Zuges (Läuten, Pfeifen) achten. Vgl. § 79 Abs. 3 EBBO.

Anm. 6. Es ist fahrlässig, ohne vorsichtige Umschau nach etwaigen Zügen die Gleise zu überschreiten oder gar zu versuchen, beim Erblicken des Zuges noch vorher hinüberzueilen, RG. 23. Febr. 1897 in JW. 1897 S. 195;RGZ. Bd. 38 S. 162; RG. 6. Juli 1899 in EisEntsch. 16 S. 258 (= JW. 1899 S. 578); RG. 12. Febr. 1903 in RGZ. Bd. 53 S. 394 (= EisEntsch. 20 S. 52); RG. 23. Febr. 1905 in EisEntsch. 22 S. 54 (= JW. 1905 S. 229); RG. 26. Sept. 1907 in EisEntsch. 24 S. 265; RG. 23. Sept. 1907 in DJZ. 1907 S. 1322 Nr. 1; RG. 10. Febr. 1908 in WarnRspr. 1908 S. 206; RG. 8. Febr. 1909 in EisEntsch. 26 S. 41 (= WarnRspr. 1909 S. 252); RG. 21. Sept. 1909 in JW. 1909 S. 667; RG. 18. Okt. 1909 in JW. 1910 S. 37; RG. 15. Dez. 1910 in EisEntsch. 28 S. 68; RG. 16. Okt. 1911 in JW. 1912 S. 30; RG. 21. Sept. 1912 in EisEntsch. 29 S. 320; RG. 9. Mai 1913 in JW. 1913 S. 921 (= EisEntsch. 30 S. 212); RG. 19. Juni 1913 in EisEntsch. 30 S. 228; RG. 19. April 1916 in EisEntsch. 33 S. 331 (= WarnRspr. 1916 Nr. 146); RG. 12. Mai 1924 in JW. 1924 S. 1157; RG. 28. März 1927 in VR. 1927 Sp. 402; RG. 2. Mai 1944 V 3/44; vgl. auch RG. 23. Mai 1908 in EisEntsch. 25 S. 168; RG. 28. Sept. 1909 in EisEntsch. 26 S. 307; OLG. Frankfurt 2. Juni 1927 in JW. 1928 S. 3192; OLG. Nürnberg 19. Okt. 1928 in JW. 1929 S. 954; OLG. Bamberg 28. April 1941 in VAE. 1942 S. 179.

Anm. 7. insbesondere in trunkenem Zustand, OLG. Darmstadt 15 .Nov. 1927 in VR. 1928 Sp. 432;

Anm. 8. besonders fahrlässig ist auch das Hindurchkriechen unter einer geschlossenen oder sich senkenden Bahnschranke, RG. 9. Juli 1934 in VR. 1934 Sp. 460.

Anm. 9. Nach § 79 EBBO. ist die Benutzung der Eisenbahnübergänge verboten, wenn die Schranken bewegt werden. Es ist daher ein erhebliches Verschulden, wenn ein Fußgänger die Gleise überschreitet, während die Schranken schon herabgelassen werden, RG. 29. März 1915 in EisEntsch. 32 S. 106 (= WarnRspr. 1915 Nr. 150).

Anm. 10. Es ist schuldhaft, wenn ein in unmittelbarer Gleisnähe Beschäftigter sein Augenmerk nicht auf den Zugverkehr richtet, RG. 17. März 1904 in JW. 1904 S. 232.

Anm. 11. An das Maß der Sorgfalt, das von einem neben den Gleisen beschäftigten Arbeiter zu verlangen ist, dürfen nicht zu hohe Anforderungen gestellt werden; er kann nicht dauernd nach Zügen ausschauen, sondern darf sich darauf verlassen, daß rechtzeitige Warnung erfolgt, RG. 23. März 1938 in SeuffA. Bd. 92 Nr. 142.

Anm. 12. Grobfahrlässig ist das Aufsteigen auf einen rangierenden Güterzug, RG. 14. Okt. 1911 in JW. 1911 S. 1016.

Anm. 13. Wer weiß, daß ein Bahnübergang nicht bewacht wird, hat die Pflicht, sich vor dem Überschreiten zu vergewissern, ob ein Zug naht, insbesondere auf das Läuten zu achten, RG. 6. Juli 1899 in EisEntsch. 16 S. 258 (= JW. 1899 S. 578).

Anm. 14. Für Kraftfahrer gilt nach § 9 Abs. 2 StrVO. vom 13. Nov. 1937 die Verpflichtung, ihre Geschwindigkeit so einzurichten, daß sie jederzeit in der Lage sind,

ihren Verpflichtungen im Verkehr Genüge zu leisten und daß sie ihr Fahrzeug
nötigenfalls sofort rechtzeitig anhalten können.

Dies ist besonders bei Eisenbahnübergängen in Schienenhöhe zu beachten **Anm. 15.**
Vgl. OLG. Düsseldorf 23. Apr. 1940 in VAE. 1941 S. 47.

Ganz besondere Vorsicht haben Fahrzeuge, insbesondere Kraftfahrzeuge bei **Anm. 16.**
der oft sehr gefährlichen Überquerung unbeschrankter Eisenbahnüber-
gänge anzuwenden. An unbeschrankten Übergängen müssen die Fahrzeugfüh-
rer jederzeit mit der Annäherung von Zügen rechnen. Sie dürfen die Fahrt
über die Gleise nur vornehmen, wenn sie sich vorher sicher davon überzeugt
haben, daß sich kein Zug nähert. Sie haben daher vor dem Überqueren recht-
zeitig und sorgfältig nach beiden Seiten Ausschau zu halten, RG. 8. März 1937
in JW. 1937 S. 1776; RG. 13. April 1944 in VAE. Bd. 17 (1944) S. 53.

Das Maß der zu verlangenden Sorgfalt ist verschieden je nach der größeren
oder geringeren Schwierigkeit, mit der die Gewißheit, daß sich kein Zug nähert,
zu erlangen ist; kann der Kraftfahrer sich nur durch Aufbietung eines Höchst-
maßes von Umsicht und Sorgfalt die Sicherheit verschaffen, daß er die Gleise
gefahrlos überqueren kann — z. B. wegen großer Unübersichtlichkeit, Dunkel-
heit, Nebel —, so ist er zur Anwendung solcher Sorgfalt auch verpflichtet;
je nach den Umständen darf er sich nur mit Schrittgeschwindigkeit an den
Bahnübergang herantasten, um allenfalls sofort anhalten zu können; unter
besonders schwierigen Sichtverhältnissen wird man sogar verlangen müssen,
daß er in geeignetem Abstand vom Übergang anhält, sein Fahrzeug verläßt
und Umschau hält, wenn er sich in anderer Weise keine zuverlässige Kenntnis
verschaffen kann, BayrOLG. 7. Dez. 1928 in JW. 1929 S. 1485. Doch wird ihm
dies nur in besonderen Ausnahmefällen zuzumuten sein. In der Regel braucht
nicht vor dem Übergang angehalten zu werden, RG. 15. Mai 1931 in JW. 1931
S. 3321; RG. 13. April 1944 in VAE. Bd. 17 (1944) S. 53.

Es ist fahrlässig, wenn der Kraftfahrer weder die Warnzeichen am Straßen- **Anm. 17.**
rand noch die Warnsignale des Zuges noch die Lichter der Lokomotive beachtet.
Vgl. hierzu ferner RGZ. Bd. 142 S. 356 (363); RGZ. Bd. 157 S. 193 (195);
OLG. Köln 4. Apr. 1935 in VR. 1935 Sp. 466 Nr. 286;
OLG. Stuttgart 12. Sept. 1940 in VAE. 1940 S. 206;
OLG. Celle 15. Aug. 1941 in VAE. 1942 S. 30.

An einem stark befahrenen, unübersichtlichen unbeschrankten Übergang muß **Anm. 18.**
der Kraftfahrer besonders vorsichtig und langsam fahren, RG. 30. Mai 1930 in
EisEntsch. 50 S. 306 (= JW. 1931 S. 870); RG. 15. Nov. 1930 in JW. 1931 S. 869.
Siehe auch RG. 7. Jan. 1932 in JW. 1932 S. 2067.

Es geht zu weit, von einem Kraftwagenführer zu verlangen, daß er sich vor **Anm. 19.**
Antritt der Fahrt — die ihn auch über unbeschrankte Eisenbahnübergänge
führt — an Hand einer Karte so genau unterrichten müsse, daß er auf der
Fahrt jederzeit wisse, an welcher Stelle er gerade sei,
RG. 30. März 1931 in JW. 1931 S. 1956.

Aber auch wenn an beschrankten Eisenbahnübergängen die Schranken geöff- **Anm. 20.**
net sind, ist der Kraftfahrer nicht von jeder Verpflichtung befreit, auf sich
nähernde Züge, soweit möglich, zu achten, § 79 Abs. 3 EBBO. in der Fassung
vom 20. Nov. 1934. Es kommt immer wieder vor, daß Schranken versehentlich
nicht geschlossen sind.

Zunächst allerdings wird der Kraftfahrer bei offenen Schranken darauf ver-
trauen dürfen, daß kein Zug kommen wird, und wird sein Augenmerk in er-
ster Linie auf die von ihm befahrene Straße und den Verkehr auf ihr zu rich-
ten haben. Muß er aber bei einiger Aufmerksamkeit bemerken, daß sich trotz
geöffneter Schranken ein Zug nähert, so muß er sich darauf einstellen und
sein Verhalten so einrichten, daß ein Zusammenstoß vermieden wird, RG. 7.
Dez. 1933 in DAR. 1934 Sp. 56 = RGZ. Bd. 142 S. 356; Bd. 157 S. 193; RG. 4. Febr.
1935 in VR. 1935 Sp. 209.

Siehe ferner RG. 21. Okt. 1937 in JW. 1938 S. 31 = DJ. 1938 S. 117 = DAR. 1937,
Sp. 381; RG. 18. Juli 1938 in VAE. 1938 S. 363 = RGSt. Bd. 72 S. 286; OLG. Köln
24. Nov. 1932 in VR. 1933 Sp. 519; OLG. Marienwerder 14. Juli 1939 in VAE.
1940 S. 1; KG. Berlin 21. Nov. 1939 in VAE. 1940 S. 70; RG. 24. Juni 1943 in VAE

1944 Bd. 16 S. 31; RG. 24. Sept. 1943 in VAE. 1944 Bd. 16 S. 16; OLG. Jena 5. Mai 1941 in DAR. 1942 S. 48; LG. Hamburg 26. März 1943 in VAE. 1943 S. 110; LG. Breslau 6. Aug. 1942 in VAE. 1943 S. 29.

Anm. 21. Es ist fahrlässig, wenn ein Kraftfahrer nicht darauf achtet, daß die Bahnschranken sich schon senken, OLG. Hamburg 27. Juni 1934 in VR. 1935 Sp. 322.

Anm. 22. Es kann schuldhaft sein, wenn der Kraftfahrer vor Fahrtantritt nicht eine Karte einsieht, RG. 8. März 1937 in JW. 1937 S. 1776.

Anm. 23. Fahrlässigkeit liegt nicht vor, wenn nach Durchfahrt eines Zuges die Schranken sich öffnen, nunmehr ein Kraftfahrer über das Gleis fährt und dabei von einem zweiten Zug erfaßt wird, RG. 10. Juli 1940 in VAE. 1940 S. 177; es ist kein Verstoß gegen § 79 Abs. 1 S. 2 EBBO., wenn beim Hochgehen der Schranken mit dem Überqueren begonnen wird.

Anm. 24. Gebrauch eines zum Scheuen vor der Eisenbahn geneigten Pferdes ist nicht schuldhaft, wenn das bahnscheue Pferd nicht unnötigerweise den Einwirkungen des Bahnbetriebes ausgesetzt wird und sachgemäße Maßnahmen ergriffen werden, RGZ. Bd. 62 S. 145 (147); RG. 17. Febr. 1899 in EisEntsch. 16 S. 51 (= JW. 1899 S. 185); RG. 29. April 1907 in EisEntsch. 24 S. 61 (= JW. 1907 S. 369); RG. 2. Febr. 1914 in EisEntsch. 31 S. 109 (hier ist zutreffend ein Verschulden bejaht).

Anm. 25. Ein Gespannführer handelt fahrlässig, wenn er mit lebhaften Pferden unter einer Eisenbahnunterführung durchfährt, während ein Zug darüberfährt, RG. 4. Juni 1934 in VR. 1934 Sp. 397.

Anm. 26. Über die an die Einfriedigung und Bewachung eines Fohlengartens in der Nähe der Eisenbahn zu stellenden Anforderungen vgl. RG. 11. Juli 1935 in VR. 1935 Sp. 446 Nr. 266.

Anm. 27. Es kann nicht verlangt werden, daß ein zeitweilig zum Scheuen vor der Eisenbahn geneigtes Pferd auf Straßen, auf oder neben denen die Eisenbahn fährt, überhaupt nicht verwendet werde; die Straßen sind für den Fuhrverkehr bestimmt, RG. 29. April 1907 in EisEntsch. 24 S. 61 (= JW. 1907 S. 369).

XXII. Verschulden des Verunglückten im Straßenbahnverkehr

1. Eigenes Verschulden der Fahrgäste.

Anm. 1. Eine grobe Fahrlässigkeit ist in der Regel das überaus gefährliche und daher zumeist auch durch ausdrücklichen Anschlag streng verbotene Aufspringen auf die fahrende Straßenbahn und das Abspringen von derselben, mag es auch eine weit verbreitete Unsitte sein; hier wird die Abwägung häufig zur Versagung jeglichen Schadensersatzes führen,
RG. 14. Febr. 1882 in EisEntsch. 2 S. 202;
RG. 15. Nov. 1886 in EisEntsch. 5 S. 114;
RG. 30. Apr. 1896 in EisEntsch. 13 S. 163 (= JW. 1896 S. 343);
RG. 8. Nov. 1906 in EisEntsch. 23 S. 294 (= JW. 1907 S. 9);
RG. 28. Okt. 1907 in EisEntsch. 24 S. 277 (= JW. 1907 S. 740 = WarnRspr. 1908 S. 16);
RG. 1. Juni 1908 in WarnRspr. 1908 Nr. 607;
RG. 6. Febr. 1908 in EisEntsch. 25 S. 45; RG. 24. Nov. 1910 in JW. 1911 S. 109;
RG. 6. Okt. 1913 in JW. 1914 S. 45 Nr. 13;
RG. 17. Sept. 1917 in JW. 1918 S. 38;
RG. 20. Febr. 1919 in WarnRspr. 1919 S. 111;
RG. 13. Nov. 1919 WarnRspr. 1920 S. 62;
RG. 8. Dez. 1919 in WarnRspr. 1920 S. 61;
RG. 5. Dez. 1927 in VR. 1928 Sp. 28;
RG. 15. Dez. 1927 in VR. 1928 Sp. 131;
RG. 17. April 1928 in EisEntsch. 48 S. 83 Nr. 35 (= VR. 1928 Sp. 288);
OLG. Zweibrücken 26. Jan. 1944 in DJ. 1944 S. 222.
Bedenklich RG. 22. März 1928 in EisEntsch. 48 S. 83 Nr. 34.
Siehe auch Schneider in VR. 1935 Sp. 178.

Anm. 2. War der aussteigende Fahrgast in entschuldbarem Irrtum der Meinung, der Wagen halte schon, so trifft ihn kein Verschulden, RG. 19. Febr. 1906 in EisEntsch. 22 S. 403 (= JW. 1906 S. 235); RG. 29. Mai 1943 V 176/42.

Den Fahrgast trifft kein Verschulden, wenn der Wagenführer ihm zugesichert hatte, er werde langsamer fahren, damit er abspringen könne, und diese Zusage nicht eingehalten hat, RG. 24. Nov. 1910 in EisEntsch. 27 S. 335. Anm. 3.

Hat der Fahrgast während des Haltens schon die Griffe erfaßt und versucht er dann beim Anfahren noch aufzusteigen, so handelt er nicht fahrlässig, RG. 1. Juni 1908 in EisEntsch. 25 S. 77, auch nicht, wenn der Wagen sich wieder in Bewegung setzt, ehe er das Aussteigen vollendet hat, OLG. Dresden 18. Okt. 1908 in EisEntsch. 26 S. 22. Anm. 4.

Es ist fahrlässig, wenn beim Aussteigen die allgemeine Verkehrsregel „linke Hand am linken Griff" nicht beachtet wird, RGZ. Bd. 167 S. 325; Anm. 5.

oder wenn nicht mit dem Gesicht zur Fahrtrichtung ausgestiegen wird, OLG. Dresden in VAE. 1943 S. 73. Anm. 6.

Aussteigen aus einem außerhalb einer Haltestelle haltenden Wagen kann schuldhaft sein, OLG. Braunschweig 4. Nov. 1910 in EisEntsch. 27 S. 328. Anm. 7.

Im Aufsteigen auf eine stark besetzte Plattform liegt nicht notwendig ein Verschulden, RG. 26. Juni 1919 in EisEntsch. 37 S. 268; RG. 16. Dez. 1920 in EisEntsch. 38 S. 228. Anm. 8.

Es ist nicht fahrlässig, wenn ein Fahrgast, der aussteigen will, sich nahe an den Rand der Plattform stellt, RG. 2. April 1900 in JW. 1900 S. 396 (= EisEntsch. 17 S. 238); RGZ. Bd. 169 S. 382. Anm. 9.

Vgl. auch RG. 16. Nov. 1911 in EisEntsch. 28 S. 414.

Doch muß der Fahrgast sich gegen Absturz auf geeignete Weise sichern, z. B. durch Festhalten an Griffen oder Stangen, RG. 2. April 1900 in JW. 1900 S. 396 (= EisEntsch. 17 S. 238); Anm. 10.
RG. 24. Okt. 1912 in EisEntsch. 29 S. 335;
RG. 3. Juli 1919 in WarnRspr. 1920 S. 12;
RG. 27. Okt. 1919 in WarnRspr. 1920 S. 107;
RG. 10. Febr. 1927 in WarnRspr. 1927 Nr. 58 S. 89;
OLG. Düsseldorf 2. Dez. 1924 in JW. 1925 S. 1140;
OLG. Düsseldorf 1. April 1935 in VR. 1935 Sp. 580 Nr. 351.

Das Betreten des Trittbretts während der Fahrt kann schuldhaft sein, RG. 14. Nov. 1904 in EisEntsch. 21 S. 288 (= JW. 1905 S. 43), vor allem bei Nichtfesthalten an der Griffstange; RG. 1. Febr. 1906 in JW. 1906 S. 192. Anm. 11.

Dem Schaffner liegt die Rechtspflicht ob, im Rahmen des Möglichen einen Fahrgast auf der Plattform vor dem Absturz zu sichern, RG. 10. Dez. 1938 in DR. 1939 S. 183. Anm. 12.

Drohende Gefahr kann den Mangel besonnener Überlegung und trotz sachwidrigen Verhaltens das Vorliegen von Fahrlässigkeit ausschließen. So liegt ein Verschulden nicht vor, wenn ein Fahrgast beim Voraussehen eines Zusammenstoßes im Augenblick der Gefahr in sachwidriger Weise vom Straßenbahnwagen abspringt, RGZ. Bd. 50 S. 92 (= RG. 9. Jan. 1902 in JW. 1902 S. 136). Anm. 13.

Ein Verschulden des Fahrgastes liegt nicht vor, wenn er durch Zuruf des Wagenführers zum Abspringen veranlaßt und dabei verletzt wird, RG. 18. Febr. 1902 in JW. 1902 S. 188. Anm. 14.

Der Fahrgast muß sich rechtzeitig und hinreichend festhalten; es entlastet ihn nicht, daß er Gepäckstücke mitgenommen hat, die seine Bewegungsfreiheit hindern, RG. 22. Sept. 1913 S. 1112. Anm. 15.

Vor allem sind die Fahrgäste, die auf der nicht gesicherten Plattform eines Straßenbahnwagens stehen, zu besonderer Aufmerksamkeit verpflichtet; es ist fahrlässig, wenn sie sich nicht genügend festhalten, OLG. Düsseldorf 2. Dez. 1924 in JW. 1925 S. 1140. Anm. 16.

Doch ist es nicht schuldhaft, wenn ein Fahrgast sich einen Stehplatz — den Schaffnerplatz — auf der Plattform wählt, obwohl im Wagen noch Platz ist, RG. 15. Okt. 1928 in JW. 1928 S. 3170. Anm. 17.

2. Eigenes Verschulden anderer Verkehrsteilnehmer

Da die Straßenbahn ein öffentliches Verkehrsmittel ist, so ist im Verkehr in Beziehung auf sie besondere Rücksicht geboten, § 1 StrVO. in Verb. mit der Straßenbahnbau- und Betriebsordnung vom 13. Nov. 1937; Anm. 18.

es ist daher schuldhaft, wenn ein Kraftfahrzeugführer zu schnell an die Schienen heranfährt, ohne diese besondere Rücksicht walten zu lassen, RG. 22. Okt. 1943 in VAE. Bd. 17 (1944) S. 55.

Anm. 19. Fahrlässig ist es auch, wenn ein Kraftfahrer ohne vorsichtige Umschau kurz vor einem herannahenden Straßenbahnwagen in das Gleis einbiegt, KG. Berlin 17. Nov. 1938 in VAE. 1939 S. 71; RG. 23. April 1931 in JW. 1931 S. 1959.

Anm. 20. Fußgänger haben, bevor sie Gleise der Straßenbahn überschreiten, ihre Aufmerksamkeit nach beiden Seiten hin darauf zu richten, ob sich kein Straßenbahnwagen nähert, RG. 22. Jan. 1903 in JW. 1903 S. 102; RG. 18. Sept. 1905 in EisEntsch. 22 S. 189 (= JW. 1905 S. 686); RG. 11. April 1906 in EisEntsch. 23 S. 55 (= JW. 1906 S. 350); RG. 14. Mai 1906 in JW. 1906 S. 437; RG. 8. Juli 1907 in EisEntsch. 24 S. 174; RG. 28. Sept. 1908 in EisEntsch. 25 S. 290; RG. 7. Dez. 1908 in JW. 1909 S. 47; RG. 8. Mai 1911 in JW. 1911 S. 578; RG. 12. Jan. 1928 in VR. 1928 S. 525;

Anm. 21. das Betreten der Gleise kurz vor einer herankommenden Straßenbahn ist ein grobes Verschulden, RG. 10. Okt. 1907 in EisEntsch. 24 S. 269; RG. 26. Jan. 1922 in VR. 1922 S. 257; doch kann es am Verschulden fehlen, wenn ein Fußgänger in der Bestürzung unzweckmäßig handelt, RG. 14. Dez. 1922 in JW. 1924 S. 51: die Gleise außerhalb der Straßenkreuzungen zu überschreiten, ist an sich nicht schuldhaft, RG. 4. April 1899 in EisEntsch. 16 S. 139 (= JW. 1899 S. 310); RG. 2. Nov. 1899 in EisEntsch. 16 S. 333; RG. 14. Dez. 1900 in EisEntsch. 18 S. 35: fahrlässig ist es aber, wenn die Übersicht behindert ist, RG. 15. März 1900 in EisEntsch. 17 S. 228.

Anm. 22. Daß ein Fußgänger sich darauf verlassen dürfte, der Straßenbahnführer werde ihn schon rechtzeitig durch ein Klingelzeichen warnen, kann angesichts des heutigen Großstadtverkehrs nicht mehr als richtig anerkannt werden; überholt erscheint daher RG. 5. Jan. 1905 in EisEntsch. 21 S. 388 (= JW. 1905 S. 119); RG. 13. Febr. 1908 in EisEntsch. 25 S. 47.

Anm. 23. Es ist ein grobes Verschulden des Fußgängers, beim Überschreiten zweier Gleise außer acht zu lassen, daß auf dem zweiten Gleis eine Straßenbahn in entgegengesetzter Richtung herankommen kann, RG. 14. April 1904 in JW. 1904 S. 287; RG. 5. Juli 1905 in EisEntsch. 22 S. 183; RG. 22. Okt. 1908 in EisEntsch. 25 S. 375; RG. 19. Jan. 1911 in EisEntsch. 28 S. 81; RG. 23. Jan. 1919 in WarnRspr. 1919 Nr. 74 S. 112.

Anm. 24. Besondere Vorsicht im Straßenbahnverkehr müssen Gebrechliche, Schwerhörige und behinderte ältere Personen anwenden, RG. 7. Dez. 1908 in EisEntsch. 25 S. 318 (= JW. 1909 S. 47); RG. 22. Juni 1903 in EisEntsch. 20 S. 179 (= JW. 1903 S. 92); RG. 30. Jan. 1905 in EisEntsch. 22 S. 38 (= JW. 1905 S. 170).

Anm. 25. Bei kriegsbedingter Verdunkelung haben Fußgänger ihre besondere Aufmerksamkeit auf die Straßenbahn zu richten, RGZ. Band 168 S. 304 (307); RG. 20. Dez. 1941 in DR. 1942 S. 578; RG. 13. April 1943 V 8/1943; doch dürfen auch hier die Anforderungen nicht überspannt werden, RG. 14. Sept. 1943 in DR. 1944 S. 197.

Anm. 26. Daß Fuhrwerke auf oder an den Gleisen der Straßenbahn fahren, ist an sich noch nicht schuldhaft, RG. 28. Sept. 1903 in EisEntsch. 20 S. 248 (= JW. 1903 S. 390). Doch ist es ein grobes Verschulden, wenn ein Fuhrwerk noch kurz vor der Straßenbahn das Gleis überquert, RG. 27. Okt. 1904 in EisEntsch. 21 S. 378 (= JW. 1905 S. 14); RG. 10. Mai 1909 in EisEntsch. 26 S. 170; RG. 20. Nov. 1924 in JW. 1925 S. 942; vgl. auch RG. 1. Okt. 1903 in JW. 1903 S. 403 (Radfahrer).

Anm. 27. Es ist fahrlässig, wenn ein Fuhrmann ein Pferd, das beim Nahen der Straßenbahn störrisch wird, nicht beim Kopfe faßt, RG. 5. Juli 1913 in EisEntsch. 30 S. 344.

Anm. 28. Ein Kraftfahrer handelt schuldhaft, wenn er ohne vorsichtige Umschau kurz vor der nahenden Straßenbahn in das Gleis einbiegt. RG. 23. April 1931 in JW. 1931 S. 1959; KG. Berlin 17. Nov. 1938 in VAE. 1939 S. 71.

Anm. 29. Ein Radfahrer handelt fahrlässig, wenn er ganz dicht hinter einer Straßenbahn herfährt, OLG. Naumburg 23. Febr. 1926 in VR. 1926 S. 311.

Anm. 30. Es ist grob fahrlässig, wenn sich ein Fußgänger zu nahe am Gleis mit dem Rücken zur Straßenbahn aufstellt, RG. 27. März 1911 in JW. 1911 S. 485, oder wenn jemand eine Sense so unvorsichtig trägt, daß sie von der Bahn erfaßt wird, RG. 10. Mai 1906 in JW. 1906 S. 422.

Doch ist unter Umständen sachwidriges Handeln eines Fußgängers in der Bestürzung im Augenblick höchster Gefahr nicht fahrlässig, RG. 14. Nov. 1901 in JW. 1902 S. 31. Anm. 31.

XXIII. Eigenes Verschulden des Verunglückten

Nach § 1 braucht der Verunglückte sich in der Regel nur ein Verschulden entgegenhalten zu lassen, das i h n s e l b s t trifft, nicht also ein Verschulden anderer Personen. Anm. 1.

Ist der Unfall durch ein widerrechtliches Verhalten eines Anderen, den der Verunglückte zu einer Verrichtung bestellt hatte, in Ausführung der Verrichtung mit verursacht worden, so ist § 831 BGB. entsprechend anzuwenden. Der Verunglückte muß sich dieses widerrechtliche Verhalten gemäß § 254 BGB. entgegenhalten lassen, wenn er nicht beweist, daß er bei der Auswahl der bestellten Person und bei der Beschaffung der Vorrichtungen und Gerätschaften oder der Leitung der Verrichtung die im Verkehr erforderliche Sorgfalt beobachtet habe oder daß der Schaden auch bei Anwendung dieser Sorgfalt entstanden sein würde. RGZ. Bd. 62 S. 346; Bd. 75 S. 258; Bd. 77 S. 211; Bd. 79 S. 312; Bd. 121 S. 118; Bd. 142 S. 356 (368); Bd. 164 S. 269; RG. 21. Sept. 1911 in EisEntsch. 28 S. 346; RG. 23. Nov. 1911 in EisEntsch. 28 S. 417 (JW. 1912 S. 138); RG. 12. März 1931 in JW. 1931 S. 3345; RG. 12. März 1934 in JW. 1934 S. 1642; RG. 12. Nov. 1934 in WarnRspr. 1935 S. 25; OLG. Hamburg in EisEntsch. 31 S. 225. Dadurch wird eine gleichgeartete Verantwortlichkeit auf Seiten des Verletzten und des Ersatzpflichtigen für dritte Personen hergestellt, die dem Geist des Gesetzes entspricht, RG. 8. Nov. 1922 in Recht 1923 Nr. 325. Nach § 25 des Preuß. Eisenbahngesetzes vom 3. Nov. 1838 war zum Nachteil des Geschädigten nur sein eigenes Verschulden zu berücksichtigen, nicht das Verschulden seines Beauftragten, OLG. Braunschweig 4. Nov. 1932 in JW. 1933 S. 856 Nr. 4. Anm. 2.

Liegt ein bei der Entstehung des Unfalls mitwirkendes Verschulden des gesetzlichen Vertreters des Verunglückten vor, so braucht der Verunglückte sich dies nicht vom Betriebsunternehmer entgegenhalten zu lassen, wenn, wie es die Regel sein wird, v o r dem Unfall keine Verbindlichkeit oder etwas ihr Ähnliches gegenüber dem Unternehmer besteht. Eine entsprechende Anwendung des § 278 BGB. kommt nur in Frage, wenn es sich um die Erfüllung einer Verbindlichkeit des Verunglückten oder wenigstens um etwas ihr Ähnliches handelt, was erfüllt werden kann, z. B. wenn schon vor dem Unfall vertragliche Beziehungen des Verunglückten zu dem Betriebsunternehmer bestehen. Ist das nicht der Fall, so kann ein bei der Entstehung des Unfalls mitwirkendes Verschulden des gesetzlichen Vertreters des Verunglückten nicht zu seinem Nachteil berücksichtigt werden. RGZ. Bd. 54 S. 407; RG. 29. Jan. 1906 in RGZ. Bd. 62 S. 346 (= JW. 1906 S. 192); RG. 24. Mai 1913 in JW. 1913 S. 922; Bd. 63 S. 270; Bd. 75 S. 257; Bd. 77 S. 211; Bd. 79 S. 319; Bd. 91 S. 134 (138); Bd. 119 S. 152 (155); Bd. 121 S. 114 (118); Bd. 138 S. 114 (117); Bd. 140 S. 1 (7); Bd. 141 S. 353 (356); Bd. 149 S. 6 (= RG. 6. März 1935 in JW. 1935 S. 1843; Bd. 156 S. 193 (205); Bd. 159 S. 283 (292); Bd. 171 S. 340; RG. 31. Mai 1920 in EisEntsch. 38 S. 73 (= JW. 1920 S. 965); RG. 29. Sept. 1924 in EisEntsch. 42 S. 340 (= JW. 1925 S. 254 = VR. 1925 Sp. 324); LG. Liegnitz 22. April 1942 in VAE. 1942 S. 179. Unrichtig OLG. Köln 23. Juni 1927 in EisEntsch. 46 S. 314. Anm. 3.

N a c h der Entstehung des Schadens besteht nach § 254 Abs. 2 eine Schadenminderungspflicht des Verunglückten, und hier ist § 278 entsprechend anzuwenden; der Verunglückte muß sich insoweit ein Verschulden seines gesetzlichen Vertreters oder seines Erfüllungsgehilfen bei der Minderung des Schadens entgegenhalten lassen, z. B. wenn der gesetzliche Vertreter es nach dem Unfall schuldhaft unterlassen hat, rechtzeitig für ärztliche Behandlung zu sorgen, RGZ. Bd. 156 S. 193. Anm. 4.

Zieht der Verunglückte einen staatlich approbierten Arzt zu, so hat er ein Anm. 5.

etwaiges Verschulden desselben nicht nach § 278 zu vertreten, RGZ. Bd. 72 S. 219; RG. 2. Dez. 1912 in WarnRspr. 1913 S. 166; OLG. Kassel 7. Juli 1937 in DJ. 1938 S. 45. Vgl. auch RG. 29. Nov. 1909 in EisEntsch. 26 S. 321.

Anm. 6. Wenn ein Kind während der Fahrt infolge von Nichtbeaufsichtigung durch die Mutter aus dem Zuge stürzt, kann zwar das Verschulden der Mutter dem Kinde nicht nach §§ 254, 278 BGB. entgegengehalten werden, doch hat die Eisenbahn nach §§ 840, 426 BGB. ein Rückgriffsrecht gegen die Mutter, RG. 29. Jan. 1906 in EisEntsch. 22 S. 400.

Anm. 7. Ein durch die NSV. verschickter, unterwegs aus dem Zuge gestürzter Knabe braucht sich ein etwaiges Verschulden des die Aufsicht führenden NSV.-Leiters nicht nach § 254 BGB. anrechnen zu lassen, da zwischen dem Kläger und der Eisenbahn kein Vertragsverhältnis bestand und die Klage nur auf § 1 RHpflG. gestützt ist, OLG. Stuttgart 20. Febr. 1941 in VAE. 1941 S. 154. Die von Meyer in der Anmerkung hierzu aufgeworfene Frage, ob auch ohne Verschulden des Verletzten § 254 BGB. angewendet werden könne, da die Eisenbahn hier ohne Verschulden hafte, ist zu verneinen.

Anm. 8. Abzulehnen ist auch die Ansicht von Staks („Das mitwirkende Verschulden des gesetzlichen Vertreters" in VAE. 1942 S. 1), wonach einem nicht schuldfähigen Kinde gemäß § 254 BGB. soll entgegengehalten werden können, daß sein gesetzlicher Vertreter — z. B. der Vater durch Vernachlässigung der Aufsichtspflicht — den Unfall schuldhaft mitverursacht habe. Wenn Staks meint, in solchen Fällen habe „die Familie versagt", und es sei gerecht, daß das Kind durch die Eltern selbst schadlos gehalten werde, so kann dem nicht gefolgt werden. § 254 BGB. verlangt ein bei der Entstehung des Schadens mitwirkendes Verschulden des Beschädigten; von einem solchen kann bei einem nicht schuldfähigen Kinde nicht gesprochen werden, es sei denn, daß es sich um die Erfüllung einer Verbindlichkeit des Kindes handelt, bei der der gesetzliche Vertreter für das Kind handelt und es billig erscheint, daß sein Verschulden, wie in § 278 BGB. bestimmt, dem Kinde zugerechnet wird. Der Standpunkt von Staks würde dahin führen, daß ein schuldunfähiges Kind vermögensloser Eltern, das von einem Zuge überfahren und schwer verletzt worden ist, von der Reichsbahn keinen oder nur teilweisen Schadensersatz erhielte und von den Eltern, die fahrlässig ihre Aufsichtspflicht verletzt haben, nichts erhalten könnte — ein sehr unbefriedigendes Ergebnis. Der Gedanke der „Gemeinschaft" kann keineswegs dahin führen, daß schuldunfähige Kinder unter den Fehlern der Eltern zu leiden haben sollten. Zutreffend ist in RGZ. Bd. 159 S. 283 (292) ausgeführt, daß bei einer aus unerlaubter Handlung hergeleiteten Ersatzpflicht ganz allgemein der Ersatzpflichtige dem Verletzten nicht entgegenhalten kann, daß zum Zustandekommen der Verletzung noch das Verhalten eines Dritten mitursächlich war. Dieser Satz gilt schlechthin. Er kann auch in den Fällen keiner Einschränkung unterworfen werden, in denen der Verletzte ein Minderjähriger, der Mitverursacher der Aufsichtspflichtige und die Mitursache die nicht gehörige Ausübung der Aufsicht ist.

XXIV. Ursächlicher Zusammenhang zwischen dem Unfall und dem Verschulden des Verletzten

Anm. 1. Ein eigenes Verschulden des Verunglückten ist nur dann zu seinem Nachteil zu berücksichtigen, wenn es den Unfall verursacht hat.
Es muß mithin ein rechtlich beachtlicher ursächlicher Zusammenhang zwischen dem Unfall und dem schuldhaften Verhalten des Verunglückten bestehen.

Anm. 2. Es genügt nicht, daß ohne dieses schuldhafte Verhalten der Unfall nicht eingetreten wäre, es muß auch das Verhalten im allgemeinen — und nicht nur unter ganz ungewöhnlichen, nicht in Rechnung zu nehmenden Umständen — geeignet sein, den Eintritt eines Unfalls zu begünstigen. Vgl. Rümelin „Kulpahaftung und Kausalhaftung" in ArchZivPr. 88 S. 285.

Anm. 3. Wird z. B. ein Reisender bei der Entgleisung eines Wagens II. Klasse verletzt, so kann die Eisenbahn ihm nicht entgegenhalten, daß er nur eine Fahrkarte III. Klasse gelöst und daher unbefugt in dem verunglückten Wagen II. Klasse Platz genommen habe.

Liegt aber ein schuldhaftes Verhalten vor, auf welches bei gewöhnlichem Verlaufe der Schaden zurückzuführen ist, so darf nicht gefragt werden, ob im unerschöpflichen Gebiet der Möglichkeiten auch noch Raum sei für die Möglichkeit, daß dennoch nicht das Verschulden die Beschädigung verursacht habe, RGZ. Bd. 12 S. 188. Anm. 4.

Wenn erst ungewöhnliche Umstände eintreten mußten, um den nicht gewollten Erfolg zu erzielen, also nach dem gewöhnlichen Laufe der Dinge der Unfall nicht geschehen wäre, ist ein rechtlich beachtlicher Ursachenzusammenhang nicht gegeben, RG. 6. Nov. 1883 in RGZ. Bd. 10 S. 64 (= EisEntsch. 3 S. 125); RG. 5. Nov. 1898 in RGZ. Bd. 42 S. 291; RG. 19. März 1900 in EisEntsch. 17 S. 231 (= JW. 1900 S. 396). Anm. 5.

Ist der Schaden als mögliche Folge der schuldhaften Handlung in Rechnung zu nehmen, so ist, auch wenn er nicht gerade wahrscheinlich war, der ursächliche Zusammenhang gegeben, RG. 25. Nov. 1902 in EisEntsch. 20 S. 122 (= JW. 1903 S. 30). Anm. 6.

Finger „Eisenbahngesetze" 1943 S. 11 vertritt die Ansicht, der Eisenbahnbetriebsunternehmer hafte nicht, wenn der Verletzte das Bahngelände zu widerrechtlichen Zwecken betreten habe, z. B. zur Beraubung von Güterwagen, zur Ausführung von Taschendiebstählen oder von Schwarzfahrten. Dem kann nicht ohne weiteres beigestimmt werden. Es wird hier immer auf die besonderen Umstände des einzelnen Falles ankommen, insbesondere darauf, ob das schuldhafte Verhalten des Verletzten eine rechtliche beachtliche Ursache für den Schaden gesetzt hat. Das wird z. B. nicht der Fall sein, wenn jemand, der ohne Fahrkarte in einem Zuge mitgefahren ist, bei der Entgleisung dieses Zuges schwer verletzt wird. Der Unfall ist hier nicht die adäquate Folge des Mitfahrens ohne Fahrkarte. Vgl. hierzu auch RG. 28. Sept. 1908 in JW. 1908 S. 690. Anm. 7.

Das Verschulden des Verletzten braucht nicht die einzige und unmittelbare Ursache des Unfalls zu sein, es genügt, wenn es eine mitwirkende Ursache war; die Ursächlichkeit wird nicht dadurch ausgeschlossen, daß daneben noch andere Umstände mitgewirkt haben, RG. 24. Febr. 1882 in JW. 1882 S. 132. Anm. 8.

XXV. Verschulden des Eisenbahnbetriebsunternehmers

Ein Verschulden des Eisenbahnbetriebsunternehmers kann unter Umständen darin liegen, daß er es unterlassen hat, einen schienengleichen Bahnübergang ausreichend gegen die Gefahren zu sichern, die hier dem Straßen- und Bahnverkehr in besonderem Maße drohen. Anm. 1.

Über die Sicherung von Wegübergängen enthalten die §§ 18, 46 EBBO. vom 17. Juli 1928 Vorschriften. Anm. 2.

Nach § 18 Abs. 1 sind bei Hauptbahnen die Wegübergänge mit Schranken zu versehen; bei Nebenbahnen sind verkehrsreiche Wege mit Schranken zu versehen oder in anderer Weise zu sichern, doch ist dies bei übersichtlichen Wegübergängen bei Nebenbahnen dann nicht erforderlich, wenn dort die Eisenbahnfahrzeuge mit einer Geschwindigkeit von höchstens 15 km/h fahren. Welche Sicherungsmaßnahmen jeweils erforderlich sind, insbesondere ob die in der EBBO. vorgeschriebenen Maßregeln im einzelnen Falle ausreichen, läßt sich nur unter Berücksichtigung der besonderen Umstände des einzelnen Falles sagen.

Der Prozeßrichter hat jeweils selbständig zu prüfen, ob unter den besonderen Umständen des Einzelfalles die getroffenen Schutzmaßnahmen ausreichen, ob und welche weiteren Vorkehrungen hätten getroffen werden müssen, und ob der Betriebsunternehmer bei der Sicherung die erforderliche Sorgfalt angewendet hat. Dabei ist der Richter nicht an die Ansicht der Bahnaufsichtsbehörden gebunden. Anm. 3.

Der Richter hat z. B. selbständig zu prüfen, ob ein Übergang verkehrsreich Anm. 4.

i. S. des § 18 Abs. 1 EBBO. ist und daher bei einer Nebenbahn keiner Schranken bedarf, und ob er übersichtlich ist und mit weniger als 15 km/h Geschwindigkeit befahren wird, so daß auch eine Bewachung nach § 46 Abs. 5 EBBO. nicht geboten war, OLG. Celle 15. Aug. 1941 in VAE. 1942 S. 30.

Anm. 5. Die verfassungsmäßig berufenen Vertreter der Eisenbahn handeln fahrlässig, wenn sie nicht pflichtgemäß prüfen, ob die angeordneten Sicherungsmaßnahmen noch genügen oder ob die starke Zunahme des Wagen- und Bahnverkehrs im Laufe der Zeit weitere Sicherungen nötig gemacht hat.

Anm. 6. Sie werden von ihrer Verantwortung nicht dadurch befreit, daß die früher angelegten Sicherungsmaßnahmen der Planfeststellung entsprechen oder bisher von der Aufsichtsbehörde nicht beanstandet worden sind. Sind infolge des wachsenden Verkehrs oder eingetretener Unübersichtlichkeit des Wegübergangs weitere Schutzmaßnahmen, z. B. Bahnschranken, erforderlich geworden, so kann die Eisenbahn ein Verschulden treffen, wenn sie die Lage nicht geprüft und weiter nichts veranlaßt hat, RG. 14. Dez. 1910 in EisEntsch. 27 S. 340 (= WarnRspr. Bd. 4 S. 125); KG. Berlin 10. Jun. 1909 in EisEntsch. 27 S. 155; LG. Frankfurt 27. Mai 1927 in VR. 1927 Sp. 366, insbesondere wenn sie die Anbringung von Schranken wegen der starken Zunahme des Kraftwagenverkehrs als nötig hätte erkennen müssen, RG. 30. Mai 1930 in EisEntsch. 50 S. 306 (= JW. 1931 S. 870).

Anm. 7. Hat die Eisenbahn die Frage der Notwendigkeit weiterer Sicherungen im Benehmen mit der Aufsichtsbehörde geprüft, und hat letztere weitere Maßnahmen für nicht erforderlich erklärt, so kann es an einem Verschulden der Eisenbahn fehlen, RG. 7. Sept. 1943 in DR. 1944 S. 36 (mit Anm. von Wussow). Doch entbindet der Umstand, daß die Aufsichtsbehörde früher weder eine Schranke noch eine Warnlichtanlage für erforderlich gehalten hat, die Bahn nicht von der Pflicht, zu prüfen, ob bei einer bei Verdunkelung vorgenommenen Fahrt über die unbeschrankte Kreuzung nicht doch weitere Schutzmaßnahmen erforderlich seien; es ist schuldhaft, wenn die durch die Verdunkelung erwachsenen besonderen Gefahren hier nicht durch die Aufstellung einer Person mit Warnlaterne während der gesamten Dauer der Überquerung beseitigt wurden, KG. 14. Mai 1941 in VAE. 1942 S. 5.

Anm. 8. Hat auch eine Anordnung der Aufsichtsbehörde, den Übergang über eine Nebenbahn abzuschranken, nicht bestanden, so war damit die Eisenbahn der Verpflichtung der selbständigen Prüfung dieser Frage nicht überhoben, RG. 26. Aug. 1935 in RGZ. Bd. 148 S. 303 (= JW. 1935 S. 3536); RG. 18. Okt. 1909 in JW. 1910 S. 37.

Anm. 9. Doch wird es an einem Verschulden regelmäßig fehlen, wenn die Aufsichtsbehörde Schranken nicht für nötig erachtet hat, RG. 18. Okt. 1909 a. a. O.; RG. 30. Mai 1930 in EisEntsch. 50 S. 306 (= JW. 1931 S. 870); RG. 16. Dez. 1929 in JW. 1931 S. 867 Nr. 12.

Zu diesen Fragen vgl. RG. 18. Okt. 1909 in EisEntsch. 26 S. 314 (= JW. 1910 S. 37); RG. 6. Dez. 1909 in EisEntsch. 26 S. 324; RGZ. Bd. 144 S. 67; RGZ. Bd. 148 S. 303 (309); RG. 20. Juni 1927 in EisEntsch. 46 S. 96; RG. 30. Mai 1930 in JW. 1931 S. 870 = EisEntsch. 50 S. 306; RG. 21. Jan. 1931 in VR. 1932 Sp. 144; RG. 15. Mai 1931 in VR. 1931 Sp. 277; RG. 17. Dez. 1931 in VR. 1932 Sp. 98; RG. 2. Mai 1932 in VR. 1932 Sp. 330; RG. 21. Mai 1931 in EisEntsch. 52 S. 381; RG. 25. Jan. 1934 in EisEntsch. 55 S. 371; RG. 26. Aug. 1935 in VAE. 1936 S. 41; RG. 23. Febr. 1938 in VAE. 1938 S. 186; RG. 13. April 1938 in VAE. 1938 S. 385; RG. 7. Jan. 1939 in VAE. 1939 S. 160; RGZ. Bd. 169 S. 376;

KG. Berlin in EisEntsch. 52 S. 87; OLG. Dresden in EisEntsch. 52 S. 277; OLG. Köln 4. Febr. 1926 in VR. 1926 Sp. 475 (= JW. 1926 S. 2305); OLG. Rostock in EisEntsch. 53 S. 181; OLG. Stettin in EisEntsch. 54 S. 166; KG. Berlin 29. Jan. 1935 in VAE. 1936 S. 39; KG. Berlin 15. Juni 1936 in VAE. 1936 S. 489; OLG. Hamm in VAE. 1937 S. 504; KG. Berlin in VAE. 1937 S. 509; KG. Berlin in VAE. 1938 S. 288; OLG. Köln 13. Okt. 1938 in VAE. 1939 S. 21; OLG. Breslau 9. Juni 1939 in VAE. 1939 S. 358; OLG. Hamburg 18. April 1940 in VAE. 1940 S. 163; OLG. Stuttgart 12. Sept. 1940 in VAE. 1940 S. 206; KG. Berlin 14. Mai 1941 in

VAE. 1942 S. 5; LG. Darmstadt in VAE. 1938 S. 390; vgl. auch OLG. Kiel 1. Nov 1932 in VR. 1933 Sp. 517.

Dagegen ist OLG. Düsseldorf 6. Dez. 1938 in VAE. 1939 S. 136 und LG. Breslau in VAE. 1937 S. 461 der unzutreffenden Ansicht, daß das Gericht grundsätzlich die Anordnungen der Aufsichtsbehörden, insbesondere die Planfeststellung nicht auf ihre Zweckmäßigkeit nachprüfen könne. Den diese Ansicht vertretenden Aufsätzen von Wachtel in VAE. 1937 S. 213 und VAE. 1939 S. 345 und Finger in VAE. 1942 S. 86 kann nicht zugestimmt werden. Richtig auch OLG. Königsberg 3. Jan. 1928 in VR. 1928 Sp. 389. **Anm. 10.**

Die Entscheidung RG. 6. Mai 1939 in DR. 1939 S. 1446 = VAE. 1939 S. 283 = SeuffA. Bd. 93 Nr. 102 ist vielfach mißverstanden worden, so von Meyer in VAE. 1939 S. 284, VAE. 1942 S. 213, der darin irrtümlich eine Aufgabe der bisherigen Rechtsprechung erblicken will. Wie die Entscheidung gemeint war, ist in RG. 7. Juli 1942 RGZ. Bd. 169 S. 377 (= DR. 1942 S. 1600 = VAE. 1942 S. 213) deutlich ausgesprochen: das Gericht hat bei der Untersuchung, ob die Reichsbahn ein für den Unfall ursächliches Verschulden treffe, allerdings das Recht und die Pflicht, zu prüfen, ob ein unbeschrankter Übergang mit Recht genehmigt worden ist oder ob er durch Schranken oder sonstwie hätte gesichert werden müssen. Unzutreffend auch Meyer in VAE. 1943 S. 1 ff.; Abitz-Schultze in VAE. 1937 S. 440 ff. **Anm. 11.**

Ist im Laufe der Zeit der Kraftwagenverkehr über einen unbeschrankten Eisenbahnübergang und auch die Zahl der dort verkehrenden Bahnzüge erheblich gestiegen, so muß die Eisenbahn prüfen, ob nicht eine Sicherung durch Schranken notwendig geworden ist, OLG. Braunschweig 8. April 1941 in VAE 1941 S. 132. Vgl. auch Bosch in JW. 1926 S. 2303, der zutreffend ausführt, daß eine weit zurückliegende, unter ganz anderen Verhältnissen erteilte Genehmigung der Aufsichtsbehörde den Unternehmer nicht für alle Zeiten entlastet, obwohl der gestiegene Verkehr dringend Schranken erfordert. **Anm. 12.**

Dagegen wird ein Verschulden der Eisenbahn nicht anzunehmen sein, wenn sie einen Wegübergang gemäß den Vorschriften der EBBO. gesichert hat, aber keine weiteren Sicherungen gegen die Gefahren der kriegsmäßigen Verdunkelung angebracht hat, OLG. Zweibrücken 2. Dez. 1942 in VAE. 1943 S. 70. **Anm. 13.**

Ist die Schranke eines Bahnüberganges unzureichend beleuchtet und das Warnschild kaum sichtbar, so kann darin ein erhebliches Verschulden der Eisenbahn liegen, RG. 21. Okt. 1929 in EisEntsch. 50 S. 211. **Anm. 14.**

Ist ein Bahnübergang besonders gefährlich und kann der Kleinbahn die Anbringung von Schranken wegen der hohen Kosten nicht zugemutet werden, dann mußte die Bahn andere Sicherungsmaßnahmen (Lichtsignale, Verringerung der Geschwindigkeit) ergreifen; daß sie gar nichts tat, war schuldhaft, RG. 15. April 1926 in VR. 1927 Sp. 82. **Anm. 15.**

Haben sich an einer gefährlichen Stelle wiederholt Unfälle der Straßenbahn ereignet, so handeln die verfassungsmäßig berufenen Vertreter der Straßenbahn schuldhaft, wenn sie die Führer nicht anweisen, dort besonders vorsichtig zu fahren, RG. 21. März 1929 in VR. 1929 S. 166 Nr. 99. **Anm. 16.**

Hat der Reichsverkehrsminister im Einvernehmen mit dem Generalinspekteur für das deutsche Straßenwesen gemäß § 3 des Gesetzes über Kreuzungen von Eisenbahnen und Straßen vom 4. Juli 1939 (RGBl. S. 1211) zur Verbesserung der Abwicklung des Verkehrs an einer Kreuzungsstelle Maßnahmen über die bauliche Gestaltung derselben angeordnet, so ist diese Anordnung für die Gerichte und Verwaltungsbehörden bindend, § 11 des Gesetzes, und Finger in VAE. 1942 S. 86. **Anm. 17.**

Liegt eine Anordnung nach § 3 nicht vor, so haben die Gerichte das Recht, selbständig zu prüfen, ob die Sicherung eines Wegüberganges ausreichend ist oder nicht. **Anm. 18.**

Aber auch wenn eine solche Anordnung nach § 3 vorliegt, kann infolge nachträglicher wesentlicher Veränderung der örtlichen Verhältnisse eine weitere Verkehrssicherung sich als notwendig erweisen. Die Eisenbahn ist dann nicht gehindert, weitere Sicherungsmaßnahmen zu ergreifen, und es kann schuldhaft sein, wenn sie dies unterläßt. **Anm. 19.**

Anm. 20. Wenn zwei Eisenbahnzüge zusammenstoßen, wird in der Regel auf Grund Beweises des ersten Anscheins anzunehmen sein, daß ein Verschulden eines verfassungsmäßig berufenen Vertreters oder eines Bediensteten der Eisenbahn vorliegt, OLG. Düsseldorf 24. Jan. 1935 in VR. 1935 S. 632 Nr. 390.

Anm. 21. Es ist eine Fahrlässigkeit der verfassungsmäßigen Vertreter der Reichsbahn, wenn sie die Beseitigung besonderer offenbarer Gefahren, die sich für die Reisenden aus der Gestaltung einer Bahnhofsanlage ergeben, der Aufmerksamkeit des nicht zu den verfassungsmäßigen Vertretern gehörenden Dienststellenleiters überlassen, anstatt selbst auf geeignete Maßnahmen hinzuwirken, RG. 7. Febr. 1941 in VR. 1941 Bl. 76.

Anm. 22. Ein Verschulden der Eisenbahn liegt vor, wenn eine Eisenbahnschranke unzweckmäßig, nämlich zu nahe am Bahnkörper angebracht und nicht genügend kenntlich gemacht ist, RGZ. Bd. 129 S. 128.

Anm. 23. Ebenso, wenn es unterlassen ist, das Einsteigen von etwa 100 Schülern in einen Zug durch einen Beamten zu überwachen, RG. 21. Jan. 1929 in JW. 1929 S. 2815, oder wenn bei außergewöhnlichen Vorgängen, die zu einem vorauszusehenden Überschreiten von Bahngleisen durch größere Menschenmassen führen, nicht besondere Maßnahmen zur Verhütung von Unfällen getroffen sind, RG. 23. Nov. 1938 in SeuffA. Bd. 93 Nr. 29.

Anm. 24. Schuldhaft ist auch, wenn die Eisenbahn es unterläßt, bei Verdunklung alle ihr zuzumutenden Maßnahmen zu treffen, die eine möglichst gefahrlose Benutzung ihrer Verkehrsanlagen, z. B. der Treppe zum Bahnhof, trotz Verdunklung gestatten, OLG. Köln 27. Aug. 1942 in VAE. 1943 S. 27. RG. 11. Juli 1944 V 21/44.

Anm. 25. Es ist schuldhaft, wenn die Eisenbahn es — entgegen der Vorschrift des § 46 Nr. 5 EBBO. — unterläßt, einen unbeschrankten, unübersichtlichen und ganz außerordentlich gefährlichen Nebenbahnübergang entweder nur mit 15 km/st zu befahren oder ihn vor der Annäherung von Zügen zu bewachen, RG. 1. März 1934 in RGZ. Bd. 144 S. 67 (= JW. 1934 S. 1649). Unter „sonstigen Stellen" im Sinne des § 46 Nr. 5 sind auch *verkehrsarme* gefährliche *Wegübergänge* zu verstehen.

Anm. 26. Dagegen liegt kein Verschulden vor, wenn die Bahn wegen kriegsbedingten Mangels an Beleuchtungsmitteln den Bahnsteig nur mit *einer* Petroleumlampe beleuchten ließ, RG. 2. Febr. 1920 in JW. 1920 S. 491.

Anm. 27. Es ist nicht schuldhaft, wenn die Straßenbahn die Eingänge ihrer Wagen nicht mit einer Verschlußvorrichtung versieht; bei dem starken Verkehr in der Großstadt und der kurzen Entfernung der Haltestellen ist das Verschließen nicht möglich, OLG. Düsseldorf 2. Dez. 1924 in JW. 1925 S. 1140.

XXVI. Verschulden von Eisenbahn- oder Straßenbahnbediensteten

Anm. 1. Ein Straßenbahnschaffner handelt fahrlässig, wenn er das Abfahrtzeichen gibt, während noch Fahrgäste aussteigen, OLG. Dresden 30. Juli 1940 in VR. 1940 Bl. 66,

Anm. 2. oder wenn ein Fahrgast noch die Hand am Einsteigegriff hat, RG. 15. März 1928 in VR. 1928 Sp. 286,

Anm. 3. oder wenn er es unterlassen hat, sich zu überzeugen, ob noch jemand aussteigen will, RG. 4. März 1937 in SeuffA. Bd. 91 Nr. 120.

Anm. 4. Der Straßenbahnbetriebsunternehmer handelt fahrlässig, wenn er alte Anhängerwagen verwendet, die leicht aus den Schienen springen, OLG. Breslau 25. Febr. 1924 in VR. 1924 Sp. 596.

Anm. 5. Es ist schuldhaft, wenn ein Lokomotivführer beim Zurücksetzen eines an unbeschranktem Übergang stehenden Rangierzuges kein Achtungszeichen mit der Pfeife gibt, OLG. Celle 15. Aug. 1941 in VAE. 1942 S. 30, oder wenn er eine wirksame Signalgebung unterläßt, RG. 17. Dez. 1931 in JW. 1932 S. 2065.

Anm. 6. Ein Zugschaffner handelt fahrlässig, wenn er den Zug abfahrfertig meldet, ohne sich zu überzeugen, ob nicht noch Personen im Aussteigen begriffen waren, OLG. Stuttgart 16. Okt. 1941 in VAE. 1942 S. 32; vgl. auch RG. 14. Febr. 1899 in EisEntsch. 16 S. 48 (= JW. 1899 S. 185).

Nicht rechtzeitiges Schließen der Bahnschranke ist ein schweres Verschulden des Schrankenwärters, OLG. Zweibrücken 2. Okt. 1941 in VAE. 1942 S. Anm. 7.

Hat der Vorsteher des Betriebsamts (als verfassungsmäßig berufener Vertreter der Eisenbahn) den schuldigen Schrankenwärter auf seinem Posten belassen, obwohl er schon wiederholt wegen Vernachlässigung seiner Wärterpflichten bestraft worden war, so haftet wegen dieser Fahrlässigkeit des Vorstehers die Eisenbahn nach §§ 823 ff. BGB., OLG. Stuttgart 10. Sept. 1942 S. 235. Anm. 8.

Es ist nicht schuldhaft, wenn der im Winter von Reisenden auf die Trittbretter der Wagen mitgebrachte Schnee nicht sofort entfernt wird, OLG. Dresden 31. Mai 1935 in JW. 1935 S. 3049. Anm. 9.

Ein Straßenbahnführer handelt fahrlässig, wenn er die vorhandenen Bremseinrichtungen nicht richtig gebraucht, RG. 26. März 1902 in JW. 1902 S. 259, z. B. wenn er beim Bremsen die Neigung der Fahrbahn nicht beachtet, RG. 9. Dez. 1913 in JW. 1914 S. 302. Anm. 10.

Schlafen während der Dienstausübung ist ein erhebliches Verschulden, RG. 27. Mai 1909 in JW. 1909 S. 469. Anm. 11.

Ein Verschulden liegt auch vor, wenn Bahnbeamte den Aufenthalt von Fahrgästen auf ungeschützten Plattformen der Wagen dulden, vgl. § 81 Abs. 2 EBBO., OLG. Stuttgart 27. März 1930 in JW. 1931 S. 1975. Anm. 12.

Wird die Bahn wegen fehlerhaften Verhaltens eines Angestellten gemäß §§ 823, 831 BGB. in Anspruch genommen, so steht ihr der Entlastungsbeweis nach § 831 Abs. 1 Satz 2 BGB. offen. Anm. 13.

Die Straßenbahn muß z. B. beweisen, daß ihr Wagenführer zur Zeit des Unfalls alle die Eigenschaften besaß, die ein tüchtiger Wagenführer einer elektrischen Bahn haben muß: daß er sich die nötige technische Geschicklichkeit angeeignet hatte, aber auch über die nötige Umsicht und Besonnenheit verfügte, und daß sie fortdauernd durch gehörige Beaufsichtigung sich überzeugte, daß der Wagenführer sich als tüchtig und zuverlässig im Dienst erprobte, RG. 16. Febr. 1920 in JW. 1920 S. 492. Anm. 14.

XXVII. Schadensverteilung nach § 254 BGB.

Hat bei der Entstehung des Schadens ein Verschulden des Verunglückten mitgewirkt, so hängt die Verpflichtung des Betriebsunternehmers zum Ersatz sowie der Umfang des Ersatzes von den Umständen, insbesondere davon ab, inwieweit der Schaden vorwiegend von dem einen oder dem andern Teile verursacht worden ist. Anm. 1.

Es sind mithin immer die besonderen Umstände des einzelnen Falles maßgebend dafür, ob der Verunglückte, den ein Mitverschulden trifft, Ersatz seines ganzen Schadens erhält, ob ihm nur ein Teil zugesprochen werden kann oder ob er mit seinen Ersatzansprüchen völlig abzuweisen ist. Das Gericht hat die sämtlichen vorliegenden Umstände zu berücksichtigen und danach den Schaden angemessen zu verteilen.

Allgemeine Regeln darüber, in welchen Fällen der Verunglückte gar nichts, in welchen er nur einen — größeren oder geringeren — Teil und in welchen er vollen Ersatz erhält, lassen sich nicht aufstellen, da jeder Fall anders liegt. Auch aus den zahlreichen Entscheidungen der Gerichte lassen sich allgemeine Regeln darüber, in welchem Verhältnis der Schaden unter den Parteien zu verteilen ist, nicht gewinnen. Anm. 2.

Besonderer Nachdruck ist in § 254 darauf gelegt, inwieweit der Schaden vorwiegend von dem einen oder dem anderen Teile verursacht worden ist. Derjenige Teil, dessen Verhalten nach der Erfahrung und dem regelmäßigen Lauf der Dinge besonders geeignet war, den Unfall herbeizuführen, muß diesen Umstand zu seinen Ungunsten gegen sich gelten lassen, insbesondere, wenn sein Verhalten die erste Ursache des Unfalls war. Anm. 3.

Daneben spielt unter den bei der Schadensverteilung zu berücksichtigenden Umständen auch das Verschulden jeder der Parteien eine Rolle, wobei insbesondere auch der Grad des Verschuldens zu berücksichtigen ist. Anm. 4.

Unter allen Umständen ist bei mitwirkendem Verschulden des Verunglückten Anm. 5.

eine Abwägung vorzunehmen. Es ist z. B. fehlerhaft, bei Verschulden eines infolge zu frühen Aussteigens aus dem noch fahrenden Zuge verletzten Reisenden zu sagen, der Unfall sei ausschließlich durch eigenes Verschulden des Verletzten verursacht und eine Abwägung nach § 254 BGB. sei daher nicht vorzunehmen (vgl. Pittner in VAE. 1942 S. 63). Vielmehr ist in diesem Falle der Unfall auch durch den Eisenbahnbetrieb verursacht, und es muß eine Abwägung vorgenommen werden. Diese kann dazu führen, daß der Verletzte den Unfall so überwiegend (nicht „ausschließlich") verursacht habe. daß er keinen Ersatz beanspruchen könne.

Anm. 6. Immer ist in erster Linie zu prüfen, wer den Schaden überwiegend verursacht hat, insbesondere wer die erste und wichtigste Ursache für den Unfall gesetzt hat, RG. 11. Juli 1944 V 156/43.

Anm. 7. Es ist rechtsirrtümlich, wenn entscheidendes Gewicht allein auf das Maß des Verschuldens gelegt wird; das ursächliche Verhalten der Beteiligten ist in erster Linie ins Auge zu fassen, und das Verschulden als solches — und zwar das aller Beteiligten — ist erst in zweiter Reihe unter den bei Würdigung des ursächlichen Verhaltens zu beachtenden Umständen in Betracht zu ziehen,
RG. 12. Jan. 1933 in JW. 1933 S. 830
RG. 17. Okt. 1933 in LeipzZtschr. 1933 Sp. 1458.

Anm. 8. Ist ein Fahrgast infolge von eigener Fahrlässigkeit aus dem fahrenden Zuge gestürzt, so hat hier neben seinem Verhalten auch die Betriebsgefahr der Bahn den Unfall mitverursacht; daraus folgt aber nicht, daß bei der Abwägung unbedingt eine teilweise Ersatzpflicht der Bahn angenommen werden müßte; entscheidend ist die überwiegende Verursachung, RG. 11. Nov. 1912 in JW. 1913 S. 144.

Anm. 9. Fehlerhaft würde es auch sein, die Abwägung entweder nur nach dem Grad der beiderseitigen Verursachung oder nur nach dem Maß des Verschuldens vorzunehmen; vielmehr müssen sämtliche mitwirkenden Umstände zusammen berücksichtigt werden, RG. 21. Nov. 1944 V 62/44.

Anm. 10. Jugendliches Alter des Verletzten ist gemäß § 254 BGB. zu seinen Gunsten erheblich zu berücksichtigen, RG. 14. Okt. 1911 in JW. 1911 S. 1016. Grundsätzlich kann die beiderseitige Verursachung nur abgewogen werden, wenn Art und Umfang des Verschuldens beider Teile festgestellt — nicht nur unterstellt — ist; denn es kann nicht Gewisses mit Unbekanntem verglichen werden. RG. 23. April 1931 in JW. 1931 S. 1959.

Anm. 11. Besteht nur ein Anspruch auf Ersatz eines Bruchteils des Schadens, so ist, falls der Berechtigte sich einen Arbeitsverdienst anrechnen lassen muß, zunächst dieser von dem gesamten Schaden abzuziehen und dann der Rest bruchteilsmäßig zu ersetzen; würde man zuerst den Bruchteil berechnen und dann hiervon den Arbeitsverdienst abziehen, so liefe dies darauf hinaus, den Arbeitsverdienst einseitig zur Minderung der Ersatzschuld des Schädigers zu verwenden, RGZ. Bd. 172 S. 195.

XXVIII. Beweislast

Anm. 1. Nach § 1 hat der Betriebsunternehmer den Beweis zu führen, daß der Unfall durch höhere Gewalt oder durch eigenes Verschulden des Verunglückten verursacht ist. Diese Verteilung der Beweislast ergibt sich aus der Fassung des § 1, RG. 13. Nov. 1899 in JW. 1899 S. 833.

Anm. 2. Der Betriebsunternehmer haftet, wenn ihm dieser Beweis nicht gelingt, vgl. z. B. RG. 29. Sept. 1924 in JW. 1925 S. 254 (= VR. 1925 Sp. 324).

Anm. 3. Dabei ist zunächst zu beweisen, daß Tatsachen vorliegen, die den Tatbestand der höheren Gewalt oder des eigenen Verschuldens ergeben, zum andern, daß hierdurch der Unfall verursacht ist. Höhere Gewalt liegt nur vor, wenn es sich um ein von außen in den Betrieb eingreifendes, außergewöhnliches und unabwendbares Ereignis handelt.
Der Betriebsunternehmer hat daher zu beweisen, daß das Ereignis nicht im Betriebe selbst seinen Ursprung hat, daß es nicht zu den Vorfällen gehört, die mit dem Eisenbahnverkehr regelmäßig verbunden und wegen ihrer Häu-

figkeit von der Eisenbahn in Kauf zu nehmen sind, und daß es trotz Anwendung aller zumutbaren Maßnahmen nicht möglich war, den Unfall oder seine Folgen abzuwenden, RG. 4. April 1892 in JW. 1892 S. 242.

Die Eisenbahn hat den Beweis höherer Gewalt insbesondere insolange nicht geführt, als noch die Annahme zulässig erscheint, daß der Unfall durch irgend eine mögliche und dem Betriebsunternehmer vernünftigerweise zuzumutende Vorsichtsmaßregel hätte abgewendet werden können, RG. 8. März 1926 in JW. 1926 S. 2290. **Anm. 4.**

Bleibt unaufgeklärt, ob höhere Gewalt vorlag, so geht dies zu Lasten des beweispflichtigen Unternehmers, RG. 10. Juli 1902 in JW. 1902 S. 446. **Anm. 5.**

Er wird insbesondere zu beweisen haben, daß er auch durch die zweckmäßigsten, ihm nach Lage der Sache zuzumutenden Maßnahmen den Unfall nicht abwenden konnte. Dabei ist es nicht Aufgabe des Gerichts, je im Einzelnen anzugeben, was noch hätte geschehen können und was versäumt worden sei, RG. 4. April 1892 in JW. 1892 S. 242. Dieser Beweis wird in der Regel erbracht sein, wenn z. B. ein Reisender durch einen von einem Betriebsfremden gegen den fahrenden Zug geschleuderten Stein verletzt wird (RG. 13. Juni 1927 in EisEntsch. 46 S. 95), oder wenn ein Zug entgleist, weil kurz vorher durch verbrecherische Hand ein Hindernis auf die Schienen gelegt (RGZ. Bd. 70 S. 98) oder die Weiche umgestellt worden ist (RG. 13. Okt. 1928 in EisEntsch. 47 S. 384; OLG. Naumburg in EisEntsch. 45 S. 82). **Anm. 6.**

Bezüglich des mitwirkenden Verschuldens des Verunglückten hat der Betriebsunternehmer zu beweisen, daß jener sich in einer Weise verhalten hat, daß eine Außerachtlassung der im Eisenbahnverkehr gebotenen Sorgfalt vorliegt, daß er z. B. aus dem noch fahrenden Zuge ausgestiegen ist oder Gleise überschritten hat, ohne nach etwa sich nähernden Zügen Umschau zu halten. **Anm. 7.**

Der Unternehmer hat die ein Verschulden ausschließenden Behauptungen des Verletzten zu entkräften; er kann nicht verlangen, daß dieser den Beweis für seine entlastenden Behauptungen erbringt, RGZ. Bd. 169 S. 382. **Anm. 8.**

Auch hier ist der Beweis des ersten Anscheins zulässig. Kann unter den gegebenen Umständen nach der Erfahrung des Lebens der Verunglückte den Unfall nicht anders als infolge einer Unvorsichtigkeit erlitten haben, so ist es seine Sache, eine Möglichkeit schuldloser Herbeiführung des Unfalls darzutun; diese muß aber eine naheliegende und ernstlich in Betracht zu ziehende sein, RGZ. Bd. 130 S. 357; **Anm. 9.**
RG. 16. Jan. 1902 in JW. 1902 S. 136 Nr. 53;
RG. 14. Mai 1906 in JW. 1906 S. 437;
RG. 18. Okt. 1909 in JW. 1910 S. 37;
RG. 2. Febr. 1914 in JW. 1914 S. 477;
siehe auch Pfaefflin in GruchBeitr. 1932 S. 292,
RG. 10. Febr. 1940 in WarnRspr. 1940 S. 298.

Liegen mancherlei Möglichkeiten für eine Verursachung des Unfalls offen, für die ein mitwirkendes Verschulden des Verunglückten nicht in Betracht kommt, so geht die Unaufgeklärtheit des Herganges zu Lasten des Ersatzpflichtigen, RG. 24. Mai 1909 in JW. 1909 S. 429. Stürzt ein Fahrgast beim Aussteigen, weil der Abstand zwischen Trittbrett und Erdboden ungewöhnlich groß war, so ist ein Verschulden des Verletzten nicht ohne weiteres gegeben, und es ist Sache der Eisenbahn, ein solches nachzuweisen, RG. 30. Nov. 1908 in JW. 1909 S. 59. **Anm. 10.**

Von Bedeutung ist dies in den nicht seltenen Fällen, in denen Reisende, von Dritten unbemerkt, aus dem fahrenden Zuge gestürzt sind. Hier wird, da es an Augenzeugen fehlt, der Betriebsunternehmer vielfach den Beweis nicht erbringen können, daß der Reisende infolge von eigener Fahrlässigkeit — z. B. weil er verbotswidrig die Abteiltür geöffnet oder die Plattform betreten habe — aus dem Zuge gestürzt sei. Es kann auch nicht allgemein gesagt werden, daß niemand ohne eigenes Verschulden aus einem fahrenden Zuge hinausfallen könne. Es besteht hier durchaus die Möglichkeit eines schuldlosen Unfalls, z. B. daß ein Reisender bei einem heftigen Ruck des Zuges gegen eine nicht fest geschlossene Türe geworfen und so hinausgeschleudert wird. Läßt sich der **Anm. 11.**

Hergang nicht aufklären, so wird daher der Betriebsunternehmer in der Regel zu haften haben. Vermag er jedoch z. B. zu beweisen, daß die Abteiltür kurz vor dem Unfall in Ordnung und fest verschlossen war, so wird nach der Erfahrung des Lebens anzunehmen sein, daß der Verunglückte selbst sie geöffnet, sich mithin schuldhaft verhalten hat, vgl. den Fall RG. 19. Jan. 1944 in VAE. 1944 S. 26; KG. Berlin 16. April 1942 in VAE. 1942 S. 175 führt zutreffend aus: „Daß ein sogenannter Beweis des ersten Anscheins für ein Verschulden des Reisenden vorliegt, wenn er aus der Tür eines fahrenden Zuges fällt, läßt sich nicht ohne weiteres sagen. Die Fälle, in denen eine Tür nicht ganz geschlossen ist (sei es weil das Türschloß nicht ganz in Ordnung war, sei es weil sie vorher nicht ganz geschlossen war), und die Tür sich während der Fahrt dann von selbst öffnet, sind nicht so außerordentlich selten, daß ein von dem Reisenden nicht selbst verschuldetes Hinausfallen von vornherein fast außer jedem Bereich der Wahrscheinlichkeit liegt und daß daher bis zu dem Beweise des Gegenteils angenommen werden müßte, der Reisende hätte die Tür während der Fahrt — wozu er normaler Weise doch keinerlei Anlaß hat — selbst geöffnet. Die Beklagte hat daher grundsätzlich die Beweislast dafür, daß ein Sachverhalt vorliegt, der ein Verschulden nach freier Beweiswürdigung als gegeben erscheinen läßt." Den Beweis, daß bei Abfahrt des Zuges die in Frage kommenden Wagentüren ordnungsmäßig geschlossen waren, wird die Eisenbahn zumeist nicht erbringen können. Anders Staks in VAE. 1942 S. 223.

Anm. 12. Die Annahme, daß ein im besten Alter stehender Fahrgast nicht ohne sein Verschulden aus einem Straßenbahnwagen gefallen sein könne, ist nicht begründet; nach der Erfahrung des Lebens besteht vielmehr durchaus die Möglichkeit, daß ein auf der unverschlossenen Plattform stehender Fahrgast vom Wagen herabgeschleudert wird, auch wenn er sich in jeder Hinsicht sorgsam verhalten hat, RGZ. Bd. 169 S. 382.

Anm. 13. Daß ein unter dem Einfluß des Alkohols stehender Reisender unter allen Umständen nur schuldhaft aus dem Zuge gestürzt sein könne, kann in dieser Allgemeinheit nicht angenommen werden. Hier wird es immer auf die besonderen Umstände des einzelnen Falles, insbesondere den Grad der Angetrunkenheit, die seit dem Alkoholgenuß verflossene Zeit usw. ankommen. Bei starkem Alkoholgenuß wird allerdings in der Regel angenommen werden können, daß der Unfall auf die dadurch bedingte Unvorsichtigkeit zurückzuführen ist. Ist aber die Menge des genossenen Alkohols nicht erheblich und erstreckte sich der Alkoholgenuß auf eine längere Zeit, so kann nicht ohne weiteres ein ursächlicher Zusammenhang zwischen dem Unfall und dem Alkoholgenuß angenommen werden. Vgl. RG. 5. Jan. 1943 in VAE. 1943 S. 68 und KG. Berlin 16. April 1942 in VAE. 1942 S. 175.

Vgl. auch Pittner in VAE. 1942 S. 66; Staks in VAE. 1942 S. 223.

Anm. 14. Hat sich der Grad der Trunkenheit des Getöteten nicht ermitteln lassen und ist der Hergang völlig unaufgeklärt, so ist hier der Beweis des ersten Anscheins, daß der Verunglückte sich fahrlässig verhalten haben müsse, nicht möglich; es bleiben Zweifel übrig, und es ist möglich, daß der Sturz auch ohne Verschulden erfolgt ist; die Eisenbahn hat ihrer Beweispflicht nicht genügt, RG. 7. Okt. 1929 in EisEntsch. 50 S. 308 (= JW. 1931 S. 865 Nr. 10).

Zum Sturz aus dem Zuge vgl. auch noch RG. 4. Nov. 1909 in JW. 1909 S. 736; RG. 21. Okt. 1909 in JW. 1909 S. 735 Nr. 41; RG. 26. März 1934 in EisEntsch. 56 S. 92; RG. 18. Febr. 1935 in EisEntsch. 57 S. 471; RG. 17. Juni 1935 in EisEntsch. 58 S. 378.

Anm. 15. Ungewißheit und Zweifel über den Unfallshergang gehen, soweit es sich um das Verschulden des Verunglückten handelt, zu Lasten der beweispflichtigen Eisenbahn, denn zum Beweis des Verschuldens gehört in erster Linie eine genaue Aufklärung des Unfallherganges,
vgl. RG. 9. Juni 1880 in EisEntsch. 1 S. 206;
RG. 2. Jan. 1883 in EisEntsch. 2 S. 426;
RG. 13. März 1883 in EisEntsch. 3 S. 29; RG. 24. Mai 1887 in EisEntsch. 6 S. 51;
RG. 10. Juni 1902 in EisEntsch. 19 S. 148; RG. 10. Juli 1902 in EisEntsch. 20 S. 15;
RG. 1. Febr. 1904 in EisEntsch. 21 S. 32;

RG. 30. Mai 1904 in EisEntsch. 21 S. 171; RG. 14. Mai 1906 in JW. 1906 S. 437;
RG. 8. Juni 1906 in EisEntsch. 23 S. 73; RG. 1. Juni 1908 in EisEntsch. 25 S. 76;
RG. 15. Mai 1908 in EisEntsch. 25 S. 162; RG. 23. Nov. 1908 in EisEntsch. 25 S. 312;
RG. 30. Nov. 1908 in EisEntsch. 25 S. 316 (= JW. 1909 S. 59);
RG. 24. Mai 1909 in EisEntsch. 26 S. 175; RG. 4. Nov. 1909 in JW. 1909 S. 736;
RG. 10. Juni 1915 in EisEntsch. 32 S. 455; RG. 4. Febr. 1921 in EisEntsch. 39 S. 208;
RG. 24. Mai 1922 in EisEntsch. 39 S. 282 (= JW. 1923 S. 121);
RG. 12. Jan. 1925 in EisEntsch. 42 S. 346; RG. 7. Juni 1928 in VR. 1928 Sp. 330;
RG. 15. Okt. 1928 in JW. 1928 S. 3170; RG. 1. Juni 1932 in EisEntsch. 54 S. 68;
RG. 6. Juli 1932 in EisEntsch. 55 S. 79 (= JW. 1933 S. 1887);
RG. 21. Nov. 1931 in JW. 1932 S. 2066 (zustimmend Hanow daselbst);
RG. 1. Nov. 1932 in EisEntsch. 54 S. 249;
RG. 16. März 1936 in VAE. 1936 S. 275; RG. 2. Mai 1944 V 3/44.
Vgl. ferner KG. Berlin 1. Juni 1934 in EisEntsch. 56 S. 403;
OLG. Nürnberg in VAE. 1937 S. 155;
OLG. Marienwerder in VAE. 1939 S. 154;
OLG. Hamburg in VAE. 1942 S. 142; KG. Berlin 16. April 1942 in VAE. 1942 S. 175;
LG. Essen 17. März 1942 in VAE. 1942 S. 110,

Daß die Unaufgeklärtheit zum Nachteil der Bahn geht, ist die notwendige Folge davon, daß das Gesetz dieser die Beweislast bezüglich des Verschuldens des Verletzten auferlegt hat, RG. 14. Mai 1906 in JW. 1906 S. 437. Anders ist es jedoch, wenn es sich um Umstände handelt, aus denen sich ein Verschulden des Eisenbahnbetriebsunternehmers ergeben soll. Diese Umstände hat der Verletzte zu beweisen, und alles insoweit Ungeklärte geht zu seinen Lasten, RG. 2. Mai 1944 V 3/44. **Anm. 16.**

Zu diesen Beweisfragen, insbesondere zum Beweis des ersten Anscheins vgl. auch Staks in VAE. 1942 S. 221 ff. Dieser führt zutreffend aus, daß es gewisse typische Unfälle gebe, die sich grundsätzlich nicht ohne eigenes Verschulden des Verletzten zu ereignen pflegen, und daß in solchen Fällen nach dem Beweis des ersten Anscheins angenommen werden kann, daß der Verletzte schuldhaft gehandelt habe. Doch kann ihm nicht zugestimmt werden, wenn er ausführt, daß hierher auch die Unfälle beim Einsteigen in einen haltenden Zug und beim Aussteigen aus einem solchen gehörten. Solche Unfälle beim Ein- und Aussteigen müssen nicht notwendig auf einem Verschulden des Verunglückten beruhen; hier besteht durchaus die nicht nur entfernte und theoretische, sondern die durchaus ernst zu nehmende Möglichkeit eines schuldlosen Unfalls, und es bleibt Sache der Eisenbahn, ein Verschulden des Verunglückten zu beweisen. Der Beweis des ersten Anscheins kann eben nur bei regelmäßigen (typischen) Geschehensabläufen angewendet werden, d. h. dann, wenn ein gewisser Tatbestand feststeht, der nach der Erfahrung des Lebens mit zwingender Notwendigkeit oder doch mit höchster Wahrscheinlichkeit ergibt, daß der Verletzte den Unfall nicht ohne eigenes Verschulden erlitten haben kann, und es ist für diesen Beweis schon dann kein Raum mehr, wenn der Verletzte auch nur die Möglichkeit eines schuldlosen Unfalls hinreichend dartut. Vgl. hierzu z. B. OLG. Hamburg 14. Jan. 1942 in VAE. 1942 S. 143. **Anm. 17.**

Bei Verletzung von Reisenden während der eigentlichen Beförderung ist es Sache der aus dem Beförderungsvertrage in Anspruch genommenen Eisenbahn, sich zu entlasten, RGZ. Band 86 S. 322 (= EisEntsch. 32 S. 336 = JW. 1915 S. 585 Nr. 19). **Anm. 18.**

Wird ein Reisender im Zuge infolge Platzens eines Bremsschlauches verletzt, so muß die Eisenbahn sich auf Grund des Beförderungsvertrages entlasten, RG. 17. April 1942 in VAE. 1942 S. 136. Unrichtig Meyer S. 138 daselbst. Denn mit Abschluß des Beförderungsvertrages hat der Eisenbahnbetriebsunternehmer die Verpflichtung übernommen, den Fahrgast ungefährdet an das Reiseziel zu bringen; ist diese Vertragsleistung nicht bewirkt, nämlich der Fahrgast verletzt worden, so hat der Unternehmer zu beweisen, daß ihn kein Verschulden trifft, RG. 9. Dez. 1913 in JW. 1914 S. 302: RG. 10. Mai 1915 in JW. 1915 S. 703; vgl. auch RGZ. Bd. 66 S. 12. **Anm. 19.**

Anm. 20. Auch liegt der Eisenbahn die vertragliche Nebenverpflichtung ob, dem Reisenden einen verkehrssicheren Zugang zum Zuge sowie auf der Strecke vom Zuge bis zum Ausgang des Bahnhofs eine ungefährdete Abgangsmöglichkeit zu verschaffen, RG. 10. Juli 1911 in JW. 1911 S. 824; RG. 5. Dez. 1918 in JW. 1919 S. 316 Nr. 18 (= EisEntsch. 37 S. 170); RG. 10. Mai 1915 in JW. 1915 S. 703; RG. 26. Okt. 1917 in JW. 1918 S. 171; RGZ. Band 55 S. 337.

Anm. 21. Bei Unfällen, die sich beim Zugang zum oder beim Abgang vom Zuge, also außerhalb der eigentlichen Beförderung, ereignen, hat der Verletzte, der die Eisenbahn aus dem Beförderungsvertrage in Anspruch nimmt, zu beweisen. daß die Bahn schuldhaft eine Vertragspflicht verletzt habe; nur bei Unfällen bei der eigentlichen Beförderung hat, wenn der Verletzte bewiesen hat, daß die Eisenbahn den Vertrag nicht erfüllt und dadurch Schaden verursacht habe, die Bahn nachzuweisen, daß sie keine Schuld an dem Unfall trage; der Verletzte ist dann eines weiteren Beweises enthoben; aus der Tatsache, daß er körperlich verletzt worden ist, rechtfertigt sich zunächst der Schluß, daß die Bahn ihre Vertragspflicht, ihn wohlbehalten an den Bestimmungsort zu bringen, nicht erfüllt habe, und der Bahn fällt dann der Beweis zu, daß sie ihrer Pflicht nachgekommen sei; während der eigentlichen Beförderung, die mit dem Einsteigen in den Zug beginnt und mit dem Aussteigen endet, ist der Reisende gewissermaßen der Verfügungsmacht der Bahn überantwortet, deshalb hat diese für seine Sicherheit einzustehen und den Beweis für alle Sorgfalt zu führen, RG. 15. März 1915 in RGZ. Bd. 86 S. 321 (= EisEntsch. 32 S. 336 = JW. 1915 S. 585 Nr. 19); RG. 30. Okt. 1929 in RGZ. Bd. 126 S. 137 (141).

Anm. 22. In RG. 26. Okt. 1917 in JW. 1918 S. 171 ist beim Sturz eines Reisenden außerhalb der Sperre beim Verlassen des Bahnhofs vor der Tür des Bahnhofgebäudes bei Eisglätte angenommen worden, die Eisenbahn habe die Beweislast dafür, daß sie kein Verschulden bezüglich der Erfüllung ihrer vertraglichen Pflicht zur Gewährung eines sicheren Ausgangs treffe. Hier müßte doch wohl der Verletzte beweisen, daß die Bahn schuldhaft ihre Pflicht nicht erfüllt habe, da es sich nicht um einen Unfall bei der Beförderung handelt.

Anm. 23. Ist der Grad der mitwirkenden Fahrlässigkeit des Verletzten nicht aufgeklärt, so geht auch dies zu Lasten des beweispflichtigen Betriebsunternehmers, RG. 26. Febr. 1943 V 116/42.

Anm. 24. Die Anforderungen an die Beweispflicht des Eisenbahnunternehmers dürfen aber auch nicht überspannt werden. Wenn er auch nach § 1 RHpflG. grundsätzlich den vollen Beweis für ein mitwirkendes Verschulden des Verletzten zu erbringen hat, so gibt es doch Unfälle, bei denen nach der Erfahrung des Lebens ohne weiteres davon auszugehen ist, daß sie sich nicht anders als infolge schuldhaften Verhaltens des Verletzten ereignet haben können, weil andere Möglichkeiten des Herganges ernstlich nicht in Betracht kommen. In solchen Fällen wird die Eisenbahn häufig auf Grund Beweises des ersten Anscheins dartun können, daß ein Verschulden des Verunglückten vorliegen müsse.

Anm. 25. Die bloße Wahrscheinlichkeit eines Verschuldens genügt aber nicht. Die tatsächlichen Feststellungen müssen immerhin soviel ergeben, daß nach dem regelmäßigen Verlauf der Dinge eine schuldhafte Handlung des Verletzten mitgewirkt haben muß.

Vgl. hierzu z. B. RG. 9. Okt. 1905 in EisEntsch. 22 S. 190 (= JW. 1905 S. 696); RG. 8. Febr. 1900 in EisEntsch. 17 S. 147; RGZ. Bd. 94 S. 11; RG. 10. Jan. 1935 in VR. 1935 Sp. 201; OLG. Hamburg 14. Jan. 1942 in VAE. 1942 S. 142; KG. Berlin 8. Febr. 1935 in VR. 1935 Sp. 389 Nr. 226.

Anm. 26. Häufig sind bei dem Sturz eines Reisenden aus dem fahrenden Zuge keine Augenzeugen des Herganges vorhanden, so daß die Eisenbahn vielfach den Beweis nicht erbringen kann, daß der Verunglückte sich fahrlässig verhalten habe. Dies muß sie in Kauf nehmen. Denn es kann nicht ohne weiteres allgemein gesagt werden, daß ein Sturz aus dem Zuge sich nicht ohne mitwirkendes Verschulden des Reisenden ereignen könne. Häufig ist vielmehr durchaus mit der nicht nur entfernten und theoretischen, sondern mit der sehr ernstlichen Möglichkeit zu rechnen, daß der Reisende ohne eigenes Verschulden hinausgestürzt ist. Abgesehen von der Möglichkeit einer ursächlichen Fahrlässigkeit dritter Personen kommt z. B. auch in Betracht, daß Abteiltüren nicht immer fest geschlossen sind und der Reisende durch einen heftigen Ruck des Zuges gegen eine solche sich leicht öffnende Tür gestoßen wird.

Vgl. hierzu RG. 24. Mai 1922 in EisEntsch. 39 S. 282 (= JW. 1923 S. 121); RG. 12. Jan. 1925 in EisEntsch. 42 S. 346; RG. 7. Juni 1928 in VR. 1928 Sp. 330; RG. 7. Okt. 1929 in EisEntsch. 50 S. 308 (= JW. 1931 S. 865); RG. 21. Nov. 1931 in EisEntsch., 54 S. 249; RG. 26. März 1934 in EisEntsch. 56 S. 92; RG. 21. Nov. 1931 JW. 1932 S. 2066; RG. 6. Juli 1932 in EisEntsch. 54 S. 249; RG. 26. März 1934 in EisEntsch. 56 S. 92 (= VR. 1934 Sp. 527); RG. 17. Juni 1935 in EisEntsch. 58 S. 378; RG. 16. März 1936 in VAE. 1936 S. 275; RG. 18. März 1941 VI 131/40; KG. Berlin 1. Nov. 1932 in EisEntsch. 54 S. 249; KG. Berlin 16. April 1942 in VAE. 1942 S. 175.

Ist jedoch festgestellt, daß die Wagentür nach der letzten Haltestelle geschlossen war und sich auch, z. B. wegen der eigenartigen Bauart des Türschlosses, nicht von selbst öffnen konnte, so kann unter Umständen angenommen werden, daß die Tür sich nur durch schuldhaftes Verhalten des Reisenden geöffnet haben kann, vgl. z. B. OLG. Stuttgart 8. Dez. 1938 in VAE. 1939 S. 149; LG. Breslau in EisEntsch. 52 S. 277; LG. Frankfurt 3. Mai 1938 in VAE. 1939 S. 147. **Anm. 27.**

Wenn zur Entstehung des Unfalls unzweifelhaft ein eigenes Tun des Verletzten mitgewirkt hat und dieses nach dem gewöhnlichen Verlauf der Dinge als Außerachtlassung der im Bahnverkehr gebotenen Sorgfalt erscheint, so hat der Betriebsunternehmer nicht nachzuweisen, daß auch keine besonderen Umstände vorgelegen haben, durch die dem Verhalten des Verletzten der Charakter eigenen Verschuldens genommen wird, RG. 17. Nov. 1910 in EisEntsch. 27 S. 333; LG. Hamburg in VAE. 1938 S. 336. Vgl. auch KG. Berlin 1. Nov. 1932 in VR. 1933 Sp. 328. **Anm. 28.**

So z. B. wenn der Verunglückte den Bahnkörper an einer dem Verkehr nicht geöffneten Stelle betreten hat, RG. 3. Juli 1916 in EisEntsch. 33 S. 428; RGZ. Bd. 94 S. 11. **Anm. 29.**

Ist ein Reisender, der die Hand am Türrahmen hatte, beim Schließen der Wagentüre vor Abgang des Zuges verletzt worden, so liegt nach dem regelmäßigen Verlauf der Dinge ein eigenes Verschulden vor, und es wäre Sache des Verletzten, Umstände darzutun, die sein Verhalten entschuldigen könnten, RG. 2. Febr. 1914 in EisEntsch. 31 S. 108 (= JW. 1914 S. 477). **Anm. 30.**

Es entspricht nicht der Lebenserfahrung, daß jemand, der aus dem Zug stürzt, selbst die Tür geöffnet haben müßte, RG. 21. Nov. 1931 in VR. 1933 Sp. 330. **Anm. 31.**

Behauptet die Eisenbahn das Vorliegen höherer Gewalt, so fällt ihr nach § 1 RHpflG. die Beweislast für diese Behauptung zu. **Anm. 32.**

Insbesondere hat sie nachzuweisen, daß der Unfall oder seine Folgen auch bei Anwendung der äußersten zumutbaren Sorgfalt nicht abwendbar gewesen seien. Es ist nicht Aufgabe des Gerichts, im Einzelnen anzugeben, was zur Abwendung hätte geschehen können und welche Maßnahmen versäumt worden sind. RG. 4. April 1892 in EisEntsch. 9 S. 177; RG. 27. Okt. 1892 in EisEntsch. 9 S. 368.

An sich muß die Eisenbahn den vollständigen und überzeugenden Beweis entweder der höheren Gewalt oder des eigenen Verschuldens des Verletzten führen. Sie kann dies aber, wenn der Hergang des Unfalls in seinen Einzelheiten nicht aufgeklärt ist, auch dadurch tun, daß sie beweist, es seien n u r diese beiden Möglichkeiten denkbar, eine dritte Möglichkeit scheide aus, RG. 8. Febr. 1900 in EisEntsch. 17 S. 147 (= JW. 1900 S. 256). **Anm. 33.**

Behauptet der Verletzte ein Verschulden des Betriebsunternehmers oder seiner Angestellten, so hat er dies zu beweisen, z. B. daß die Bremse mangelhaft gewesen sei, RG. 26. Juni 1887 in EisEntsch. 6 S. 54; daß der Lokomotivführer das vorgeschriebene Läuten unterlassen habe, RGZ. Bd. 38 S. 162; daß die Überlegeisen der Plattform des Wagens nicht geschlossen gewesen seien, RG. 23. Nov. 1908 in EisEntsch. 25 S. 380; daß der Lokomotivführer den Verletz- **Anm. 34.**

ten im Gleis habe stehen sehen können, RG. 2. Mai 1944 V. Vgl. auch OLG. Frankfurt 15. Dez. 1927 in EisEntsch. 48 S. 79.

Anm. 35. Ist ein unter Alkoholeinfluß stehender Reisender aus dem fahrenden Zuge gestürzt, ohne daß der nähere Hergang des Unfalls aufgeklärt werden konnte, so kann keineswegs allgemein gesagt werden, daß der Unfall unter allen Umständen auf eigenem Verschulden des Reisenden beruhen müsse. Es kommt hier stets auf die besonderen Umstände des Einzelfalles an, insbesondere auf den Grad der Trunkenheit. Hat sich nicht näher ermitteln lassen, in welchem Maße der Verletzte unter Alkoholeinfluß stand, und kann sich der Unfall auch ohne Verschulden des Reisenden ereignet haben, so geht die Unaufgeklärtheit zu Lasten der beweispflichtigen Eisenbahn, RG. 7. Okt. 1929 in EisEntsch. 50 S. 308 = JW. 1931 S. 865.

Anm. 36. Doch wird bei Feststellung erheblicher Trunkenheit nach den Grundsätzen des Beweises des ersten Anscheins anzunehmen sein, daß der Verletzte den Unfall nicht anders als durch eigenes Verschulden erlitten haben kann. Vgl. auch Hanow in JW. 1931 S. 865, Anmerkung.

XXIX. Einschränkungen der gesetzlichen Ansprüche

Anm. 1. Einschränkungen in der Geltendmachung von Ansprüchen aus § 1 RHpflG. ergeben sich aus der Reichsversicherungsordnung vom 19. Juli 1911 (RVO.). Nach § 898 RVO. ist der Unternehmer Versicherten und deren Hinterbliebenen, auch wenn sie keinen Anspruch auf Rente haben, nach anderen gesetzlichen Vorschriften — so auch nach dem RHpflG. — zum Ersatz des aus einem Arbeitsunfall entstehenden Schadens nur dann verpflichtet, wenn strafgerichtlich festgestellt ist, daß er den Unfall vorsätzlich herbeigeführt hat. Dann beschränkt sich die Haftung auf den Betrag, um den sie die Entschädigung aus der Unfallversicherung übersteigt. Wird also bei dem Betriebe einer Eisenbahn ein Mensch getötet oder verletzt, der bei diesem Betriebe beschäftigt und unfallversichert ist, und liegt kein Verschulden oder nur Fahrlässigkeit des Betriebsunternehmers vor, so ist dieser dem Verunglückten nicht ersatzpflichtig. Dieser oder seine Hinterbliebenen haben dann nur Ansprüche auf Grund der RVO. gegen den Träger der Versicherung.

Anm. 2. Auch wenn das Strafverfahren gegen den Betriebsunternehmer auf Grund einer Amnestie eingestellt ist, ist er nach § 898 RVO. dem Verunglückten nicht schadensersatzpflichtig, RAG. Bd. 18 S. 52; RAG. 25. Nov. 1941 in DR. 1942 S. 687.

Anm. 3. Ist der Verletzte zwar im Betriebe der Eisenbahn beschäftigt, gehört er aber nicht zu den Versicherten, oder ist er zwar versichert, aber zur Zeit des Unfalls nicht im Eisenbahnbetriebe beschäftigt gewesen. so hat er gegen den Versicherungsträger keine Ansprüche aus der RVO. Er kann dann nach § 1 RHpflG. von der Eisenbahn Schadensersatz verlangen.

Anm. 4. Wird ein nicht im Dienst der Eisenbahn stehender, bei der Speditionsberufsgenossenschaft versicherter Arbeiter beim Betriebe der Eisenbahn verletzt und erhält er von der Berufsgenossenschaft eine Rente, so hat er trotzdem Ersatzansprüche gegen die Eisenbahn nach § 1 RHpflG., da diese nicht sein Arbeitgeber ist, RGZ. Bd. 23 S. 51.

Anm. 5. Wird ein Erdarbeiter, der nicht bei der Eisenbahn, sondern bei einem Bauunternehmer beschäftigt ist, beim Eisenbahnbetriebe getötet, so hat seine Witwe gegen die Bahn Ansprüche aus § 1, RGZ. Bd. 24 S. 126.

Anm. 6. Wird ein im städtischen Dienst stehender, bei der Tiefbauberufsgenossenschaft versicherter Arbeiter durch einen Bahnwagen verletzt, so hat er — neben der Rente der Berufsgenossenschaft —, gegen die Bahn Ersatzansprüche aus § 1, RGZ. Bd. 31 S. 25; ebenso, wenn ein nicht bei der Eisenbahn beschäftigter, bei einer landwirtschaftlichen Berufsgenossenschaft versicherter Landwirt beim Bahnbetrieb verletzt wird, RGZ. Bd. 62 S. 145.

Anm. 7. Die Eisenbahn kann sich der Haftung nicht unter Berufung auf § 898 RVO. entziehen, wenn ein bei der Internationalen Schlafwagengesellschaft, nicht bei der Eisenbahn angestellter Schlafwagenkontrolleur, der versicherungsrechtlich im Bahnbetriebe weder versichert noch beschäftigt war, während der Fahrt verletzt wird, RGZ. Bd. 99 S. 227. Vgl. auch RGZ. Bd. 47 S. 54.

Diese Ansprüche gegen die Eisenbahn aus § 1 RHpflG. gehen jedoch, soweit die versicherten Verunglückten nach der RVO. Ansprüche gegen ihre Versicherungsträger haben, auf letztere über. In § 1542 Abs. 1 RVO. ist hierüber bestimmt: Anm. 8.

Soweit die nach diesem Gesetze Versicherten oder ihre Hinterbliebenen nach anderen gesetzlichen Vorschriften Ersatz eines Schadens beanspruchen können, der ihnen durch Krankheit, Unfall, Invalidität oder durch den Tod des Ernährers erwachsen ist, geht der Anspruch auf die Träger der Versicherung insoweit über, als sie den Entschädigungsberechtigten nach diesem Gesetz Leistungen zu gewähren haben. Dies gilt nicht bei Ansprüchen, die aus Schwangerschaft und Niederkunft erwachsen sind. Bei den gegen Unfall Versicherten und ihren Hinterbliebenen gilt es nur insoweit, als es sich nicht um einen Anspruch gegen den Unternehmer oder die ihm nach § 899 Gleichgestellten handelt.

Damit ist verhindert, daß der Verunglückte doppelt entschädigt wird, sowie auch, daß der ersatzpflichtige Unternehmer auf Kosten des Versicherungsträgers entlastet wird. Der Grundgedanke des § 1542 Abs. 1 ist der, daß der Verunglückte nicht doppelt entschädigt werden soll, daher das ihm auf Grund der RVO. gewährte nicht noch einmal von dem auf Grund anderer Gesetze ersatzpflichtigen Dritten verlangen darf, und daß zugleich der Versicherungsträger sich bei dem Dritten — dessen Befreiung von der Ersatzpflicht nicht gerechtfertigt wäre — schadlos halten kann, RGZ. Bd. 24 S. 126; Bd. 60 S. 200; OLG. Frankfurt 13. Juli 1932 in JW. 1933 S. 787; RG. 27. Juni 1941 in DR. 1941 S. 2245.

Der Verletzte kann hiernach die Eisenbahn nur dann und nur insoweit in Anspruch nehmen, als seine Ansprüche aus § 1 höher sind als die Ansprüche gegen den Versicherungsträger. Er kann gegen die Eisenbahn nur den die Leistungen des Versicherungsträgers übersteigenden Teil seines Anspruchs aus § 1 geltend machen. Anm. 9.

Ist der dem Verletzten nach § 1 gegen die Eisenbahn zustehende Ersatzanspruch geringer als die ihm von dem Versicherungsträger zu gewährenden Leistungen, so ist seine Klage gegen die Eisenbahn abzuweisen. Der Forderungsübergang ist, da er kraft Gesetzes erfolgt, im Rechtsstreit von Amts wegen zu berücksichtigen. Klagt der Verletzte Ansprüche ein, die auf einen Versicherungsträger übergegangen sind, so ist seine Klage abzuweisen. Anm. 10.

Dies kann insbesondere dann der Fall sein, wenn bei der Entstehung des Schadens ein Verschulden des Verletzten mitgewirkt hat und deshalb dem Verletzten nach § 254 BGB. nur ein Teil seines Schadens zugesprochen werden kann. Hat z. B. hiernach der Verletzte gegen die Eisenbahn nur Anspruch auf Ersatz der Hälfte seines Schadens, so geht dieser hälftige Anspruch — falls die Leistungen der Berufsgenossenschaft diesen Betrag erreichen — voll auf letztere über, so daß der Verletzte selbst die Eisenbahn nicht mehr in Anspruch nehmen kann. RGZ. Bd. 62 S. 145; Bd. 62 S. 337; Bd. 123 S. 40; Bd. 148 S. 19; RGZ. Bd. 171 S. 193 (198); RG. 6. Febr. 1936 in DAR. 1936 Sp. 224. Anm. 11.

Der Anspruch gegen den ersatzpflichtigen Dritten entsteht zunächst in der Person des Verletzten und geht dann durch diese hindurch, indem die Entstehung und der Übergang sich zeitlich berühren, auf den Versicherungsträger über. Nicht aber entsteht der Anspruch unmittelbar für den Versicherungsträger. Schon im Zeitpunkt des Unfalls also, in unmittelbarem zeitlichem Anschluß an seine Entstehung, nicht erst dann, wenn die Verpflichtung des Versicherungsträgers festgestellt ist oder er Leistungen auf Grund der RVO. gewährt hat, geht der Anspruch über. RGZ. Bd. 60 S. 200; Bd. 61 S. 164; RG. 23. Nov. 1911 in JW. 1912 S. 153; RGZ. Bd. 76 S. 218; RGZ. Bd. 91 S. 142; RG. 10. Jan. 1921 in EisEntsch. 38 S. 123; RGZ. Bd. 103 S. 216; RGZ. Bd. 124 S. 113; RGZ. Bd. 148 S. 19.

Der Verletzte ist daher in keinem Augenblick in der Lage, über die Forde- Anm. 12.

rung, soweit sie auf den Versicherungsträger übergeht, zu verfügen, RGZ. Bd. 60 S. 200.

Anm. 13. Doch ist der Ersatzpflichtige, der gutgläubig an den Verletzten zahlt, durch §§ 407, 412 BGB. vor der Gefahr gesichert, noch einmal zahlen zu müssen (RG. ibidem).

Anm. 14. Der Übergang auf den Versicherungsträger umfaßt nicht die Ansprüche des Verletzten auf Schmerzensgeld und Ersatz von Sachschaden. Zum Schmerzensgeld vgl. RG. 27. Mai 1929 in DRZ. 1929 S. 277; RG. 26. Nov. 1931 in JW. 1932 S. 781; RG. 27. Juni 1941 in DR. 1941 S. 2245; OLG. Frankfurt in JW. 1933 S. 787.

Anm. 15. Soweit die Forderung des Verletzten auf den Versicherungsträger übergegangen ist, kann der Verletzte nicht mehr über sie verfügen, insbesondere mit dem nach § 1 RHpflG. haftpflichtigen Unternehmer keinen Vergleich darüber abschließen. Doch muß der Versicherungsträger einen solchen Vergleich oder die auf Grund desselben von dem Betriebsunternehmer an den Verletzten bewirkte Leistung einer Abfindungssumme nach §§ 407, 412 BGB. gegen sich gelten lassen, wenn der Unternehmer bei Abschluß des Vergleiches von dem gesetzlichen Forderungsübergang nichts gewußt hat. Hat der Unternehmer jedoch die den Forderungsübergang begründenden Tatsachen gekannt, z. B. gewußt, daß der Verletzte in einem versicherungspflichtigen Betriebe versichert war und dort einen Betriebsunfall erlitten hatte, so muß der Versicherungsträger den Vergleich und die Leistung nicht gegen sich gelten lassen. RG., 23. Nov. 1911 in JW. 1912 S. 153 (zu § 140 UnfVersG. vom 30. Juni 1900). Vgl. auch RGZ. Bd. 60 S. 200.

Anm. 16. Auf die Verjährung des Anspruchs des Versicherungsträgers gegen den nach § 1 RHpflG. haftpflichtigen Betriebsunternehmer finden die Bestimmungen Anwendung, die für den Anspruch des Verletzten gegen diesen gelten, also § 8 RHpflG. So RG. 23. Jan. 1908 in EisEntsch. 24 S. 388 (zu § 10 BeamtenUnfFürsG. vom 15. März 1886).

Anm. 17. Sind Ansprüche versicherter Verletzter aus einem Betriebsunfall gegen einen Versicherungsträger zu gewärtigen, so kann dieser gegen den nach § 1 RHpflG. haftpflichtigen Betriebsunternehmer wegen der gegebenenfalls übergegangenen Ansprüche Feststellungsklage erheben. RGZ. Bd. 61 S. 164.

Anm. 18. Hat die Berufsgenossenschaft dem Verletzten zunächst eine Rente gewährt und ist insoweit der Schadensersatzanspruch des Verletzten gegen den Unternehmer auf sie übergegangen, hat sie ihm aber später, weil er eine ärztliche Untersuchung verweigerte, die Rente entzogen, so kann nunmehr der Verletzte insoweit den Anspruch nach § 1 RHpflG. gegen den Unternehmer geltend machen. RGZ. Bd. 72 S. 430.

Anm. 19. Erhebt der Versicherungsträger aus § 1542 Abs. 1 RVO. Klage gegen den ersatzpflichtigen Dritten, so muß er dartun, daß und in welcher Höhe dem Verletzten eine Forderung gegen den Dritten erwachsen ist, und ferner, daß sie in Höhe der eingeklagten Beträge auf den Versicherungsträger übergegangen ist, RGZ. Bd. 103 S. 216.

Zunächst muß er also darlegen, was der Verletzte von dem Dritten zu beanspruchen hätte, RGZ. Bd. 62 S. 145; Bd. 148 S. 19.

Mehr kann auch der Versicherungsträger von dem Dritten nicht verlangen, RG. 7. Jun. 1911 in JW. 1911 S. 229 und S. 336; RG. 10. Nov. 1924 in JW. 1925 S. 943.

Anm. 20. Trifft z. B. den Verletzten ein nach § 254 BGB. zu berücksichtigendes mitursächliches Verschulden, so ist sein Schadensersatzanspruch von vornherein mit der Einwendung aus § 254 behaftet und kann daher nur in dieser Beschränkung auf den Versicherungsträger übergehen, RGZ. Bd. 62 S. 145; Bd. 62 S. 337; RG. 28. April 1908 in EisEntsch. 25 S. 159; RG. 14. Juni 1909 in JW. 1909 S. 471; RGZ. Bd. 123 S. 40; RGZ. Bd. 148 S. 19; RG. 3. März 1932 in JW. 1932 S. 2537; RG. 1. Febr. 1934 in DAR. 1934 Nr. 73; RG. 2. Juni 1943 V 182/42.

Anm. 21. Unter diesen Umständen kann sich ergeben, daß der Versicherungsträger von dem ersatzpflichtigen Dritten seine Aufwendungen für den Verletzten nicht voll ersetzt verlangen kann.

Könnte der Verletzte von dem ersatzpflichtigen Dritten eine Rente nur bis zu einem bestimmten Alter fordern, weil er zu diesem Zeitpunkt auch ohne den Unfall erwerbsunfähig geworden wäre, so muß sich dies auch der Versicherungsträger entgegenhalten lassen, RG. 10. Nov. 1924 in JW. 1925 S. 943. **Anm. 22.**

Der Anspruch geht nur in der Höhe über, als der Versicherungsträger dem Verletzten nach der RVO. Leistungen zu gewähren hat. **Anm. 23.**

Der Forderungsübergang ist nicht davon abhängig, daß der Versicherungsträger bereits Leistungen an den Verletzten bewirkt hat. Der Anspruch gegen den Dritten geht über, soweit der Versicherungsträger gesetzlich verpflichtet ist, dem Verletzten Leistungen zu gewähren, RGZ. Bd. 148 S. 19. **Anm. 24.**

Der Versicherungsträger braucht also nicht darzulegen, welche Aufwendungen er schon gemacht hat, sondern nur darzutun, welche Leistungen ihm gesetzlich vorgeschrieben sind.

Die von der Berufsgenossenschaft gemäß § 1542 RVO. in Anspruch genommene Eisenbahn kann nicht einwenden, daß den Unternehmer, bei dem der Verletzte angestellt war und der Mitglied der Berufsgenossenschaft ist, ein Verschulden treffe; der Unternehmer ist ein Dritter und steht außerhalb der rechtlichen Beziehungen zwischen dem Versicherungsträger und der Bahn. RG. 12. Mai 1924 in JW. 1924 S. 1157. **Anm. 25.**

Der Übergang von Ansprüchen auf einen öffentlichen Versicherungsträger ist nicht nur in einem Feststellungsurteil, sondern auch schon in einem Leistungsurteil über den Grund des Anspruchs zu berücksichtigen, RGZ. Bd. 62 S. 339; Bd. 123 S. 41; RG. 8. Jan. 1931 in JW. 1931 S. 865; RG. 12. März 1931 in JW. 1931 S. 3345. **Anm. 26.**

Weitere Einschränkungen in der Geltendmachung von Schadensersatzansprüchen gegen die Reichsbahn ergaben sich bis zum Inkrafttreten des Gesetzes über die erweiterte Zulassung von Schadensersatzansprüchen vom 7. Dez. 43 aus dem Fürsorge- und Versorgungsgesetz für die ehemaligen Angehörigen der Wehrmacht und ihre Hinterbliebenen vom 26. Aug. 1938 (RGBl. S. 1077). Hier ist in § 134 bestimmt: **Anm. 27.**

> Fürsorge- und Versorgungsberechtigte haben für eine Wehrdienstbeschädigung und ihre Folgen gegen das Reich nur Ansprüche nach diesem Gesetz. Haben Fürsorge- und Versorgungsberechtigte gegen Dritte einen gesetzlichen Anspruch auf Ersatz eines Schadens, für den nach diesem Gesetz Fürsorge und Versorgung zu gewähren ist, so geht dieser Anspruch im Umfang dieser Fürsorge und Versorgung auf das Reich über. Dies gilt nicht für Ansprüche wegen eines Schadens, der kein Vermögensschaden ist. Der Übergang des Anspruchs kann nicht zum Nachteil des Fürsorge- und Versorgungsberechtigten geltend gemacht werden.

Da die Reichsbahn keine vom Reich verschiedene Rechtspersönlichkeit war, konnte der Verletzte im Fall des § 134 WFVG. keine Ansprüche aus dem RHpflG. gegen sie erheben.
RGZ. Bd. 166 S. 257 (= RG. 12. März 1941 in DR. 1941 S. 1677 = VAE. 1941 S. 113); LG. Weimar 26. Aug. 1941 in VAE. 1941 S. 218.
Dies wurde jedoch als unbillig empfunden und durch das erwähnte Gesetz vom 7. Dez. 1943 geändert, soweit es sich um eine bei der Teilnahme am allgemeinen Verkehr erlittene Wehrdienstbeschädigung handelt.

Ähnlich verhält es sich bei Dienstunfällen von Beamten. **Anm. 28.**

In § 124 des Deutschen Beamtengesetzes vom 26. Januar 1937 ist bestimmt:

> Aus Anlaß eines Dienstunfalls haben Ansprüche der Beamte nur in den Grenzen der §§ 107 bis 112 und 121 Abs. 1, 2 und 4, die Hinterbliebenen nur in den Grenzen der §§ 113 bis 118 und 121 Abs. 3. Sie haben sich wegen dieser Ansprüche an den für die Gewährung des Ruhegehalts zuständigen Dienstherrn auch dann zu halten, wenn sich der Unfall im Dienstbereich einer anderen öffentlichen Verwaltung ereignet hat. Weitergehende Ansprüche auf Grund allgemeiner gesetzlicher Vorschriften können gegen eine öffentliche Verwaltung oder ihre Bediensteten nur dann geltend ge-

macht werden, wenn der Unfall durch eine vorsätzliche unerlaubte Handlung eines Bediensteten verursacht ist.

Ersatzansprüche gegen andere Personen bleiben unberührt.

Hiernach konnte bisher also der durch einen Dienstunfall geschädigte Beamte z. B. keine Ansprüche gegen das Reich auf Grund des RHpflG. erheben, während dies nunmehr bei Dienstunfällen bei der Teilnahme am allgemeinen Verkehr möglich ist. Vgl. hierzu auch RGZ. Bd. 156 S. 257 (259); Bd. 167 S. 385; Bd. 168 S. 388. RG. 10. Juni 1942 in ZAkDR. 1942 S. 364, dazu Fischbach das. S. 362.

Anm. 29. Ferner ergibt sich aus § 139 DBG. eine Einschränkung der Geltendmachung von Ansprüchen aus dem RHpflG.

§ 139 bestimmt:

Steht Personen, die nach Vorschriften dieses Gesetzes versorgungsberechtigt sind, infolge eines Ereignisses, das den Dienstherrn zur Gewährung oder Erhöhung von Versorgungsbezügen verpflichtet, gegen Dritte ein gesetzlicher Schadensersatzanspruch zu, so geht dieser Anspruch im Umfange dieser Versorgungsbezüge auf den Dienstherrn über. Dies gilt nicht für Ansprüche, die wegen eines Schadens bestehen, der nicht Vermögensschaden ist. Der Übergang des Anspruchs kann nicht zum Nachteil des Versorgungsberechtigten geltend gemacht werden.

In der Begründung hierzu ist gesagt, es würde unbillig sein, wenn der zum Schadensersatz verpflichtete Dritte den von ihm angerichteten Schaden zu einem Teil deshalb nicht zu ersetzen brauchte, weil der Dienstherr dem Geschädigten eine Versorgung gewähren muß. Soweit die Rechtsprechung in der Frage des Beamtenruhegehalts eine andere Auffassung vertreten hat, wird dieser durch § 139 die Grundlage entzogen. RGZ. Band 163 S. 396; RG. 18. Okt. 1940 in DR. 1941 S. 666.

Mit der Entstehung des Anspruchs auf Versorgung geht der Anspruch gegen den Dritten auf den Dienstherrn über, also nicht erst in dem Zeitpunkt, in dem die Versorgung tatsächlich gewährt wird.

Anm. 30. Beschränkt sich der Schadensersatzanspruch gegen den Dritten wegen mitwirkenden Verschuldens des Verletzten (§ 254 BGB.) auf einen Teil des wirklichen Schadens, so geht nur dieser beschränkte Anspruch auf den Dienstherrn über. RGZ. Bd. 160 S. 253 (254).

Anm. 31. Eine dem § 124 DBG. ähnliche Bestimmung enthält auch § 131 des Reichsarbeitsdienstversorgungsgesetzes vom 8. Sept. 1938 in der Fassung vom 29. Sept 1938 (RGBl. I S. 1253). Vgl. hierzu RGZ. Bd. 168 S. 388.

Anm. 32. Die Forderung geht nach § 139 DBG. auch dann über, wenn Versorgungsbezüge an die Witwe oder die Kinder eines Beamten bezahlt werden, denen nach § 101 Abs. 2 Satz 3 DBG. Witwen- oder Waisengeld bewilligt werden „kann"; der in RGZ. Bd. 136 S. 83 (86/87) vertretenen Auffassung kann bei der Auslegung des § 139 DBG. nicht gefolgt werden, RGZ. Bd. 171 S. 193.

Anm. 33. Auch nach § 131 des Reichsarbeitsdienst-Versorgungsgesetzes i. d. Fassung vom 29. Sept. 1938 konnte ein Angehöriger des RAD., der bei einer Dienstfahrt durch Zugzusammenstoß verunglückt, gegen die Reichsbahn keine Ansprüche erheben, OLG. Königsberg 30. Jan. 1941 in VAE. 1941 S. 153. Auch hier läßt das Gesetz vom 7. Dez. 1943 bei einem im allgemeinen Verkehr erlittenen Dienstunfall weitergehende Ansprüche zu.

Anm. 34. Macht ein Verletzter gegen die Eisenbahn einen Schadensersatzanspruch nach § 1 geltend, so sind die ordentlichen Gerichte bei der Prüfung der Frage, ob nicht § 898 RVO. der Klage entgegensteht, nach § 901 RVO. an die rechtskräftige Entscheidung der zuständigen Versicherungsbehörden darüber, ob ein entschädigungspflichtiger Unfall vorliegt und in welchem Umfang und von welchem Versicherungsträger die Entschädigung zu gewähren ist, gebunden.

Anm. 35. Die gleiche Bindung der ordentlichen Gerichte besteht nach § 1543 RVO. auch dann, wenn ein Versicherungsträger den nach § 1542 RVO. auf ihn übergegangenen Schadensersatzanspruch des Verletzten gegen die Eisenbahn geltend macht.

Durch diese Vorschriften soll der Mißstand vermieden werden, daß über die erwähnten Fragen die ordentlichen Gerichte und die Versicherungsbehörden abweichend entscheiden. RG. 25. Jan. 1918 in EisEntsch. 35 S. 341.

Würde z. B. eine Berufsgenossenschaft dahin entscheiden, daß ein entschädigungspflichtiger Unfall nicht vorliege, und das ordentliche Gericht würde, hiervon abweichend, annehmen, daß ein solcher doch gegeben sei und daher der Klage des Verletzten § 898 RVO. entgegenstehe, so würde die Folge sein, daß der Verletzte weder Leistungen von der Berufsgenossenschaft noch Schadensersatz nach § 1 RHpflG. erhielte. Andererseits könnte, wenn eine Bindung nicht vorhanden wäre, der ordentliche Richter, nachdem die Berufsgenossenschaft einen Arbeitsunfall bejaht und deshalb einen Versicherungsanspruch bewilligt hatten, einen Arbeitsunfall verneinen und deshalb, weil § 898 RVO. nicht gegeben wäre, auch einen Schadensersatzanspruch des Verletzten gegen den Betriebsunternehmer bejahen, so daß der Verletzte mehrfach entschädigt würde. RG 23. April 1920 in EisEntsch. 37 S. 321.

Nicht gebunden ist der ordentliche Richter an die tatsächlichen Grundlagen der Entscheidung der Versicherungsbehörde. Er ist nicht gehindert, bei seiner selbständigen Prüfung tatsächliche Feststellungen zu treffen, die von denen der Versicherungsbehörde abweichen. RGZ. Bd. 102 S. 131. **Anm. 36.**

Ist dem Verletzten im Versicherungsverfahren der Rentenanspruch rechtskräftig aberkannt worden, weil nicht bewiesen sei, daß die Verletzung im Betriebe verursacht worden sei, so kann der Verletzte nach den Bestimmungen des BGB. von dem Unternehmer Schadensersatz verlangen. Der Gesetzgeber hat dem Verletzten, wenn er im Versicherungsverfahren keinen Erfolg hat, nicht die Möglichkeit abschneiden wollen, seine Schadensersatzansprüche gegen den Unternehmer auf Grund des BGB. zu verfolgen. RAG. 7. Okt. 1936 in SeuffA. 91 S. 174. **Anm. 37.**

Die Gerichte sind insbesondere an die von der Berufsgenossenschaft getroffene Bestimmung des in Frage kommenden Betriebsunternehmers gebunden. Versicherungsrechtlich kann nur e i n Betriebsunternehmer vorhanden sein; das ordentliche Gericht kann daher nicht annehmen, daß auch noch ein a n d e r e r Betriebsunternehmer sei. RGZ. Bd. 111 S. 159. **Anm. 38.**

Die bindende Entscheidung kann von der Berufsgenossenschaft getroffen werden, auch wenn sie selbst gemäß § 1542 RVO. als Klägerin auftritt. RGZ. Bd. 93 S. 321; RG. 27. Okt. 1924 in EisEntsch. 41 S. 328; RG. 25. Nov. 1939 VI 91/39. **Anm. 39.**

Auch in einem Rechtsstreit zwischen dem Unternehmer, der seiner Berufsgenossenschaft hat Ersatz leisten müssen und nun von seiner privaten Haftpflichtversicherung Entschädigung verlangt, und letzterer ist das Gericht an die Feststellung der Versicherungsbehörde, daß ein Betriebsunfall vorliege, gebunden. RG. 25. Jan. 1918 in EisEntsch. 35 S. 341. **Anm. 40.**

Das ordentliche Gericht ist an die Entscheidung der Versicherungsbehörde auch dann gebunden, wenn sie in einem zwischen a n d e r e n Parteien stattgehabten Verfahren nach der RVO. ergangen ist. RGZ. Bd. 96 S. 204. **Anm. 41.**

XXX. Haftung mehrerer Ersatzpflichtiger

Die nach § 1 RHpflG. haftpflichtige Eisenbahn ist als Dritter im Sinne des § 840 Abs. 3 BGB. anzusehen. Hier ist bestimmt, daß, wenn neben demjenigen, welcher nach §§ 833 bis 838 zum Ersatze des Schadens verpflichtet ist, ein Dritter für den Schaden verantwortlich ist, in ihrem Verhältnis zu einander der Dritte allein verpflichtet ist. Ist z. B. neben einem haftpflichtigen Tierhalter die Eisenbahn nach § 1 RHpflG. für den Schaden verantwortlich, so ist in dem Verhältnis des Tierhalters zur Eisenbahn letztere allein verpflichtet. RGZ. Bd. 53 S. 114; Bd. 58 S. 335; Bd. 60 S. 318; Bd. 61 S. 56; Bd. 71 S. 7. Vgl. ferner RG. 27. Juni 1904 in EisEntsch. 21 S. 177; RG. 20. Jan. 1910 in EisEntsch. 26 S. 427; RG. 11. Jan. 1915 in EisEntsch. 32 S. 322 (= JW. 1915 S. 324); RG. 5. Jan. 1911 in EisEntsch. 29 S. 35; RG. 20. Jan. 1910 in EisEntsch. 26 S. 427 (= JW. 1910 S. 235). **Anm. 1.**

Dies gilt auch dann, wenn der Verletzte selbst der Tierhalter ist und von der Eisenbahn nach § 1 RHpflG. Ersatz verlangt; diese kann ihm dann nicht ent- **Anm. 2.**

gegenhalten, daß er nach § 833 haftbar sei. RG. 1. Juli 1920 in EisEntsch. 38 S. 148; RGZ. Bd. 58 S. 335; RG. 4. Dez. 1911 in EisEntsch. 29 S. 65 (= JW. 1912 S. 190); RG. 11. Jan. 1915 in EisEntsch. 323 S. 322.

Anm. 3. Das RG. hat in ständiger Rechtsprechung ausgeführt, daß die dem Eisenbahnunternehmer in § 1 RHpflG. auferlegte Haftung, als eine Verantwortlichkeit für den Schaden im Sinne des § 840 Abs. 3 BGB. anzusehen sei, da das Gesetz in § 840 Abs. 3 eine Haftung des Dritten aus einer unerlaubten Handlung im weiteren Sinne, die nicht notwendig auf einem schuldhaften Verhalten beruht, im Auge hat und deshalb auch die Gefährdungshaftung des Eisenbahnunternehmers als darunter begriffen zu erachten ist, RG. 5. Jan. 1911 in EisEntsch. 29 S. 35 (= WarnJahrb. 1911 Nr. 122 = GruchBeitr. 55 S. 1095).
Anderer Ansicht Krückmann „Das Verhältnis von Eisenbahnhaftung und Tierhalterhaftung“ in EisEntsch. 25 S. 200 ff. Vgl. auch Weber in EisEntsch. 21 S. 81.
Ist die Eisenbahn und ein Kraftfahrzeughalter dem Verunglückten ersatzpflichtig, so gilt § 17 KFG. Hiernach ist im Verhältnis der Ersatzpflichtigen zu einander der Schaden angemessen zu verteilen, und zwar hängt die Verteilung von den Umständen, insbesondere davon ab, inwieweit der Schaden überwiegend von dem einen oder dem andern Teile verursacht worden ist.
Vgl. auch RG. 19. Juni 1911 in JW. 1911 S. 753.

§ 1a

Ist ein Unfall, der den Tod oder die Gesundheitsschädigung eines Menschen oder eine Sachbeschädigung zur Folge hat, auf die Wirkungen der Elektrizität oder des Gases zurückzuführen, die von einer Anlage zur Fortleitung oder Abgabe von Elektrizität oder Gas ausgehen, so ist der Inhaber der Anlage verpflichtet, den Schaden zu ersetzen. Das gleiche gilt, wenn der Schaden, ohne auf den Wirkungen der Elektrizität oder des Gases zu beruhen, auf das Vorhandensein einer solchen Anlage zurückzuführen ist, es sei denn, daß sich diese zur Zeit des Unfalls in ordnungsmäßigem Zustand befand. Ordnungsgemäß ist eine Anlage, solange sie den anerkannten Regeln der Technik entspricht und unversehrt ist.

Absatz 1 gilt nicht für Anlagen, die lediglich der Übertragung von Zeichen und Lauten dienen.

Die Ersatzpflicht nach Absatz 1 ist ausgeschlossen,

1. **wenn der Schaden innerhalb eines Gebäudes entstanden ist und auf eine darin befindliche Anlage (Absatz 1) zurückzuführen oder wenn er innerhalb eines im Besitz des Inhabers der Anlage stehenden befriedeten Grundstücks entstanden ist;**
2. **wenn ein Energieverbrauchsgerät beschädigt oder durch ein solches Gerät ein Schaden verursacht worden ist;**
3. **wenn der Schaden durch höhere Gewalt verursacht worden ist, es sei denn, daß er auf das Herabfallen von Leitungsdrähten zurückzuführen ist.**

Hat bei der Entstehung des Schadens ein Verschulden des Geschädigten mitgewirkt, so gilt § 254 BGB; bei Beschädigung einer Sache steht das Verschulden desjenigen, der die tatsächliche Gewalt über die Sache ausübt, dem Verschulden des Geschädigten gleich.

§ 1a ist durch das Gesetz zur Änderung des RHpflG. vom 15. August 1943 (RGBl. Seite 489) eingefügt worden und seit 1. September 1943 in Kraft. **Anm. 1.**

Rückwirkende Kraft kommt dieser Bestimmung nicht zu, RG. 23. Nov. 1943 in RGZ. Band 172 S. 156. **Anm. 2.**

Elektrizitätswerke und Gaswerke gehören zu den in § 2 RHpflG. aufgeführten Betrieben, bei denen derjenige, der das Werk betreibt, für ein Verschulden seiner Bevollmächtigten oder leitenden Angestellten haftet, RG. 1. Febr. 1881 in EisEntsch. 1 S. 376; RGZ. Bd. 3 S. 4; RG. 2. Jan. 1908 in EisEntsch. 24 S. 380; RGZ. Bd. 67 S. 229 (= RG. 16. Dez. 1907 in JW. 1908 S. 115); RG. 9. Febr. 1925 in EisEntsch. 43 S. 114; RG. 11. April 1935 in VR. 1935 S. 544 Nr. 335; **Anm. 3.**

Darüber hinaus bestimmt der neue § 1a, daß der Inhaber einer Anlage zur Fortleitung oder Abgabe von Elektrizität oder Gas für Außenunfälle infolge der Wirkungen der Elektrizität oder des Gases unter gewissen Umständen haftbar sei, und fügt auch eine, dem § 1 unbekannte, Haftung für Sachschäden hinzu. **Anm. 4.**

Der Schaden muß verursacht sein entweder durch die Wirkungen der Elektrizität oder des Gases oder durch das Vorhandensein der Anlage selbst, ohne daß dabei die Wirkungen der Elektrizität oder des Gases eine Rolle gespielt haben. Im letzteren Falle jedoch ist die Haftung des Inhabers insofern abgeschwächt, als ihm der Beweis verstattet ist, daß sich die Anlage zur Zeit des Unfalls in ordnungsmäßigem Zustand befunden hat. Hat er diesen Beweis ge- **Anm. 5.**

führt, so haftet er nicht. Er hat zu beweisen, daß die Anlage zur Zeit des Unfalls den damals anerkannten Regeln der Technik entsprach und außerdem unversehrt war.

Anm. 6. Ausdrücklich von jeder Haftung befreit sind die Inhaber von solchen Anlagen, die lediglich der Übermittlung von Zeichen und Lauten dienen, z. B. Telegraphen- und Fernsprechanlagen.

Anm. 7. Abs. 3 beschränkt die Ersatzpflicht ferner auf Außenschäden, d. h. auf Unfälle, die sich außerhalb des Gebäudes, in dem sich die Anlage befindet, und außerhalb eines im Besitz des Inhabers der Anlage befindlichen befriedeten Grundstücks zutragen.

Anm. 8. Eine Haftung ist ferner ausgeschlossen bei Energieverbrauchsgeräten, sei es daß sie den Schaden verursacht haben oder selbst beschädigt worden sind.

Anm. 9. Wie in § 1, so ist auch hier beim Vorliegen höherer Gewalt eine Schadensersatzpflicht ausgeschlossen. Zum Begriff der höheren Gewalt vergl. die Erläuterungen zu § 1.

Anm. 10. Eine ausdrückliche Ausnahme ist jedoch für den Fall gemacht, daß der Unfall auf das Herabfallen von Leitungsdrähten zurückzuführen ist. In diesem Falle ist der Inhaber der Anlage stets schadensersatzpflichtig. Übrigens wird beim Herabfallen von Leitungsdrähten ohnehin höhere Gewalt nicht vorliegen, da es sich um kein ganz ungewöhnliches und seltenes Ereignis handelt, RG. 1. Okt. 1906 in JW. 1906 S. 706.

Anm. 11. Bei mitwirkendem Verschulden des Geschädigten findet, wie im Falle des § 1, § 254 BGB. Anwendung. Dies ist hier ausdrücklich bestimmt worden. Es würde aber auch zu gelten haben, wenn diese ausdrückliche Bestimmung hier fehlen würde. Es hat also eine Abwägung der auf beiden Seiten vorliegenden, bei der Entstehung des Schadens mitwirkenden Umstände stattzufinden, wobei es besonders auf die vorwiegende Verursachung ankommt.

Anm. 12. Ist eine Sache unter mitwirkendem Verschulden zwar nicht des Geschädigten, aber des Inhabers der tatsächlichen Gewalt über die Sache beschädigt worden, so hat ebenfalls eine Abwägung nach § 254 BGB. stattzufinden.

Anm. 13. Die Schadensersatzpflicht trifft den Inhaber der Anlage. Inhaber ist derjenige, der die selbständige Verfügungsgewalt über die Anlage besitzt, der also in der Lage ist, dafür zu sorgen, daß die Anlage technisch einwandfrei und nicht schadhaft ist und nicht Menschen und Sachen in Gefahr bringt. Ob er Eigentümer der Anlage ist, spielt keine Rolle.

§ 2

Wer ein Bergwerk, einen Steinbruch, eine Gräberei (Grube), oder eine Fabrik betreibt, haftet, wenn ein Bevollmächtigter oder ein Repräsentant oder eine zur Leitung oder Beaufsichtigung des Betriebes oder der Arbeiter angenommene Person durch ein Verschulden in Ausführung der Dienstverrichtungen den Tod oder die Körperverletzung eines Menschen herbeigeführt hat, für den dadurch entstandenen Schaden.

A. Allgemeines

§ 2 ist in seiner praktischen Bedeutung durch § 898 RVO. erheblich eingeschränkt worden, da die in den darin aufgeführten Betrieben beschäftigten versicherten Arbeiter aus einem Betriebsunfall (wenn nicht der Strafrichter vorsätzliches Handeln des Unternehmers festgestellt hat) keine Ansprüche aus § 2 gegen den Unternehmer erheben können. Die Haftung aus § 2 kommt in erster Linie dann in Frage, wenn es sich um Unfälle von nicht in dem Betriebe beschäftigten Personen handelt oder um solche von zwar darin beschäftigten, aber nicht versicherten Personen; diese Unfälle sind naturgemäß seltener als diejenigen von im Betrieb beschäftigten versicherten Arbeitern. Anm. 1.

Wie in § 1 handelt es sich auch in § 2 um eine Haftung, die von einem Verschulden des Betriebsunternehmers nicht abhängig ist. Es genügt ein Verschulden der Bevollmächtigten und Aufsichtspersonen des Betriebsunternehmers; dieser kann sich auch nicht durch den Nachweis, daß ihn bei deren Auswahl und Beaufsichtigung kein Verschulden treffe, von der Haftung befreien; im Rahmen des § 2 ist ein solcher Entlastungsbeweis nicht zugelassen, RG. 30. Sept. 1912 in JW. 1912 S. 1110; RG. 13. Juli 1920 in EisEntsch. 38 S. 152 (= JW. 1921 S. 25). Anm. 2.

§ 2 findet nur auf Unternehmer der darin genannten Betriebe — Bergwerke, Steinbrüche, Gräbereien und Fabriken — Anwendung, dagegen nicht auf andere Betriebe. Anm. 3.

B. Die haftpflichtigen Unternehmungen

I. Bergwerk.

Unter einem Bergwerk im Sinne des § 2 ist eine Anlage zu verstehen, in der nach bergtechnischen Regeln unterirdische Mineralien gewonnen werden. Vgl. RGZ. Bd. 19 S. 189; RG. 13. Juli 1881 in EisEntsch. 2 S. 79; RG. 20. Mai 1886 in JW. 1886 S. 233; RG. 28. Okt. 1887 in JW. 1887 S. 497. Anm. 1.

Es muß sich um Mineralien handeln. Dazu gehört nicht Erdöl, RGZ. Bd. 19 S. 189. Herstellung von Bohrlöchern, um Petroleum zu gewinnen, fällt nicht unter § 2, RG. 28. Okt. 1887 in JW. 1887 S. 497. Ein Bergwerk liegt nur vor, wenn die Gewinnung unterirdisch erfolgt. Anm. 2.

Das Schürfen und Bohren zwecks Auffindung von Mineralien ist noch kein Bergwerksbetrieb, sondern nur die Vorbereitung eines solchen. Anm. 3.

Der Bau eines Eisenbahn- oder Straßentunnels ist kein Bergwerksbetrieb, da hier nicht die Gewinnung von Mineralien bezweckt wird. RGZ. Bd. 8 S. 51; RG. 13. Juli 1881 in EisEntsch. 2 S. 79. Anm. 4.

II. Steinbruch.

Unter einem Steinbruch ist eine über oder unter der Erde betriebene Anlage zu verstehen, deren Zweck die Gewinnung von Steinen ist. Anm. 5.

Kein Steinbruch liegt mithin vor, wenn zwecks Erbauung einer Straße oder eines Tunnels Arbeiten vorgenommen werden, bei denen Felsen oder Steine beseitigt werden müssen, RG. 13. Juli 1881 in EisEntsch. 2 S. 79 (= JW. 1881 S. 158); Bayr. ObLG. 30. März 1885 in EisEntsch. 4 S. 136; RGZ. Bd. 8 S. 51.

Anm. 6. Zur Gewinnung rechnet man auch das Sortieren und Umladen der im Steinbruch gewonnenen Steine, auch wenn es auf dem Anschlußgleis geschieht; es steht noch in enger Verbindung mit dem Steinbruchbetrieb, RG. 15. Mai 1905 in EisEntsch. 22 S. 352.

Anm. 7. Ob der Betriebsunternehmer die gewonnenen Steine an andere absetzt oder sie zu eigenen gewerblichen Zwecken verwendet, ist ohne Belang. RG. 3. Dez. 1880 in JW. 1881 S. 34.
Gewerbsmäßigkeit ist nicht erforderlich.

III. Gräberei (Grube).

Anm. 8. Von einer Gräberei oder Grube spricht man, wenn es sich um die Gewinnung von an der Oberfläche lagernden Mineralien oder Erdarten durch Ausgraben handelt, RG. 20. Mai 1886 in JW. 1886 S. 233. Wird nicht die Gewinnung solcher Mineralien bezweckt, sondern werden Grabungen zu baulichen Zwecken vorgenommen, so liegt keine Gräberei im Sinne des § 2 vor, z. B. bei Ausschachtungsarbeiten zwecks Errichtung von Baulichkeiten, bei Grabarbeiten im Straßen- oder Tunnelbau. RG. 13. Juli 1881 in EisEntsch. 2 S. 79 (= JW. 1881 S. 158); RGZ. Bd. 8 S. 51 (= JW. 1882 S. 236 = EisEntsch. 2 S. 347); BayrObLG. in EisEntsch. 4 S. 136.
Hierher gehören Mergelgruben (RG. 29. Nov. 1894 in JW. 1895 S. 18), Sandgruben, Kiesgruben, Ton- und Lehmgruben (RGZ. Bd. 19 S. 189), ebenso Strontianitgruben. Auch Torfgräbereien und Bernsteingräbereien fallen unter § 2. Dagegen ist eine Bohranlage zur Gewinnung von Petroleum keine Gräberei, RGZ. Bd. 19 S. 189.

Anm. 9. Es muß sich um eine Anlage von nicht geringem Umfange handeln. Das geht aus dem ganzen Zusammenhange des § 2 hervor, wo die Gräberei zusammen mit Bergwerk, Steinbruch und Fabrik genannt ist, also mit diesen die Gefährlichkeit teilt, um derentwillen in erster Linie die strengere Haftung des Betriebsunternehmers angeordnet ist, RG. 29. Nov. 1894 in JW. 1895 S. 18.
Der Betrieb braucht nicht gewerbsmäßig zu sein. Daß er staatlicher Aufsicht unterstehe, ist nicht erforderlich.

IV. Fabrik.

Anm. 10. Der Begriff der Fabrik ist im RHpflG. nicht bestimmt. Eine scharfe Begriffsbestimmung, insbesondere eine genaue Abgrenzung gegenüber einem nur handwerksmäßigen Betriebe ist nicht möglich; die Grenze ist flüssig. Man wird — mit RG. 23. Juni 1898 in EisEntsch. 16 S. 103 — folgende Merkmale als wesentlich für die Fabrik ansehen müssen: Bearbeitung, Verarbeitung und Herstellung von Gegenständen in Anlagen von gewisser Größe und Ausdehnung, nicht geringe Zahl der dauernd beschäftigten Arbeiter, vorwiegend mechanische Tätigkeit, Arbeitsteilung. Weniger wesentlich dürfte sein, ob es sich um Erzeugung in Massen handelt, und ob Dampf oder andere elementare Triebkräfte benutzt werden (RGStr. Band 14 S. 423).

Anm. 11. So wird es im Einzelfall Sache des Richters sein, unter Berücksichtigung der jeweiligen Verhältnisse nach seinem Ermessen zu entscheiden, ob ein Fabrikbetrieb vorliegt. BayrObLG. in SeuffA. 42 Nr. 98, KG. Berlin in DJZ. 1896 S. 99 und in DJZ. 1902 S. 437.
Zum Begriff der Fabrik vgl. auch RGZ. Bd. 67 S. 229 und OLG. Hamburg in EisEntsch. 22 S. 373; RGStr. Bd. 26 S. 161.

Anm. 12. Landwirtschaftliche Betriebe, in denen es sich lediglich um die Erzeugung aus dem Boden handelt, fallen nicht unter den Begriff der Fabrik, auch wenn sie Maschinen verwenden, RGZ. Bd. 1 S. 265; RGStr. Bd. 18 S. 371; RG. 23. Juni 1898 in EisEntsch. 16 S. 103.

Anm. 13. Werden jedoch in Brauereien, Brennereien, Molkereien u. ä. landwirtschaftliche Erzeugnisse im Großen verarbeitet, so kann eine Fabrik vorliegen, auch wenn diese Betriebe mit einem landwirtschaftlichen Betriebe verbunden sind. Es muß eine gemeinsame Arbeitsstätte vorhanden sein. Hausindustrie ist keine Fabrik, vgl. RGZ. Bd. 57 S. 381 (Herstellung von Öfen). **Anm. 14.**

V. Beispiele aus der Rechtsprechung.

Als Fabriken im Sinne des § 2 sind anzusehen:
Maschinenfabriken und Gießereien. RG. 19. Okt. 1881 in EisEntsch. 2 S. 128; RGZ. Bd. 71 S. 1; RGZ. Bd. 3 S. 1, **Anm. 15.**
Gasmotorenfabrik, RG. 4. März 1909 in RGZ. Bd. 71 S. 1,
Zinkhütte, RG. 25. Okt. 1913 in EisEntsch. 30 S. 492,
Gasanstalt, Gasfabrik, RG. 1. Febr. 1881 in EisEntsch. 1 S. 376; RGZ. Bd. 3 S. 4; RG. 2. Jan. 1908 in EisEntsch. 24 S. 380,
Elektrizitätswerk, RGZ. Bd. 67 S. 229 (= RG. 16. Dez. 1907 in JW. 1908 S. 115); RG. 2. Jan. 1908 in EisEntsch. 24 S. 380; RG. 9. Febr. 1925 in EisEntsch. 43 S. 114; RG. 11. April 1935 in VR. 1935 Sp. 544 Nr. 335.
Wasserwerk, OLG. Hamburg in EisEntsch. 22 S. 373; RG. 14. Okt. 1905 in EisEntsch. 22 S. 373.
Glashütte, RG. 16. Dez. 1879 in EisEntsch. 1 S. 52; RG. 23. Juni 1885 in EisEntsch. 4 S. 361.
Bierbrauerei, RGZ. Bd. 4 S. 98; RG. 18. Jan. 1908 in Recht 1908 Nr. 1501.
Branntweinbrennerei, RG. 27. April 1903 in JW. 1903 S. 246.
Großbäckerei, RGStr. Bd. 24 S. 356, Mechan. Weberei, RG. 18. Febr. 1881 in EisEntsch. 1 S. 382.
Sägewerk, RG. 30. März 1904 in EisEntsch. 21 S. 325; RG. 28. Mai 1906 in EisEntsch. 23 S. 170,
Zuckerfabrik, RGZ. Bd. 1 S. 46; Bd. 60 S. 207,
Fabrikmühle, RG. 3. Juli 1890 in EisEntsch. 7 S. 446,
Färberei, chem. Wasch- und Reinigungsanstalt, RG. 23. Juni 1898 in EisEntsch. 16 S. 103; RGSt. Bd. 26 S. 189,
Großwäscherei, RGStr. Bd. 26 S. 189,
Farbenfabrik, RG. 8. Juni 192[illegible] in EisEntsch. 45 S. 87,
Eisenbahnwerkstätte, RGZ. Bd. 29 S. 42,
Schneidemühle, RG. 26. Juni 1880 in EisEntsch. 1 S. 236,
Papierfabrik, RGZ. Bd. 12 S. 45.
Eine Fabrik kann auch vorliegen, wenn die Erzeugnisse nicht für den Handel, sondern nur für den eigenen Bedarf bestimmt sind, wie bei der Brennerei und Spirituosenfabrik eines Gastwirts. RGStr. Bd. 25 S. 3. **Anm. 16.**
Das Baugewerbe als solches fällt nicht unter den Begriff der Fabrik, RG. 4. Juli 1890 in EisEntsch. 7 S. 446. **Anm. 17.**
§ 2 ist auf Baugewerbe und Herstellung eines Eisenbahntunnels nicht anwendbar, RG. 26. Sept. 1882 in JW. 1882 S. 236.

C. Betriebsunfall

Wie in § 1, so muß auch in § 2 der Tod oder die Körperverletzung bei dem Betriebe erfolgt sein, es muß sich also um einen Betriebsunfall handeln. RG. 26. Okt. 1881 in EisEntsch. 2 S. 132; RG. 6. Dez. 1881 in EisEntsch. 2 S. 163. Erforderlich ist nicht nur ein örtlicher und zeitlicher, sondern auch ein ursächlicher Zusammenhang des Unfalls mit dem Betriebe. Die Anwendung des § 2 ist nicht unter allen Umständen auf Unfälle in den Fabrikräumen beschränkt. RG. 26. Okt. 1881 in EisEntsch. 2 S. 132. **Anm. 1.**
Unter Betrieb ist hier nur der technische Teil der Verrichtungen zu verstehen. **Anm. 2.**
Nicht erforderlich ist, daß der Unfall gerade mit Umständen und Vorgängen zusammenhängt, die der Anlage die ihr eigentümliche Gefährlichkeit verleihen. § 2 findet auch Anwendung auf solche Fabrikbetriebe, die im allgemeinen ungefährlich sind, RGZ. Bd. 4 S. 98 (Unfall beim Lagern eines Fasses im Lagerraum einer Brauerei). **Anm. 3.**

Anm. 4. Es genügt, daß die technischen Einrichtungen und Vorgänge der Anlage den Unfall verursacht haben, RGZ. Bd. 7 S. 9; RG. 30. Juni 1883 in EisEntsch. 3 S. 85; RG. 11. Juli 1887 in EisEntsch. 5 S. 436; RGZ. Bd. 1 S. 46.

Anm. 5. Zu den technischen Betriebshandlungen gehören nicht die Verrichtungen, die zum Bau oder zur Errichtung der Anlage dienen, RGZ. Bd. 16 S. 19; RG. 19. Okt. 1881 in EisEntsch. 2 S. 128; RG. 3. Juli 1890 in EisEntsch. 7 S. 446.

Anm. 6. Auch die Beförderung der zu verarbeitenden Stoffe oder der nötigen Werkzeuge usw. zur Fabrik gehört nicht zum Fabrikbetrieb, z. B. nicht die Herbeischaffung von leeren Fässern zur Zuckerfabrik (RGZ. Bd. 1 S. 46), nicht die Beförderung eines Ambosses zur Knopffabrik (RGZ. Bd. 16 S. 22), die Verladung eines in der Fabrik zu verarbeitenden Trägers (RG. 22. Sept. 1880 in EisEntsch. 1 S. 272).

Zum Betriebe gehören nicht die Verrichtungen, die der Beförderung der fertigen Waren zum Käufer oder der Aufstellung der gelieferten Maschine bei ihm dienen, z. B. nicht die auswärtige Montierung einer Maschine (RG. 2. Jan. 1908 in EisEntsch. 24 S. 380), es sei denn, daß sie in besonders engem Zusammenhange mit dem technischen Betriebe stehen, z. B. besondere technische Kenntnisse erfordern, RG. 26. Okt. 1881 in EisEntsch. 2 S. 132 (Abladen einer Maschine beim Erwerber).

Anm. 7. Der ursächliche Zusammenhang mit dem Betriebe ist bejaht worden bei einem Unfall beim Abladen einer angefertigten Maschine beim Erwerber unter Leitung des Monteurs des Fabrikanten, und bei Beförderung eines Schwungrades, das der Monteur beim Käufer an den Motor montieren sollte (RG. 8. Juli 1915 in EisEntsch. 33 S. 94 (= RGZ. Bd. 124 = JW. 1915 S 1195), sowie beim Unfall eines Kindes an einem Schleifstein auf dem Zechenplatz (RG. 10. Dez. 1910 in EisEntsch. 28 S. 66).

Anm. 8. Betriebsunfall liegt vor, wenn die Arbeiten nur eine Ausstrahlung des über die eigentlichen Fabrikräume hinausreichenden Fabrikbetriebes sind, wie häufig bei Gas- und Elektrizitätswerken (RGZ. Bd. 67 S. 229, Beschickung mit elektrischem Strom). Vgl. auch RG. 9. Febr. 1925 in EisEntsch. 43 S. 114. Hiernach können auch Verrichtungen, die in räumlicher Entfernung von den Betriebsgebäuden vorgenommen werden, technisch in engstem Zusammenhang mit dem Betriebe stehen und ein wesentlicher Teil desselben sein, wie bei einem Gleise zum Abfahren von Asche (RGZ. Bd. 95 S. 177), einem Gleise von der Zinkhütte zur Bahnstation (RG. 25. Oktober 1913 in EisEntsch. 30 S. 492), beim Hebekran eines Sägewerks (RG. 30. März 1904 in EisEntsch. 21 S. 355).

Anm. 9. Der ursächliche Zusammenhang mit dem Betriebe ist ferner angenommen worden: bei einem Unfall beim Beiseiteschieben eines außerhalb der Fabrikräume im Hof stehenden Wagens, der beim Einfahren im Wege stand (RG. 18. März 1882 in EisEntsch. 2 S. 240), bei einer Brunnenausbesserung, wobei das Ingangsetzen des zur Fabrik gehörigen Pumpwerks den Unfall verursachte (RG. 30. Juni 1883 in EisEntsch. 3 S. 85), bei Ausbesserung eines Fabrikschornsteins durch Arbeiter der Fabrik (RG. 19. Okt. 1881 in EisEntsch. 2 S. 128), bei einer geringen Ausbesserung an einer Maschine (RG. 11. Okt. 1882 in EisEntsch. 2 S. 365).

Ein Unfall beim Bau eines Mühlwehrs steht außer ursächlichem Zusammenhang mit dem fabrikmäßigen Betrieb der Mühle, RG. 3. Juli 1890 in EisEntsch. 7 S. 446.

Anm. 10. Ein Unfall beim Abladen von zu bearbeitenden Hölzern auf dem Lagerplatz der Fabrik ist ein Unfall im Sinne des § 2. Das Berufungsgericht hatte hier angenommen, ein Betriebsunfall liege nicht vor, da das Abladen mit dem technischen und mechanischen Betriebe der Fabrik in keinem inneren, sondern nur in äußerlichem Zusammenhange stehe. Das Gesetz macht jedoch keinen Unterschied, ob die Verbindung mit dem Fabrikbetriebe eine innere oder äußerliche ist. Es genügt, wenn die Verrichtung, bei der sich der Unfall ereignet hat, mit dem technischen und mechanischen Betriebe der Fabrik überhaupt in Verbindung steht und der Leitung oder Aufsicht der Leiter und Aufseher für den Fabrikbetrieb untersteht, RG. 24. Sept. 1884 in JW. 1884 S. 273.

Ist zur Zeit des Unfalls der Fabrikbetrieb tatsächlich eingestellt, so findet § 2 keine Anwendung, RG. 9. Juli 1906 in JW. 1906 S. 547. Anm. 11.

Ein Betriebsunfall liegt vor, wenn in einer Gasmotorenfabrik ein Kaufliebhaber bei Vorführung eines Motors durch Explosion eines dabei verwendeten, von einer dritten Firma eingestellten Gasapparates verletzt wird, RG. 4. März 1909 in JW. 1909 S. 249, ebenso wenn der Verletzte in der Fabrik beim Niederlassen eines Motors, den er zu photographieren hatte, verletzt wurde; diese Körperverletzung steht keineswegs nur in einem zufälligen äußeren Zusammenhange mit dem Fabrikbetriebe; es ist nicht erforderlich, daß die Maßnahme, bei der sich der Unfall ereignet, den gesamten Betrieb darstellt und der Anfertigung eines der Gegenstände dienen soll, deren Herstellung der Zweck des gewerblichen Unternehmens ist; es genügt vielmehr, daß die Maßnahme mit dem technischen und mechanischen Betriebe des Fabrikunternehmens in Verbindung steht und die für den Fabrikbetrieb charakteristischen, seine Gefährlichkeit begründenden Merkmale enthält, RG. 13. April 1915 in JW. 1915 S. 659. Anm. 12.

Ein Betriebsunfall ist anzunehmen, wenn der Ingenieur eines Elektrizitätswerks schuldhaft die Unterbrechung der Zuleitung des elektrischen Stromes zu einer Fabrik unterlassen hat und infolgedessen in der Fabrik ein Arbeiter beim Abnehmen eines Schaltschrankes durch den elektrischen Strom verletzt wird, RG. 16. Dez. 1907 in RGZ. Bd. 67 S. 229 (= JW. 1908 S. 115). Anm. 13.

D. Personen, für deren Verschulden gehaftet wird

Die in § 2 aufgeführten Betriebsunternehmer sind auf Grund des RHpflG. nur dann schadensersatzpflichtig, wenn einer ihrer Bevollmächtigten, Repräsentanten oder eine von ihnen zur Leitung oder Beaufsichtigung des Betriebes oder der Arbeiter angenommene Person durch ein Verschulden in Ausführung der Dienstverrichtungen den Unfall herbeigeführt hat. Anm. 1.

Dagegen kann ein Unternehmer, wenn ihn selbst ein Verschulden trifft, auf Grund anderer gesetzlicher Bestimmungen haftbar sein, z. B. nach §§ 823 ff. BGB. Ohne Rücksicht auf das Vorliegen eigenen Verschuldens haftet er für das Verschulden der in § 2 genannten Angestellten, insbesondere auch dann, wenn er nachweisen kann, daß er sie sorgfältig ausgewählt und überwacht habe; er kann sich insoweit nicht nach § 831 BGB. entlasten, RGZ. Bd. 95 S. 177; RG. 30. Sept. 1912 in EisEntsch. 29 S. 224 und 322 (= JW. 1912 S. 1110). Anm. 2.

§ 2 macht den Fabrikherrn nicht verantwortlich für ein von einem gewöhnlichen Arbeiter bei seinen gewöhnlichen Dienstverrichtungen begangenes Versehen, RG. 6. Febr. 1885 in JW. 1885 S. 129. Anm. 3.

I. Bevollmächtigte.

Hier ist nicht an die Bevollmächtigung zum Abschluß von Rechtsgeschäften gedacht (RG. 9. Okt. 1880 in EisEntsch. 1 S. 283), sondern an Personen, die befugt sind, den Betriebsunternehmer im technischen Betrieb zu vertreten, RGZ. Bd. 71 S. 1 = RG. 4. März 1909 in EisEntsch. 25 S. 414. Anm. 4.

Hierher gehört u. a. der Gesellschafter einer offenen Handelsgesellschaft. Er ist, wenn nicht Repräsentant, so doch jedenfalls Bevollmächtigter im Sinne des § 2, RG. 20. Okt. 1880 in EisEntsch. 1 S. 291.

Die Beauftragung des Bevollmächtigten kann auch stillschweigend erfolgen. RG. 1. Febr. 1884 in EisEntsch. 3 S. 178 (Bruchmeister im Steinbruch). Vgl. auch RGZ. Bd. 136 S. 343 (zu § 899 RVO.). Anm. 5.

II. Repräsentanten.

Eine scharfe Abgrenzung gegenüber den Bevollmächtigten ist nicht möglich, aber auch nicht erforderlich, da der Unternehmer für das Verschulden beider haftet. Anm. 6.

Anm. 7. Man wird in erster Linie die gesetzlichen Vertreter juristischer Personen hierher zu rechnen haben. So ist der Direktor einer Aktiengesellschaft als Repräsentant anzusehen, RGZ. Bd. 11 S. 27 = RG. 13. März 1884 in EisEntsch. 3 S. 195.
Vg. auch RG. 22. September 1911 in EisEntsch. 28 S. 347(= JW. 1911 S. 949).

III. Aufsichtspersonen.

Anm. 8. Der Begriff der Aufsichtsperson oder leitenden Person ist in weitestem Sinne zu verstehen, RGZ. Bd. 3 S. 4 = RG. 3. Dez. 1880 in EisEntsch. 1 S. 32; RG. 5. März 1884 in EisEntsch. 3 S. 328; RG. 25. Okt. 1909 in SeuffA. Bd. 65 S. 195 = EisEntsch. 26 S. 315; RAG. Bd. 20 S. 196; RG. 1. Dez. 1942 VI 47/42; RG. 16. Febr. 1943 V 102/42 (zu § 899 RVO.).

Anm. 9. Wesentlich ist, daß der betreffende Angestellte selbständig eine Aufsicht oder Leitung ausübt.

Anm. 10. Als Aufsichtsperson kann auch ein einfacher Fabrikarbeiter, der selbst an der Ausführung der Arbeiten teilnimmt, angesehen werden, auch wenn er eine untergeordnete Stellung, einen beschränkten Wirkungskreis und ein nur geringes Maß technischer Kenntnisse hat und höheren Organen unterstellt ist, sofern er nur selbständig irgend eine technische Aufsicht oder Leitung, sei es dauernd oder vorübergehend, ausübt, RG. 10. Dez. 1879 in EisEntsch. 1 S. 44; RG. 24. Febr. 1882 in JW. 1882 S. 92; RGZ. Bd. 1 S. 28 = RG. 21. März 1882 in EisEntsch. 2 S. 240; RGZ. Bd. 3 S. 4 = RG. 3. Dez. 1880 in EisEntsch. 1 S. 32; RG. 6. Febr. 1885 in EisEntsch. 4 S. 37; RG. 28. Febr. 1887 in JW. 1887 S. 119; RG. 21. Mai 1906 in EisEntsch. 23 S. 263; RG. 25. Okt. 1909 in EisEntsch. 26 S. 315 = SeuffA. 65 S. 195; RG. 8. Juni 1926 in EisEntsch. 45 S. 87.

Anm. 11. Es kann sich auch um die Beaufsichtigung oder Leitung von Teilen des Betriebes, ja auch nur eines Arbeiters handeln; RGZ. Bd. 1 S. 28; RGZ. Bd. 3 S. 4; RG. 28. Okt. 1881 in EisEntsch. 2 S. 128; RG. 6. Mai 1882 in EisEntsch. 2 S. 268.

Anm. 12. Es muß sich um die Leitung technischer Arbeiten handeln; dabei ist ohne Belang, ob der die Anordnung gebende Angestellte sonst eine nichttechnische (z. B. literarische) Abteilung leitet, RG. 13. April 1915 in EisEntsch. 32 S. 109 und 444 (= JW. 1915 S. 659).

Anm. 13. Es genügt, daß die in Frage kommende Person — sei sie Angestellter oder Arbeiter — den Betrieb oder einen Teil davon mit einer gewissen Selbständigkeit zu beaufsichtigen hat. Dazu ist nicht erforderlich, daß ihr andere Personen dienstlich unterstellt sind; es genügt schon, daß sie eine Maschine über die rein mechanische Bedienung hinaus mit eigener Verantwortung zu beaufsichtigen hat, um den Gang des Betriebes oder seine Sicherheit zu gewährleisten. RAG. Bd. 20 S. 196; RGZ. Bd. 167 S. 385; RG. 16. Febr. 1943 V 102/42.

Anm. 14. In der Rechtsprechung sind als Aufsichtspersonen angesehen worden:

Werkmeister, RG. 27. Dez. 1879 in EisEntsch. 1 S. 73; RG. 20. Febr. 1880 in EisEntsch. 1 S. 131; RGZ. Bd. 3 S. 1; RG. 26. März 1888 in EisEntsch. 6 S. 271;

Gießermeister, RGZ. Bd. 1 S. 271;

Bruchmeister im Steinbruch, RG. 1. Febr. 1884 in EisEntsch. 3 S. 178;

leitender Betriebsführer im Steinbruch, RG. 15. Mai 1905 in EisEntsch. 22 S. 352;

betriebsleitender Chemiker, RG. 16. Dez. 1879 in EisEntsch. 1 S. 56;

leitender Ingenieur, RG. 13. Juli 1904 in EisEntsch. 21 S. 266;

Oberingenieur, RGZ. Bd. 71 S. 1;

Betriebleiter im Dampfsägewerk RG. 28. Mai 1906 in EisEntsch. 23 S. 170;

Brennmeister RG. 27. April 1903 in EisEntsch. 20 S. 157;

Oberarbeiter im Bergwerk RG. 10. März 1883 in EisEntsch. 3 S. 39;

einfache Arbeiter RG. 10. Dez. 1879 in EisEntsch. 1 S. 44; RG. 11. Dez. 1880 in EisEntsch. 1 S. 332; RG. 21. März 1882 in EisEntsch. 2 S. 240 (= RGZ. Bd. 1 S. 28); RG. 10. Febr. 1882 in EisEntsch. 3 S. 244; RGZ. Bd. 8 S. 30 (= RG. 3. Nov. 1882 in EisEntsch. 2 S. 391);

Monteur, der einen Dampfkessel überwacht, RG. 5. März 1884 in EisEntsch. 3 S. 328;

Kesselwärter, RG. 6. Mai 1882 in EisEntsch. 2 S. 268;

Wagenführer der Straßenbahn, RG. 21. Mai 1906 in EisEntsch. 23 S. 263; RAG. Bd. 20 S. 196;
Rangierer einer Farbenfabrik, RG. 8. Juni 1926 in EisEntsch. 45 S. 87;
Maschinenwärter im Bergwerk, RG. 22. Febr. 1882 in JW. 1882 S. 92.

Der Betriebsunternehmer haftet nur für das Verschulden der von ihm mit der Aufsicht oder Leitung betrauten Personen. Hat eine Stadt einem Regierungsbaumeister die Aufsicht über die von einem Maurermeister als Unternehmer ausgeführten Maurerarbeiten übertragen, so haftet letzterer nicht für ein Verschulden dieses Aufsichtsbeamten, RGZ. Bd. 27 S. 136 (= RG. 4. Juni 1891 in EisEntsch. 9 S. 61). Anm. 15.

§ 2 ist anwendbar, wenn im Bergwerk ein gewöhnlicher Häuer zum Vorfahrer bestellt ist, RG. 28. Febr. 1887 in JW. 1887 S. 119. Anm. 16.

Doch ist Betriebsaufseher nicht jeder, der im Betrieb eine Maschine bedient, es muß eine Aufsichtstätigkeit, wenn nicht über Betriebsangehörige, so doch über Betriebseinrichtungen, hinzukommen. Ein Feuerwehrmann, der einen Dienstwagen zu fahren und zu pflegen hat, ist nicht Betriebsaufseher, RG. 24. Okt. 1941 in JRPV. 1942 S. 94 = RG. 3 Band 167 S. 385. Anm. 17.

Vgl. auch RG. 16. Dez. 1939 in DR. 1940 S. 400; OLG. Karlsruhe 5 April 1939 in DR. 1939 S. 1172; OLG. Naumburg 14. Febr. 1939 in DR. 1939 S. 260.

Dagegen will OLG. Dresden 2. Juni 1942 in VAE. 1942 S. 150 den Fahrer eines Beerdigungskraftwagens als Aufsichtsperson ansehen, wohl zu Unrecht. Anm. 18.

E. Verschulden

Eine Schadensersatzpflicht nach § 2 ist nur begründet, wenn ein V e r s c h u l d e n der Aufsichtsperson vorliegt. Es handelt sich mithin hier nicht um eine Gefährdungshaftung, sondern um eine Haftung für — wenn auch fremdes — Verschulden, RG. 13. Juli 1920 in SeuffA. 76 S. 28. Der Unternehmer kann sich von der Haftung nicht durch den Nachweis befreien, daß er die Aufsichtsperson sorgfältig ausgewählt und überwacht habe (anders als in § 831 BGB.), RG. 30. Sept. 1912 in EisEntsch. 29 S. 224, 322 (= JW. 1912 S. 1110). Auch eine geringe Fahrlässigkeit der Aufsichtsperson macht den Unternehmer haftbar, RG. 26. Juni 1880 in EisEntsch. 1 S. 236; RG. 13. Febr. 1885 in EisEntsch. 4 S. 38. Anm. 1.

§ 2 begründet eine Ersatzpflicht ohne Rücksicht auf den G r a d des Verschuldens. RG. 31. März 1887 in EisEntsch. 5 S. 271.

Die Aufsichtspersonen sind zu der gleichen Sorgfalt verpflichtet, welche dem Betriebsunternehmer selbst obliegen würde, RG. 14. April 1885 in EisEntsch. 4 S. 139. Anm. 2.

Bei der Prüfung, welches Maß von Sorgfalt in einem Betriebe zur Abwendung von Gefahren für Leben und Gesundheit aufzuwenden ist, und ob der Unternehmer diese Sorgfalt schuldhaft außer acht gelassen hat, ist ein von seiner Persönlichkeit unabhängiger, durch die Natur des Unternehmens bedingter o b j e k t i v e r Maßstab anzulegen. RGZ. Bd. 8 S. 149 (151). Anm. 3.

Jedoch geht die Sorgfaltspflicht nicht weiter, als ein gewissenhafter Unternehmer desselben Geschäftszweiges sie anwendet. Es kommt insbesondere darauf an, welche Schutzmaßnahmen ü b l i c h sind, RG. 26. Juni 1880 in EisEntsch. 1 S. 236; RG. 9. Nov. 1881 in EisEntsch. 2 S. 148; RG. 20. Jan. 1893 in EisEntsch. 10 S. 157; Bayer. ObLG. 12. Jan. 1888 in EisEntsch. 6 S. 356. Anm. 4.

Doch haben eingerissene Mißbräuche und Betriebsunsitten dabei außer Betracht zu bleiben.

Ein Verschulden der Aufsichtspersonen kann namentlich dann in Betracht kommen, wenn in dem Betriebe nicht diejenigen Maßnahmen getroffen sind, die zum Schutz der Arbeiter und Dritter gegen die Gefahren des Betriebes geboten sind. Anm. 5.

Nach § 120 a GewO. sind die Unternehmer verpflichtet, die Arbeitsräume, Betriebsvorrichtungen, Maschinen und Gerätschaften so einzurichten und zu unterhalten, und den Betrieb so zu regeln, daß die Arbeiter gegen Gefahren für Leben und Gesundheit soweit geschützt sind, wie es die Natur des Betriebes gestattet.

Eine ähnliche Bestimmung enthält § 618 BGB. (Verpflichtung des Dienstberechtigten aus dem Dienstvertrage).

Anm. 6. Die Pflicht der Sorge für die Sicherung gegen Gefahren besteht auch bei sogen. Außenarbeiten, z. B. wenn der Unternehmer seine Arbeiter außerhalb seiner Fabrik, in einem fremden Betriebe, arbeiten läßt, RG. 12. Okt. 1886 in EisEntsch. 5 S. 98; RG. 29. März 1887 in EisEntsch. 5 S. 332.

Anm. 7. In manchen Betrieben sind gefährliche Arbeiten oder Maschinen unvermeidlich. In der Regel liegt in der Anordnung solcher Arbeiten kein Verschulden, doch müssen tunlichst Sicherungsmaßnahmen getroffen werden. Nur bei ganz besonderer Gefährlichkeit kann schon in der Verwendung gefährlicher Maschinen ein Verschulden erblickt werden, RG. 14. Jan. 1880 in EisEntsch. 1 S. 85.

Ein Verschulden einer Aufsichtsperson kann auch darin liegen, daß sie es unterläßt, bei Anordnung einer gefährlichen Arbeit genaue Verhaltungsmaßregeln zu geben, RG. 16. Dez. 1879 in EisEntsch. 1 S. 56.

Anm. 8. Zu den Pflichten eines Aufsichtsorgans gehört es auch, für gute Beschaffenheit der im Betriebe benutzten Gerüste zu sorgen, RG. 16. Dez. 1879 in EisEntsch. 1 S. 52.

Anm. 9. Schuldhaft handelt eine Aufsichtsperson, die einen Dreizehnjährigen bei einer gefährlichen Arbeit anstellt und nicht abwartet, ob der Knabe die erteilten Weisungen erfaßt hat und beobachtet, RG. 27. Dez. 1879 in EisEntsch. 1 S. 73.

Anm. 10. Über den Gebrauch einer gefährlichen Maschine muß der Unternehmer die Arbeiter belehren, vor allem Unerfahrene, er muß sie auf Gefahren aufmerksam machen, darf keine Zuwiderhandlungen dulden, Bayer. ObLG. 27. Mai 1885 in EisEntsch. 4 S. 182.

Es ist ein Verschulden, wenn eine Aufsichtsperson das besonders gefährliche Auflegen eines Treibriemens einem Lehrling ohne Aufsicht überträgt, RG. 20. Febr. 1880 in EisEntsch. 1 S. 131.

Anm. 11. Unter Umständen muß auch mit ordnungswidrigem oder unvernünftigem Verhalten der Arbeiter gerechnet werden und müssen die Schutzmaßnahmen demgemäß getroffen werden, RG. 18. Dez. 1880 in EisEntsch. 1 S. 338.

Auch Schutzvorrichtungen, die einen Unfall zwar nicht immer verhindern, aber die Gefahr vermindern können, z. B. Schutzbrillen, müssen verwendet werden, RGZ. Bd. 1 S. 271; RG. 21. Dez. 1880 in EisEntsch. 1 S. 341; RG. 28. Okt. 1881 in EisEntsch. 2 S. 134; RG. 21. März 1882 in EisEntsch. 2 S. 240; RGZ. Bd. 5 S. 101 (= EisEntsch. 2 S. 111); RGZ. Bd. 11 S. 23.

Wenn eine Gefahr trotz Erkennbarkeit nicht erkannt wird und Schutzmaßnahmen unterlassen werden, liegt ein Verschulden vor, RG. 10. Juli 1880 in EisEntsch. 1 S. 258.

Anm. 12. Dagegen ist ein Verschulden nicht gegeben, wenn ein Unfall vernünftigerweise überhaupt nicht vorausgesehen werden konnte, RG. 22. Sept. 1880 in EisEntsch. 1 S. 272.

Doch muß auch solchen Unfällen vorgebeugt werden, die durch die nach der Lebenserfahrung zu erwartenden Unachtsamkeiten der Arbeiter verursacht werden können, RG. 1. Juli 1892 in EisEntsch. 9 S. 326.

Anm. 13. Der Unternehmer kann sich nicht damit entschuldigen, daß die Aufsichtsbehörde die Anbringung einer Schutzvorrichtung nicht verlangt habe, RG. 11. März 1890 in EisEntsch. 8 S. 16, oder daß er die polizeilichen Vorschriften beachtet habe, RG. 23. Nov. 1881 in EisEntsch. 2 S. 160, oder daß der Gewerbepolizeibeamte bei der Prüfung der Maschine das Fehlen einer Schutzvorrichtung nicht gerügt habe, RGZ. Bd. 12 S. 45.

Daß auch andere Betriebe der gleichen Art eine notwendige Schutzeinrichtung unterlassen haben, schließt für sich allein nicht ein Verschulden aus, RGZ. Bd. 12 S. 130.

Anm. 14. Der Unternehmer muß die Arbeiter auch gegen ihre eigene Fahrlässigkeit schützen, dabei dürfen die Anforderungen an die Vorsicht der Arbeiter nicht zu streng bemessen werden, zumal wenn mit Gewöhnung an die Gefahren und ihrer Mißachtung zu rechnen ist, RG. 18. Febr. 1881 in EisEntsch. 1 S. 382. Ergibt die Erfahrung, daß die Arbeiter bei länger fortgesetzter mechanischer Beschäftigung sorglos werden und leicht Fehlgriffe tun, so muß der Unterneh-

mer auch Vorkehrungen zur Abwendung dieser Gefahr treffen, RG. 12. Juli 1881 in EisEntsch. 2 S. 78; RG. 7. Juli 1883 in EisEntsch. 3 S. 90.
Gegen ein ungeeignetes Verhalten der Arbeiter bei gefährlicher Arbeit muß das Aufsichtsorgan einschreiten, RG. 14. Febr. 1882 in EisEntsch. 2 S. 203; RG. 10. Mai 1882 in EisEntsch. 2 S. 269.
Erfährt der Unternehmer, daß die Arbeiter die Gefahren nicht einsehen oder leichtsinnig sind, so muß er mit Belehrung, Warnung oder Verbot einschreiten, RG. 25. Febr. 1885 in EisEntsch. 4 S. 132.
Es genügt nicht, Vorschriften über das Verhalten bei gefährlichen Arbeiten zu geben, vielmehr müssen die notwendigen Schutzeinrichtungen getroffen werden, RG. 25. Juni 1884 in EisEntsch. 3 S. 235.
Den Vollzug der Schutzvorschriften muß der Unternehmer überwachen, RG. 24. Okt. 1896 in EisEntsch. 14 S. 28. Anm. 15.
Ein Aufsichtsorgan handelt schuldhaft, wenn es sich nicht darum kümmert, ob bei gefährlichen Arbeiten seine Anweisungen von den Arbeitern richtig verstanden und ausgeführt werden, RG. 20. Juni 1882 in EisEntsch. 2 S. 307.
Vor Beginn einer gefährlichen Arbeit hat der Unternehmer die Tauglichkeit der Arbeitsgeräte zu prüfen, RG. 21. März 1884 in EisEntsch. 3 S. 332. Maßgebend ist, ob der Unternehmer die Gefahr und die Notwendigkeit von Schutzmaßnahmen kannte oder hätte erkennen müssen. RG. 30. Okt. 1885 in EisEntsch. 4 S. 377; RG. 7. Dez. 1894 in EisEntsch. 11 S. 346. Anm. 16.
Soweit jedoch Gefahren nur durch grobe Unvorsichtigkeit der Arbeiter entstehen können, werden besondere Schutzeinrichtungen nicht verlangt werden können, RG. 2. April 1881 in EisEntsch. 2 S. 1; RG. 9. Nov. 1881 in EisEntsch. 2 S. 148. Anm. 17.

F. Ausführung der Dienstverrichtungen

Ähnlich wie nach § 831 BGB. der Geschäftsherr nur für den Schaden haftet, den der zu einer Verrichtung Bestellte *in Ausführung der Verrichtung* einem Anderen zufügt, haftet auch der Betriebsunternehmer nach § 2 RHpflG. nur, wenn die Aufsichtsperson den Unfall in Ausführung der Dienstverrichtungen herbeigeführt hat. Die Aufsichtsperson muß in Ausübung derjenigen Tätigkeit gehandelt haben, die zu dem ihr übertragenen Geschäftskreise gehört. Nur was nach Art und Zweck in innerem Zusammenhange mit den ihr zugewiesenen Geschäften steht, ist in Ausführung der Dienstverrichtungen begangen. Vgl. hierzu RGZ. Bd. 73 S. 436; Bd. 79 S. 319; Bd. 104 S. 345. Der Betriebsunternehmer haftet mithin nicht, wenn ein Angestellter Verrichtungen vornimmt, die völlig außerhalb des Bereichs der ihm übertragenen Geschäfte liegen, wenn er nur *bei Gelegenheit* von Dienstverrichtungen schuldhaft einen Unfall verursacht. Anm. 1.
Liegt aber ein innerer Zusammenhang mit dem übertragenen Geschäftsbereich vor, so stellt eine willkürliche oder irrtümliche Überschreitung der Auftragsgrenzen die Handlung noch nicht außerhalb der aufgetragenen Verrichtungen. Vgl. auch RG. 18. April 1928 in WarnRspr. 1928 Nr. 74. Nur für dem zugewiesenen Geschäftskreis ganz fremde Handlungen der Aufsichtsperson haftet der Unternehmer nicht. Vgl. auch RG. 14. Okt. 1926 in JR. Rspr. 27 S. 25.
Eine Haftung des Betriebsunternehmers nach § 2 ist nicht gegeben, wenn ein Obermeister einen im Dampfhammer beschäftigten Schmied, weil er eine Anordnung nicht befolgte, zu Boden stößt und verletzt, RG. 11. Juli 1887 in EisEntsch. 5 S. 436. Anm. 2.

G. Unfall

Auch in § 2 muß es sich um einen *Unfall* handeln. d. h. um eine plötzliche Einwirkung, nicht um mit dem Betriebe verbundene längere Zeit andauernde Einwirkungen, sog. Gewerbe- oder Berufskrankheiten. Vgl. auch hierzu die Erläuterungen zu § 1. Anm. 1.

H. Ursächlicher Zusammenhang

Anm. 1. Zwischen dem Verschulden der Aufsichtsperson und dem Unfall muß ein ursächlicher Zusammenhang bestehen, RG. 5. Juni 1888 in EisEntsch. 6 S. 392. Bei der Feststellung dieses Zusammenhanges findet § 287 ZPO. Anwendung.

Anm. 2. Sind Unfallverhütungsvorschriften nicht beachtet, so spricht der erste Anschein dafür, daß hierdurch der Unfall verursacht ist, RG. 2. Dez. 1914 in JW. 1915 S. 243; RG. 3. April 1919 in JW. 1919 S. 509; RG. 25. März 1929 in JW. 1929 S. 1461; RGZ. Band 128 S. 320 (329).

Anm. 3. Es muß sich um einen ursächlichen Zusammenhang im Rechtssinne handeln. Vgl. hierzu die Erläuterungen zu § 1.

Vgl. auch RG. 15. Okt. 1881 in EisEntsch. 2 S. 125 (der Betriebsunternehmer haftet nur für einen Schaden, dessen Entstehung in dem regelmäßigen Lauf der Dinge liegt). RG. 5. Juli 1884 in EisEntsch. 3 S. 374 hält den ursächlichen Zusammenhang nicht für gegeben, wenn eine Aufsichtsperson schuldhaft einen Riemen herabhängen läßt und ein Arbeiter dadurch verunglückt, daß er kopflos in den Riemen hineingreift. Diese Entscheidung wird nicht gebilligt werden können.

Anm. 4. Benutzen Arbeiter häufig einen auf dem Fabrikgelände befindlichen Bahnübergang, so ist es schuldhaft, wenn der Unternehmer der Fabrik keine Schutzmaßregeln trifft, RG. 24. Juni 1907 in EisEntsch. 24 S. 170.

Anm. 5. Die Beobachtung der polizeilichen Vorschriften genügt noch nicht, ein Verschulden auszuschließen, RG. 25. Nov. 1881 in EisEntsch. 2 S. 160.

Es kommt nicht nur darauf an, ob die gesetzlichen Vorschriften beobachtet sind, sondern auch darauf, ob die Betriebsstätte so eingerichtet ist, wie sorgfältige Gewerbetreibende der betreffenden Gewerbsart es zu tun pflegen, RG. 9. Nov. 1881 in EisEntsch. 2 S. 148; RG. 23. Nov. 1881 in EisEntsch. 2 S. 158 (159).

Anm. 6. Wenn eine Aufsichtsperson bemerkt, daß sich Kinder in der Nähe gefährlicher Maschinen herumtreiben, so ist es fahrlässig, wenn die angeordneten Sicherungsmaßregeln nicht überwacht werden, RG. 28. Mai 1906 in EisEntsch. 23 S. 170. Doch besteht keine allgemeine Verpflichtung, Personen, die verbotswidrig eindringen, gegen Schäden durch unvorsichtige Berührung von Maschinen zu schützen. BayrObLG. 28. Dez. 1898 in SeuffBl. 64 S. 345.

J. Betriebsunternehmer

Anm. 1. Schadensersatzpflichtig ist nach § 2 RHpflG. derjenige, der ein Bergwerk, einen Steinbruch, eine Gräberei oder eine Fabrik b e t r e i b t, mithin der Betriebsunternehmer. Zu diesem Begriff vgl. die Erläuterungen zu § 1.

Anm. 2. Nach § 2 haftet auch ein Betriebsunternehmer, der zu einer einem andern Unternehmer im Akkord übertragenen Arbeit in s e i n e m Betriebe eigene Arbeiter beistellt, RG. 23. Juni 1885 in EisEntsch. 4 S. 361.

Anm. 3. Betriebsunternehmer ist auch, wer einen Steinbruch in der Weise zur Benutzung übernommen hat, daß er das Eigentum der gewonnenen Steine unmittelbar für sich erwirbt und nach freiem Ermessen darüber verfügen darf, RG. 18. April 1883 in JW. 1883 S. 199.

Anm. 4. Entscheidend ist, ob der auf Schadensersatz in Anspruch Genommene die selbständige Verfügungsgewalt über den Betrieb des Bergwerks usw. besitzt und das Unternehmen auf eigene Rechnung und Gefahr führt. Denn wer selbständig über den Betrieb verfügen kann und die Kosten desselben zu tragen hat, sowie die Einnahmen daraus bezieht, ist auch gehalten, für die Sicherheit des Betriebes zu sorgen und die Betriebsgefahren möglichst zu verringern, insbesondere auch geeignete Bevollmächtigte und Leitungs- und Aufsichtspersonen auszuwählen und anzustellen. Er soll daher auch für deren Verschulden haften.

K. Eigenes Verschulden des Verletzten

Auch wenn ein Unfall durch ein Verschulden einer Aufsichtsperson verursacht ist, kann ein schuldhaftes Verhalten des Verunglückten mitursächlich gewesen sein. § 2 bestimmt nichts darüber, inwieweit diesfalls der Betriebsunternehmer haftet, RG. 10. Nov. 1882 in JW. 1882 S. 275. Wie im Falle des § 1 ist hier § 254 BGB. anzuwenden. Dies gilt hier umso mehr, als es sich in § 2 um eine Haftung aus Verschulden — wenn auch nicht aus eigenem Verschulden des Haftpflichtigen — handelt und § 2 — anders als § 1 — eine eigene Bestimmung über das mitwirkende Verschulden des Verunglückten gar nicht enthält, RGZ. Band 63 S. 332 (= RG. 28. Mai 1906 in JW. 1906 S. 459). Anm. 1.

Hiernach schließt eigenes Verschulden des Verletzten nicht ohne weiteres seine Ansprüche gegen den Betriebsunternehmer aus § 2 aus, es hat vielmehr nach § 254 BGB. eine Abwägung stattzufinden. Die Verpflichtung des Betriebsunternehmers zum Schadensersatz und der Umfang des Ersatzes hängen von den Umständen des einzelnen Falles ab. Insbesondere kommt es darauf an, inwieweit der Schaden vorwiegend von dem einen oder dem andern Teile verursacht worden ist. Vgl. im übrigen die Erläuterungen zu § 1. Anm. 2.

L. Beweislast

Während der Verunglückte zu beweisen hat, daß eine Aufsichtsperson durch ein Verschulden in Ausführung der Dienstverrichtungen den Unfall herbeigeführt hat, liegt dem Betriebsunternehmer der Beweis ob, daß der Unfall durch eigenes Verschulden des Verunglückten mitverursacht ist. Anm. 1.

Sind Unfallverhütungsvorschriften verletzt worden, so ist damit in der Regel ein Verschulden dargetan. RG. 2. Dez. 1914 in JW. 1915 S. 243. Denn die Mißachtung der zum Schutz der Arbeiter gegen Unfälle im Betriebe gegebenen Vorschriften ist in der Regel ein Außerachtlassen der im Verkehr erforderlichen Sorgfalt. Es ist die Pflicht des Arbeitgebers, sich um die Einhaltung der Schutzbestimmungen in seinem Betriebe zu kümmern und seine Bevollmächtigten und Aufsichtspersonen in diesem Sinne zu beauftragen und zu unterrichten. Letztere handeln fahrlässig, wenn sie im Betriebe nicht die vorgeschriebenen Einrichtungen und Maßnahmen zur Verhütung von Unfällen durchführen. Anm. 2.

Für Klagen aus § 2 RHpflG. ist nach § 32 ZPO. dasjenige Gericht örtlich zuständig, in dessen Bezirk sich der Unfall ereignet hat, RGZ. Band 6 S. 383. Anm. 3.

§ 3

Im Falle der Tötung ist der Schadensersatz (§§ 1, 1a und 2) durch Ersatz der Kosten einer versuchten Heilung sowie des Vermögensnachteils zu leisten, den der Getötete dadurch erlitten hat, daß während der Krankheit seine Erwerbsfähigkeit aufgehoben oder gemindert oder eine Vermehrung seiner Bedürfnisse eingetreten war. Der Ersatzpflichtige hat außerdem die Kosten der Beerdigung demjenigen zu ersetzen, dem die Verpflichtung obliegt, diese Kosten zu tragen.

Stand der Getötete zur Zeit der Verletzung zu einem Dritten in einem Verhältnisse, vermöge dessen er diesem gegenüber kraft Gesetzes unterhaltspflichtig war oder unterhaltspflichtig werden konnte, und ist dem Dritten infolge der Tötung das Recht auf den Unterhalt entzogen, so hat der Ersatzpflichtige dem Dritten insoweit Schadensersatz zu leisten, als der Getötete während der mutmaßlichen Dauer seines Lebens zur Gewährung des Unterhalts verpflichtet gewesen sein würde. Die Ersatzpflicht tritt auch dann ein, wenn der Dritte zur Zeit der Verletzung erzeugt, aber noch nicht geboren war.

I. Umfang und Grenzen der Ersatzpflicht

Anm. 1. Die §§ 3 und 3a regeln den Umfang und bestimmen die Grenzen der Ersatzpflicht nach dem RHpflG. im Falle der Tötung (§ 3) und Körperverletzung (§ 3a). Sie zählen erschöpfend diejenigen Personen auf, denen überhaupt Ansprüche aus diesem Gesetz zustehen, und bestimmen zwingend, welcher Art diese Ansprüche sind und wie weit sie gehen.

Darüber hinausgehende Ansprüche können aus dem RHpflG. nicht hergeleitet werden. Sie können gegebenenfalls auf Grund von anderen Gesetzen zustehen. Das RHpflG. ist ein Sondergesetz, das Art und Umfang des zu ersetzenden Schadens ausschließlich und erschöpfend regelt. Die §§ 3 und 3a lassen daher eine Ergänzung durch weitergehende Bestimmungen des BGB. nicht zu, KG. Berlin 30. Jan. 1929 in JW. 1929 S. 1494.

Hiernach gibt das RHpflG. keinen Anspruch auf Ersatz des g a n z e n Schadens wie das BGB., vielmehr wird nur ein ganz bestimmter Teil des Schadens ersetzt, RG. 28. März 1884 in EisEntsch. 3 S. 209; RGZ. Bd. 57 S. 52; RG. 21. Jan. 1911 in JW. 1911 S. 332.

Über die im RHpflG. aufgeführten, einzelnen genau bestimmten Schadensersatzansprüche darf nicht hinausgegangen werden. Was hier nicht erwähnt ist, kann der Verunglückte nicht verlangen, wenigstens nicht aus dem RHpflG.

Anm. 2. So können Ansprüche, wie sie in §§ 842, 845, 847 BGB. gewährt werden, aus dem RHpflG. nicht hergeleitet werden, Biermann in VAE. 1943 S. 45 (46).

§ 842 BGB. gibt Ansprüche auf Ersatz von Nachteilen für Erwerb und Fortkommen; diese Ansprüche sind nicht begründet, wenn die Ersatzpflicht n u r auf dem RHpflG. beruht, RGZ. Bd. 57 S. 52 (55); RGZ. Bd. 141 S. 169 (172); RGZ. Bd. 163 S. 40 (45).

Z. B. hat ein bei einem Eisenbahnunfall körperlich verunstaltetes Mädchen nach dem RHpflG. keinen Anspruch auf Ersatz des Schadens, der ihr aus der Verminderung ihrer Heiratsaussichten entsteht.

Auch § 845 BGB. ist im Falle des § 1 RHpflG. nicht entsprechend anwendbar. Wenn bei einem Betriebsunfall jemand verunglückt, der einem Dritten kraft Gesetzes zu Diensten im Hauswesen und Gewerbe verpflichtet war, so kann der Dritte aus dem RHpflG. keine Ansprüche gegen die Eisenbahn wegen der ihm entgehenden Dienste herleiten, RGZ. Bd. 57 S. 52; RG. 21. Jan. 1911 in JW. 1911 S. 332; RG. 17. Okt. 1912 in JW. 1913 S. 99 (= EisEntsch. 29 S. 331); RGZ. Bd. 144 S. 67; OLG. Kolmar 25. Okt. 1907 in Recht 1907 Nr. 3312.

Ist eine Ehefrau verunglückt, so ist nur sie unmittelbar, der Ehemann dagegen nur mittelbar verletzt; eine gegen die Ehefrau begangene unerlaubte Handlung ist nicht zugleich eine solche gegen den Ehemann, RG. 26. Nov. 1929 in RGZ. Bd. 126 S. 253 (= JW. 1930 S. 1582).

Die §§ 3 und 3a enthalten auch keine dem § 847 BGB. entsprechende Bestimmung. Es kann mithin Ersatz des Schadens, der nicht Vermögensschaden ist — des sogen. immateriellen Schadens, Schmerzensgeld — nicht begehrt werden, RG. 27. Dez. 1879 in EisEntsch. 1 S. 73; RG. 28. März 1884 in EisEntsch. 3 S. 209; OLG. Stuttgart 12. Okt. 1906 in Recht 1907 Nr. 2034; RG. 13. Jan. 1908 in EisEntsch. 24 S. 383; RG. 20. Jan. 1916 in JW. 1916 S. 488; RGZ. Bd. 99 S. 263; LG. Schweidnitz 28. April 1942 in VAE. 1942 S. 179.

Der Vater eines Verletzten kann aus dem RHpflG. nicht Schadensersatz wegen der durch die Verletzung herbeigeführten Vermehrung der ihm obliegenden Unterhaltskosten verlangen, RG. 8. Nov. 1906 in EisEntsch. 23 S. 292 (= JW. 1906 S. 810). **Anm. 3.**

Der Ehemann einer Verunglückten kann nicht auf Grund des RHpflG. Ersatz seines Aufwandes für vermehrte Hilfe im Haushalt verlangen, RGZ. Bd. 3 S. 318; Bd. 39 S. 35; Bd. 57 S. 52; Bd. 85 S. 81; RG. 1. Juli 1909 in EisEntsch. 26 S. 194 (= JW. 1909 S. 483 = WarnRspr. 1909 Nr. 507); RG. 1. Nov. 1923 in EisEntsch. 41 S. 274. Vgl. auch RGZ. Bd. 47 S. 84. **Anm. 4.**

Das RHpflG. gibt keinen Anspruch auf Ersatz der Kosten eines Anwalts, dessen sich der Verletzte zur Verhandlung mit dem Betriebsunternehmer bedient hat, OLG. Nürnberg 19. Dez. 1940 in VAE. 1941 S. 111; AG. Nürnberg in VAE. 1943 S. 73. **Anm. 5.**

Der Vater des getöteten Kindes kann nach dem RHpflG. nicht Ersatz der von ihm vor dem Unfall aufgewendeten Kosten, z. B. Erziehungskosten, verlangen, OLG. Köln 23. Juni 1927 in VR. 1927 S. 572. **Anm. 6.**

Die Witwe des Getöteten kann aus dem RHpflG. keinen Ersatz dafür verlangen, daß sie nunmehr die Kinder unterhalten muß, RG. 22. Okt. 1906 in JW. 1906 S. 747. **Anm. 7.**

Der Arbeitgeber, der den unfallverletzten Arbeitern für die Zeit ihrer Arbeitsunfähigkeit den Tariflohn bezahlen muß, kann nach dem RHpflG. keinen Ersatz seiner Aufwendungen begehren, KG. Berlin 30. Jan. 1929 in EisEntsch. 48 S. 186 (= JW. 1929 S. 1494). **Anm. 8.**

II. Ersatz für Heilungskosten und Vermehrung der Bedürfnisse

Ist der Verunglückte nicht sofort bei dem Unfall gestorben, sondern ist noch eine Wiederherstellung versucht worden, so sind nach § 3 RHpflG. die Kosten dieser versuchten Heilung zu ersetzen. Natürlich kann es sich auch um m e h r e r e Heilungsversuche handeln. **Anm. 1.**

Zu den Heilungskosten gehört auch der Kostenaufwand, der erforderlich war, damit sich der Zustand des Verletzten nicht verschlimmere, RGZ. Bd. 3 S. 2 (= EisEntsch. 1 S. 285); RG. 23. Mai 1905 in JW. 1905 S. 443; RG. 26. April 1907 in EisEntsch. 24 S. 61 (= JW. 1907 S. 373); KG. Berlin 11. Mai 1906 in OLGRspr. Bd. 14 S. 405. **Anm. 2**

Aufwendungen zur Erhaltung des Lebens und Linderung des Leidens sind zu ersetzen, RG. 30. Jan. 1891 in EisEntsch. 8 S. 221; RG. 4. Juli 1907 in EisEntsch. 24 S. 172 (= Recht 1907 Nr. 2643); RG. 18. April 1911 in EisEntsch. 28 S. 228. **Anm. 3.**

Einzelne Beispiele von Heilungskosten: **Anm. 4.**
die Kosten ärztlicher Behandlung, RGZ. Bd. 3 S. 2;
Krankenpflege, RGZ. Bd. 103 S. 216;
Arzneien, RG. 14. Mai 1906 in EisEntsch. 23 S. 64;
Krankenhauskosten, Massagen, Bestrahlungen, Badekuren, KG. Berlin 22. Sept. 1936 in VAE. 1936 S. 576;
Badereisen, Erholungsaufenthalt auf dem Lande, RG. 18. Sept. 1906 in EisEntsch. 23 S. 186 (= JW. 1906 S. 696); KG, Berlin 11. Mai 1906 in OLGRspr. Bd 14 S. 405; RG. 4. Juli 1907 in EisEntsch. 24. S. 172 (= Recht 1907 Nr. 2643);

RG. 28. April 1913 in EisEntsch. 30 S. 206; OLG. Dresden 10. Sept. 1942 in VAE. 1942 S. 218.

Beschaffung, Instandhaltung und Erneuerung künstlicher Gliedmaßen, Prothesen, Gebisse usw., RGZ. Bd. 25 S. 49; RG. 14. Mai 1906 in EisEntsch. 23 S. 64; RG. 28. Okt. 1920 in EisEntsch. 38 S. 154.

Für eine beim Unfall zerbrochene Goldbrücke (Zahnersatz) kann, da es sich um Sachschaden handelt, Ersatz nicht nach dem RHpflG., sondern nur nach § 1 des Gesetzes über die Haftpflicht der Eisenbahnen und Straßenbahnen für Sachschaden vom 29. April 1940 verlangt werden. Vgl. auch RG. 19. Mai 1924 in JW. 1924 S. 1870 (= VR. 1924 S. 458).

Anm. 5. Manche Aufwendungen können sowohl unter den Begriff der Heilungskosten als auch unter den der Vermehrung der Bedürfnisse fallen, z. B Kosten für bessere Verpflegung, RG. 26. April 1907 in JW. 1907 S. 373; RGZ. Bd. 151 S. 298; Kosten für vermehrte Aufwartung und Pflege, RGZ. Bd. 25 S. 49; RG. 23. Mai 1905 in JW. 1905 S. 443;

für eine geschulte Pflegerin, RGZ. Bd 151 S. 298;

Kosten des Umzugs in eine geeignetere Wohnung, RG. 23 Sept. 1886 in EisEntsch. 5 S. 79; RG. 8. April 1910 in EisEntsch. 27 S. 75;

Aufwand für vermehrtes Wohnungsbedürfnis (eigenes, vom Schlafraum der Familie getrenntes Schlafzimmer), RG. 23. Mai 1905 in JW. 1905 S. 443 (= EisEntsch. 22 S. 164);

Kosten für gesteigerte Abnützung der Kleidung, KG. Berlin 11. Mai 1906 in OLGRspr. Bd. 14 S. 405; RG. 28. Okt. 1920 in EisEntsch. 38 S. 154;

Kosten für Beschaffung eines Fahrstuhls und Fahren in diesem, RG 23. Sept. 1886 in EisEntsch. 5 S. 79;

Kosten einer Begleitung auf Spaziergängen, RG. 27. April 1917 in EisEntsch. 34 S. 240;

Kosten für Gehstöcke, RG. 28. Okt. 1920 in EisEntsch. 38 S. 154.

Anm. 6. Die Maßnahmen zur Heilung, deren Kosten ersetzt verlangt werden, müssen auch tatsächlich getroffen sein. Lehnt z. B. der Verunglückte die erforderliche Behandlung in einer Heilanstalt ab, so kann er nicht den Geldbetrag verlangen, der durch seine Weigerung erspart worden ist, RG. 26. Juni 1916 in EisEntsch. 33 S. 426.

Anm. 7. Der Verunglückte muß in seiner Klage im Einzelnen angeben, welche Maßnahmen zur Heilung tatsächlich getroffen und welche Kosten dadurch entstanden sind, damit geprüft werden kann, ob die Heilungsmaßnahmen zweckmäßig und notwendig und die Kosten auch wirklich aufgewendet und angemessen sind, RG. 19. Jan. 1891 in EisEntsch. 8 S. 210 (= JW. 1891 S. 121). Es ist eine selbständige Liquidation der Heilungskosten nach ihrem tatsächlich aufgewendeten Betrage erforderlich.

Anm. 8. Nicht zu ersetzen sind Kosten einer Behandlung, die nicht notwendig war, z. B. offensichtlich nicht geeignet war, das Leiden zu beheben oder zu lindern. So ist die Anwendung des tierischen Magnetismus zur Erzielung einer Heilung nicht geeignet, die Kosten sind daher nicht zu erstatten, OLG. Dresden in EisEntsch. 18. S. 239.

Nur wenn der Verletzte ohne Verschulden eine Heilbehandlung als geboten ansehen durfte, kann er Ersatz der Kosten verlangen, selbst wenn sie sich nachher als ungeeignet zur Heilung erweisen sollte.

Anm. 9. Der Verletzte darf nur Heilungskosten aufwenden, die der H ö h e nach angemessen sind. Er darf nicht auf Kosten des Ersatzpflichtigen ganz ungewöhnlich hohe Aufwendungen machen. Dabei wird zu Grunde zu legen sein, was der Verunglückte nach seiner sozialen Stellung, seiner wirtschaftlichen Lage und seinen sonstigen Verhältnissen auch sonst in Krankheitsfällen aufzuwenden pflegte, soweit es diesen Verhältnissen entsprach. Der Entscheidung RG. 19. Mai 1924 in JW. 1924 S. 1870 kann nicht beigetreten werden. Ein Verunglückter, der schon vor dem Unfall Goldbrücken (als Zahnersatz) trug, braucht sich vom Ersatzpflichtigen nicht mit geringerem Material abfinden zu lassen.

Welche Klasse des Krankenhauses der Verletzte ersetzt verlangen kann, richtet sich nach Treu und Glauben unter Berücksichtigung seiner gesamten

Verhältnisse, insbesondere seiner sozialen Stellung und seiner finanziellen Verhältnisse, OLG. Hamm 29. Okt. 1926 in VR. 1927 S. 103.

Zu den zu ersetzenden Heilungskosten können auch die Kosten von Besuchen der Eltern des verletzten Kindes im Krankenhaus gehören, OLG Düsseldorf 30. März 1931 in VR. 1933 S. 42; OLG. Kiel 27. Mai 1933 in VR. 1934 S. 41; vgl. auch OLG. Dresden 20. Febr. 1941 in VAE. 1941 S. 117. **Anm. 10.**

Macht aber der Verunglückte infolge einer ersatzpflichtigen Badereise Ersparnisse in seinem Haushalt, so muß er sich diese auf seine Entschädigung anrechnen lassen, LG. Köln in EisEntsch. 19 S. 199. **Anm. 11.**

Doch braucht er, wenn infolge des Unfalls Erholungsreisen in Sommerfrischen notwendig werden, sich nicht entgegenhalten zu lassen, daß er solche Reisen auch vor dem Unfall freiwillig gemacht habe, RG 28. April 1913 in EisEntsch. 30 S. 206.

III. Ersatzberechtigte

Der Anspruch auf Ersatz der Heilungskosten steht nach § 3 und 3a RHpflG. nur dem Verunglückten selbst oder seinen Erben zu, RGZ. Bd. 31 S. 25; Bd. 47 S. 211; Bd. 63 S. 162. **Anm. 1.**

Den Angehörigen des Verunglückten steht der Anspruch nur insoweit zu, als sie seine Erben geworden sind, RG. 29. Okt. 1895 in EisEntsch. 12 S. 245; RG. 16. März 1905 in JW. 1905 S. 284;

das Gesetz geht davon aus, daß regelmäßig dem Verletzten durch die Notwendigkeit der Aufwendung von Kosten für seine Heilung ein Vermögensnachteil erwachsen ist; deshalb gewährt es ihm insoweit einen Schadensersatzanspruch, ohne Rücksicht darauf, ob eine Unterhaltungspflicht eines Dritten besteht. Der Anspruch auf Ersatz der Heilungskosten und die Ersatzpflicht des Betriebsunternehmers wird durch das Bestehen von Unterhaltsansprüchen des Verunglückten gegen Verwandte grundsätzlich nicht berührt. Das verletzte Kind selbst, nicht sein Vater hat nach dem RHpflG. Anspruch auf Ersatz der Heilungskosten, RG. 19. Juni 1911 in JW. 1911 S. 774.

Doch kann dem Vater des Verunglückten, wenn er die Heilungskosten bezahlt hat, gegen den ersatzpflichtigen Betriebsunternehmer ein Anspruch aus auftragloser Geschäftsführung (§ 683 BGB.) oder aus ungerechtfertigter Bereicherung (§§ 812 ff. BGB.) zustehen, RG. 14. Jan. 1909 in JW. 1909 S. 137. **Anm. 2.**

Der Anspruch auf Ersatz der Heilungskosten steht auch seiner Ehefrau zu, wenn sie selbst den Unfall erlitten hat, RGZ. Bd. 63 S. 195. Dieser Anspruch der verunglückten Ehefrau wird weder durch die ihrem Ehemann gesetzlich obliegende Unterhaltspflicht noch dadurch ausgeschlossen, daß der Ehemann die Kosten ausgelegt hat, denn der Ehefrau selbst ist dadurch, daß Kosten für ihre Heilung erwachsen sind, zunächst einmal ein Vermögensnachteil entstanden. Es kommt nicht darauf an, ob sie letzten Endes diese Kosten aus eigener Tasche bezahlen muß oder ob zwischen ihr und einem Dritten eine Verpflichtung zur Bezahlung der Heilungskosten zu ihren Gunsten besteht. Das RHpflG. hat die Haftpflicht des Betriebsunternehmers ohne Rücksicht auf die etwa bestehende Unterhaltspflicht eines Dritten geregelt. Vgl. hierzu RG. 28. Jan. 1901 in JW. 1901 S. 142. **Anm. 3.**

Hat jemand als Geschäftsführer ohne Auftrag für den an sich ersatzpflichtigen Unternehmer die Heilungskosten des Verletzten aufgewendet, so kann er nach § 683 BGB. von dem Betriebsunternehmer Ersatz verlangen, z. B. der Ehemann, wenn er für die verletzte Ehefrau Heilungskosten verauslagt hat, RGZ. Bd. 138 S. 1; **Anm. 4.**

der Vater, der dies für das beschädigte Kind getan hat, RG. 25. Jan. 1908 in Recht 1908 Nr. 1092; RG. 12. Nov. 1908 in WarnJahrb. 1909 Nr. 86; RG. 14. Jan. 1909 in JW. 1909 S. 137; RG. 24 Febr. 1910 in JW. 1910 S. 389; RG. 16. Juni 1910 in JW. 1910 S. 811; RGZ. Bd. 84 S. 390; RG. 12. April 1920 in JW. 1920 S. 639; RG. 3. Nov. 1913 in WarnJahrb. 1914 Nr. 13; vgl. auch RG. 16. März 1905 in JW. 1905 S. 284.

Der Umstand, daß ein Unterhaltspflichtiger die Heilungskosten für den **Anm. 5.**

Verletzten bezahlt hat, entbindet den ersatzpflichtigen Betriebsunternehmer nicht von der Entschädigungspflicht gegenüber dem Verletzten, RGZ. Bd. 65 S. 162; RG. 28. Jan. 1901 in JW. 1901 S. 142; RG. 18. Juni 1908 in WarnJahrb. 1908 Nr. 635; RG. 19. Juli 1911 in JW. 1911 S. 774; RG. 22. Sept. 1913 in JW. 1913 S. 1147

Anm. 6. Hat das Unfalleiden — im Falle des § 3a RHpflG. — einen dauernd gleichförmigen Charakter angenommen, so daß der Aufwand für Heilungskosten auch in Zukunft in bestimmter Höhe mit einer gewissen Regelmäßigkeit wiederkehren wird, und geschätzt werden kann, so kann der Ersatz für künftige Heilungskosten auch in Form einer Rente zugesprochen werden, Eccardt in EisEntsch. 53 S. 230 ff., RG. 23. Okt. 1885 in JW. 1886 S. 18.
Dies gilt auch bei den Kosten besserer Verpflegung, wenn solche zur Heilung dauernd notwendig ist, RG. 26. April 1907 in JW. 1907 S. 373.

IV. Ersatz für Aufhebung oder Minderung der Erwerbsfähigkeit

Anm. 1. Der Anspruch auf Ersatz des durch Aufhebung oder Minderung der Erwerbsfähigkeit dem Verunglückten entstandenen Vermögensnachteils spielt weniger im Fall der Tötung (§ 3) eine Rolle als im Falle der nichttödlichen Körperverletzung und ist daher zweckmäßiger unter § 3a RHpflG. zu behandeln.

V. Vermehrung der Bedürfnisse

Anm. 1. Durch Art. 42 EGBGB. ist, entsprechend dem § 843 Abs. 1 BGB., der Anspruch auf Ersatz des Vermögensnachteils infolge Vermehrung der Bedürfnisse eingefügt worden.
Es ist nicht erforderlich, die Begriffe „Heilungskosten" und „Vermehrung der „Bedürfnisse" scharf von einander abzugrenzen. Die Grenze ist flüssig, beide Tatbestände gehen häufig in einander über. Die Aufwendungen, welche der Heilung dienen, werden oft zugleich eine Vermehrung der Bedürfnisse bilden, und umgekehrt.

Anm. 2. In beiden Fällen kann unter Umständen Schadenersatz in Form einer Geldrente zugebilligt werden, wenn nämlich die Kosten nicht nur einmalig oder nur zeitweilig und vorübergehend, sondern dauernd und mit einer gewissen Regelmäßigkeit, auch der Höhe nach, aufgewendet werden müssen; dies kann bei den Kosten für Vermehrung der Bedürfnisse in gleicher Weise der Fall sein wie bei den Heilungskosten, RG. 3. Jan. 1914 in EisEntsch. 31 S. 92 (= JW. 1914 S. 408).

Anm. 3. Beispiele für die Vermehrung der Bedürfnisse aus der Rechtsprechung:
- die Kosten der Annahme einer geschulten Pflegerin, RGZ. Bd. 151 S. 298;
- die Kosten eines Begleiters auf Spaziergängen bei einem Verletzten mit künstlichen Beinen und Krücken, OLG. Dresden 17. Okt. 1884 in EisEntsch. 4 S. 16;
- Kosten eines Begleiters auf Badereisen, RG. 22. Dez. 1911 in EisEntsch. 28 S. 431;
- Kosten einer Schreibkraft für Erblindete;
- der Aufwand für besondere Pflege nach Entlassung aus dem Krankenhause, RG. 26. Okt. 1936 in JW. 1937 S. 153;
- die Kosten besserer Ernährung, RGZ. Bd. 151 S. 298;
- die Aufwendungen für eine dem Zustand des Verletzten besser entsprechende Wohnung nebst Kosten des Umzugs, wenn der Verletzte infolge des Unfalls eine ihm gesundheitlich zuträglichere und zweckmäßigere Wohnung braucht, RG. 23. Sept. 1886 in EisEntsch. 5 S. 79; RG. 5. Juni 1919 in WarnRspr. 1919 Nr. 195;
- der Mehraufwand der Beförderungsmittel (Straßenbahn, Eisenbahn, gegebenenfalls Polsterklasse, Kraftwagen);
- die Kosten für notwendige Badereisen, RG. 22. Dez. 1911 in EisEntsch. 28 S. 431;
- der Mehraufwand für Erholungskuren.

Natürliche Glieder und Zähne die dem Unfall zum Opfer gefallen sind, müssen auch im Rahmen des § 3 RHpflG. innerhalb der Grenzen des Notwendigen und Angemessenen durch künstliche Ersatzstücke ergänzt werden; so sind z. B. die Auslagen für die Anschaffung künstlicher Beine zu ersetzen, RG 11. Febr. 1890 in RGZ. Bd. 25 S. 49;
RG. 19. Mai 1924 in JW. 1924 S. 1870 (= VR. 1924 S. 458);
OLG. Hamburg 11. Okt. 1919 in EisEntsch. 37 S. 347.
Zu ersetzen sind auch die Kosten eines infolge des Unfalls notwendig gewordenen künstlichen Gebisses, unter Umständen auch die einer erforderlich gewordenen Goldbrücke, RG. 19. Mai 1924 in JW. 1924 S. 1870.
Weiter gehören hierher:
Kosten für Krücken, Schienen, Bandagen, Gummistrümpfe u. ä.;
Aufwendungen für einen Fahrstuhl und die Bedienung beim Fahren, RG. 23. Sept. 1886 in EisEntsch. 5 S. 79;
Mehrkosten des Unterrichts und der Berufsausbildung verletzter Kinder, z. B. für den infolge von Verstümmelung beider Beine notwendigen Privatunterricht im Elternhause, RG. 8. Nov. 1906 in EisEntsch. 23. S. 292 (= JW. 1906 S. 810), vgl. auch RG. 3. Nov. 1913 in JW. 1914 S. 81 (= WarnRspr. 1914 Nr. 13); RG. 14. Mai 1906 in EisEntsch. 23. S. 64.

Die Vermehrung der Bedürfnisse des Verletzten muß ursächlich auf den Unfall zurückzuführen sein. Anm. 4.

Sie kann auch n e b e n der Aufhebung oder Minderung der Erwerbsfähigkeit vorliegen, und es können dann beide Ansprüche erhoben werden. Anm. 5.

Der Schaden ist nicht in der billigsten, sondern in der jeweils technisch vollkommensten Art wiedergutzumachen (künstliches Bein statt Stelzfuß), OLG. Hamburg 11. Okt. 1919 in EisEntsch. 37 S. 347. Nicht unbedenklich RG. 19. Mai 1924 in JW. 1924 S. 1870 (Goldbrücke). Anm. 6.

Der Schadensersatzanspruch entsteht schon mit dem Eintritt der Vermehrung der Bedürfnisse des Verletzten, nicht erst mit ihrer Befriedigung. Ersatz ist auch dann zu leisten, wenn der Verunglückte aus Mangel an Mitteln nicht in der Lage war, die erhöhten Bedürfnisse zu befriedigen, RGZ. Bd. 148 S. 68; Bd. 151 S. 298. Anm. 7.

Der Ersatzanspruch besteht auch dann, wenn die Eltern des Verunglückten ihn durch ihre nach § 1617 BGB. dienstpflichtige Tochter haben pflegen lassen, RG. 26. Okt. 1936 in JW. 1937 S. 153. Anm. 8.

VI. Beerdigungskosten

§ 3 Abs. 1 Satz 2 gibt demjenigen, dem die Verpflichtung obliegt, die Kosten der Beerdigung zu tragen, einen Anspruch auf Ersatz dieser Kosten gegen den Betriebsunternehmer. Anm. 1.
Es ist ein durchaus selbständiger Anspruch des Kostenpflichtigen, der unmittelbar in seiner Person entsteht, OLG. Stuttgart in SeuffA 64 S. 264 Nr. 127.
Der Anspruch setzt voraus, daß der Fall des § 1, 1a oder 2 vorliegt.

Würde der Verunglückte wegen eigenen Verschuldens nach § 254 BGB. nur Ersatz eines T e i l s seines Schadens beanspruchen können so könnte auch nur Ersatz eines entsprechenden Teils der Beerdigungskosten verlangt werden. Anm. 2.

Gesetzlich verpflichtet zur Tragung der Beerdigungskosten sind z. B. der Erbe nach § 1968 BGB., der unterhaltspflichtige Verwandte nach § 1615 Abs. 2 BGB., der uneheliche Vater nach § 1713 Abs. 2 BGB., der geschiedene Ehegatte nach § 69 Abs. 2 des Ehegesetzes. Anm. 3.

Einen Ersatzanspruch gegen den Betriebsunternehmer hat auch, wer v e r t r a g l i c h zur Tragung der Beerdigungskosten verpflichtet ist, z. B. eine Sterbe- oder Begräbniskasse. Anm. 4.

Zu ersetzen sind die s t a n d e s m ä ß i g e n Beerdigungskosten, § 1968 BGB. Die Kosten müssen sich mithin im Rahmen dessen halten, was bei der Lebensstellung und den Verhältnissen des Verunglückten angemessen und üblich ist, RGZ. Bd. 139 S. 393 (= JW. 1933 S. 1391); Bd. 160 S. 255; KG. Berlin in VAE. 1938 S. 22; OLG. Köln in EisEntsch. 43 S. 220, auch in JW. 1938 S. 811. Eine Anm. 5.

Ausnahme zugunsten des Schädigers etwa dahin, daß er nur für die unbedingt notwendigen Kosten einer sehr einfachen, also für eine notdürftige Beerdigung einstehen sollte, kann nicht unterstellt werden; ein derartiger Wille des Gesetzes hätte einer besonderen Vorschrift bedurft, an der es fehlt, RG. 9. Febr. 1933 in RGZ. 3. Bd. 139 S. 393 (= JW. 1933 S. 1391). Beerdigung ist nicht in engstem Wortsinne gemeint, etwa daß lediglich der Leichenwagen und das Schaufeln des Grabes dazu gehörte, RG. a. a. O.

Anm. 6. Beerdigungskosten sind die Kosten für das Begräbnis oder die Feuerbestattung nebst den dabei üblichen und angemessenen Leichenfeierlichkeiten. Ob der Verstorbene die Feuerbestattung angeordnet hatte, ist ohne Belang, Weigelt in DAR. 1935 S. 89.

Anm. 7. Im Einzelnen gehören zu diesen Kosten folgende Aufwendungen:
der Sarg,
die Beförderung zum Friedhof durch den Leichenwagen (auch Kraftwagen),
das Schaufeln des Grabes,
die Ausschmückung der Leichenhalle,
Blumen und Kränze, soweit üblich, KG. Berlin 29. März 1928 in DAR. 1928 S. 421; a. M. OLG. Köln 7. Dez. 1933 in DAR. 1934 S. 32.
Bewirtung und Unterkunft der Trauergäste, OLG. Köln in JW. 1938 S. 811,
die übliche Trauermahlzeit (Leichenschmaus), OLG. Kiel in JW. 1931 S. 668, wie sie vielfach der Volkssitte entspricht;
die Todesanzeigen und Danksagungen, sowohl in der Zeitung als die mit der Post versandten, KG. Berlin in RsprOLG. Bd. 43 S. 389; KG. Berlin in VAE. 1938 S. 22; OLG. Köln in JW. 1938 S. 811, OLG. Kiel 1. Febr. 1930 in JW. 1931 S. 668;
würdige Trauerkleidung für die nächsten Angehörigen des Getöteten, soweit sie eigens dem Ausdruck der Trauer dient, z. B. schwarze Kleider und Anzüge, nicht aber Schuhe,
RG. 24. Mai 1928 in WarnRspr. 1928 S. 251 Nr. 127;
KG. Berlin in RsprOLG. Bd. 14 S. 290;
OLG. Kiel 19. März 1925 in EisEntsch. 43 S. 220;
OLG. Naumburg 27. Apr. 1937 in DAR. 1937 S. 13 = DJ. 1937 S. 1499;
dabei ist kein Abzug wegen Ersparung anderer Kleidung durch die Trauerkleidung zu machen, da die Beerdigungskosten als solche voll zu ersetzen sind, OLG. Bamberg 30. April 1943 in VAE. 1943 S. 110; abweichend zu Unrecht KG. Berlin in VAE. 1938 S. 22; OLG. Dresden 20. März 1941 in VAE. 1941 S. 117; Genest in VAE. 1943 S. 110.
Der Grabstein oder das Grabkreuz nebst Inschrift, OLG Kiel in JW. 1931 S. 668; OLG. Köln in JW. 1938 S. 811; KG. Berlin in RsprOLG. Bd. 17 S. 88; KG. Berlin in VAE. 1938 S. 22; RGZ. Bd. 139 S. 393; RG. 29. Sept. 1942 VI 56/42;
die üblichen Trinkgelder.

Anm. 8. Nicht zu ersetzen sind die Kosten der Pflege und Unterhaltung der Grabstätte RGZ. Bd. 160 S. 255; KG. Berlin in VAE. 1939 S. 258; OLG. Köln in EisEntsch. 43 S. 220; OLG. Dresden 26. April 1940 in VAE. 1940 S. 184 abweichend zu Unrecht OLG. Düsseldorf 30. März 1936 in DAR. 1938 S. 7; OLG. Köln in JW. 1938 S. 811

Anm. 9. Unter Umständen können die Kosten der Beförderung der Leiche vom Unfallsort in die Heimat zu den ersatzfähigen Beerdigungskosten gehören, doch müssen besondere Gründe vorliegen, z. B. wenn es sich um eine Beisetzung im Familiengrab an der Seite des Ehegatten handelt, OLG. Stettin in RsprOLG. Bd. 24 S. 64, nicht aber im Falle einer Tötung auf Verlangen in weit entfernter Stadt, RGZ. Bd. 66 S. 306.

Anm. 10. Zu ersetzen sind auch die kirchlichen Gebühren, die Kosten für die üblichen kirchlichen Feierlichkeiten, wie Exequien, Sechswochenamt u. ä., OLG. Köln in JW. 1938 S. 811.

Anm. 11. Es besteht keine Verpflichtung, die Beerdigungskosten unter dem Maß des Standesmäßigen zu halten, doch können nicht Aufwendungen für ein Luxusbegräbnis verlangt werden, LG. Potsdam in VAE. 1938 S. 90.

Anm. 12. Bei Feuerbestattung sind die dadurch entstandenen angemessenen und üblichen Kosten, z. B. für Verbrennung, Urne, Aufstellung oder Bestattung derselben zu ersetzen, auch wenn sie die Kosten einer Erdbestattung übersteigen. Ohne Belang für die Ersatzpflicht ist der Umstand, daß die Beerdigungskosten angesichts des hohen Alters des Verunglückten in absehbarer Zeit ohnehin hätten aufgewendet werden müssen, OLG. Kiel in JW. 1931 S. 668.

Eine Versicherungssumme, die von einer Beerdigungsversicherung des Getöteten bezahlt wird, ist nicht auf den Anspruch auf Ersatz der Beerdigungskosten gegen den Ersatzpflichtigen anzurechnen. Anm. 13.

Nicht zu den Beerdigungskosten gehören die Aufwendungen für einen Erbschein, ein Nachlaßverzeichnis, Gerichtsgebühren und Rechtsanwaltskosten. Anm. 14.

VII. Schadensersatzanspruch der Unterhaltsberechtigten

§ 3 Abs. 2. gewährt denjenigen, die infolge der Tötung ihr Recht auf Unterhalt gegen den Getöteten verloren haben, einen Anspruch auf Ersatz des ihnen dadurch entstandenen Schadens. Anm. 1.

Der entstandene Schaden ist zu ersetzen, nicht etwa geht die Unterhaltspflicht als solche vom Getöteten auf den haftpflichtigen Betriebsunternehmer über, RG. 9. Febr. 1911 in JW. 1911 S. 375.

Bei der Feststellung, ob die Unterhaltsberechtigten infolge des Unfalls einen Schaden erlitten haben, ist auch von Bedeutung, ob das Unfallereignis neben der Entziehung des Rechts auf Unterhalt den Unterhaltsberechtigten zugleich Vermögensvorteile zugeführt hat, die den Schaden zu mindern geeignet sind. Es hat eine sog. Vorteilsausgleichung stattzufinden. Dabei kommen aber nur solche Vermögensvorteile in Betracht, die gleichzeitig mit dem Schaden durch dasselbe Unfallereignis verursacht worden sind, das den Schaden herbeigeführt hat. Vermögensvorteile, die nicht durch den Unfall herbeigeführt sind, sondern auf einer anderen selbständigen Entstehungsursache beruhen, sind bei der Vorteilsausgleichung nicht zu berücksichtigen. Der Vermögensvorteil muß mit dem Unfallereignis in einem Ursachenzusammenhang im Rechtssinne — sogen. adäquaten Zusammenhang — stehen; es genügt nicht etwa jedes Bedingungsverhältnis. Anm. 2.

Ein adäquater Ursachenzusammenhang zwischen Unfallereignis und Vermögensvorteil ist nicht vorhanden, wenn dem Unterhaltsberechtigten auf Grund von privaten Versicherungsverträgen mit dem Unfalltode Versicherungssummen — z. B. aus einer Lebens- oder Unfallsversicherung des Getöteten — zufließen. Derartige Vermögensvorteile entspringen aus selbständigen Ursachen, nämlich aus dem Versicherungsvertrage und den geleisteten Beitragszahlungen, sie beruhen nicht auf dem nämlichen Ereignis wie der Unfallschaden und können daher nicht zu einer Vorteilsausgleichung verwendet werden. Das Unfallereignis ist höchstens eine Bedingung für den Erwerb dieser Vorteile, nicht aber deren Ursache im Rechtssinne. Anm. 3.

Vgl. hierzu RGZ. Bd. 10 S. 50; Bd. 64 S. 350 (353); Bd. 68 S. 45 (46);
Bd. 69 S. 292;Bd. 70 S. 101; Bd. 73 S. 216; Bd. 80 S. 159;
Bd. 82 S. 192; Bd. 130 S. 258; Bd. 136 S. 83; Bd. 141 S. 173 (=JW. 1933 S. 2513);
Bd. 148 S. 154 (164); Bd. 152 S. 199 (200);
RG. 5. Nov. 1906 in EisEntsch. 24 S. 118;
Rg. 13. Juli 1908 in EisEntsch. 25 S. 192 (= JW. 1908 S. 554);
RG. 23. Jan. 1933 in VR. 1933 Sp. 95;
RG. 17. Sept. 1917 in WarnJahrb. 1917 Nr. 266;
RG. 28. Mai 1938 in JW. 1938 S. 2357; RG. 30. Okt. 1940 in VAE. 1941 S. 11 (= VR. 1941 S. 1822);
OLG. Jena 18. Nov. 1940 in VAE. 1941 S. 49.
Abweichend Heinze in VAE. 1941 S. 27,
Hengstenberg in VAE. 1943 S. 63.
Siehe auch RG. 11. Juli 1883 in JW. 1883 S. 230.

Nur wenn der Betriebsunternehmer selbst an den Versicherungsprämien mindestens ein Drittel bezahlt hat, ist nach der ausdrücklichen Bestimmung des § 4 RHpflG. die Leistung der Kasse auf die Entschädigung anzurechnen. Anm. 4.

Anm. 5. Erhalten die Unterhaltsberechtigten mit dem Unfalltode des Unterhaltspflichtigen auf Grund gesetzlicher Vorschriften Pensionen, Witwen- und Waisengelder oder dergl., so fragt es sich, ob auch hier von einer Vorteilsausgleichung die Rede sein kann. Man wird davon auszugehen haben, daß in solchen Fällen die Unterhaltsberechtigten infolge des Unfalls zunächst einmal ihre Unterhaltsansprüche gegen den Verunglückten eingebüßt haben, Daß ihnen, soweit sie Pensionen usw. erhalten, das Recht auf den Unterhalt gar nicht entzogen sei, wie RGZ. Bd. 92 S. 401 meint, dürfte nicht zutreffen. Das Recht auf den Unterhalt gegenüber dem Getöteten haben sie infolge des Unfalls zweifellos verloren. Damit ist ihnen zunächst einmal ein Schaden entstanden, und die Frage ist nur die, ob das Unfallereignis zugleich ihnen Vermögensvorteile in Gestalt der Pensionen usw. verschafft hat oder ob nicht vielmehr anzunehmen ist, daß diese gesetzlichen Pensionsansprüche nicht durch das nämliche Ereignis verursacht worden sind, das den Schaden herbeigeführt hat, vielmehr auf selbständigen Entstehungsursachen beruhen, z. B. darauf, daß der Getötete durch seine Dienstleistung als Beamter seinen Hinterbliebenen ein Recht auf Pensionen usw. erworben hat. Diese Ansicht dürfte den Vorzug verdienen. Man wird daher anzunehmen haben, daß die Unterhaltsberechtigten sich auch gesetzliche Pensionen, Witwen- und Waisengelder nicht im Wege der Vorteilsausgleichung auf ihre Schadensersatzansprüche gegen den Ersatzpflichtigen anrechnen lassen müssen.

Dies muß umso mehr gelten, seit das Deutsche Beamtengesetz vom 26. Jan. 1937 (RGBl. S. 39) in § 139 bestimmt hat, daß ein gesetzlicher Schadensersatzanspruch, der versorgungsberechtigten Personen infolge eines Ereignisses, das den Dienstherrn zur Gewährung oder Erhöhung von Versorgungsbezügen verpflichtet, gegen Dritte zusteht, im Umfange der Versorgungsbezüge auf den Dienstherrn übergeht. Nur wenn dem Versorgungsberechtigten ein Schaden entstanden ist, ist ein Anspruch vorhanden, der auf den Dienstherrn übergehen kann. Würde man eine Vorteilsausgleichung für möglich halten, so könnte der Fall eintreten, daß tatsächlich kein Schadensersatzanspruch der Hinterbliebenen gegen den Ersatzpflichtigen mehr bestehen würde, mithin nichts übrig bliebe, was auf den Dienstherrn des Getöteten übergehen könnte, und man würde genötigt sein, zu der etwas künstlichen Konstruktion zu greifen, daß § 139 das Fortbestehen des Schadensersatzanspruchs fingiere. Vor Erlaß des Deutschen Beamtengesetzes ist in der Rechtsprechung angenommen worden, daß Pensionen, Witwen- und Waisengelder auf den Schadensersatzanspruch der Unterhaltsberechtigten anzurechnen seien.

Vgl. RGZ. Bd. 15 S. 114;
RGZ. Bd. 92 S.401;

Anm. 6. Ersatzberechtigt sind nur diejenigen, die ein gesetzliches Recht auf Unterhalt hatten, nicht aber diejenigen, die auf Grund vertraglichen Rechts oder rein tatsächlich ohne Rechtsanspruch Unterhalt von dem Getöteten empfingen.

Anm. 7. Das Verhältnis, dem die Unterhaltspflicht entsprang, z. B die Ehe, muß zur Zeit der Verletzung bestanden haben. RG. 15. Jan. 1903 in JW. 1903 S. 68. Hat die Witwe den Verunglückten erst nach dem Unfall geheiratet, so hat sie keinen Anspruch nach § 3 Abs. 2.

Anm. 8. Der Schadensersatzanspruch ist nicht davon abhängig, daß der gesetzlich geschuldete Unterhalt vor dem Unfall auch tatsächlich gewährt worden ist, RG. 31. Jan. 1885 in EisEntsch. 3 S. 439; RGZ. Bd. 4 S. 105; RG. 20. Okt. 1885 in EisEntsch. 4 S. 313; RGZ. Bd. 92 S. 57; RG. 23. April 1931 in JW. 1931 S. 3353; RG. 14. Mai 1936 in JW. 1936 S. 2306. War allerdings der Unterhalt aus tatsächlichen Gründen nicht zu erlangen und wäre dies auch in Zukunft nicht möglich gewesen, so ist kein Schaden entstanden, OLG. Düsseldorf 15. Dez. 1937 in JW. 1938 S. 1251; Loppuch in DAR. 1942 S. 89.

Anm. 9. Ersatz ist auch zu leisten, wenn zur Zeit des Unfalls keine gesetzliche Unterhaltspflicht bestand, eine solche aber später entstanden sein würde, z. B. wenn der Verunglückte zur Zeit des Unfalls nicht leistungsfähig und daher nicht verpflichtet oder wenn der Berechtigte nicht bedürftig und daher zur Zeit des Unfalls nicht berechtigt war, die Leistungsfähigkeit oder Bedürftigkeit aber später eingetreten sein würde.

Für die Zukunft ist gegebenenfalls eine Feststellungsklage nach § 256 ZPO. möglich, z. B. wenn ein minderjähriges Kind bei einem Unfall getötet ist und die Wahrscheinlichkeit besteht, daß den Eltern in Zukunft ein Unterhaltsanspruch gegen das Kind, nachdem es herangewachsen und leistungsfähig geworden wäre, hätte erwachsen können. Vgl. RG. 20 Okt. 1885 in Eis-Entsch. 4 S. 313; RG. 17. Okt. 1907 in EisEntsch. 24 S. 186 (= JW. 1907 S. 710); RG. 25. Nov. 1907 in EisEntsch. 24 S. 368; RG. 25. März 1909 in JW. 1909 S. 314; RG. 24. Nov. 1910 in EisEntsch. 27 S. 336 (= JW. 1911 S. 153), RG. 31. Mai 1921 in EisEntsch. 39 S. 209 (= SeuffA. Bd. 77 S. 53); RG. 7. Juli 1930 in EisEntsch. 52 S. 271. **Anm. 10.**

Doch darf die Möglichkeit, daß in Zukunft Unterhaltsansprüche gegen den Getöteten entstanden sein würden, keine ganz entfernte, unwahrscheinliche sein, OLG. Hamburg 22. Mai 1903 in EisEntsch. 21 S. 10. Eine gewisse Wahrscheinlichkeit muß vorliegen; der Beweis der Gewißheit wird jedoch nicht verlangt, RG. 24. Nov. 1910 in EisEntsch. 27 S. 336; OLG. Dresden 20. Nov. 1908 in SeuffA. Bd. 64 S. 191; RG. 31. Mai 1921 in EisEntsch. 39 S. 209; OLG. Hamburg 7. April 1914 in EisEntsch. 31 S. 126; OLG. Hamburg 30. Sept. 1925 in EisEntsch. 44 S. 231. **Anm. 11.**

Verlangt z. B. der Vater eines getöteten siebenjährigen Knaben Schadenersatz wegen Entziehung des Unterhaltsanspruchs, so würde es unzutreffend sein, die Klage mit der Begründung abzuweisen, daß man nicht wissen könne, wie lange der Knabe gelebt haben würde; damit wird dem Gesetz nicht genügt, das dem Gericht eine vorberechnende Schätzung der mutmaßlichen Lebensdauer auferlegt; es hat die Aufgabe, die zwar nicht genau voraussehbare, aber zu vermutende künftige Entwicklung der gegebenen Verhältnisse ins Auge zu fassen; ob gewisse Umstände, wie das Erreichen eines bestimmten Lebensalters und der Eintritt der Unterhaltsbedürftigkeit und Unterhaltsfähigkeit künftig eintreten werden, läßt sich von der Gegenwart aus natürlich niemals mit vollkommener Sicherheit beurteilen, aber das Gesetz verlangt auch nur, daß sie eintreten *können*, daß also nach der Erfahrung des Lebens und dem gewöhnlichen Lauf der Dinge die spätere Verwirklichung einer Unterhaltsverpflichtung nicht ausgeschlossen erscheint, vielmehr mit einer gewissen Wahrscheinlichkeit anzunehmen ist, RG. 24. Nov. 1910 in JW. 1911 S. 153 (= EisEntsch. 27 S. 336).

Unter Umständen ist auch Klage auf künftige Leistung möglich, RG. 4. April 1907 in EisEntsch. 24 S. 147; Bayer ObLG. in EisEntsch. 19 S. 221. **Anm. 12.**

Ein rechtliches Interesse des Verunglückten selbst an der Feststellung der Verpflichtung des Betriebsunternehmers, im Fall des Todes des Verletzten dem alsdann Ersatzberechtigten Schadensersatz zu leisten, besteht nicht, RGZ. Bd. 95 S. 248. **Anm. 13.**

Auch wenn der Unterhaltsberechtigte zur Zeit der Verletzung noch nicht geboren, aber schon erzeugt war — einerlei ob ehelich oder unehelich —, tritt nach § 3 Abs. 2 Satz 2 die Ersatzpflicht ein. **Anm. 14.**

Die Hinterbliebenen haben nur die in § 3 Abs. 2 bezeichneten Ansprüche, nicht aber z. B. Ansprüche auf Schadensersatz dafür, daß eine Lebensversicherung im Hinblick auf die Unfallverletzung den Antrag des Verunglückten auf Abschluß eines Lebensversicherungsvertrages abgelehnt hat, LG. Breslau 24. Juni 1943 in VAE. 1944 S. 8. **Anm. 15.**

Die Ersatzpflicht setzt voraus, daß dem Unterhaltsberechtigten das *Recht* auf den Unterhalt entzogen ist. § 3 Abs. 2 hat nicht den Verlust tatsächlich bezogenen Unterhalts, sondern den Rechtsverlust im Auge, RGZ. Bd. 92 S. 57; RG. 23. April 1931 in JW. 1931 S. 3353. Wenn der Unterhaltsanspruch mit dem Tode des Unterhaltspflichtigen nicht erlischt, z. B. der Unterhaltsanspruch des unehelichen Kindes (§ 1712 BGB.) oder derjenige des geschiedenen Ehegatten (§ 70 des Ehegesetzes), so ist dem Unterhaltsberechtigten durch den Tod des Verunglückten das Recht auf Unterhalt nicht entzogen. **Anm. 16.**

Anm. 17. Unterhaltsansprüche der Verwandten in gerader Linie dagegen erlöschen nach § 1715 BGB. mit dem Tode des Unterhaltspflichtigen.

Anm. 18. Wenn der Erbe, auf den die Unterhaltspflicht übergegangen ist, nur beschränkt haftet, besteht der Anspruch des Unterhaltsberechtigten aus § 3 Abs. 2 insoweit, als der Erbe nicht haftet. Vgl. RGZ. Bd. 74 S. 377; RG. 12. Dez. 1907 in EisEntsch. 24 S. 287.

Anm. 19. Für die Ersatzansprüche desjenigen, dem der Getötete Unterhalt zu gewähren hatte, gilt nach § 8 eine mit dem Unfall t o d e beginnende zweijährige Verjährungsfrist.

Anm. 20. Mit Rücksicht auf diese kurze Verjährungsfrist ist in der Regel, falls eine Klage auf Leistung noch nicht möglich ist, das nach § 256 ZPO. für eine Feststellungsklage erforderliche rechtliche Interesse als gegeben zu erachten, RG. 20. Okt. 1885 in EisEntsch. 4 S. 313; RG. 21. Juni 1888 in EisEntsch. 6 S. 329 (= JW. 1888 S. 317); RG. 2. Nov. 1899 in EisEntsch. 16 S. 335; RG. 22. Sept. 1904 in EisEntsch. 21 S. 275; RGZ. Bd. 61 S. 164 (168); RG. 30. Jan. 1911 in EisEntsch. 28 S. 88 (= WarnRspr. 1911 S. 191); RG. 31. Mai 1921 in EisEntsch. 39 S. 209; OLG. Hamburg in EisEntsch. 44 S. 231.

Anm. 21. Die Höhe des Ersatzanspruchs hängt nicht davon ab, in welchem Umfang der Getötete zu seinen Lebzeiten den Unterhalt geleistet hat, sondern davon, wozu er gesetzlich v e r p f l i c h t e t sein würde, wenn er noch leben würde.
Ist z. B. der Sohn getötet, so kann der Vater von dem Betriebsunternehmer den Betrag verlangen, den der Sohn ihm als Unterhalt würde leisten müssen, dagegen muß er sich nicht mit dem geringeren Betrag begnügen, den ihm der Sohn bei Lebzeiten tatsächlich von seinem Verdienst abgegeben hat, RG. 10. Juni 1907 in EisEntsch. 24. S. 161 (= JW. 1907 S. 480); RG. 25. Nov. 1909 in EisEntsch. 26 S. 321; RG. 20. Jan. 1910 in EisEntsch. 26 S. 322; ferner RG. 9. März 1931 in JW. 1931 S. 1804; RG. 23. April 1931 in EisEntsch. 53 S. 78 (= JW. 1931 S. 3353); RG. 14. Mai 1936 in JW. 1936 S. 2306; RGZ. Bd. 159 S. 21 (23) ; RG. 13. Mai 1939 in DR. 1939 S. 1443.

Anm. 22. Bei der Berechnung der Entschädigung ist zunächst von den Einkommens- und Vermögensverhältnissen des Verunglückten zur Zeit des Unfalls auszugehen. Liegen jedoch besondere Umstände vor, denen nach der Erfahrung des Lebens und dem gewöhnlichen Lauf der Dinge zu entnehmen ist, daß sich das Einkommen des Verunglückten, wenn er den Unfall nicht erlitten hätte, erhöht oder vermindert haben würde, so ist dies zu berücksichtigen, RG. 8. Dez. 1880 in EisEntsch. 1 S. 324.

Anm. 23. Die infolge des Unfalls weggefallene Unterhaltsleistung des getöteten Ehemannes kann auch darin bestanden haben, daß er das Geschäft der Ehefrau führte und aus dem Ertrag dieser Tätigkeit den Unterhalt leistete, RG. 13. April 1931 in JW. 1931 S. 3308.

Anm. 24. Bei der Ermittlung des Arbeitseinkommens, nach dem sich die Unterhaltspflicht des Getöteten bemißt, sind die sozialen Abgaben von dem Einkommen abzuziehen, denn sie würden den für die Familie verfügbaren und von ihr zu beanspruchenden Unterhaltsbetrag gemindert haben, RGZ. Bd. 159 S. 21. Es ist vom Nettoarbeitslohn, nicht vom Bruttoeinkommen auszugehen, RG. 25. Okt. 1937 in DAR. 1938 S. 7.

Anm. 25. Die Rente endigt nicht notwendig mit dem Zeitpunkt, in dem mutmaßlich die Erwerbsunfähigkeit des getöteten Unterhaltsverpflichteten eingetreten sein würde, z. B. nicht, wenn festgestellt ist, daß er bedeutende Ersparnisse hätte machen können und deshalb verpflichtet gewesen wäre, seine Ehefrau auch weiter zu unterhalten, RG. 11. Okt. 1934 in RdK. 1935 S. 171.

VIII. Der Schadensersatzanspruch der Witwe des Getöteten

Anm. 1. Nach § 1360 Abs. 1 BGB. hat der Mann der Frau nach Maßgabe seiner Lebensstellung, seines Vermögens und seiner Erwerbsfähigkeit Unterhalt zu gewähren. Es liegt mithin, wenn ein Ehemann getötet ist, der Fall des § 3 Abs. 2 RHpflG. vor: der Getötete stand zur Zeit der Verletzung zu seiner Ehefrau in einem Verhältnis, vermöge dessen er ihr gegenüber unterhaltspflichtig war.

Infolge seines Todes ist der Witwe das Recht auf den Unterhalt gegenüber dem Ehemann entzogen, da in diesem Falle nach §§ 1360 Abs. 3, 1615 BGB. ihr Recht erlischt. Sie hat Anspruch auf Ersatz des Schadens, der ihr hierdurch entsteht, und zwar insoweit, als der Getötete während der mutmaßlichen Dauer seines Lebens zur Gewährung des Unterhalts verpflichtet gewesen sein würde.

Die Unterhaltsverpflichtung des Ehemannes ist nicht davon abhängig, ob die Ehefrau imstande ist, sich selbst zu unterhalten oder nicht, RG. 13. Juli 1908 in JW. 1908 S. 554. Anm. 2.

Für die Höhe des Schadens der Witwe ist maßgebend, was der getötete Ehemann nach den besonderen Umständen des Einzelfalles der Ehefrau als Unterhalt leisten mußte und ihr, wenn er weiterhin gelebt hätte, in Zukunft zu leisten rechtlich verpflichtet gewesen sein würde; es kommt nicht darauf an, welche Aufwendungen der Ehemann zu Lebzeiten tatsächlich für die Ehefrau gemacht hat, insbesondere ob er mehr oder weniger geleistet hat als seiner Rechtspflicht entsprach. Seine Verpflichtung richtete sich nach seiner Lebensstellung, seinem Vermögen und seiner Erwerbsfähigkit. Es kommt dabei nicht entscheidend auf den Geldbetrag an, den der Ehemann zu Lebzeiten hat aufwenden müssen, vielmehr muß der Ersatzpflichtige, um der Witwe das zu gewähren, was sie bei Lebzeiten ihres Mannes von diesem zu ihrem Unterhalt zu fordern berechtigt war, sie nunmehr in den Stand setzen, die Lebensweise fortzuführen, die sie bei Lebzeiten des Mannes zu führen verlangen konnte, einerlei ob dies nun verhältnismäßig mehr kostet als während der Ehe. Anm. 3.

Vgl. hierzu RG. 31. Jan. 1885 in EisEntsch. 3 S. 439 (= JW. 1885 S. 95); RGZ. Bd. 159 S. 21 (23),
siehe auch RG. 2. Mai 1935 in VR. 1935 Sp. 398 Nr. 235;
RG. 14. Mai 1936 in JW. 1936 S. 2306.

Hat der Ehemann bei Lebzeiten für seine persönlichen Bedürfnisse mehr verbraucht, als ihm nach den ganzen Lebensverhältnissen der Eheleute gebührt hätte, so kann dies nicht zum Nachteil der Witwe gereichen; für ihren Schadensersatzanspruch ist maßgebend, welchen Unterhalt der Getötete ihr zu gewähren rechtlich verpflichtet gewesen sein würde, nicht aber, daß er tatsächlich zu seinen Lebzeiten ihren Unterhalt durch seinen persönlichen Aufwand beeinträchtigt hat, der in einem Mißverhältnis zu seinem normalen Anteil an dem Einkommen stand; abweichend RGZ. Bd. 69 S. 293.

Unrichtig würde es sein, die Witwenrente in der Weise zu berechnen, daß von dem Einkommen des Getöteten zunächst dessen Eigenverbrauch abgezogen und dann der Restbetrag der Witwe zugesprochen würde. Entscheidend ist vielmehr, welche Beträge für den Unterhalt erforderlich sind, wie ihn der Verunglückte der Witwe zu gewähren verpflichtet gewesen sein würde.

Vgl. RG. 7. März 1944 V 141/43;
RG. 9. März 1940 in WarnRspr. 1940 S. 307.

Die Rente der Witwe des Verunglückten kann sich für die Zeit erhöhen, in der ihre gleichfalls zunächst rentenberechtigten Kinder selbständig werden und daher für den Verunglückten die Pflicht, ihnen Unterhalt zu gewähren, weggefallen sein würde, Anm. 4.
RG. 27. Okt. 1942 in VAE. 1943 S. 32 Nr. 24; RGZ. Bd. 159 S. 24.

Das Maß der Unterhaltspflicht richtet sich nicht nach dem, was der verstorbene Ehemann im Fall des Getrenntlebens der Ehefrau hätte gewähren müssen, sondern nach dem, was er bei gemeinsamer Lebensführung ihr hätte leisten müssen, RG. 27. Okt. 1942 in VAE. 1942 S. 32 Nr. 22; RGZ. Bd. 159 S. 24. Anm. 5.

Bei der Berechnung der Rente der Witwe ist von dem Gesamtlohn des Getöteten auszugehen, hiervon sind die Abgaben (Steuern, Sozialversicherungsbeiträge usw.) abzuziehen, RG. 27. Okt. 1942 in VAE. 1943 S. 32 Nr. 22; RGZ. Bd. 159 S. 24. Anm. 6.

Vgl. auch RG. 8. Mai 1942 in WarnRspr. 1942 S. 220.

Die Witwe des Verunglückten kann nicht Ersatz des Schadens verlangen, der ihr dadurch entsteht, daß nach dem Tode des Mannes die Unterhaltspflicht Anm. 7.

gegenüber den Kindern auf sie übergeht; den Ersatz dieses Schadens versagt ihr das Gesetz, RG. 22. Okt. 1906 in JW. 1906 S. 747; RG. 16. Mai 1907 in JW. 1907 S. 388.

Anm. 8. § 3 Abs. 2 schließt einen Anspruch der Witwe aus, der über den Ersatz des ihr persönlich entzogenen Unterhalts hinausgeht (RG. 22. Okt. 1906 a. a. O.). Einen Gewinn soll aber die Witwe aus dem Unfall des Mannes nicht ziehen. Sie erhält daher nicht jeden Vermögensnachteil ersetzt, der ihr daraus entstanden sein könnte, vielmehr soll sie nur in ihrem Recht auf Unterhalt nicht geschmälert werden.

Anm. 9. RGZ. Bd. 69 S. 292 (295). So kann die Witwe keinen Ersatz dafür verlangen, daß sie als Ersatz für die Arbeitskraft des Getöteten einen erfahrenen Wirtschaftsinspektor hat annehmen müssen, auch nicht dafür, daß sie an Stelle des Getöteten dessen Arbeit selbst übernommen hat, RGZ. Bd. 69 S. 293.

Anm. 10. Eine Schmälerung des Unterhalts der Witwe tritt mit dem Tode des Mannes insoweit nicht ein, als damit Vermögen in ihre Verfügung gelangt, dessen Einkünfte während der Ehe zur Gewährung des Unterhalts gedient haben und ihr nun auch weiterhin zufließen, so daß sie ihren Unterhalt ganz oder teilweise wie vorher daraus zieht.

Bei der Schadensberechnung ist daher zu untersuchen, ob die Quelle, aus der bei Lebzeiten des Mannes der Unterhalt floß, nach seinem Tode weiter vorhanden ist und der Witwe auch ferner den Unterhalt gewährt. Soweit dies der Fall ist, kann die Witwe keinen Schadensersatz verlangen.

Hat z. B. die Witwe des Getöteten dasselbe Vermögen, etwa ein Landgut, ein auf Zinsen angelegtes Kapital, oder ein kaufmännisches Geschäft, aus dessen Einkünften sie früher unterhalten worden ist, von dem Ehemann geerbt, so daß es ihr jetzt für ihren Lebensunterhalt zur Verfügung steht, wie zu Lebzeiten des Mannes, so ist ihr insoweit ein Vermögensschaden durch den Tod ihres Mannes nicht erwachsen; die Einkünfte sind ihr auf ihre Entschädigungsrente anzurechnen.

Vgl. hierzu RGZ. Bd. 64 S. 344 (346); Bd. 69 S. 292; Bd. 72 S. 437; Bd. 91 S. 398; Bd. 130 S. 261; Bd. 136 S. 86; Bd. 148 S. 154 (164); RG. 22. Okt. 1906 in JW. 1906 S. 747; RG. 17. Dez. 1906 in JW. 1907 S. 130 (= EisEntsch. 23. S. 299);

RG. 20. Jan. 1910 in EisEntsch. 26 S. 332; RG. 9. Febr. 1911 in EisEntsch. 28 S. 203 (= JW. 1911 S. 375); RG. 8. April 1914 in EisEntsch. 31 S. 349; RG. 30. Nov. 1933 in JW. 1934 S. 346 (die Witwe hat das Bauerngut geerbt, aus dessen Erträgnissen der Ehemann ihr den Unterhalt gewährt hatte); RG. 19. Dez. 1935 in JW. 1936 S. 444; RG. 14. Mai 1936 in JW. 1936 S. 2306 (= WarnRspr. 1936 Nr. 122); RG. 11. Nov. 1937 in JW. 1938 S. 673;

RG. 30. Okt. 1940 in DR. 1941 S. 275 (= DJ. 1940 S. 1396).

RG. 8. Mai 1942 in DR. 1942 S. 1362. Unrichtig und überholt RG. 27. Okt. 1883 in JW. 1884 S. 11. Dies würde aber dann nicht zutreffen, wenn eine Witwe z. B. Vertretungsrechte ihres Mannes gegen Gewährung einer Rente verkauft hätte, wenn ihr aus Freigebigkeit eine Rente gewährt wird oder ihr aus Wohltätigkeit ein Reingewinnanteil gegeben wird. Gelingt es der Witwe, sich durch ihre Tätigkeit eine neue Einnahmequelle zu erschließen, so ist dieser Vorteil nicht lediglich auf den Unfall ihres Mannes zurückzuführen; es verbleibt dann dabei, daß sie durch den Tod ihres Mannes ihren Unterhaltsanspruch gegen ihn eingebüßt hat und dafür zu entschädigen ist, ohne daß sie sich die Einkünfte anrechnen lassen muß, RG. 13. Juli 1933 in VR. 1933 Sp. 470 (= EisEntsch. 56 S. 176).

Anm. 11. Erhält die Witwe des Unfallgetöteten auf Grund seines Testaments von dessen Stiefsohn eine Unterhaltsrente, so ist diese auf ihren gemäß § 3 Abs. 2 erhobenen Schadensersatzanspruch gegen den Eisenbahnbetriebsunternehmer anzurechnen, RG. 29. Aug. 1944 V 38/44.

Anm. 12. Der Verkaufserlös, den die Witwe bei der Veräußerung des von dem Getöteten ererbten Weinhandelsgeschäfts erzielt hat, ist auf ihre Schadensersatzforderung nicht anzurechnen, RGZ. Bd. 91 S. 398.

Anm. 13. Haben die Eheleute in allgemeiner Gütergemeinschaft gelebt, so ist nach § 1458 BGB. der eheliche Aufwand dem Gesamtgute zur Last gefallen, daher

ist auch der der Ehefrau gebührende Unterhalt aus dem Gesamtgut entnommen worden; der Witwe kann daher ein Schadensersatzanspruch nur für den Teil des Unterhalts zukommen, der ihr der dem Getöteten zustehenden Hälfte des gütergemeinschaftlichen Vermögens geleistet worden ist, RGZ. Bd. 69 S. 293. Ist infolge des Todes des Ehemannes das Gesamtgut der Gütergemeinschaft ganz in die Nutzung der Witwe übergegangen und hat sie aus den Einkünften ihren Unterhalt wie früher, so kann sie nicht Schadensersatz verlangen, RGZ. Bd. 64 S. 350; Bd. 69 S. 292; Bd. 91 S. 398;
RG. 11. Mai 1908 in EisEntsch. 25 S. 72; RG. 6. Juli 1908 in JW. 1908 S. 552; RG. 21. Febr. 1910 in EisEntsch. 26 S. 441; RG. 10. Febr. 1910 in EisEntsch. 26 S. 437; RG. 13. Juli 1933 in VR. 1933 Sp. 470 (= EisEntsch. 56 S. 176).

Bezieht die Witwe des Verunglückten Kapital oder Rente auf Grund eines von ihm abgeschlosenen Lebens- oder Unfallsversicherungsvertrages, so braucht sie sich diese Beträge nicht auf ihren Schadensersatzanspruch gegen den haftpflichtigen Betriebsunternehmer anrechnen zu lassen. Ihre Ansprüche gegen das Versicherungsunternehmen beruhen nicht darauf, daß der Unfall auf Grund gesetzlicher Vorschriften zugleich Vermögensvorteile mit sich brächte, die den Schaden mindern, sondern sie beruhen auf einem von dem Verunglückten abgeschlossenen und durch Prämienleistungen erfüllten Vertrage, und der Unfall hat nur eine Bedingung ihrer Entstehung gesetzt. Es ist auch nicht Sinn und Zweck derartiger Verträge, daß die Vorteile, die der Verunglückte durch den Vertragsabschluß und die Zahlung der Versicherungsbeiträge herbeigeführt hat, dem Schadensersatzpflichtigen zugutekommen. Vgl. RGZ. Bd. 10 S. 50; Bd. 64 S. 350 (353); Bd. 68 S. 45 (46); Bd. 130 S. 258 (262); Bd. 148 S. 154 (164); Bd. 152 S. 199 (200); Anm. 14.
RG. 5. Nov. 1906 in EisEntsch. 24 S. 118; RG. 13. Juli 1908 in EisEntsch. 25 S. 192 (= JW. 1908 S. 554); RG. 23. Jan. 1933 in VR. 1933 Sp. 95; RG. 28. Mai 1938 in JW. 1938 S. 2357.
OLG. Jena 18. Nov. 1940 in VAE. 1941 S. 49.
Abweichend Heinze in VAE. 1941 S. 27,
Hengstenberg in VAE. 1943 S. 63.
Siehe auch RG. 11. Juli 1883 in JW. 1883. S. 230; RGZ. Band 139 S. 393 (= JW. 1933 S. 1391);

Nicht anzurechnen sind ferner Leistungen an die Witwe auf Grund eines von einem Dritten, etwa dem Arbeitgeber des Verletzten, abgeschlossenen Versicherungsvertrages. RGZ. Bd. 146 S. 287 (in Abweichung von RGZ. Bd. 70 S. 10); RGZ. Bd. 152 S. 199 (200). Anm. 15.
Zinsen aus einer Lebensversicherungssumme sind nicht anzurechnen, RG. 30. Okt. 1940 in VAE 1941 S. 11 (= VR. 1941 S. 1822).

Auch freiwillige oder Fürsorgeleistungen eines Dritten, auf die kein Rechtsanspruch besteht, braucht sich die Witwe nicht abziehen zu lassen. RGZ. Bd. 136 S. 183; Bd. 141 S. 173 (= JW. 1933 S. 2513); Bd. 153 S. 264 (265). Anm. 16
Bezüge, die der Arbeitgeber des Getöteten der Witwe als Witwengeld aus Freigebigkeit oder auf Grund eines Vertrages zahlt, sind nicht anzurechnen, RGZ. Bd. 151 S. 330 (= DJZ. 1936 S. 1243).

Die Rente der Witwe des Verunglückten kann sich für die Zeit erhöhen, in der ihre gleichfalls zunächst rentenberechtigten Kinder selbständig werden und daher für den Verunglückten die Pflicht, ihnen Unterhalt zu gewähren, weggefallen sein würde, Anm. 17.
RG. 27. Okt. 1942 in VAE. 1943 S. 32 Nr. 24; RGZ. Bd. 159 S. 24.

Das Maß der Unterhaltspflicht richtet sich nicht nach dem, was der verstorbene Ehemann im Fall des Getrenntlebens der Ehefrau hätte gewähren müssen, sondern nach dem, was er bei gemeinsamer Lebensführung ihr hätte leisten müssen, RG. 27. Okt. 1942 in VAE. 1943 S. 32 Nr. 22; RGZ. Bd. 159 S. 24. Anm. 18.

Bei der Berechnung der Rente der Witwe ist von dem Gesamtlohn des Getöteten auszugehen; hiervon sind die Abgaben (Steuern, Sozialversicherungsbeiträge usw.) abzuziehen, RG. 27. Okt. 1942 in VAE. 1943 S. 32 Nr. 22; RGZ. Bd. 159 S. 24. Anm. 19.
Vgl. auch RG. 8. Mai 1942 in WarnRspr. 1942 S. 220.

Anm. 20. Die Witwe des Verunglückten kann nicht Ersatz des Schadens verlangen, der ihr dadurch entsteht, daß nach dem Tode des Mannes die Unterhaltspflicht gegenüber den Kindern auf sie übergeht; den Ersatz dieses Schadens versagt ihr das Gesetz, RG. 22. Okt. 1906 in JW. 1906 S. 747; RG. 16. Mai 1907 in JW. 1907 S. 388.

§ 3 Abs. 2 schließt einen Anspruch der Witwe aus, der über den Ersatz des ihr persönlich entzogenen Unterhalts hinausgeht (RG. 22. Okt. 1906 a. a. O.).

Anm. 21. Erhält eine Witwe auf Grund gesetzlicher Vorschriften mit dem Tode des Mannes eine Pension, ein Ruhe- oder Witwengehalt, so kann gefragt werden, ob ihr insoweit infolge der Tötung des Mannes überhaupt ein Schaden entstanden sei. Die Frage ist auf Grund des § 139 des deutschen Beamtengesetzes vom 26. Januar 1937 (RGBl. 39) jetzt dahin zu beantworten, daß der Witwe, obwohl sie Versorgung erhält, doch ein Schaden in voller Höhe des eingebüßten Unterhaltsrechts entstanden ist, so daß an sich ein entsprechender Ersatzanspruch gegen den unfallhaftpflichtigen Betriebsunternehmer gegeben ist. Dieser Anspruch geht aber nach § 139 im Umfange der gewährten Versorgung auf den Dienstherrn des Getöteten über, so daß die Witwe ihn nicht geltend machen kann.

RGZ. Bd. 160 S. 253; Bd. 163 S. 396,
RG. in VAE. 1941 S. 70.

Anm. 22. Nicht anzurechnen ist der Betrag, den die Witwe des Verunglückten aus einer öffentlichen Sammlung für die Opfer des Unglücks erhalten hat, RG. 2. Aug. 1935 in DJ. 1935 S. 1703.

Anm. 23. Sind neben der Witwe noch unterhaltsberechtigte Kinder vorhanden, so ist zu prüfen, ob nicht von dem Zeitpunkt ab, in welchem die Kinder ihren Lebensunterhalt selbst zu erwerben imstande sein werden, dem Getöteten für sich und seine Ehefrau allein ein größerer Betrag als vorher zur Bestreitung des gemeinsamen Lebensunterhalts zur Verfügung gestanden und das Maß des Unterhalts, auf den die Ehefrau Anspruch gehabt hätte, sich erhöht haben würde. RGZ. Bd. 159 S. 21 (24).

Anm. 24. Unter Umständen kann sich nach § 254 Abs. 2 BGB. die Schadensersatzpflicht des Unternehmers aus § 3 Abs. 2 mindern oder ganz wegfallen, wenn die Witwe es schuldhaft unterlassen hat, ihren Schaden zu mindern. So kann ein gemäß § 254 zu berücksichtigendes Verschulden der Witwe unter Umständen darin erblickt werden, daß sie, nachdem infolge des Todes ihres Mannes ihre Arbeitspflichten im Sinne des § 1356 Abs. 2 BGB. weggefallen sind, es unterläßt, eine ihr zuzumutende Arbeit zu übernehmen und so etwas zu verdienen. Ob der Witwe ein Erwerb zuzumuten ist, läßt sich nur nach den besonderen Umständen des einzelnen Falles entscheiden.

RGZ. Bd. 154 S. 236. Vgl. auch RGZ. Bd. 5 S. 108; RG. 9. März 1940 in WarnRspr. 1940 S. 307; RG. 22. Mai 1940 in VAE. 1940 S. 179; RG. 10. Jan. 1941 in VAE. 1941 S. 49 (Krankheit der Witwe); RGZ. Bd. 172 S. 195.

So wird einer Witwe, die ihre Kraft ihren minderjährigen Kindern zu widmen hat, in der Regel nicht zuzumuten sein, eigenem Erwerb nachzugehen, um die Ersatzpflicht des Unternehmers zu mindern, dessen Sache es in erster Linie ist, den Schaden zu beseitigen, RG. 26. Febr. 1938 in DJ. 1938 S. 792 (= JW. 1938 S. 1816).

Dagegen wird eine kinderlose, vor der Ehe erwerbstätige und auch nach dem Tode ihres Mannes noch erwerbsfähige Witwe in der Regel verpflichtet sein, den Schaden durch eigenen Erwerb zu mindern.

Ebenso eine Witwe mit 1 Kind, die schon während der Ehe zu Hause als Schneiderin arbeitete, OLG. Dresden 4. Juli 1940 in VAE. 1940 S. 184. VGL. auch OLG. Breslau 26. Juli 1943 in VAE. 1943 S. 110.

Ist im Kriege die Witwe eines Unfallgetöteten als Dienstverpflichtete halbtageweise in der Kriegsindustrie tätig, so ist der geringe Arbeitsverdienst auf die Unterhaltsrente nicht anzurechnen, OLG. Dresden 9. April 1942 in VAE. 1942 S. 117.

War die Witwe zu Lebzeiten des Mannes zu eigener Erwerbstätigkeit nicht genötigt, so ist es nicht schuldhaft, wenn sie jetzt keinem Erwerb nachgeht, RG. 13. Jan. 1942 in VAE. 1942 S. 93.

Zur Übernahme von Arbeiten, die ihrer Lebensstellung nicht entsprechen, wird die Witwe nicht verpflichtet sein.

Vgl. auch RGZ. Bd. 5 S. 108. Nicht unbedenklich OGH. Köln 26. 11. 1948 in NJW. 1949 Seite 340.

Übernimmt eine Witwe über ihre Verpflichtung hinaus Arbeiten, so ist insoweit das erzielte Einkommen nicht auf die Entschädigungsrente anzurechnen.

Heiratet die Witwe wieder, so verliert sie damit nicht ohne weiteres ihre Schadensersatzansprüche. § 3 Abs. 2 bestimmt nicht, daß die Rente mit der neuen Heirat aufhöre. Vielmehr hängt die Höhe dieser Ansprüche davon ab, ob und in welcher Höhe nunmehr ihr zweiter Mann ihr zur Unterhaltsleistung verpflichtet ist; um diesen Betrag mindert sich ihr Anspruch. Soweit der zweite Mann zur Unterhaltsleistung nicht fähig und nicht verpflichtet ist, dauert die Schadenshaftung des Unternehmers auch über die Wiederverheiratung hinaus an; insoweit wird durch die neue Ehe an der Lage der Frau nichts geändert. Anm. 25.

RG. 27. Juni 1887 in EisEntsch. 5 S. 376; RG. 24. März 1896 in EisEntsch. 13 S. 143; RG. 12. Febr. 1902 in EisEntsch. 19 S. 212; RG. 5. Jan. 1905 in EisEntsch. 21. S. 388; RG. 5. Okt. 1909 in EisEntsch. 26 S. 383; RG. 8. Nov. 1939 in DJ. 1940 S. 32 (= VAE. 1940 S. 26, = VR. 1940 Bl. 180); OLG. Hamburg in EisEntsch. 35 S. 92 (= JW. 1918 S. 147). Vgl. auch OGH. Köln in NJW. 1949 Seite 340.

Es ist daher nicht gerechtfertigt, der Witwe die Rente von vornherein nur bis zur etwaigen Wiederverheiratung zuzusprechen, RG. 5. Dez. 1892 in EisEntsch. 10 S. 32 (= JW. 1893 S. 81); RG. 31. Jan. 1899 in EisEntsch. 15 S. 351; RG. 15. März 1934 in WarnJahrb. 1934 Nr. 74 (= VR. 1934 Sp. 284), oder die Rente von vornherein an die Bedingung zu knüpfen, daß die Witwe nicht wieder heirate, RG. 27. Juni 1887 in JW. 1887 S. 356. Dabei ist unerheblich, ob die Wiederverheiratete von ihrem Unterhaltsanspruch gegen ihren zweiten Mann Gebrauch machen will; entscheidend ist, daß er ihr zusteht.

RG. 8. Nov. 1939 in DJ. 1940 S. 32.

Im Falle der Wiederverheiratung der Witwe kann der Schadensersatzpflichtige, wenn die Witwe in der neuen Ehe ihren Unterhalt findet, wegen dieser wesentlichen Veränderung der Verhältnisse gemäß § 323 ZPO. im Wege der Klage eine entsprechende Abänderung des Urteils verlangen, RG. 5 Jan. 1905 in JW. 1905 S. 143. Anm. 26.

Die Witwe eines verunglückten Beamten kann nicht auch für die Zeit nach seinem mutmaßlichen Tode Schadensersatz dafür fordern, daß sie infolge seines vorzeitigen Ablebens nur ein geringeres Witwengeld erhält, RGZ. Bd. 135 S. 20. Anm. 27.

IX. Schadensersatzansprüche der Kinder des Getöteten

Kinder haben gegen ihren Vater ein Recht auf Unterhalt nach § 1602 BGB. nur, wenn sie außer Stande sind, sich selbst zu unterhalten. Auch dann besteht eine Unterhaltspflicht des Vaters nur, wenn er bei Berücksichtigung seiner sonstigen Verpflichtungen imstande ist, ohne Gefährdung seines standesmäßigen Unterhalts den Unterhalt zu gewähren, § 1603 BGB. Ihren minderjährigen unverheirateten Kindern gegenüber sind allerdings die Eltern verpflichtet, alle verfügbaren Mittel zu ihrem und der Kinder Unterhalt gleichmäßig zu verwenden, falls nicht ein anderer unterhaltspflichtiger Verwandter vorhanden ist oder der Unterhalt aus dem Stamm des Kindesvermögens bestritten werden kann. Anm. 1.

Ein Kind ist auch dann außer Stande sich selbst zu unterhalten, wenn es das nur durch eine Tätigkeit könnte, die ihm nach seinen Lebensverhältnissen nicht zugemutet werden kann. Anm. 2.

RG. 26. Okt. 1916 in JW. 1917 S. 42.

Die Schadensersatzansprüche der Kinder des Getöteten hängen mithin davon ab, ob sie unterhaltsbedürftig sind, RG. 17. Okt. 1907 in JW. 1907 S. 710; RGZ. Anm. 3.

Bd. 64 S. 350. Nur wenn dieser Fall eingetreten ist, können sie auf Leistung klagen; andernfalls wäre nur Feststellungsklage dahin möglich, daß, falls künftig Bedürftigkeit eintrete, die Ersatzpflicht bestehe, RG. 17. Okt. 1907 in JW. 1907 S. 710. Dies ist nicht der Fall, wenn sie aus den Einkünften ihres eigenen Vermögens unterhalten werden.

RG. 11. Mai 1908 in EisEntsch. 25 S. 72; RG. 21. Febr. 1910 in WarnRspr. 1910 Nr. 155; RG. 9. Febr. 1911 in JW. 1911 S. 375; RG. 17. Dez. 1906 in JW. 1907 S. 130.

Anm. 4. Der dem Kind durch Tötung des Vaters entstandene Schaden ist nicht dadurch beseitigt, daß ein Dritter ohne Rechtspflicht — aus Freigebigkeit — den Unterhalt gewährt. RGZ. Bd. 92 S. 57.

Anm. 5. Nach § 3 ist nicht zu prüfen, was der Getötete bezüglich des Unterhalts seiner Kinder getan haben würde, sondern was er gesetzlich zu leisten verpflichtet war, RG. 20. Jan. 1882 in JW. 1882 S. 78.

Anm. 6. Ein Kind, dessen außereheliche Mutter bei einem Betriebsunfall getötet ist und das seinen Unterhalt von dem unehelichen Vater gemäß § 1708 BGB. empfängt, kann nicht auf Grund des § 3 Abs. 2 RHpflG. von dem Ersatzpflichtigen eine Schadensersatzrente mit der Begründung verlangen, daß es durch den Unfall das Recht auf die der Getöteten gemäß § 1707 BGB. obliegende Sorge für die Person des Kindes verloren habe; dem Kinde ist kein Recht auf Unterhalt entzogen; die persönliche Betreuung durch die Mutter gehört nicht zum Unterhalt; unrichtig OLG. Hamburg 25. Mai 1927 in JW. 1927 S. 2586.

X. Schadensersatzansprüche der Eltern des Getöteten

Anm. 1. Auch die Eltern des Getöteten können gemäß § 3 Abs. 2 schadensersatzberechtigt sein, wenn sie nämlich den ihnen zustehenden Unterhaltsanspruch infolge der Tötung verloren haben.

Eltern, die außerstande sind, sich selbst zu unterhalten, sind gemäß § 1602 berechtigt, von dem Kinde Unterhalt zu verlangen.

Zur Begründung der Klage der Eltern gegen den Unternehmer genügt der Umstand, daß der Getötete bei seinem Ableben gesetzlich verpflichtet war, seinen Eltern bei eintretendem Bedürfnis Unterhalt zu gewähren, ohne daß es darauf ankommt, ob die Unterhaltspflicht damals schon praktisch wirksam geworden war, RGZ. Bd. 4 S. 104;

RG. 21. Juni 1888 in JW. 1888 S. 307.

Voraussetzung der gesetzlichen Unterhaltspflicht des Kindes gegenüber den Eltern ist Bedürftigkeit der Eltern (§ 1602 BGB.) und Leistungsfähigkeit des Kindes (§ 1603 BGB.), RG. 27. Sept. 1909 in JW. 1909 S. 660. Das verunglückte Kind würde erst unterhaltspflichtig geworden sein, sobald die Eltern bedürftig geworden wären, also kann die Rente nicht ohne weiteres vom Unfalltage ab verlangt werden.

Anm. 2. Darauf, was das Kind den Eltern bisher von seinem Verdienst tatsächlich abgegeben hat, kommt es nicht an, vielmehr darauf, was es kraft Gesetzes leisten mußte; es ist unerheblich, ob der minderjährige Haussohn dem Vater seinen Verdienst zur Verwendung für den Haushalt teilweise überlassen hatte, RG. 10. Juni 1907 in JW. 1907 S. 480; RG. 9. März 1931 in JW. 1931 S. 1804.

Anm. 3. Eine verheiratete Tochter ohne Kinder wäre unter Umständen verpflichtet gewesen, zwecks Ermöglichung der Gewährung von Unterhalt an ihre bedürftigen Eltern einem Erwerb nachzugehen, z. B. eine Dienststellung anzunehmen; doch ist hierbei zu prüfen, ob der Ehemann der Tochter einer solchen Erwerbstätigkeit zugestimmt haben würde. RG. 9. März 1931 a. a. O.

XI. Dauer der Schadensersatzpflicht

Anm. 1. Schadensersatz ist dem Unterhaltungsberechtigten insoweit zu leisten, als der Getötete während der mutmaßlichen Dauer seines Lebens zur Gewährung des Unterhalts verpflichtet gewesen sein würde.

Der Zeitpunkt, in dem der Verunglückte ohne den Unfall mutmaßlich gestorben sein würde, ist hiernach die äußerste zeitliche Grenze der Schadensersatzpflicht, RG. 26. Mai 1882 in JW. 1882 S. 158; RG. 22. Okt. 1906 in JW. 1906 S. 747.

Wie lange der Verunglückte gelebt haben würde, läßt sich naturgemäß nur annäherungsweise und nach Gründen der Wahrscheinlichkeit sagen. RGZ. Bd. 7 S. 50. **Anm. 2.**

Das Gericht hat die mutmaßliche Lebensdauer nach freier Überzeugung unter Würdigung aller Umstände zu entscheiden. RG. 21. Juni 1913 in EisEntsch. 30 S. 339; RGZ. Bd. 90 S. 226 (= JW. 1917 S. 813); RGZ. Bd. 128 S. 218. Vgl. auch OGH. Köln 26. 11. 1948 in NJW. 1949 Seite 340.

Dabei ist zunächst von der durchschnittlichen Lebensdauer auszugehen und dann unter Berücksichtigung der besonderen Umstände des einzelnen Falles — Lebensalter des Verletzten, Gesundheitszustand, allgemeine Körperverfassung, Lebensstellung, Beruf, Lebensweise, Gewohnheiten — zu ermitteln, ob er voraussichtlich ein den allgemeinen Durchschnitt nicht erreichendes oder ein höheres Lebensalter erreicht haben würde. RGZ. Bd. 5 S. 108; RG. 7. Dez. 1883 in EisEntsch. 3 S. 149 (= JW. 1884 S. 57); RG. 24. Mai 1886 in EisEntsch. 5 S. 39.

Litt der Verunglückte z. B. vor dem Unfall an einer unheilbaren Krankheit, die ihm auch ohne den Unfall in kurzer Zeit den Tod bringen mußte, so ist dies zu berücksichtigen. RGZ. Bd. 7 S. 50 (51). **Anm. 3.**

Die Schadensersatzrente darf dem Unterhaltsberechtigten mithin nicht auf unbestimmte Zeit, sondern nur mit bestimmter zeitlicher Begrenzung zuerkannt werden. RG. 20. Juni 1912 in EisEntsch. 31 S. 54; RG. 8. Dez. 1913 in EisEntsch. 31 S. 85; RGZ. Bd. 90 S. 226; Bd. 128 S. 218; RG. 13. April 1927 in JW. 1927 S. 2371. Der Zeitpunkt, zu dem der Verunglückte ohne den Unfall mutmaßlich gestorben sein würde, ist kalendermäßig zu bestimmen, z. B. die Rente bis zu dem Tage zu gewähren, an dem der Verunglückte das — gegebenenfalls — 70. Lebensjahr vollendet haben würde. RG. 5. Sept. 1944 V 152/43. Die genaue kalendermäßige Bestimmung ist schon mit Rücksicht auf die möglicherweise notwendige Berechnung einer Kapitalabfindung an Stelle der Rente geboten, RG. 14. Mai 1917 in RGZ. Bd. 90 S. 226 (= JW. 1917 S. 813). **Anm. 4.**

Es ist unzulässig, an Stelle der kalendermäßig genauen Bestimmung der Dauer der Rente einen völlig unsicheren Maßstab zu Grund zu legen, wie die künftige Lebensdauer der überlebenden Witwe oder eines gleichaltrigen, in gleichen Verhältnissen lebenden Dritten, RG. 13. April 1927 in JW. 1927 S. 2371.

Insbesondere darf der Witwe nicht ohne weiteres eine lebenslängliche — d. h. auf die Dauer ihres Lebens — Rente zugesprochen werden. Es kann nicht ohne weiteres davon ausgegangen werden, daß der Getötete ohne den Unfall so lange oder länger gelebt haben würde, als seine Witwe voraussichtlich leben wird. RG. 5. Dez. 1892 in EisEntsch. 10 S. 32; RG. 22. Okt. 1906 in JW. 1906 S. 747; RGZ. Bd. 64 S. 39; Bd. 90 S. 226; RG. 23. Jan. 1919 in EisEntsch. 37. S. 180; RG. 13. April 1927 in VR. 1927 Sp. 503 = JW. 1927 S. 2371; RG. 14. April 1930 in VR. 1933 Sp. 270; RG. 15. März 1934 in RdK. 1935 S. 109. **Anm. 5.**

Die wirkliche Lebensdauer der Witwe kann sehr wohl tatsächlich über die mutmaßliche Lebensdauer des Mannes hinausgehen; die Zusprechung einer lebenslänglichen Rente an die Witwe ist daher unzulässig, RG. 23. Dez. 1907 in JW. 1908 S. 109. Es ist grundsätzlich verfehlt, die Rente der Witwe unter Zugrundelegung ihrer Lebensdauer zeitlich zu begrenzen; es geht auch nicht an, dies mit der Erwägung zu tun, daß der unterhaltspflichtige Getötete vermutlich ebenso lange gelebt haben würde wie der Unterhaltsberechtigte, der die Rente begehrt; auf keinen Fall darf dieser eine Rente für einen längeren Zeitraum erhalten, als für die mutmaßliche Lebensdauer des Getöteten. RG. 14. Mai 1917 in RGZ. Bd. 90 S. 226 (= JW. 1917 S. 813). Selbstverständlich endet die Rente mit dem Tode der Witwe. RG. 25. Febr. 1909 in JW. 1909 S. 225 Nr. 21. Auch wenn die Eheleute fast gleichaltrig waren, ist daraus nicht zu schließen, daß ohne den Unfall beide gleich lange gelebt haben würden, RG. 5. Juli 1906 in JW. 1906 S. 553.

Ersatz eines in eine Zeit fallenden Schadens, die der Verunglückte nicht erlebt haben würde, kann die Witwe keinesfalls verlangen. RG. 25. Juni 1906 in JW. 1906 S. 570 (Witwenpension).

Anm. 6. Unter Umständen ist nach der Lebenserfahrung und dem gewöhnlichen Lauf der Dinge anzunehmen, daß der Verunglückte nicht bis zu dem Zeitpunkt seines Todes unterhaltspflichtig geblieben sein würde. So ist z. B. bei minderjährigen Kindern davon auszugehen, daß sie regelmäßig mit einem gewissen Alter berufstätig werden und dann in der Lage sind, ihren Unterhalt ganz oder teilweise selbst zu verdienen, daher insoweit nach § 1602 BGB. das Recht auf Unterhalt verlieren. Aber auch der Unterhaltspflichtige selbst wird häufig mit Erreichung höheren Alters nicht oder nicht mehr voll erwerbsfähig und unterhaltspflichtig sein (§ 1603, § 1360 BGB.). Daher würde die Verurteilung zur Zahlung einer Rente an die Kinder während 30 Jahren vom Tode des Vaters an weit über die Zeit hinausgreifen, in der bei gewöhnlichem Lauf der Dinge der Vater unterhaltspflichtig gewesen sein würde, RG. 5. Jan. 1905 in JW. 1905 S. 143.

Anm. 7. Soweit diese künftigen Veränderungen nach der Lebenserfahrung und dem gewöhnlichen Lauf der Dinge schon jetzt zu übersehen sind, sind sie zu berücksichtigen; die Rente ist entsprechend zeitlich zu begrenzen. Es ist nicht angängig, den Ersatzpflichtigen auf die Abänderungsklage des § 323 ZPO. zu verweisen. RGZ. Bd. 7 S. 50 (52); RG. 5. Jan. 1905 in EisEntsch. 21 S. 388 (= JW. 1905 S. 143); RG. 19. Jan. 1905 in EisEntsch. 21 S. 392 (= JW. 1905 S. 152).

Die Schadensersatzrente der Witwe endigt nicht notwendig mit dem Zeitpunkt, wo die Erwerbsfähigkeit des Getöteten mutmaßlich aufgehört hätte; es ist zu prüfen, ob er angesichts seiner günstigen Vermögensverhältnisse nicht über das Ende jener Fähigkeit hinaus auch für den Rest seiner vermutlichen Lebensdauer imstande und deshalb auch verpflichtet gewesen sein würde, seiner Ehefrau den standesgemäßen Unterhalt zu gewähren. RG. 11. Okt. 1934 in VR. 1934 Sp. 578. Vgl. auch RG. 30. Sept. 1909 in JW. 1909 S. 687.

Ist eine Tochter getötet, die den Eltern hätte unterhaltspflichtig werden können, so ist in Betracht zu ziehen, daß sie nach dem gewöhnlichen Lauf der Dinge geheiratet haben und daß ihre Unterhaltspflicht dadurch beeinflußt worden sein würde. RG. 25. Nov. 1907 in EisEntsch. 24. S. 368; RG. 27. Sept. 1909 in JW. 1909 S. 660.

Anm. 8. Wenn nur eine ganz entfernte theoretische Möglichkeit besteht, daß ein getötetes Kind den Eltern hätte unterhaltspflichtig werden können, kann unter Umständen kein Ersatzanspruch gegeben sein, OLG. Köln 27. Juni 1929 in VR. 1931 Sp. 53.

Anm. 9. Ist ein minderjähriges Kind getötet, so kann der Vater Feststellungsklage dahin erheben, daß der Beklagte ihm für den Fall, daß er unterhaltsbedürftig werden würde, eine Rente zu zahlen habe; das rechtliche Interesse an einer solchen Feststellung ergibt sich aus der gesetzlichen Bestimmung über die kurze Verjährung, RG. 25. März 1909 in JW. 1909 S. 314. Denn es ist durchaus möglich und nichts Unwahrscheinliches, daß der Vater einmal unterhaltsbedürftig wird; auch kann nicht gesagt werden, daß er den Zeitpunkt der Erwerbsfähigkeit des Kindes nicht erlebt haben würde; nach dem gewöhnlichen Lauf der Dinge ist es wahrscheinlich, daß das Kind später verdient und für seinen Vater hätte sorgen können, OLG. Hamm 13. Jan. 1932 in JW. 1932 S. 2737.

Ist aber das getötete Kind erst 5 Jahre alt gewesen und sind die Eltern noch jung, würden sie also normalerweise erst nach Jahrzehnten möglicherweise bedürftig werden, so kann nach Lage der Umstände die Möglichkeit, daß das Kind ihnen zur Unterhaltsleistung verpflichtet gewesen sein würde, eine so entfernte sein, daß eine Feststellungsklage nicht gegeben ist, OLG. Köln 3. März 1932 in JW. 1933 S. 1895.

Anm. 10. Ist ein Rentenanspruch sowohl dem Grunde als auch der Höhe und Zeitdauer nach streitig und entscheidet das Gericht gemäß § 304 ZPO. vorab über den Grund, so erhebt sich die Frage, ob die Entscheidung über die Zeitdauer der Rente schon im Grundverfahren erfolgen muß oder ob darüber auch im Betragsverfahren entschieden werden kann.

Häufig wird es ohne weiteres möglich sein, die Zeitdauer schon im Grundverfahren zu bestimmen. Erfordert jedoch die Bestimmung des kalendermäßigen Endes der Rente noch Ermittlungen oder Beweiserhebungen, so wird es dem Sinn und Zweck des § 304 ZPO. entsprechen (RG. 10. März 1911 in EisEntsch. 27. S. 438), wenn die Beweise zusammen mit den über den Betrag der Rente nötigen Beweiserhebungen erhoben werden, also im Betragsverfahren. Hiernach erscheint es zulässig, daß das Grundurteil die Entscheidung über die zeitliche Begrenzung der Rente dem Betragsurteil vorbehält. RGZ. Bd. 71 S. 247; Bd. 90 S. 226; Bd. 98 S. 222; RG. 30. März 1911 in JW. 1911 S. 488; RG. 20. Juni 1912 in EisEntsch. 31 S. 54; RG. 16. Dez. 1920 in EisEntsch. 38 S. 288; RG. 20. April 1931 in JW. 1932 S. 787.

Allerdings muß verlangt werden, daß sich das Grundurteil über diesen Vorbehalt ausdrücklich und deutlich ausspreche, sei es in der Urteilsformel oder wenigstens in den Gründen.

RG. 23. Dez. 1907 in JW. 1908 S. 109; RG. 11. Mai 1908 in EisEntsch. 25. S. 71; RG. 25. Juni 1908 inEisEntsch. 25. S. 271; RG. 25. Febr. 1909 in JW. 1909 S. 225; RG. 7. Juli 1910 in EisEntsch. 27. S. 209; RG. 30. Mai 1911 in EisEntsch. 8. S. 108; RG. 8. Dez. 1913 in EisEntsch. 31. S. 85.

Würde das Grundurteil einen vom Kläger bis zu einem kalendermäßigen Zeitpunkt erhobenen Rentenanspruch, ohne einen solchen ausdrücklichen Vorbehalt zu machen, dem Grunde nach für berechtigt erklären, so könnte der Ersatzpflichtige im Betragsverfahren nicht mehr geltend machen, die Rente sei nur für eine kürzere Zeitdauer begründet. RGZ. Bd. 64 S. 33; Bd. 98 S. 222; RG. 8. Dez. 1913 in EisEntsch. 31. S. 85; RG. 23. Jan. 1919 in WarnJahrb. 1919 Nr. 74.

In früheren Entscheidungen hatte das RG. zu § 844 BGB. angenommen, daß die Zeitdauer der Rente im Grundverfahren zu bestimmen sei. RG. 3. Juni 1907 in EisEntsch. 24 S. 68; RG. 15. Nov. 1907 in JW. 1908 S. 9.

Der in § 3 Abs. 2 dem mittelbar geschädigten Unterhaltsberechtigten gegebene Schadensersatzanspruch entsteht von vornherein in seiner Person. RGZ. Bd. 55 S. 24; Bd. 65 S. 313. **Anm. 11.**

Für die Frage allerdings, ob und in welchem Umfang dieser Anspruch entsteht, ist das Verhalten des Getöteten von Einfluß, vgl.§§ 254, 846 BGB. RGZ. Bd. 69 S. 186. **Anm. 12.**

Hat bei dem Unfall ein nach §§ 846, 254 BGB. zu berücksichtigendes Verschulden des Getöteten mitgewirkt und können die Hinterbliebenen daher nur die Hälfte ihres Schadens verlangen, so ist die Berechnung so vorzunehmen, daß zunächst der entgangene Unterhalt zu halbieren ist und von dieser Hälfte die Hinterbliebenenrenten abzuziehen sind, nicht aber so, daß von dem entgangenen Unterhalt zunächst die Hinterbliebenenrenten abgezogen werden und dann der Restbetrag halbiert wird, RG. 21. Okt. 1939. in VAE. 1940 S. 7 (= VR. 1940 Bl. 183), vgl. auch RG. 1. Febr. 1934 in JW. 1934 S. 899.

Die Witwe des Getöteten hat nicht Anspruch auf Ersatz jedes wirtschaftlichen Nachteils, den sie durch den Tod ihres Ehemannes erleidet, sondern nur auf Ersatz des ihr entgehenden Unterhalts, RG. 30. Nov. 1933 in VR. 1934 Sp. 47. **Anm. 13.**

Erheben die Witwe und die Kinder des Verunglückten Schadensersatzansprüche wegen Verlusts ihrer Unterhaltsansprüche, so bedarf es einer genauen Scheidung der einzelnen Ansprüche; die Witwe kann nicht ohne nähere Bestimmung Schadensersatz „für sich und das Kind" verlangen, RG. 8. Jan. 1931 in JW. 1931 S. 859.

Die Rentenbeträge der einzelnen Unterhaltsberechtigten — Witwe und Kinder — sind für jeden getrennt zu berechnen, RG. 13. April 1931 in JW. 1931 S. 3308. **Anm. 14.**

§ 3a

Im Falle einer Körperverletzung ist der Schadensersatz (§§ 1, 1a und 2) durch Ersatz der Kosten der Heilung sowie des Vermögensnachteils zu leisten, den der Verletzte dadurch erleidet, daß infolge der Verletzung zeitweise oder dauernd seine Erwerbsfähigkeit aufgehoben oder gemindert oder eine Vermehrung seiner Bedürfnisse eingetreten ist.

I. Allgemeines

Anm. 1. Hat der Unfall nicht zum Tode des Verunglückten geführt, sondern ist dieser nur körperlich verletzt worden, so richtet sich die Ersatzpflicht des Betriebsunternehmers nach § 3a.

Anm. 2. Die Ersatzansprüche des Verletzten sind hier erschöpfend aufgeführt, weitere Ansprüche gewährt das RHpflG. ihm nicht.
Hiernach hat der Ersatzpflichtige dem Verletzten die Heilungskosten und den durch Vermehrung seiner Bedürfnisse entstandenen Vermögensnachteil zu ersetzen. In dieser Beziehung wird auf die Erläuterungen zu § 3 verwiesen.
Weiterhin hat der Verletzte Anspruch auf Ersatz des ihm durch Aufhebung oder Minderung seiner Erwerbsfähigkeit entstandenen Vermögensnachteils.

II. Vermögensnachteil infolge Aufhebung oder Minderung der Erwerbsfähigkeit

Anm. 1. Der Ersatzanspruch steht nur dem Unfallverletzten selber zu, also demjenigen, der durch das Unfallereignis unmittelbar körperlich verletzt worden ist. RGZ. Bd. 47 S. 211: Bd.63 S. 162; RG. 19 Juni 1911 in JW. 1911 S. 774. Vgl. auch RGZ. Bd. 64 S. 350 (360); RG. 5. Nov. 1906 in JW. 907 S. 23.
Andere Personen, die in ihrem Vermögen dadurch geschädigt sind, daß der Verunglückte nichts mehr verdienen kann, können aus dem RHpflG. keine Ansprüche herleiten, z. B. nicht seine Angestellten, die infolge unfallbedingter Aufgabe seines Geschäfts stellenlos werden, auch nicht der Arbeitgeber des Verunglückten, der dessen wertvolle Arbeitskraft einbüßt, der Vater des Verletzten, dem dieser zur Leistung von Diensten im Hauswesen oder Gewerbe verpflichtet war und der diese Dienste nun entbehren muß, auch nicht die Unterhaltsberechtigten (diesen stehen nur im Falle des § 3 Abs. 2 Ansprüche zu). Ein Arbeitgeber, der seinem verletzten Arbeiter laut Tarifvertrag den Lohn eine Zeit lang weiterbezahlen muß, ohne in dieser Zeit dessen Dienste zu genießen, kann nicht seinen Schaden ersetzt verlangen, KG. Berlin 30. Jan. 1929 in JW. 1929 S. 1494.

Anm. 2. Nur wenn der Betriebsunternehmer wegen Verschuldens auch nach §§ 823 ff. haftet, hat ein dritter Dienstberechtigter im Rahmen des § 845 BGB. Anspruch auf Ersatz für die ihm infolge der Körperverletzung des Dienstverpflichteten entgehenden Dienste. § 3a beschränkt die Haftung auf den Vermögensnachteil, den der Verunglückte selbst erleidet, RG. 17. Okt. 1912 in EisEntsch.29. S. 331 (= JW. 1913 S. 99).

Anm. 3. Der Verletzte kann nicht gemäß § 3a verlangen, daß, falls seine Ehefrau ihn überlebe, an sie eine Rente für ihre Lebenszeit bezahlt werde, RG. 21. Sept. 1905 in JW. 1905 S. 647.

Anm. 4. Eine GmbH. kann nach dem RHpflG. nicht Ersatz des Schadens verlangen, der ihr aus dem Eisenbahnunfall ihres Geschäftsführers entsteht; doch kann letzterer nicht nur seine unfallbedingte Einbuße an Geschäftsführergehalt, sondern auch seinen Verlust an Gewinnerträgnissen ersetzt verlangen, der infolge Verminderung seiner Arbeitsfähigkeit eintrat, soweit die ihm als Gesellschafter zustehenden Gewinnerträgnisse gemindert wurden,
RGZ. Bd. 92 S. 53. (= RG. 17. Jan. 1918 in JW. 1918 S. 227). Erleidet aber ein Angestellter einer GmbH einen Unfall und entstehen dadurch Nachteile für einen dritten durch den Besitz von Geschäftsanteilen an der GmbH Beteiligten, so hat der Dritte keinen Ersatzanspruch nach dem RHpflG. RG. a. a. O.

Ist ein Kind körperlich verletzt, so hat nur es selbst, nicht sein Vater Ansprüche aus § 3a, RG. 8. Nov. 1906 in JW. 1906 S. 810. Anm. 5.

Die Ansprüche des Verletzten sind nicht davon abhängig, daß er schon zur Zeit des Unfalls erwerbsfähig war; auch ein erst in ferner Zukunft erwerbsfähig werdendes Kind kann einen Ersatzanspruch wegen Minderung seiner (künftigen) Erwerbsfähigkeit geltendmachen, RG. 1. März 1906 in JW. 1906 S. 236. In der Regel wird hier, solange das erwerbsfähige Alter noch nicht erreicht ist, eine Feststellungsklage zweckmäßig sein; doch kann unter Umständen auch jetzt schon auf künftige Leistung geklagt werden, wenn nur der Durchschnittslohn für einfache Handarbeit gefordert wird (RG. a. a. O.). Anm. 6.

Der Vermögensnachteil muß in ursächlichem Zusammenhang mit der Körperverletzung stehen. Anm. 7.

Daran fehlt es, wenn der Unfallverletzte schon vor dem Unfall aus anderen Gründen erwerbsunfähig war und dies auch ohne den Unfall in Zukunft geblieben sein würde.

Auch insoweit besteht keine Ersatzpflicht. als Umstände auftreten, die auch ohne den Unfall künftig die Erwerbsfähigkeit aufgehoben haben würden, RG. 11. Mai 1908 in JW. 1908 S. 434; Anm. 8.

vgl. auch RG. 29. Febr. 1912 in JW. 1912 S. 594;

RG. 16. März 1926 in EisEntsch. 44 S. 87.

Wird der Verletzte zu einer Freiheitsstrafe verurteilt, so hat er während der Strafverbüßung keinen Anspruch auf Schadensersatzrente, RGZ. Bd. 1 S. 66; RG. 9. Okt. 1890 in EisEntsch. 8 S. 65. Anm. 9.

Wenn der Verletzte nach dem Unfall an einem Leiden erkrankt, mit dem er vorher nicht behaftet war, dann wird der ursächliche Zusammenhang zwischen Erwerbsunfähigkeit und Unfall nicht dadurch ausgeschlossen, daß die Erkrankung den Verletzten auch erwerbsunfähig gemacht haben würde, RGZ. Bd. 141 S. 365 (369). Anm. 10.

Erleidet der Verletzte — unabhängig von dem ersten — einen zweiten Unfall, der ebenfalls die Erwerbsfähigkeit, falls sie noch vorhanden gewesen wäre, aufgehoben hätte, so kann er trotzdem Ersatz für den ersten Unfall verlangen, anders unzutreffend. RG. 18. Mai 1911 in JW. 1911 S. 658. Anm. 11.

War der Verletzte schon zur Zeit des Unfalls durch ein Leiden in seiner Erwerbsfähigkeit beschränkt, so ist dies zu berücksichtigen. RG. 4. Juli 1913 in JW. 1913 S. 987.

III. Erwerbsfähigkeit

Infolge der Verletzung muß die Erwerbsfähigkeit aufgehoben oder gemindert sein, d. i. die Fähigkeit, zu arbeiten und durch diese Arbeit etwas zu verdienen. Anm. 1.

In Betracht kommt nur die Einbuße aus einer Arbeit, die zulässig war. Ein Einkommen aus unsittlichen Geschäften genießt keinen Rechtsschutz. Eine Dirne kann nicht Ersatz für den ihr infolge des Unfalls entgangenen Unzuchtsverdienst verlangen, Anm. 2.

OLG. Stuttgart 14. April 1931 in VR. 1932 Sp. 98.

Bei Bemessung der Rente sind nicht nur die früheren Einnahmen, auf die der Verletzte zur Zeit des Unfalls ein erzwingbares Recht besaß, zu berücksichtigen, sondern auch alles, was er sonst infolge seiner Berufstätigkeit in erlaubter Weise vereinnahmte und nach der Lebenserfahrung ohne den Unfall weiter gehabt haben würde, z. B. übliche Zuwendungen (wenn auch ohne erzwingbare Verpflichtung), nicht dagegen gar nicht berechenbare, rein zufällige Geschenke, RG. 23. Sept. 1882 in JW. 1882 S. 236. Anm. 3.

Die von dem Verletzten vor dem Verlust vereinnahmten üblichen Trinkgelder sind zu ersetzen, RGZ. Bd. 7 S. 112,

obwohl ein Rechtsanspruch nicht bestand, RG. 14. Mai 1897 in JW. 1897 S. 330.

Maßgebend ist, welche Verdiensteinbuße der Verletzte infolge des Unfalls tatsächlich hat. Der tatsächliche Erwerb des Verletzten vor dem Unfall ist nur eines der Momente, die für die Feststellung des Schadens von Wert sind; maß- Anm. 4.

gebend ist in erster Linie der Gebrauch, den der Verletzte in der Zeit nach dem Unfall ohne dessen Dazwischentreten von seiner Erwerbsfähigkeit voraussichtlich gemacht haben würde.

Ein von den Einkünften seines Kapitalvermögens lebender Verletzter, der von seiner Erwerbsfähigkeit bisher keinen Gebrauch gemacht hat und dies aller Voraussicht nach auch in Zukunft nicht getan haben würde, hat durch den Verlust seiner Erwerbsfähigkeit keinen Schaden erlitten, es kann ihm also auch keiner ersetzt werden,

RG. 5. März 1908 in JW. 1908 S. 273; RG. 22. Mai 1911 in WarnRspr. 1911 Nr. 387; ferner RG. 27. Sept. 1882 in EisEntsch. 2 S. 352;

RG. 9. April 1897 in JW. 1897 S. 247.

Das RHpflG. will nur die Schadloshaltung, nicht die Bereicherung des Verletzten, RGZ. Bd. 47 S. 92 (98).

Anm. 5. War die Verletzte vor dem Unfall im Geschäft ihres Mannes tätig, so ist zu prüfen, ob sie, wenn der Unfall sich nicht ereignet hätte, weiterhin dort tätig gewesen sein würde oder ob sie gegen Entgelt einer anderen Arbeit nachgegangen sein würde; entscheidend ist die Entwicklung der Dinge, die ohne den Unfall nach der Erfahrung aller Wahrscheinlichkeit nach stattgefunden hätte; eine bloße Möglichkeit genügt nicht; § 287 ZPO. gestattet nicht, die Feststellung, daß ein Schaden wirklich entstanden ist, lediglich durch die Annahme eines gewissen Grades von Wahrscheinlichkeit zu ersetzen, RG. 17. Jan. 1931 in JW. 1931 S. 1188.

Anm. 6. Hat der Verletzte ein Auge verloren, aber trotzdem die gleichen Arbeitseinnahmen wie vor dem Unfall, so hat er keinen zu ersetzenden Erwerbsverlust erlitten, RG. 20. März 1888 in EisEntsch. 6 S. 269; vgl. auch RG. 1. Okt. 1884 in EisEntsch. 4 S. 12.

Anm. 7. Erhält ein bei einem Bahnunfall verletzter Arbeiter trotz zeitweiliger Erwerbsunfähigkeit auf Grund des Tarifvertrages von seinem Arbeitgeber eine Zeit lang den vollen Lohn weiterbezahlt, so hat er insoweit keinen Schaden und kann keinen Ersatz von dem Schädiger verlangen, KG. Berlin 30. Jan. 1929 in JW. 1929 S. 1494.

Anm. 8. Hat die Verletzte vor dem Unfall in der Gastwirtschaft ihres Vaters ohne eine bestimmt abgegrenzte Entlohnung gewirkt, so kann sie Ersatz in der Höhe verlangen, wie Leiterinnen einer Gastwirtschaft solcher Art zu verdienen pflegen; für ihren Anspruch gegen den Ersatzpflichtigen ist es gleichgültig, daß sie von einer bestimmten Festsetzung der Gegenleistungen ihres Vaters abgesehen hatte,

RG. 11. April 1907 in JW. 1907 S. 340.

Anm. 9. War der Verunglückte vor dem Unfall erwerbsfähig, aber gerade erwerbslos und hätte er ohne den Unfall künftig verdienen können, so ist er geschädigt und kann Ersatz verlangen, RG. 2. Nov. 1881 in EisEntsch. 2. S. 141. Der Schaden besteht in dem Unterschied des Erwerbes, den der Verletzte nach dem Unfall zu ziehen noch imstande ist, und des Erwerbs, den er ohne den Unfall aus seiner Arbeitskraft hätte ziehen können, RG. 4. Juli 1913 in JW. 1913 S. 987.

Anm. 10. Hat sich der Verletzte wegen des Unfalls einem neuen Beruf zugewandt und verdient er darin ebensoviel wie im früheren, so ist er nicht geschädigt und hat keinen Ersatzanspruch,

RG. 30. Sept. 1913 in EisEntsch. 30. S. 357;
vgl. ferner RG. 9. April 1897 in EisEntsch. 14 S. 157;
RG. 7. Febr. 1898 in EisEntsch. 15 S. 353;
RG. 25. Nov. 1909 in EisEntsch. 26 S. 409;
RG. 16. Okt. 1930 in EisEntsch. 51 S. 272; RG. 28. März 1935 in RdK. 1935 S. 268;
RG. 1. Febr. 1937 in VAE. 1937 S. 177;
RG. 22. Nov. 1937 in JW. 1938 S. 373;

Anm. 11. Eine Ehefrau, die im gesetzlichen Güterrecht lebt und vor dem Unfall im Haushalt oder Geschäft ihres Mannes unentgeltlich gearbeitet hat, wird im Fall einer Unfallverletzung, die sie arbeitsunfähig macht, keinen Vermögensschaden erleiden, da der Ertrag ihrer Arbeit nicht ihr, sondern ihrem Ehemann zustand. Der Anspruch auf Ersatz eines dem Ehemann entstandenen Schadens steht nicht der verletzten Ehefrau zu, RG. 23. April 1906 in JW. 1906 S. 385; RG. 8. Okt. 1906 in JW. 1906 S. 751.

Soweit der Ehemann infolge Wegfalls der Arbeitskraft seiner unfallverletzten Ehefrau in Haushalt und Geschäft geschädigt ist, gewährt ihm das RHpflG. keinen Schadensersatzanspruch; es enthält keine dem § 845 BGB. entsprechende Bestimmung. Haftet die Eisenbahn wegen Verschuldens auch nach § 845, und erhält der Ehemann eine Entschädigung für die entgangenen häuslichen Dienste seiner Frau, so wird hiermit regelmäßig auch der Abmangel an Unterhalt der Frau gedeckt sein; es kann nicht wegen Ausfalls der Arbeit der Frau doppelt Ersatz begehrt werden, RG. 23. März 1905 in JW. 1905 S. 341. Unter Umständen kann jedoch der Wegfall der Arbeit der unfallverletzten Ehefrau auch dieser selbst einen Schaden zufügen, wenn nämlich die Einnahmen des Ehemannes, weil seine Ehefrau nicht mehr mitarbeiten kann, sinken und er daher Ausgaben für Ersatzkräfte hat, und sich infolgedessen der von ihm der Ehefrau zu gewährende Unterhalt vermindert; dies ist ein Schaden der unfallverletzten Ehefrau, den sie nach § 3a ersetzt verlangen kann. Anm. 12.

Vgl. hierzu RGZ. Bd. 39 S. 35; Bd. 47 S. 84; Bd. 63 S. 195;
RG. 23. März 1905 in EisEntsch. 22. S. 150 (= JW. 1905 S. 341);
RG. 14. Juni 1906 in EisEntsch. 23 S. 76 (= JW. 1906 S. 469);
RG. 11. Febr. 1907 in EisEntsch. 24 S. 37;
RG. 5. März 1908 in JW. 1908 S. 273;
RG. 14. Mai 1908 in EisEntsch. 25 S. 72;
RG. 13. Juli 1908 in EisEntsch. 25 S. 192;
RG. 1. Juli 1909 in EisEntsch. 26 S. 194;
RG. 23. Dez. 1909 in EisEntsch. 26 S. 327;
RG. 3. Juli 1911 in JW. 1911 S. 810;
RG. 17. Okt. 1912 in EisEntsch. 29 S. 331 (= JW. 1913 S. 99);
RG. 23. Mai 1914 in EisEntsch. 31 S. 245;
RG. 20. Sept. 1915 in EisEntsch. 33 S. 101;
RG. 1. Nov. 1923 in EisEntsch. 41 S. 274;
OLG. Hamm 22. Mai 1925 in VR. 1926 Sp. 532;
OLG. Braunschweig 13. Nov. 1931 in VR. 1932 Sp. 453;
OLG. Hamburg 27. April 1934 in VR. 1934 Sp. 575;
OLG. Stuttgart in VAE. 1942 Bd. 14 S. 146;
siehe auch OLG. Stuttgart in EisEntsch. 33 S. 178.

Soweit eine verletzte Ehefrau ohne den Unfall durch ihre Arbeit — abgesehen von ihrer Tätigkeit im Hauswesen und Geschäft des Ehemannes — etwas gemäß § 1367 BGB. als Vorbehaltsgut erworben hätte, kann sie den Vermögensnachteil ersetzt verlangen, RG. 23. März 1905 in JW. 1905 S. 341; RG. 5. März 1908 in JW. 1908 S. 273. Anm. 13.

Hat sie vor dem Unfall z. B. den Innendienst eines Fuhrgeschäfts, das ihr Vorbehaltsgut ist, versehen, von diesem Verdienst die Haushaltskosten bestritten und durch ihre Arbeit Dienstboten erspart, so floß der Gewinn hieraus dem Vorbehaltsgut der Ehefrau zu; durch den Unfall geschädigt ist also die Frau, und daher kann sie nach § 3a für die Kosten ihrer Vertretung im Haushalt Ersatz verlangen,
RG. 23. Mai 1914 in EisEntsch. 31 S. 245 (= JW. 1914 S. 874).

Besteht in der Ehe allgemeine Gütergemeinschaft oder Fahrnisgemeinschaft, so kann der Wegfall der Tätigkeit der unfallverletzten Ehefrau das Gesamtgut beeinträchtigen, so daß insoweit auch ihr ein Vermögensnachteil entsteht und ihr zu ersetzen ist, RGZ. Bd. 73 S. 309; RG. 7. Juli 1910 in EisEntsch. 27 S. 300 (= WarnRspr. 1910 Nr. 389); RG. 3. Juli 1911 in JW. 1911 S. 810; RG. 6. Okt. 1913 in JW. 1914 S. 45; RG. 7. Jan. 1913 in EisEntsch. 30 S. 83; RG. 19. März 1917 in EisEntsch. 34 S. 144 (= JW. 1917 S. 655). Anm. 14.

Hat die Unfallverletzte vor dem Unfall gegen Vergütung für das Geschäft des Ehemannes gearbeitet, so hat sie, wenn die Körperverletzung sie arbeitsunfähig gemacht hat, Anspruch auf Ersatz des entgehenden Verdienstes, RGZ. Anm. 15.

Bd. 64 S. 323 (327), vgl. auch RG. 8. Okt. 1906 in EisEntsch. 23 S. 281 (= JW. 1906 S. 751).

Anm. 16. Liegt der Tatbestand so, daß bei Unfallverletzung einer Ehefrau der Anspruch gegen den Betriebsunternehmer auch auf die §§ 823, 831 BGB. gestützt werden kann, so findet auch § 845 BGB. Anwendung; der Ehemann hat dann Anspruch auf eine Geldrente für die ihm entgehenden Dienste der Ehefrau; daneben kann aber dann die Ehefrau nicht auch noch Ersatz verlangen, vgl. RGZ. Bd. 47 S. 92.

Anm. 17. Auch bei einer Ehefrau, die bisher nur ohne Vergütung im Haushalt oder Geschäft des Mannes arbeitete, kann die Möglichkeit gegeben sein, daß sie künftig sich ihr Brot selbst verdienen muß oder sonstwie in die Lage kommt, ihre Arbeitskraft für eigenen Erwerb auszunutzen, etwa in der Zeit nach Auflösung der Ehe, oder falls künftig der Ehemann zur Gewährung des Unterhalts unfähig werden sollte. Kann die Ehefrau infolge des Unfalls nicht mehr oder nur noch beschränkt arbeiten, so sind die erwähnten künftigen Möglichkeiten zu berücksichtigen; sie kann unter Umständen eine Feststellungsklage — auf Feststellung der Ersatzpflicht des Betriebsunternehmers bezüglich dieses künftigen Schadens — erheben, RGZ. Bd. 39 S. 33; RG. 23. März 1903 in EisEntsch. 22 S. 150 (= JW. 1905 S. 341); RG. 23. April 1906 in EisEntsch. 23 S. 58 (= JW. 1906 S. 385); RG. 11. Febr. 1907 in EisEntsch. 24 S. 37; RG. 13. Juli 1908 in EisEntsch. 25 S. 192; RG. 5. März 1908 in JW. 1908 S. 273.

Anm. 18. Wird ein Kind verletzt, das dem elterlichen Hausstand angehört, von den Eltern erzogen und unterhalten wird und gemäß seiner in § 1617 bestimmten Verpflichtung den Eltern im Hauswesen und Geschäft Dienste leistet, so kann es infolge des Unfalls insofern einen Vermögensnachteil erleiden, als ihm die Möglichkeit genommen ist, in fremde Dienste zu treten und dort einen seinen Fähigkeiten entsprechenden Lohn zu verdienen, RG. 20. Sept. 1895 in EisEntsch. 12 S. 234; RG. 14. Mai 1897 in JW. 1897 S. 330; RG. 11. April 1907 in EisEntsch. 24 S. 56 (= JW. 1907 S. 340).

So kann eine Tochter, die in der Gastwirtschaft ihres Vaters tätig war und bei ihm ihren Unterhalt fand, als Unfallschaden den gewöhnlichen Ertrag einer Erwerbstätigkeit verlangen, wie sie ihn bezogen haben würde, wenn sie bei einem Anderen in einer solchen Stellung gewesen wäre, RG. 11. April 1907 in EisEntsch. 24 S. 56.

Anm. 19. Bei gleichzeitiger Verletzung der Ehefrau und Tötung des Ehemannes, hat die Ehefrau wahlweise die Ansprüche wegen eigener Erwerbsminderung oder wegen Entziehung des Unterhaltsrechts, RG. 17. Nov. 1942 in RGZ. Bd. 170 S. 174 (= DR. 1943 S. 409).

IV. Aufhebung und Minderung der Erwerbsfähigkeit

Anm. 1. Der Verletzte hat Anspruch auf Ersatz des Vermögensnachteils, der ihm aus der unfallbedingten Aufhebung oder Minderung seiner E r w e r b s fähigkeit — nicht seiner Arbeitsfähigkeit — erwächst. Beides deckt sich nicht immer.

Der Verletzte kann zwar infolge des Unfalls in seiner Arbeitsfähigkeit nur teilweise beeinträchtigt sein, aber dennoch voll erwerbsunfähig sein, z. B. weil er mit dem ihm verbliebenen Rest seiner Arbeitsfähigkeit keine Stellung im Erwerbsleben mehr finden, mithin überhaupt nichts mehr verdienen kann.

Z. B. kann ein Schwerarbeiter von großer Körperkraft, der infolge des Unfalls als solcher nicht mehr verwendbar ist, den vollen entgangenen Arbeitslohn verlangen; es nützt ihm nichts, daß ihm theoretisch die Hälfte seiner Arbeitsfähigkeit verblieben ist, RG. 12. Jan. 1933 in JW. 1933 S. 830.

Anm. 2. Es kommt nicht auf die abstrakte Minderung der Erwerbsfähigkeit nach den Grundsätzen der Sozialversicherung an, vielmehr ist der Schadensersatz nach dem eingetretenen konkreten Schaden zu berechnen,
RGZ. Bd. 11 S. 62; Bd. 16 S. 83;
RG. 18. Jan. 1892 in JW. 1892 S. 152; (= EisEntsch. 9 S. 143);
RG. 9. April 1897 in JW. 1897 S. 247;
RG. 29. Mai 1899 in JW. 1899 S. 443; (= EisEntsch. 16. S. 161);

RG. 23. März 1905 in JW. 1905 S. 341;
RG. 6. Okt. 1932 in VR. 1933 Sp. 52;
RG. 22. Okt. 1932 in JW. 1933 S. 770;
RG. 22. Juli 1935 in VR. 1935 Sp. 526 Nr. 318.

Der Verletzte muß vermögensrechtlich so gestellt werden, wie er ohne den Unfall stehen würde; dies ist keine Frage, deren Beantwortung den ärztlichen Sachverständigen übertragen werden kann, vielmehr muß das Gericht sie nach § 287 ZPO. entscheiden, RG. 12. Jan. 1933 in JW. 1933 S. 830. Anm. 3.

Die abstrakt durch ärztliches Gutachten ermittelte, in Verhältniszahlen ausgedrückte Beschränkung der Erwerbsfähigkeit — z. B. 60 v. H. — ist nicht entscheidend,
RG. 4. März 1912 in JW. 1912 S. 379;
RG. 1. Febr. 1937 in VAE. 1937 S. 177;
KG. Berlin 4. Dez. 1939 in VAE. 1940 S. 44.

Es ist immer nach den besonderen Umständen des Einzelfalles zu ermitteln, wieviel der Verletzte nach dem Unfall noch verdient oder erwerben kann; nur für den hiernach wirklich entgehenden Erwerb ist Ersatz zu leisten.

So ergibt sich z. B. daraus, daß der Verletzte nach ärztlichem Gutachten zu 75 v. H. erwerbsbeschränkt ist, noch nicht, daß er jetzt auch tatsächlich noch 25 v. H. seines früher verdienten Lohnes erwerben könnte, vielmehr kann der Fall so liegen, daß er nun überhaupt keine Arbeitsstelle mehr finden kann: dann ist er praktisch zu 100 v. H. erwerbsunfähig und hat Anspruch auf Ersatz der vollen Einbuße.

Die öffentliche Unfallversicherung ist Fürsorge, nicht Schadensersatz; im RHaftpflG. dagegen handelt es sich um Ersatz des dem Verletzten tatsächlich entstandenen Schadens in voller Höhe, RG. 5. März 1908 in JW. 1908 S. 273. Anm. 4.

Die im Versicherungsverfahren festgesetzten Verhältniszahlen hinsichtlich der Erwerbsbeschränkung können daher bei der Ermittlung des tatsächlichen Schadens nicht ausschlaggebend sein; der Schaden kann nicht dem medizinisch nachweisbaren Grade der Minderung der Arbeitsfähigkeit gleichgestellt werden, RGZ. Bd. 136 S. 18;
RG. 22. Nov. 1937 in JW. 1938 S. 373;
RG. 28. Okt. 1943 in DR. 1944 S. 115;
OLG. Dresden 27. Febr. 1941 in VAE. 1941 S. 138.

Der Schaden vermindert sich um den Lohn, den der Verletzte unter Benutzung der ihm noch verbliebenen Arbeitskraft tatsächlich noch verdient, RG. 21. Nov. 1879 in EisEntsch. 1 S. 18; RG. 13. Juli 1883 in EisEntsch. 3 S. 95. Anm. 5.

Steht der Verletzte auch nach dem Unfall weiterhin zum früheren Lohn in Arbeit, so hat er insolange keine Erwerbseinbuße, RG. 21. Juni 1888 in EisEntsch. 6 S. 329,
Vgl. auch RG. 13. Sept. 1913 in EisEntsch. 30 S. 357;
RG. 16. Nov. 1940 in VR. 1941 S. 226 (= VAE. 1941 S. 70) und die Anmerkung von Kersting.

Unterläßt es der Verletzte, sich um einen ihm möglichen und zumutbaren Erwerb zu bemühen und so den Schaden tunlichst zu mindern, so kann darin ein Verschulden im Sinne des § 254 BGB. liegen, das zu einer Abwägung und Schadensverteilung führt. Denn es ist nicht zulässig, daß jemand, der arbeiten und verdienen könnte, nichts mehr tut und nur als Rentenempfänger lebt,
KG. Berlin 26. Febr. 1934 in VR. 1934 S. 340. Anm. 6.

Kann der Verletzte infolge des Unfalls seinen früheren Beruf nicht mehr ausüben, so ist ihm in der Regel anzusinnen, einen anderen, ihm zumutbaren Beruf zu ergreifen und, wenn dieser eine Umschulung erfordert, sich dieser zu unterziehen. Vgl. hierzu RGZ. Bd. 160 S. 119. Anm. 7.

Kann der zu 60 v. H. Erwerbsbeschränkte mit dem ihm verbliebenen Bruchteil seiner Erwerbsfähigkeit überhaupt keine Arbeit mehr finden, so würde es falsch sein, ihm nur 60 v. H. seines früheren Verdienstes als Schadensersatz zuzusprechen, vielmehr entgeht ihm der ganze Verdienst, RG. 1. Juni 1931 in EisEntsch. 52 S. 173; Wussow in JW. 1931 S. 3599. Anm. 8.

Es ist in jedem einzelnen Falle zu prüfen, ob für den Verletzten im Hinblick Anm. 9.

auf seine nur beschränkte Arbeitsfähigkeit überhaupt eine Erwerbsgelegenheit noch vorhanden ist.
Vgl. hierzu RG. 6. Okt. 1890 in EisEntsch. 8. S. 157;
RG. 18. Jan. 1892 in EisEntsch. 9 S. 143;
RG. 29. Mai 1899 in EisEntsch. 16 S. 161 (= JW. 1899 S. 443);
RGZ. Bd. 47 S. 84;
RG. 21. Mai 1908 in JW. 1908 S. 451;
RG. 25. Nov. 1909 in JW. 1910 S. 19;
RG. 16. Jan. 1911 in JW. 1911 S. 325; RG. 4. März 1912 in JW. 1912 S. 597;
RG. 11. März 1931 in JW. 1931 S. 2237;
RG. 1. Juni 1931 in EisEntsch. 52 S. 173; (= JW. 1931 S. 2725);
RG. 23. Nov. 1931 in EisEntsch. 52 S. 383; RG. 22. Okt. 1932 in JW. 1933 S. 770;
RGZ. Bd. 148 S. 23;
RG. 11. Jan. 1934 in VR. 1934 Sp. 93;
RG. 28. März 1935 in VR. 1935 Sp. 273;
OLG. München 28. Aug. 1941 in VAE. 1942 S. 6. Vgl. auch Wussow in JW. 1931 S. 3599. Gegen diesen mit Recht RG. 22. Okt. 1932 in JW. 1933 S. 770.

Anm. 10. Daß auch die Arbeitsmarktlage, der allgemeine Mangel an Arbeit mitgewirkt hat, schließt die Ursächlichkeit des Unfalls für die Erwerbslosigkeit nicht aus; wenn der Unfall und der Arbeitsmangel zusammengewirkt haben, hat der Arbeitsmangel den ursächlichen Zusammenhang nicht unterbrochen,
RG. 22. Okt. 1932 in JW. 1933 S. 770.

Anm. 11. Kann der Verletzte z. B. infolge des Unfalls nur noch in knieender oder sitzender Stellung arbeiten, so ist zu prüfen, ob es unter diesen Umständen überhaupt noch die Möglichkeit für ihn gibt, etwas zu verdienen, RG. 29. Mai 1899 in EisEntsch. 16 S. 161 (= JW. 1899 S. 443).
Bei einem Verletzten, der auf eine im Sitzen zu verrichtende Arbeit beschränkt ist und nun in seinem früheren Beruf nichts mehr verdienen kann, ist je nach den Umständen auch die Fähigkeit zu irgend einem anderen Erwerb weggefallen, RG. 8. Jan. 1903 in JW. 1903 S. 67.

Anm. 12. Kann der Verletzte sein Gewerbe — Bäckerei und Landwirtschaft — in gleicher Weise wie vor dem Unfall ausüben und hat sich sein Einkommen daraus nicht verringert, so hat er keinen Ersatzanspruch, wenn auch der Arzt eine Verminderung der Arbeitsfähigkeit um 25 v. H. festgestellt hat,
RG. 25. Nov. 1909 in JW. 1910 S. 19.

Anm. 13. Ist eine ledige Arbeiterin verletzt, so verliert sie die ihr zugesprochene Rente nicht notwendig mit ihrer Verheiratung; es läßt sich nicht allgemein der Satz aufstellen, daß die Erwerbsfähigkeit der Frau dadurch an wirtschaftlichem Wert verliere, daß sie sich verehelichе; darüber kann nur nach den Umständen des einzelnen Falles, insbesondere den Lebensverhältnissen der Eheleute entschieden werden; vielfach ist auch die verheiratete Frau darauf angewiesen, neben ihrem Manne ihre Arbeitskraft zu verwerten, RG. 19. März 1917 in JW. 1917 S. 604.

Anm. 14. Der Ersatzpflichtige kann sich nicht darauf berufen, daß die Schadensfolgen (Erwerbsverlust und Vermehrung der Bedürfnisse) durch das Eingreifen eines Dritten behoben seien, sofern dieser nicht etwa nach § 267 BGB. für den Verpflichteten erfüllen wollte, RG. 27. März 1924 in JW. 1924 S. 1426.
Dies gilt auch dann, wenn eine gesetzliche Verpflichtung des Dritten gegenüber dem Verletzten besteht, z. B. wenn eine Tochter der unfallverletzten Mutter gemäß § 1617 BGB. unentgeltlich Dienste leistet und dadurch die Einbuße an Arbeitskraft wettmacht, RG. a. a. O.
Auch wenn der Dritte aus Freigebigkeit den Verletzten in den Stand setzt, die durch den Unfall verursachten Mehraufwendungen zu tragen, kann der Ersatzpflichtige hieraus keine Einwendungen herleiten; denn der Dritte hat kein Interesse daran, die Zuwendung zu machen, damit sie zuletzt dem Schädiger zugute komme, RG. 6. Febr. 1905 in EisEntsch. 22. S. 42; (= JW. 1905 S. 212);
RGZ. Bd. 92 S. 57;
RG. 27. März 1924 in JW. 1924 S. 1426.

Vgl. auch OLG. Dresden in EisEntsch. 33 S. 317.
Zutreffend ist in RG. 6. Febr. 1905 in JW. 1905 S. 212 ausgeführt, daß eine unverbindliche, jederzeit widerrufliche Gewährung dessen, was der Verletzte vor dem Unfall gehabt, zu der sich ein Dritter aus Humanität herbeiläßt, kein Ausgleich des erlittenen Schadens ist; die freigebige Fortzahlung des bisherigen, für die jetzige verminderte Leistung zu hohen Lohnes gibt dem Ersatzpflichtigen nicht das Recht, sich seiner Verpflichtung auf Kosten der Humanität des Dritten zu entziehen, umso weniger, wenn der Verletzte keine feste, durch Dienstvertrag gesicherte Stellung mehr hat.

Verliert der Verletzte durch die Minderung seiner Arbeitsfähigkeit eine ungekündigte Stellung, die er ohne den Unfall auch weiterhin behalten haben würde, und ist er später zwar wieder hergestellt und voll arbeitsfähig geworden, hat aber nunmehr keine neue Stellung mehr finden können, so endet sein Schadensersatzanspruch erst mit der Gewinnung einer solchen, nicht schon mit der Wiedergewinnung der vollen Arbeitsfähigkeit, Anm. 15.
RG. 13. Juli 1931 in DAR. 1931 Nr. 274;
RG. 22. Okt. 1932 in VR. 1933 Sp. 142;
RG. 7. Febr. 1940 in RGZ. Bd. 163 S. 40 (= DJ. 1940 S. 488 = VAE. 1940 S. 71 = VR. 1940 Nr. 186);
OLG. Dresden 11. Mai 1943 in VAE. 1943 S. 95.
Unrichtig Wussow in JW. 1931 S. 3599; Kersting in DR. 1940 S. 650; unzutreffend auch OLG. Königsberg in VAE. 1939 S. 283.

Ist die Minderung der Verdienstmöglichkeit des Verletzten auf die Ungunst der allgemeinen Wirtschaftsverhältnisse zurückzuführen, so kann dies nur insoweit zu seinen Lasten gehen, als diese ungünstige Veränderung der Verhältnisse auch auf die frühere Verdienstmöglichkeit, die er infolge des Unfalls verloren hat, einwirken würde, RG. 22. Febr. 1932 in JW. 1933 S. 1249. Anm. 16.
Wenn aber der Verletzte ohne den Unfall trotz der Verschlechterung der allgemeinen Wirtschaftslage seine frühere Arbeitsstellung behalten haben würde, so besteht eine unfallbedingte Schädigung, auch wenn die jetzige Unmöglichkeit, trotz Wiederherstellung seiner Gesundheit eine neue Arbeitsstelle zu finden, auf die ungünstige Wirtschaftslage zurückzuführen ist; die Ansicht von Wussow in JW. 1931 S. 3599, wonach kein Anspruch auf Schadensersatz bestehe, wenn der Verletzte wieder im vollen Besitz seiner Arbeitsfähigkeit sei und wegen der ungünstigen Verhältnisse auf dem Arbeitsmarkt keine Möglichkeit habe, die an sich wiedergewonnene Arbeitsfähigkeit auszunutzen, ist abzulehnen; hier wird übersehen, daß der Verletzte ohne den Unfall noch in seiner früheren Arbeitsstelle sein würde.

Es ist nicht ohne weiteres entscheidend, ob die körperlichen Unfallfolgen abgeklungen sind, vielmehr kommt es darauf an, ob der Verletzte nunmehr etwas verdienen kann, RG. 22. Febr. 1932 in JW. 1933 S. 1249. Anm. 17.

Dem Verletzten ist nur eine solche Berufstätigkeit zuzumuten, die seinen gesamten Lebensverhältnissen — seiner gesellschaftlichen Stellung, seiner Bildung, seinem Stande — entspricht; er darf auch in dieser Beziehung nicht schlechter gestellt werden als vor dem Unfall. Anm. 18.
Vgl. hierzu RGZ. Bd. 14 S. 25;
RGZ. Bd. 53 S. 48;
RG. 28. Jan. 1918 in EisEntsch. 36 S. 211;
RGZ. Bd. 163 S. 40 (45);
RG. 17. Jan. 1940 in VAE. 1940 S. 44;
siehe auch RG. 18. Jan. 1917 in EisEntsch. 34 S. 140.

Hat sich der Verletzte durch eine Straftat einer Erwerbsmöglichkeit beraubt so ist § 254 BGB. anzuwenden, RG. 25. Mai 1940 in VR. 1940 Bl. 64. So z. B., wenn der Verletzte zunächst trotz des Unfalls sein Diensteinkommen weiter erhalten und es später infolge von disziplinarischer Dienstentlassung verloren hat, nun aber infolge der Verletzung nichts mehr verdienen kann. RG. 7. Juli 1914 in JW. 1914 S. 980. Anm. 19.

V. Beweislast

Anm. 1. Bei der Untersuchung, ob dem Verletzten ein Schaden entstanden und wie hoch dieser ist, kommt es nicht entscheidend auf die Beweislast an. Vielmehr hat das Gericht hier nach § 287 ZPO. zu verfahren. Diese Vorschrift ist dazu gegeben, um dem Geschädigten den Nachweis seines Schadens zu erleichtern, indem sie an die Stelle der sonst erforderlichen Einzelbegründung das freie Ermessen des Gerichts setzt, RGZ. Bd. 155 S. 37 (38); auch die Frage des ursächlichen Zusammenhangs zwischen Schaden und Unfall fällt unter diese Vorschrift, RGZ. Bd. 98 S. 59; RGZ. Bd. 155 S. 39.

An die Stelle eines von dem Verletzten nach strengen Grundsätzen zu führenden Beweises hat eine Entscheidung nach freier richterlicher Überzeugung auf Grund einer Würdigung aller Umstände zu treten, RGZ. Bd. 21 S. 92;
RG. 3. Nov. 1903 in EisEntsch. 20 S. 261;
RGZ. Bd. 155 S. 37 (39);
RGZ. Bd. 159 S. 257 (259);
RGZ. Bd. 168 S. 47;
RG. 3. Nov. 1942 in VAE. 1943 S. 47.

Bei Bemessung der Rente hat das Gericht gemäß § 287 ZPO. auf Grund freiester Würdigung nach Billigkeit einen Betrag festzusetzen, der sich nicht genau und nur nach runder Summe veranschlagen läßt, RG. 19. März 1917 in JW. 1917 S. 604.

Anm. 2. Der Verletzte hat darzulegen, daß infolge des Unfalls seine Erwerbsfähigkeit aufgehoben oder gemindert sei; behauptet der Ersatzpflichtige, daß der Verletzte in einem anderen, seinen Lebensverhältnissen entsprechenden Berufe einen Verdienst erzielen könne, so ist es seine Sache, dies näher darzutun,
RG. 7. Juli 1885 in EisEntsch. 4 S. 365;
RG. 6. Dez. 1909 in EisEntsch. 26 S. 325;
RG. 18. April 1914 in EisEntsch. 31 S. 233;
RG. 4. März 1912 in EisEntsch. 28. S. 441 (= JW. 1912 S. 597);
RG. 28. Jan. 1918 in EisEntsch. 36 S. 211.

Anm. 3. Soweit es sich nicht um offenkundige Verdienstgelegenheit auf dem Arbeitsmarkt handelt, wie sie etwa für ungelernte Handarbeiter besteht, sondern um Verrichtungen höherer Art, sogen. qualifizierte Arbeit, genügt der Ersatzpflichtige seiner Pflicht noch nicht durch den Hinweis auf allgemeine Erwerbsmöglichkeiten, die sich für den Verletzten eignen könnten; vielmehr muß er darlegen, daß nach den konkreten wirtschaftlichen Zuständen dem Verletzten bestimmte Erwerbszweige offenstehen und von ihm nach seinen persönlichen Verhältnissen ergriffen werden können,
RG. 4. März 1912 in EisEntsch. 28 S. 441 (= JW. 1912 S. 597).

VI. Berechnung des Schadens

Anm. 1. Bei der Feststellung der Höhe des Erwerbsschadens kommt es auf das Einkommen, das der Verletzte zur Zeit des Unfalls tatsächlich durch seine Erwerbstätigkeit bezog, nicht wesentlich und entscheidend an; dieser tatsächliche Erwerb ist nur eines der Momente, die für die Feststellung des Schadens von Wert sind, und bildet einen gewissen Ausgangspunkt für die Prüfung der Frage, was der Verunglückte in Zukunft hätte verdienen können, wenn er den Unfall nicht erlitten hätte,
RG. 5. März 1908 in JW. 1908 S. 273.

Es ist zu prüfen, ob der Verletzte ohne den Unfall diesen Erwerb auch in Zukunft weiter gehabt hätte oder ob sich hier Veränderungen ergeben haben würden.

Anm. 2. Liegen Umstände vor, die mit genügender Sicherheit ergeben, daß der Verletzte in Zukunft einen höheren oder geringeren Verdienst gehabt haben würde, so ist dies zu berücksichtigen. Maßgebend ist der Gebrauch, den der Verletzte in der Zeit nach dem Unfall ohne dessen Dazwischentreten von seiner Erwerbsfähigkeit voraussichtlich gemacht haben würde. Dabei ist von den Regeln der Erfahrung, von dem gewöhnlichen Lauf der Dinge und von den

besonderen Umständen des Einzelfalles auszugehen. Ganz entfernte, unbestimmte Möglichkeiten sind nicht in Betracht zu ziehen. Günstigere Verhältnisse, die in sicherer Aussicht standen, sind zu berücksichtigen.
Vgl. hierzu RG. 28. April 1882 in EisEntsch. 2 S. 268;
RGZ. Bd. 16 S. 80;
RGZ. Bd. 17 S. 45;
RG. 19. Jan. 1891 in EisEntsch. 8 S. 210 (= JW. 1891 S. 121 Nr. 12);
RG. 27. Okt. 1892 in EisEntsch. 9 S. 368;
RG. 1. Dez. 1892 in JW. 1893 S. 39;
RG. 3. Dez. 1907 in EisEntsch. 24 S. 371;
RG. 5. März 1908 in JW. 1908 S. 273;
siehe auch RG. 30. Juni 1891 in EisEntsch. 8 S. 374;
RG. 3. Nov. 1903 in EisEntsch. 20 S. 261.
Befand sich der Verletzte zur Zeit des Unfalls gerade in ungünstiger Erwerbslage, war aber die Erlangung einer besseren Stelle in Aussicht, so ist dies bei der Berechnung seiner Erwerbseinbuße zu berücksichtigen, RG. 20. Sept. 1895 in EisEntsch. 12 S. 234; RG. 9. Mai 1911 in JW. 1911 S. 584.
Doch wird im Allgemeinen eine günstigere Gestaltung der Erwerbsverhältnisse nicht vermutet, sie ist vielmehr vom Kläger näher darzutun, RG. 1. Dez. 1892 in JW. 1893 S. 39.

Gegenüber dem Anspruch auf Schadensersatz wegen Erwerbsausfalls durch den Unfall kann kein Abzug mit der Begründung gemacht werden, daß der Verletzte infolge des Unfalls der Kriegsgefahr entgangen sei, RG. 27. Febr. 1919 in EisEntsch. 37 S. 257. **Anm. 3.**

Hat die durch den Unfall verursachte Erwerbsminderung dazu geführt, daß der Verletzte ein Pachtverhältnis vorzeitig lösen mußte oder daß er Hypothekenzinsen nicht zahlen konnte, so daß sein Haus zwangsversteigert wurde, so ist auch dieser Schaden zu ersetzen, **Anm. 4.**
RG. 13. Juni 1933 in RGZ. Bd. 141 S. 169; RG. 4. Juli 1907 in EisEntsch. 24 S. 172; vgl. auch Hanow in VR. 1934 S. 119. Die Entsch. RGZ. Bd. 141 S. 169 ist auch abgedruckt in VR. 1933 S. 321 und JW. 1933 S. 2118.

Zu ersetzen ist auch der durch Erwerbsminderung und dadurch verursachten Verkauf eines Hauses herbeigeführte Schaden, RG. 4. Mai 1908 in WarnRspr. 1908 Nr. 519, **Anm. 5.**
ebenso der Schaden infolge Verkaufs einer Geschäftseinrichtung, RGZ. Bd. 95 S. 174. Es muß aber stets ein adäquater Kausalzusammenhang, ein ursächlicher Zusammenhang im Rechtssinne, zwischen der Erwerbsbeeinträchtigung und dem weiteren Vermögensnachteil bestehen, RGZ. Bd. 141 S. 169.

Hat der Unfall und die infolgedessen eingetretene Erwerbsunfähigkeit es dem Verletzten unmöglich gemacht, sich eine Angestelltenversicherungsrente zu erdienen, so ist ihm auch diese Einbuße zu ersetzen, RG. 15. Nov. 1915 in JW. 1916 S. 193. **Anm. 6.**

Würde der Verletzte ohne den Unfall seinen Beruf gewechselt und dann ein höheres Einkommen erzielt haben, so ist dies zu seinen Gunsten bei der Berechnung seines Schadens zu berücksichtigen; der Ersatzpflichtige hat kein Recht darauf, daß der Verletzte seinen Beruf nicht wechsle, RG. 8. Okt. 1908 in JW. 1908 S. 712. **Anm. 7.**

Bei der Schadensberechnung ist davon auszugehen, wie sich ohne den Unfall die Erwerbsverhältnisse des Verunglückten in Zukunft gestaltet haben würden. Bei dieser Untersuchung sind alle vorliegenden Umstände zu berücksichtigen Soweit sich danach die zukünftige Entwicklung schon jetzt überschauen läßt, ist sie in Betracht zu ziehen. Insoweit ist es nicht zulässig, daß das Gericht die Parteien darauf verweist, daß sie ja später im Wege der Abänderungsklage nach § 323 ZPO. vorgehen könnten; denn diese Klage ist nur zulässig, wenn sich die maßgebenden Verhältnisse nach der letzten mündlichen Verhandlung wesentlich geändert haben, nicht aber dann, wenn die vorliegenden Umstände es ermöglichten, die künftige Entwicklung zu übersehen und danach die Schadensersatzrente zu bemessen. Nur wenn die künftige Gestaltung der Erwerbsverhältnisse gar nicht zu übersehen ist, darf die künftige Regelung **Anm. 8.**

der späteren Klage aus § 323 ZPO. überlasen werden, RG. 18. Jan. 1892 in EisEntsch. 9 S. 143 (= JW. 1892 S. 152); RG. 2. März 1905 in EisEntsch. 22 S. 145; RGZ. Bd. 68 S. 352; Bd. 83 S. 65; Bd. 86 S. 181 und S. 377; Bd. 129 S. 321; Bd. 140 S. 173; vgl. auch RG. 16. Juni 1942 in VAE. 1942 S. 149.

Anm. 9. Bei Beamten ist zu berücksichtigen, daß bessere Gehaltsverhältnisse nach dem regelmäßigen Lauf der Dinge in Zukunft mit Sicherheit zu erwarten waren, RG. 5. Dez. 1879 in EisEntsch. 1 S. 37; RG. 23. Mai 1889 in EisEntsch. 7 S. 125; RG. 19. Jan. 1891 inEisEntsch. 8 S. 210 (= JW. 1891 S. 121); RG. 1. Nov. 1906 in EisEntsch. 23 S. 290 (= JW. 1906 S. 768; wenn — aus irgend einem beliebigen Grunde — der Beamtenklasse, welcher der Verunglückte ohne den Unfall nach dem gewöhnlichen Lauf der Dinge jetzt noch angehören würde, eine Erhöhung ihrer Bezüge zuteil wird, so ist es eine Nachwirkung des Unfalls, daß der Verunglückte von diesem Vorteil ausgeschlosen ist, dieser Vermögensvorteil ist ihm daher zu ersetzen, RG. 15. Okt. 1888 in JW. 1888 S. 428.

Bei der Prüfung der Frage, ob ein Beamter, wenn er den Unfall nicht erlitten hätte, künftig befördert worden wäre, sind immer die besonderen Umstände des Einzelfalles zu berücksichtigen. Sind die Altersgenossen des Beamten schon in eine bessere Stelle eingerückt und hing die Beförderung nur von der Prüfung, dem Dienstalter und guter Führung ab, so kann eine sichere Aussicht auf Beförderung angenommen werden,

RG. 19. Jan. 1891 in EisEntsch. 8 S. 210 (= JW. 1891 S. 121).

Dagegen kann eine noch in unbestimmter Ferne stehende Beförderung, die von verschiedenen ungewissen Voraussetzungen abhängt, nur als bloße entfernte Möglichkeit, nicht als sichere Aussicht angesehen werden, ist daher bei der Schadensberechnung nicht zu berücksichtigen, RG. ebendort.

Anm. 10. Bei der Bemessung der Rente für die fernere Zukunft wird es oft zweckmäßig sein, eine Durchschnittsrente festzusetzen, RG. 6. Mai 1935 in JW. 1935 S. 2949.

Anm. 11. Wenn zur Zeit des Urteils mit Sicherheit festgestellt werden kann, daß der Verletzte, wenn er den Unfall nicht erlitten hätte, dennoch zu einem gewissen Zeitpunkt seine Erwerbsfähigkeit ganz oder teilweise verloren haben würde, so stellt die Zuerkennung einer lebenslänglichen Rente eine Überschreitung der dem richterlichen Ermessen gezogenen Grenze dar, denn sie gewährt eine Entschädigung, wo es an einem Schaden fehlt, RG. 27. Mai 1887 in JW. 1887 S. 316.

Es ist z. B. von vornherein in Rechnung zu nehmen, daß die Zunahme des Lebensalters erfahrungsgemäß die Erwerbsfähigkeit des Verletzten ungünstig beeinflußt haben würde, RG. 23. März 1905 in JW. 1905 S. 283.

Anm. 12. Ist ein Kind durch Unfall verletzt worden, so ist zu untersuchen, ob es nach der Erfahrung des Lebens und dem gewöhnlichen Lauf der Dinge bei Berücksichtigung der besonderen Umstände des Einzelfalles, ohne den Unfall berufstätig geworden wäre, welchen Beruf es nach Lage der Umstände ergriffen und was es verdient haben würde. Kann hiernach, weil sich die Entwicklung noch nicht genügend übersehen läßt, noch nicht auf künftige Leistung geklagt werden, so wird doch eine Feststellungsklage möglich sein, RG. 2. Dez. 1879 in EisEntsch. 1 S. 31; RG. 24. Nov, 1883 in EisEntsch. 3 S. 133; RGZ. Bd. 13 S. 372; RG. 27. Nov. 1894 in EisEntsch. 11 S. 344 (= JW. 1895 S. 20); RG. 2. Nov. 1899 in EisEntsch. 16 S. 335; RG. 17. Okt. 1904 in EisEntsch. 21 S. 281 (= JW. 1904 S. 575); RG. 22. Sept. 1904 in EisEntsch. 21 S. 275; RG. 1. März 1906 in EisEntsch. 22 S. 404 (= JW. 1906 S. 236); RG. 5. April 1906 in EisEntsch. 23 S. 51 (= JW. 1906 S. 359); RG. 14. Mai 1906 in EisEntsch. 23 S. 64; RG. 31. Mai 1906 in EisEntsch. 23 S. 72 (= JW. 1907 S. 832); RG. 5. März 1908 in JW. 1908 S. 273.

Beansprucht das verletzte Kind für die Zukunft eine Rente nur in Höhe des Durchschnittsarbeitslohnes für dienende Tätigkeit oder einfache weibliche Handarbeit, so ist eine Schätzung der künftigen Erwerbsnachteile schon jetzt möglich und daher eine Klage auf künftige Leistung nach § 258 ZPO. zulässig, RG. 1. März 1906 in EisEntsch. 23 S. 64; RG. 5. März 1908 in JW. 1908 S. 273; RG. 13. Juni 1912 in JW. 1912 S. 877.

Anm. 13. Klage auf künftige Leistung kann auch schon dann erhoben werden, wenn noch keine der künftigen Leistungen fällig ist, RGZ. Bd. 64 S. 406; RG. 14. März 1907 in JW. 1907 S. 255.

Bei der Feststellung des entgangenen Reinverdienstes aus einem Gewerbe ist von den Bruttoeinnahmen kein Abzug für die Mitarbeit der Ehefrau des Verletzten zu machen; es dürfen ihm nicht Geschäftsunkosten zur Last geschrieben werden, die er tatsächlich nicht gehabt haben würde; kamen ihm die Hilfeleistungen seiner Frau oder seiner Kinder zustatten, die seine Geschäftsunkosten verringern, so ist sein Erwerbsausfall größer als der etwa eines Witwers, der anstelle der Ehefrau eine bezahlte Hilfskraft in seinem Geschäft verwenden mußte, RG. 29. Juni 1911 in JW. 1911 S. 773. Anm. 14.

Der Berechnung des Verdienstausfalls des Verletzten ist der Bruttolohn zugrunde zu legen, KG. Berlin 2. Juli 1930 in JW. 1932 S. 808. Anm. 15.

Den Ersatz der ihm durch den Unfall entstandenen Vermögensnachteile kann der Verletzte — im Rahmen des RHpflG. — voll verlangen ohne Rücksicht darauf, daß das ihm verbliebene Einkommen ihm ein sorgloses Leben ermöglicht. Die ihm durch das Gesetz gewährleisteten Rechte können ihm nicht deshalb versagt werden, weil er nach seiner wirtschaftlichen Lage auf die Ersatzleistung nicht angewiesen ist, OLG. Dresden 7. Jan. 1943 in VAE. 1943 S. 74. Anm. 16.

Behält ein Angestellter trotz Minderung seiner Erwerbsfähigkeit durch den Unfall seine frühere Stellung mit gleichem Gehalt, so hat er insoweit keinen Schaden, RG. 16. Nov. 1940 in VR. 1941 S. 226. Anm. 17.

VII. Zeitdauer der Rente

Die Zeitdauer der wegen Erwerbsunfähigkeit oder Erwerbsbeschränkung zu gewährenden Rente hat das Gericht gemäß § 287 ZPO. zu bestimmen. Die dem Tatrichter hiernach eingeräumte freie Würdigung der Umstände, aus denen sich ergibt, ob ein Schaden entstanden und wie hoch er ist, umfaßt auch die Bemessung der Dauer der Geldrente, RG. 15. Febr. 1906 in JW. 1906 S. 204; RG. 11. Juli 1910 in WarnRspr. 1910 Nr. 334; RG. 7. Juli 1913 in RGZ. Bd. 83 S. 65 (= EisEntsch. 30 S. 345). Anm. 1.

Der Regel nach sind zur Zeit des Urteils alle tatsächlichen Verhältnisse erkennbar, die für die Ermittlung des Zeitpunktes, in welchem ohne den Unfall die Erwerbsfähigkeit aufgehört haben würde, von Bedeutung sein können, und sind von der Zukunft weitere Aufschlüsse nicht zu erwarten. Das Gericht hat bei der Bemessung der Dauer der Rente die sämtlichen Verhältnisse des einzelnen Falles zu berücksichtigen, insbesondere die körperliche Beschaffenheit, die Gesundheit, den Beruf und die Lebensgewohnheiten des Verunglückten, aus denen zu schließen ist, bis zu welchem Zeitpunkt der Verunglückte, wenn er den Unfall nicht erlitten hätte, einen Erwerb gehabt haben würde. Anm. 2

Vgl. RG. 4. Mai 1888 in JW. 1888 S. 248; RG. 17. Sept. 1909 in JW. 1909 S. 665.

Ein allgemeiner Grundsatz, daß jede Erwerbsfähigkeit stets mit Erreichung des 70. oder etwa des 65. oder 68. Lebensjahres unbedingt aufhöre, ist nicht anzuerkennen. Dies ist bei den einzelnen Menschen je nach ihren Verhältnissen ganz verschieden, es hängt von der Persönlichkeit des Verletzten und von der Art seiner Erwerbstätigkeit ab, Anm. 3.
RG 7. Juli 1930 in JW. 1931 S. 860;
RG. 3. Dez. 1931 in JW, 1932 S. 2029;
RG. 14. März 1932 in JW. 1932 S. 2154;
RG. 6. Okt. 1932 in VR. 1933 Sp. 52;
RG. 15. März 1934 in WarnRspr. 1934 Nr. 74 (= VR. 1934 Sp. 284);
RG. 28. März 1935 in RdK. 1935 S. 362 (= VR. 1935 Sp. 272);
bei der Bestimmung der Dauer der Rente ist jeder Schematismus zu vermeiden, RG. 12. Jan. 1933 in JW. 1933 S. 830;
RG. 17. Mai 1934 in SeuffArch. Bd. 89 S. 82 (= VR. 1934 Sp. 398);
unrichtig OLG. Jena in VAE. 1938 S. 394.

Nach der Erfahrung des Lebens wird jedoch in jedem einzelnen Falle in der Regel eine bestimmte zeitliche Begrenzung der Rente geboten sein, Anm. 4.
RG. 15. Juni 1905 in EisEntsch. 22 S. 175 (= JW. 1905 S. 493);

RG. 2. Nov. 1905 in EisEntsch. 22. S. 290 (= JW. 1906 S. 27); RG. 15. Febr. 1906 in JW. 1906 S. 204:
RG. 11. Juli 1910 in JW. 1910 S. 812 Nr. 30;
RG. 29. April 1915 in EisEntsch. 32 S. 114.

Anm. 5. Soweit sich schon jetzt übersehen läßt, daß der Verletzte auch ohne den Unfall nach dem gewöhnlichen Lauf der Dinge nicht länger als bis zu einem bestimmten Zeitpunkt erwerbsfähig oder doch nicht voll erwerbsfähig geblieben sein würde, ist die Rente schon jetzt bis zu diesem Zeitpunkt zu begrenzen oder von da an zu ermäßigen,
RG. 27. Juni 1904 in EisEntsch. 22. S. 126;
RG. 23. März 1905 in EisEntsch. 22 S. 64;
RG. 27. Nov. 1905 in EisEntsch. 23 S. 245;
RG. 19. März 1906 in EisEntsch. 23 S. 44 (= JW. 1906 S. 308);
RG. 28 Juni 1906 in EisEntsch. 23 S. 269 (= JW. 1906 S. 548);
RG. 15. März 1909 in JW. 1909 S. 271;

Anm. 6. Die Annahme, daß die Erwerbsfähigkeit stets oder regelmäßig bis zum höchsten Greisenalter oder auf Lebenszeit bestehen bleibe, ist nicht begründet,
RG. 15. Juni 1905 in EisEntsch. 22. S. 175 (= JW. 1905 S. 493);
RG. 11. April 1907 in EisEntsch. 24 S. 56; RG. 16. Jan. 1908 in JW. 1908 S. 140 Nr. 10 (bei schwerer landwirtschaftlicher Arbeit);
RG. 15. März 1909 in EisEntsch. 25 S. 418;
RG. 19. Dez. 1912 in EisEntsch. 30 S. 176; EisEntsch. 29 S. 432
Im Gegenteil pflegt in der Regel die Erwerbsfähigkeit in höherem Alter aufzuhören oder doch sich erheblich zu vermindern. Doch können im Einzelfall besondere Umstände vorliegen, die es wahrscheinlich machen, daß ein Erwerb bis ins höchste Greisenalter oder bis zum Lebensende möglich gewesen wäre,
RG. 6. Febr. 1905 in EisEntsch. 22 S. 42;
RG. 3. April 1906 in EisEntsch. 23 S. 51;
RG. 14. Mai 1906 in EisEntsch. 23 S. 64;
RG. 16. Jan. 1908 in JW. 1908 S. 140 Nr. 10; RG. 11. Okt. 1909 in JW. 1909 S. 686;
RGZ. Bd. 86 S. 377.
RG. 11. Juli 1910 in JW. 1910 S. 812 Nr. 30;
RGZ. Bd. 86 S. 377.
Dies bedarf jedoch stets einer besonderen Begründung aus den besonderen Umständen des Einzelfalles,
RG. 17. Sept. 1909 in EisEntsch. 26 S. 201; RG. 11. April 1907 in JW. 1907 S. 340;
RG. 8. Jan. 1931 in JW. 1931 S. 865; RG. 29. April 1931 in JW. 1932 S. 787.

Anm. 7. Der Antrag auf Zahlung einer Rente „auf solange, als der Kläger in dem Maße wie jetzt erwerbsunfähig sei“, ist zu unbestimmt und daher unzulässig,
RGZ. Bd. 172 S. 244;
unrichtig RG. 20. Jan. 1908 in JW. 1908 S. 140 Nr. 11.

Anm. 8. Bei einem Geschäftsmann (Textilhändler) ohne Altersversorgung wird angenommen werden können, daß er bis ins höhere Alter hinein gearbeitet haben würde,
RG. 13. Jan. 1942 in VAE. 1942 S. 89.
Ebenso würde ein vor dem Unfall völlig gesunder leistungsfähiger Inhaber eines Maurergeschäfts, auch wenn er nicht mehr körperlich mitgearbeitet hätte, sein Geschäft auch über das 65. Lebensjahr hinaus weiterbetrieben haben,
RG. 16. Juni 1942 in VAE. 1942 S. 149.
Ein Landwirt von kräftigem Körperbau und ungeschwächter Gesundheit würde zur Dressur von Pferden auch über das 65. Lebensjahr hinaus imstande gewesen sein,
RG. 1. Dezember 1942 in VAE. 1943 S. 48.
Eine Verletzte, die bis zum Unfall ihrem Bruder den Haushalt geführt und in seiner kleinen Landwirtschaft geholfen hatte, hätte ihm auch noch in hohem Alter eine wertvolle Stütze sein können, auch wenn sie dem Dienst in einem fremden Haushalt nicht mehr gewachsen sein würde, RG. 17. Mai 1934 in SeuffArch. Bd. 89 S. 82 (= VR. 1934 Sp. 398).

Eine gesunde rüstige Hausfrau würde ihren Haushalt auch bis zum 75. Lebensjahr haben besorgen können, RG. 3. Febr. 1942 in WarnRspr. 1942 S. 122.
Daß eine Hausdame, bei der das Erfordernis körperlicher Kraft zurücktritt, ihre Tätigkeit bis in ein höheres Lebensalter hinein hätte ausüben können, liegt durchaus im Bereich des Möglichen, RG. 17. März 1942 VI 125/41; vgl. auch RG. 6. Febr. 1905 in EisEntsch. 22. S. 42 (= JW. 1905 S. 212).
Bei einem gelehrten Beruf kann unter Umständen eine Rente auf Lebensdauer zuerkannt werden, wenn ohne den Unfall die Erwerbsfähigkeit auch in hohem Alter nicht abgenommen haben würde,
RG. 14. Mai 1906 in EisEntsch. 23 S. 64.
Überwachung und Beaufsichtigung eines Geschäfts ohne besondere körperliche Kraftaufwendung kann unter Umständen bis ins hohe Alter hinein fortgesetzt werden,
RG. 11. Okt. 1909 in EisEntsch. 26 S. 311 (= JW. 1909 S. 686).
Bei der Inhaberin eines Damenschneidereigeschäfts kann angenommen werden, daß sie, da es weniger auf körperliche Kraft als auf die mit den Jahren zunehmende Erfahrung ankommt, ohne den Unfall bis ins hohe Alter hinein verdient haben würde, RG. 30. Jan. 1908 in JW. 1908 S. 140 Nr. 11.
Dagegen würde sich bei einem Möbeltransportgeschäft, das hauptsächlich auf der körperlichen Mitarbeit (Fortschaffen schwerer Lasten) des Inhabers beruhte, der Einfluß des zunehmenden Lebensalters geltend gemacht haben, RG. 11. Okt. 1909 in EisEntsch. 26 S. 311 (= JW. 1909 S. 686). **Anm. 9.**
Wenn der Arbeitgeber des Verunglückten ganz allgemein seine Gefolgschaftsmitglieder mit dem 65. Lebensjahre abzubauen pflegte, ist nicht anzunehmen, daß der Verunglückte bis an sein Lebensende in dieser Stellung verblieben sein würde, **Anm. 10.**
OLG. Dresden 11. Dez. 1941 in VAE. 1942 S. 69.
War der Verletzte schon vor dem Unfall nierenleidend, so ist nicht anzunehmen, daß er bis zum Lebensende hätte erwerbstätig sein können, RG. 11. Febr. 1932 in WarnRspr. 1932 S. 159. **Anm. 11.**
Bei einem Verletzten, der in seinem großen Fabrikbetrieb die leitende und ausführende Kraft gewesen ist, was bedeutende geistige und körperliche Anstrengung erforderte, kann nicht angenomen werden, daß ihm diese Tätigkeit bis ins hohe Greisenalter möglich gewesen sein würde, RG. 19. März 1906 in EisEntsch. 23 S. 44 (= JW. 1906 S. 308). **Anm. 12.**
In Fällen, wo auch abgesehen von dem Unfall die Möglichkeit eines Erwerbes wegfällt und der Verletzte in eine außer Zusammenhang mit der Körperverletzung stehende Erwerbsuntätigkeit versetzt ist, hat die Zuerkennung der Rente für die Dauer dieses Zustandes wegzufallen, z. B. Verbüßung längerer Freiheitsstrafen, **Anm. 13.**
RG. 9. Okt. 1890 in JW. 1890 S. 378
Der Anspruch auf Rente endet, wenn unabhängig von der ersten Schadensursache — dem Unfall — eine neue eintritt, die für sich allein den gleichen Schaden zur Folge hat, z. B. wenn der Verletzte infolge eines Eisenbahnunfalls nervöse Störungen hat und später unabhängig davon ein Herzleiden auftritt, das ebenfalls Erwerbsunfähigkeit bedingt, RG. 16. März in EisEntsch. 44 S. 87. **Anm. 14.**
Ein Verletzter, der in höherem Lebensalter als Steinbrucharbeiter nicht mehr hätte tätig sein können, hätte sich, wenn er den Unfall nicht erlitten hätte, möglicherweise durch landwirtschaftliche Arbeiten einen Verdienst verschaffen können,
RG. 11. Juli 1910 in JW. 1910 S. 812 Nr. 29.
Hätte der Verletzte ohne den Unfall eine Kriegsverwendung gefunden, und hätte er dann ein geringeres Einkommen gehabt als in seinem Zivilberuf, so ist für die Berechnung des Schadens nicht mehr von dem auszugehen, was er im Frieden verdient haben würde, sondern von den Bezügen, die er bei Kriegsverwendung erhalten haben würde, vgl. Wussow „Der Einfluß des Wehrdienstes auf die Schadensersatzrenten" in DR. 1943 S. 396. **Anm. 15.**
Anders aber, wenn er als Angehöriger eines kriegswichtigen Betriebes als

unabkömmlich zurückgestellt worden sein würde, OLG. Stuttgart 29. Mai 1941 in JRPV. 1941 S. 132; vgl. dazu Peterßen in JRPV. 1941 S. 193.
Die Möglichkeit, daß der Verletzte sich bei einer Kriegsverwendung an der Front vielleicht körperliche Schäden zugezogen haben würde, ist so unsicher, daß sie bei der Bemessung des Schadens außer Betracht bleiben muß, RG. 13. Nov. 1920 in WarnRspr. 1921 Nr. 25 S. 29 (30).

Anm. 16. Zuerkennung einer Rente auf Lebensdauer ist unbedenklich, wenn die Möglichkeit künftiger Aufhebung der Erwerbsfähigkeit in dem Betrage der Rente schon berücksichtigt ist,
RG. 20. Jan. 1908 in EisEntsch. 24 S. 387.

Anm. 17. Ist der Anspruch des Verletzten nach Grund und Betrag streitig und entscheidet das Gericht nach § 304 ZPO. vorab über den Grund, so ist es nicht genötigt, schon im Grundurteil die Zeitdauer der Rente zu bestimmen. Es kann vielmehr im Urteil zum Ausdruck bringen, daß die Dauer der Rente erst im späteren Betragsverfahren festgelegt werden solle. Dies wird sich insbesondere dann empfehlen, wenn noch Beweiserhebungen erforderlich sind, um die Rentendauer zu bestimmen, und diese zweckmäßig mit den Beweiserhebungen über die Höhe verbunden werden. Es muß dann aber im Grundurteil zum Ausdruck gebracht werden, daß die Bestimmung der Zeitdauer der Rente dem Betragsverfahren vorbehalten bleibe. Siehe hierüber RGZ. Bd. 64 S. 35; Bd. 71 S. 247; Bd. 77 S. 410; Bd. 90 S. 226; Bd. 98 S. 222 (= EisEntsch. 38 S. 69); RG. 4. Okt. 1906inJW. 1906 S. 710; RG. 21. Mai 1908 in EisEntsch. 25 S. 166; RG. 28. Okt. 1909 in EisEntsch. 26 S. 210; RG. 7. Juli 1910 in EisEntsch. 27 S. 209; RG. 10. März 1911 in EisEntsch. 27 S. 438; RG. 20. Juni 1912 in EisEntsch. 31 S. 54; RG. 17. April 1913 in JW. 1913 S. 750; RG. 8. Dez. 1913 in EisEntsch. 31 S. 85; RG. 16. Dez. 1920 in EisEntsch. 38 S. 228; RG. 8. Jan. 1931 in JW. 1931 S. 865; RG. 12. März 1931 in JW. 1931 S. 3345.

Anm. 18. Im Betragsurteil ist der kalendermäßige Endtermin der Rente zu bestimmen, RG. 8. Jan. 1931 in JW. 1931 S. 865.

Anm. 19. Wenn eine in ihrer Erwerbsfähigkeit beschränkte Unfallverletzte heiratet, dauert ihr Vermögensschaden fort, falls sie, wenn sie den Unfall nicht erlitten hätte, auch als Ehefrau einem Erwerb nachgegangen wäre, vgl. hierzu RGZ. Bd. 42 S. 32 (35).

Anm. 20. Vermindern die schlechten wirtschaftlichen Verhältnisse die Verdienstmöglichkeiten, so geht dies nur insoweit zu Lasten des Verletzten, als diese Veränderung auch auf seinen Verdienst bei der infolge des Unfalls verlorenen Stelle eingewirkt haben würde, RG. 22. Febr. 1932 in JW. 1932 S. 1249 (= VR. 1932 Sp. 283).

Anm. 21. Ein Klageantrag auf Zahlung einer Rente „bis zur Wiedererlangung der vollen Arbeitskraft" ist nicht genügend bestimmt und daher unzulässig, RG. 19. Jan. 1944 in VR. 1944 S. 2385 Bl. 303.

Anm. 22. Hätte der Unfallverletzte ohne den Unfall eine Kriegsverwendung gefunden, so ist für die Berechnung des Erwerbsschadens nicht mehr von dem auszugehen, was er im Frieden in seinem Zivilberuf verdient haben würde, sondern von den Bezügen, die er bei Kriegsverwendung erhalten haben würde,
vgl. Wussow „Der Einfluß des Wehrdienstes auf die Schadensersatzrenten" in DR. 1943 S. 396.

Anm. 23. Für die Zeit der Verbüßung einer Zuchthausstrafe fällt die Rente weg, RG. 27. Mai 1887 in JW. 1887 S. 316; RG. 9. Okt. 1890 in JW. 1890 S. 378.

VIII. Verschulden des Verletzten

Anm. 1. Unterläßt der Verletzte es schuldhaft, einem Erwerb nachzugehen, der ihm trotz seiner Unfallverletzungen möglich und ihm zuzumuten wäre, so kann dieses Verschulden gemäß § 254 BGB. zu seinen Lasten berücksichtigt werden. Es kommt darauf an; ob der Unfallverletzte durch eine seinen Kenntnissen, seinem Bildungsgrade, seiner früheren Stellung und seinen sozialen Verhältnissen entsprechende Arbeit einen regelmäßigen und dauernden Erwerb sich zu verschaffen imstande wäre, RG. 1. Febr. 1885 in JW. 1885 S. 129.

Die Ansicht, dem Verletzten könne, da aus dem Recht der Persönlichkeit die Befugnis freier Berufswahl folge, nicht angesonnen werden, einen anderen als den bisherigen Beruf zu ergreifen, ist in dieser Allgemeinheit nicht richtig; der Verletzte darf es nicht schlechthin ablehnen, sich auf eine ihm noch mögliche, seinen Lebensverhältnissen entsprechende andere Weise einen Erwerb zu verschaffen, auch dann nicht, wenn er sich die ihm fehlenden Fertigkeiten und Kenntnisse erst noch aneignen muß; die Kosten der Umschulung hätte der Ersatzpflichtige zu tragen und vorzuschießen, RG. 28. Juni 1909 in JW. 1909 S. 495. Anm. 2.

Bei grundloser Weigerung des Verletzten, den Beruf zu wechseln, ist § 254 BGB. anzuwenden, unzutreffend RG. a. a. O.

Hat ein Verletzter sich selbst versichert oder hat ein Dritter zu seinen Gunsten einen Versicherungsvertrag abgeschlossen, so braucht sich der Verletzte die Leistungen des Versicherers nicht auf seine Ersatzansprüche gegen den Schädiger anrechnen zu lassen, denn diese Leistungen sollen dem Verletzten, nicht dem Schädiger zugute kommen, Anm. 3.

RGZ. Bd. 146 S. 287; Bd. 152 S. 280; RG. 10. Dez. 1908 in JW. 1909 S. 49; OLG. Stuttgart 20. Febr. 1941 in VAE. 1941 S 154.

Hat z. B. der Verletzte eine Versicherungssumme von 18 000 RM erhalten, so braucht er sich diese auf seinen Ersatzanspruch gegen den Schädiger nicht anrechnen zu lassen; von einer Bereicherung des Verletzten zu sprechen, der nur gegen Zahlung der Versicherungsbeiträge die Versicherungssumme erworben hat, ist nicht angängig,

RG. 28. Mai 1938 in JW. 1938 S. 2357.

Bezieht der Verletzte eine Rente auf Grund eines Unfallversicherungsvertrages, den sein Arbeitgeber auf eigene Kosten zum Vorteil aller Angestellten geschlossen hat, so muß der Verletzte sich diese Rente auf seinen Schadensersatzanspruch anrechnen lassen, Anm. 4.

RG. 10. Dez. 1908 in JW. 1909 S. 49.

§ 4

War der Getötete oder Verletzte unter Mitleistung von Prämien oder andern Beiträgen durch den Betriebsunternehmer oder den im § 1a bezeichneten Inhaber der Anlage bei einer Versicherungsanstalt, Knappschafts-, Unterstützungs-, Kranken- oder ähnlichen Kasse gegen den Unfall versichert, so ist die Leistung der letzteren an den Ersatzberechtigten auf die Entschädigung einzurechnen, wenn die Mitleistung des Betriebsunternehmers oder des in § 1a bezeichneten Inhabers der Anlage nicht unter einem Drittel der Gesamtleistung beträgt.

Anm. 1. Der Zweck der Aufnahme dieser Bestimmung war die Förderung der gemeinschaftlichen Versicherungskassen, zu denen die Arbeitgeber und Arbeitnehmer Beiträge leisteten, RGZ. Bd. 11 S. 22. Die Anrechnung der Kassenleistungen auf die Entschädigung tritt nur im Fall einer Mindestleistung des Unternehmers von $^1/_3$ der Gesamtleistung ein.

Die Bedeutung der Bestimmung ist seit dem Bestehen der Unfallversicherungs- und Fürsorgegesetze nicht mehr groß. Sie kommt in den Fällen noch zur Anwendung, in denen ein Arbeitgeber seine *nicht versicherungspflichtigen* Angestellten gegen Unfall versichert.

Anm. 2. Die Versicherungsleistungen sind auf die Schadensersatzansprüche aus §§ 1 bis 3a RHpflG. anzurechnen, wenn der Betriebsunternehmer mindestens ein Drittel der Beiträge leistet, aber auch dann, wenn er die gesamten Beiträge allein leistet.

Zahlt er nicht mindestens ein Drittel, so findet eine Anrechnung nicht statt, RGZ. Bd. 11 S. 22; RG. 22. Jan. 1884 in JW. 1884 S. 94; RG. 18. Okt. 1886 in EisEntsch. 5 S. 99; RGZ. Bd. 25 S. 121 (125)

Anm. 3. Rechtsähnliche Anwendung des § 4 auf andere Fälle über die darin geregelten hinaus ist nicht zulässig, RGZ. Bd. 64 S. 350 (351).

Insbesondere kann § 4 nicht entsprechend auf Ansprüche aus unerlaubter Handlung gemäß §§ 823 ff. BGB. angewendet werden, OLG. Hamm 3. März 1908 in OLGRspr. Bd. 17 S. 374.

Anm. 4. Die Witwe eines bei einem Kraftwagenunfall Getöteten, die auf Grund einer von einem Dritten — dem Arbeitgeber ihres Mannes — für seine Angestellten abgeschlossenen Sammel-Unfallversicherung eine Auszahlung erhält, braucht sich diese nicht auf ihren Schadensersatzanspruch gegen den Schädiger anrechnen zu lassen, RGZ. Bd. 146 S. 287 (unter Aufgabe von RGZ. Bd. 70 S. 101).

Eine Anrechnung nach § 4 findet nur statt, wenn der Verletzte in dem Betriebe desjenigen Unternehmers verunglückt ist, der die Beiträge geleistet hat, RG. 16. Okt. 1886 in JW. 1886 S. 351.

Anm. 5. Hat der Verletzte selbst einen privaten Versicherungsvertrag abgeschlossen und die Beiträge geleistet, so kann von einer Anrechnung der vertraglichen Versicherungsleistung auf die Schadensersatzansprüche gegen den Betriebsunternehmer nicht die Rede sein, RGZ. Bd. 10 S. 50; Bd. 64 S. 350; Bd. 68 S. 45; Bd. 92 S. 401; RG. 19. Jan. 1886 in SeuffA. Bd. 42 S. 171; RG. 18. Okt. 1886 in SeuffA. Bd. 42 S. 172; RG. 5. Nov. 1906 in EisEntsch. 24 S. 118 (= JW. 1907 S. 23); RG. 13. Juli 1908 in EisEntsch. 25 S. 192; RG. 10. Dez. 1908 in EisEntsch. 25 S. 320; RG. 16. Febr. 1914 in EisEntsch. 31 S. 115; RG. 28. Mai 1938 in JW. 1938 S. 2357. Vgl. auch OLG. Jena 18. Nov. 1940 in VAE. 1941 S. 49.

Anm. 6. Ist der Schadensersatzanspruch nach Grund und Betrag streitig und wird über den Grund vorab entschieden, so ist, wenn voraussichtlich der anzurechnende Betrag größer ist als der Schadensersatzanspruch, über die Anrechnung schon im Grundurteil zu entscheiden, vgl. auch RGZ. Bd. 65 S. 57 (zur Frage der Vorteilsausgleichung).

Doch kann, wenn sich bei der Anrechnung ein restlicher Anspruch für den Verletzten ergibt, über die Anrechnung auch im Betragsverfahren entschieden werden, vgl. RG. 22. Okt. 1910 in JW. 1911 S. 35.

Anm. 7. Macht der Beklagte geltend, daß die Voraussetzungen der Anrechnung vorlägen, so ist er beweispflichtig, vgl. RG. 23. Juni 1909 in JW. 1909 S. 455.

§ 5

Die in den §§ 1 und 2 bezeichneten Unternehmer und der in § 1a bezeichnete Inhaber der Anlage sind nicht befugt, die Anwendung der in den §§ 1 bis 3a enthaltenen Bestimmungen zu ihrem Vorteil durch Verträge (mittels Reglements oder durch besondere Übereinkunft) im voraus auszuschließen oder zu beschränken.
Vertragsbestimmungen, welche dieser Vorschrift entgegenstehen, haben keine rechtliche Wirkung.

Es handelt sich hier um eine soziale Schutzbestimmung. Sie soll verhindern, daß die in der Regel wirtschaftlich Schwächeren durch die regelmäßig überlegenen Unternehmer benachteiligt werden können. Die Unternehmer sollen ihre Macht nicht dazu mißbrauchen, den wirtschaftlich Schwächeren oder den auf die Benutzung ihrer Betriebe Angewiesenen Verträge aufzunötigen, durch die sie der Rechtswohltaten des RHpflG. beraubt würden. **Anm. 1.**
Es sind daher alle derartigen vor dem Unfall geschlossenen Verträge verboten, einerlei ob es sich um allgemeine Betriebsreglements oder um Einzelverträge handelt und ob die Anregung von dem Unternehmer ausgeht oder nicht. Der Unternehmer kann sich nicht im voraus den Schadensersatzverpflichtungen entziehen, die ihm in den §§ 1 bis 3a auferlegt sind. Er kann seine Haftung weder ganz ausschließen noch beschränken, z. B. sie davon abhängig machen, daß ihm ein Verschulden nachgewiesen werde. Er ist auch nicht berechtigt, zu vereinbaren, daß er bei mitwirkendem eigenen Verschulden des Verletzten überhaupt nicht hafte, denn insoweit ist § 1 RHpflG. durch § 254 BGB. abgeändert, der eine Abwägung der beiderseitigen Verursachung und eine entsprechende Schadensverteilung vorsieht.

Eine verbotene Beschränkung der Schadensersatzansprüche des Verletzten würde auch dann vorliegen, wenn mit dem Unternehmer vereinbart würde, daß der Verletzte sich Leistungen einer der im § 4 RHpflG. erwähnten Anstalten auch dann auf die Entschädigung anrechnen lassen müsse, wenn der Unternehmer weniger als ein Drittel der Gesamtprämien oder gar überhaupt keine Prämien leisten würde. Denn auch dadurch würden dem Verletzten die ihm nach §§ 1 bis 3a RHpflG. zustehenden Schadensersatzansprüche verkürzt werden. **Anm. 2.**

Dagegen ist es dem Unternehmer durch § 5 RHpflG. nicht verboten, sich vertraglich von anderen aus dem Unfallstatbestand sich ergebenden Rechtsansprüchen zu befreien, die nicht auf dem RHpflG., sondern auf anderen Rechtsgründen, z. B. auf Bestimmungen des BGB. oder auf Vertrag beruhen. Soweit nicht andere gesetzliche Bestimmungen dem entgegenstehen (z. B. § 276 Abs. 2 BGB.), besteht insoweit Vertragsfreiheit. **Anm. 3.**

§ 5 RHpflG. verbietet nur die vertragliche Ausschließung oder Beschränkung der Ansprüche des Verletzten, nicht aber ihre Ausdehnung. Es bleibt dem Unternehmer unbenommen, weitere Schadensersatzpflichten vertraglich zu übernehmen. **Anm. 4.**

„Im voraus" bedeutet hier „vor dem Eintritt des Unfallereignisses". Die Beteiligten sollen davor geschützt werden, daß sie zu einem Zeitpunkt, in dem sie mit einem Unfall nicht zu rechnen pflegen und keine Vorstellung von den möglichen schwerwiegenden Folgen haben, einen übereilten Verzicht aussprechen. Ist der Unfall aber eingetreten und sind der Schaden und die Rechtsansprüche zu übersehen, so besteht diese Gefahr nicht und ist eine Schutzbestimmung nicht erforderlich. Die Beteiligten sind dann in keiner Weise gehindert, sich über den Ersatz des entstandenen Schadens gütlich zu einigen. Vgl. hierzu RG. 14. Febr. 1889 in RGZ. Band 23 S. 38 (= JW. 1889 S. 131), RG. 1. Juni 1886 in RGZ. Band 16 S. 30 (= JW. 86 S. 250). **Anm. 5.**

Die rechtliche Wirkung dieses Verbo ts ist im Abs. 2 zwingend ausgesprochen: solche Vertragsbestimungen haben keine rechtliche Wirkung, sie sind also **Anm. 6.**

nichtig, und der Unternehmer kann sich nicht auf sie berufen, um sich seinen Schadensersatzverpflichtungen aus dem RHpflG. zu entziehen.
Wenn z. B. dem Benutzer einer Feldbahn vor dem Mitfahren gesagt worden ist, er benutze die Bahn auf eigene Gefahr, so verstößt diese Abmachung gegen das Verbot des § 5 RHpflG. und ist daher ohne rechtliche Wirkung, RG. 4. März 1898 in EisEntsch. 15 S. 221.

Anm. 7. In dem Sachschadenhaftungsgesetz vom 29. April 1940 fehlt eine dem § 5 RHpflG. entsprechende Bestimmung. Die Haftung für Sachschaden kann daher rechtswirksam vertraglich im voraus ausgeschlossen oder beschränkt werden.

§ 6

(ist aufgehoben)

Anm. 1. Diese Bestimmung, welche lediglich Verfahrensvorschriften enthielt, ist durch Art. 13 Abs. 2 Z. 3 EGZPO. aufgehoben worden.
Die Fragen der Beweiswürdigung im Rechtsstreit sind nunmehr in den §§ 286, 287 ZPO. geregelt, die auch im Haftpflichtprozeß anzuwenden sind.
Hiernach hat das Gericht die notwendigen tatsächlichen Feststellungen in freier Würdigung des gesamten Inhalts der Verhandlungen und des Beweisergebnisses zu treffen. Das Nähere gehört in die Erläuterungsbücher zur ZPO., auf die hier verwiesen werden muß.

§ 7

Der Schadensersatz wegen Aufhebung oder Verminderung der Erwerbsfähigkeit und wegen Vermehrung der Bedürfnisse sowie der nach § 3 Abs. 3 einem Dritten zu gewährende Schadensersatz ist für die Zukunft durch Entrichtung einer Geldrente zu leisten.

Die Vorschriften des § 843 Abs. 2 bis 4 BGB. und des § 708 Nr. 6 ZPO. finden entsprechende Anwendung. Das gleiche gilt für die dem Verletzten zu entrichtende Geldrente von der Vorschrift des § 850 Abs. 3 und für die dem Dritten zu entrichtende Geldrente von der Vorschrift des § 850 Abs. 1 Nr. 2 ZPO.

Ist bei der Verurteilung des Verpflichteten zur Entrichtung einer Geldrente nicht auf Sicherheitsleistung erkannt worden, so kann der Berechtigte gleichwohl Sicherheitsleistung verlangen, wenn die Vermögensverhältnisse der Verpflichteten sich erheblich verschlechtert haben; unter der gleichen Voraussetzung kann er eine Erhöhung der in dem Urteile bestimmten Sicherheit verlangen.

§ 7 hat seine heutige Fassung durch Art. 42 EGBGB. erhalten. **Anm. 1.**

Nach §§ 3, 3a RHpflG. sind folgende Schadensersatzansprüche gegeben: **Anm. 2.**

1. Anspruch auf Ersatz der Heilungskosten,
2. Anspruch auf Ersatz der Kosten der Beerdigung,
3. Anspruch auf Ersatz der infolge von Aufhebung oder Minderung der Erwerbsfähigkeit entstandenen Vermögensnachteile,
4. Anspruch auf Ersatz der infolge von Vermehrung der Bedürfnisse entstandenen Vermögensnachteile.
5. Anspruch auf Ersatz für die Entziehung des Rechts auf Unterhalt.

Da es sich bei den Vermögensnachteilen zu 3 bis 5 um den Verlust von regelmäßig wiederkehrenden Einkünften oder um laufend entstehende Kosten handelt, so erscheint die Leistung in Form einer G e l d r e n t e zweckmäßig, und § 7 ordnet daher eine solche an, soweit es sich um die Zukunft handelt. Was die Beerdigungskosten, Ziff. 2, betrifft, so wird über sie in § 7 nichts gesagt, da sie ihrer Natur nach nur in einer Kapitalzahlung ersetzt werden. Auch die Heilungskosten, Ziff. 1, werden in § 7 nicht erwähnt. Auch sie werden in der Regel in Form von Kapitalzahlungen zu begleichen sein, doch können sie auch unter Umständen für eine längere Zeit in gewisser regelmäßiger und gleichmäßiger Wiederkehr erwachsen. In diesem Falle steht nichts im Wege, daß das Gericht auch hier den Ersatzpflichtigen zur Zahlung einer Geldrente verurteilt.

Daß der Schadensersatz durch Geldrente „für die Zukunft" zu leisten ist, bedeutet nicht, daß, wenn der Berechtigte die Klage erst längere Zeit nach dem Unfall erhebt, er nicht die Rente vom Unfalltage ab verlangen könnte. Der Ersatzpflichtige kann diesfalls ohne weiteres zur Zahlung der Rente vom Unfalltage ab verurteilt werden, mit der Maßgabe, daß die rückständigen Rentenbeträge sofort auf einmal und die künftig fällig werdenden jeweils für 3 Monate im voraus zu bezahlen sind. **Anm. 3.**

§ 7 ordnet ausdrücklich die Leistung von G e l d renten an. Der Berechtigte kann daher in jedem Falle Ersatz seines Schadens in Geld verlangen. Der Ersatzpflichtige darf ihm nicht gegen seinen Willen Naturalleistungen aufnötigen, z. B. ihm statt Geld etwa Arzneien, Stärkungsmittel, Wein, Prothesen, ärztliche Dienste u. dgl. gewähren. **Anm. 4.**

Die Vorschriften des § 843 Abs. 2 bis 4 BGB. sind für entsprechend anwendbar erklärt. Hiernach findet auf die Geldrente § 760 BGB. Anwendung. Sie ist also im voraus, und zwar für 3 Monate vorauszuzahlen. Hat der Berechtigte den Beginn des Zeitabschnitts erlebt, für den die Geldrente im voraus zu **Anm. 5.**

entrichten ist, so gebührt ihm der volle auf den Zeitabschnitt entfallende Betrag.

Anm. 6. Nach dem gleichfalls für anwendbar erklärten § 843 Abs. 3 kann der Ersatzberechtigte unter Umständen statt der Geldrente eine einmalige Kapitalabfindung verlangen. Voraussetzung hierfür ist aber, daß ein wichtiger Grund hierfür vorliegt. So kann z. B. eine Kapitalabfindung gewährt werden, wenn dadurch auf den Gesundheitszustand des krankhaft erregten Verletzten heilend eingewirkt wird, RG. 28. Jan. 1909 in JW. 1909 S. 136; RG. 23. Mai 1910 in EisEntsch. 27 S. 92 (= JW. 1910 S. 717).

Anm. 7. Wie bei den Schadensersatzverpflichtungen aus §§ 823 ff. BGB., so wird auch bei den Verpflichtungen aus dem RHpflG. der Anspruch des Berechtigten auf Entrichtung einer Geldrente nicht dadurch ausgeschlossen, daß ein anderer dem Verletzten Unterhalt zu gewähren hat, § 843 Abs. 4 BGB.

Kann z. B. eine unfallverletzte Ehefrau infolge der unfallbedingten Aufhebung ihrer Arbeitsfähigkeit ihr Erwerbsgeschäft nicht mehr betreiben, so verliert sie den Anspruch gegen den Haftpflichtigen auf Entrichtung einer Geldrente nicht deshalb, weil ihr Ehemann ihr nach § 1360 BGB. Unterhalt zu gewähren hat, und der Ersatzpflichtige darf sie nicht auf diesen Unterhalt verweisen. Ebenso behält ein unfallverletztes Kind seinen Anspruch auf Schadensersatz wegen Vermehrung der Bedürfnisse, auch wenn sein Vater ihm gemäß § 1601 BGB. unterhaltspflichtig ist.

Dies gilt nicht nur beim Bestehen gesetzlicher Unterhaltsverpflichtungen dritter Personen, sondern auch dann, wenn dem Verletzten vertragliche Unterhaltsansprüche zustehen oder wenn er von dritten Personen ohne rechtliche Verpflichtung unterhalten wird. Alle diese Umstände kommen mit Recht dem Haftpflichtigen nicht zugute.

Anm. 8. Endlich enthält § 7 noch zivilprozessuale Bestimmungen. So ordnet er an, daß, in entsprechender Anwendung des § 708 Ziff. 6 ZPO., auch die Urteile, die die Verpflichtung zur Entrichtung von Schadensersatzrenten auf Grund des RHpflG. aussprechen, auch ohne Antrag für vorläufig vollstreckbar zu erklären sind, soweit es sich um die Zeit nach Erhebung der Klage und um das der Klageerhebung vorausgehende letzte Vierteljahr handelt.

An die Stelle der §§ 850 Abs. 3 und Abs. 1 Nr. 2 ZPO., die in § 7 Abs. 2 für entsprechend anwendbar erklärt sind, ist mit Wirkung vom 1. Dez. 1940 die Lohnpfändungsverordnung vom 30. Okt. 1940 (RGBl. S. 1451) getreten. Diese bestimmt in § 4 Ziff. 1 und § 2 Abs. 2, daß die Renten des Verletzten und des unterhaltsberechtigten Dritten dann pfändbar sind, wenn die Vollstreckung in bewegliches Vermögen des Schuldners nicht zu vollständiger Befriedigung des Gläubigers geführt hat oder voraussichtlich nicht dazu führen wird, und wenn nach den Umständen, insbesondere nach Art des beizutreibenden Anspruchs und Höhe der Bezüge die Pfändung der Billigkeit entspricht.

Anm. 9. Je nach den Umständen des Falles hat der Ersatzpflichtige dem Verletzten Sicherheit zu leisten, § 843 Abs. 2 Satz 2. Wenn die Vermögensverhältnisse des Verpflichteten sich erheblich verschlechtert haben, kann der Berechtigte auch dann Sicherheitsleistung verlangen, wenn dies im Urteil nicht ausgesprochen ist, und er kann eine Erhöhung der in dem Urteil bestimmten, angesichts der Gefährdung nicht mehr ausreichenden Sicherheit beanspruchen.

Anm. 10. Der frühere § 7 Abs. 2 RHpflG., der dem Verpflichteten unter Umständen Anspruch auf Aufhebung oder Minderung der Geldrente gewährte, ist durch Art. 42 EGBGB. aufgehoben worden. Es gilt nunmehr die allgemeine Vorschrift des § 323 ZPO. über die Möglichkeit der Abänderungsklage bei Urteilen über künftige wiederkehrende Leistungen.

Anm. 11. Im Zusammenhang mit § 7 RHpflG. hat § 323 ZPO erhebliche Bedeutung erlangt. Diese Bestimmung greift bei Rentenurteilen in die Grundsätze der Rechtskraft ein, um den sonst eintretenden unbilligen Folgen der Endgültigkeit solcher Urteile zu begegnen; das Rentenurteil des zuerst erkennenden Gerichts ist hiernach stets nur als vorläufig gedacht, RGZ. Bd. 47 S. 405 (409); RG. 21. Juni 1907 in JW. 1907 S. 520; RGZ. Bd. 75 S. 24 (25).

In § 323 ZPO. ist bestimmt, daß jede Partei im Wege der Klage die Abänderung des Urteils über künftig fällig werdende wiederkehrende Leistungen verlangen kann, wenn sich die Verhältnisse, die für die Verurteilung, die Bestimmung der Höhe der Leistungen oder der Dauer ihrer Entrichtung maßgebend waren, wesentlich geändert haben. Doch darf die wesentliche Veränderung erst nach dem Schluß der mündlichen Verhandlung, in der spätestens der Klageantrag hätte erweitert oder Einwendungen hätten geltend gemacht werden müssen, eingetreten sein.

Sind die Verhältnisse, auf Grund deren das Gericht die Rente, ihre Höhe und Zeitdauer festgesetzt hat, noch die gleichen wie bei Schluß der damaligen mündlichen Verhandlung, so kommt eine Abänderungsklage nicht in Frage. § 323 ZPO. kann, wenn sich die Verhältnisse tatsächlich nicht wesentlich geändert haben, auch dann nicht angewendet werden, wenn das Gericht bei Festsetzung der Rente die damals vorliegenden Verhältnisse und die sich daraus ergebende künftige Gestaltung, obwohl diese nach der allgemeinen Lebenserfahrung und den besonderen Umständen des Einzelfalles zu übersehen waren, nicht ins Auge gefaßt hat, RG. 5. Febr. 1934 in EisEntsch. 57 S. 441. Bei der erstmaligen Festsetzung der Rente müssen daher die vorliegenden Verhältnisse berücksichtigt und es muß danach die wahrscheinliche künftige Entwicklung in Betracht gezogen werden, soweit sie sich übersehen läßt; insoweit darf nicht auf eine künftige Abänderungsklage verwiesen werden, da diese voraussetzen würde, daß die im ersten Rechtsstreit vorliegenden Verhältnisse sich nachträglich wesentlich geändert haben würden.

Das Gericht hat sich auf Grund des Beweisergebnisses ein Bild von der wahrscheinlichen künftigen Entwicklung zu machen und danach die zuzuerkennende Ersatzleistung zu bemessen. Die Möglichkeit einer abweichenden künftigen Gestaltung bleibt hierbei wegen der Beschränktheit der menschlichen Erkenntnis immer offen. Bei der Entscheidung kann sie nicht berücksichtigt werden. Sollte sie sich wider Erwarten verwirklichen, so bietet späterhin § 323 ZPO. den Weg zu einer entsprechenden Abänderung des Urteils für die folgende Zeit, RG. 11. März 1931 in JW. 1931 S. 2237, denn § 323 ZPO. greift immer dann ein, wenn die Ereignisse wesentlich anders verlaufen sind, als der frühere Richter als möglich unterstellt und seiner Entscheidung zugrunde gelegt hat, wenn Veränderungen eingetreten sind, die zur Zeit der früheren Entscheidung über Höhe und Dauer der Schadensrente vorschauend noch nicht zu übersehen waren und dem gewöhnlichen Lauf der Dinge, wie er zu dieser Zeit verwertet werden mußte, nicht entsprechen, RGZ. Band 68 S. 352; Band 83 S. 65; Band 86 S. 377; RG. 19. März 1917 in JW. 1917 S. 604.

So ist z. B. in der Regel schon bei erstmaliger Bemessung der Rente zu übersehen und daher von vornherein zu berücksichtigen, daß sich die Erwerbsfähigkeit des Verletzten — auch ohne den Unfall — mit dem Erreichen eines höheren Lebensalters vermindert oder daß sie ganz aufgehört haben würde; die Rente für die Zeit des höheren Lebensalters ist daher von vornherein entsprechend zu verringern oder in ihrer Zeitdauer zu begrenzen, und es ist nicht angängig, den Ersatzpflichtigen auf die spätere Abänderungsklage zu verweisen, da diese nicht zulässig sein würde, weil sie das nachträgliche Eintreten solcher Umstände voraussetzt, die bei Zuerkennung der Rente noch nicht vorlagen und nicht vorauszusehen waren, RG. 8. Nov. 1886 in JW. 1886 S. 417; RG. 18. Jan. 1892 in JW. 1892 S. 152; RG. 2. Nov. 1905 in EisEntsch. 22 S. 290; RG. 27. Nov. 1905 in EisEntsch. 23 S. 245; RG. 28. Juni 1906 in EisEntsch. 23 S. 269.

Läßt sich jedoch zunächst die künftige Entwicklung der Dinge noch nicht mit Sicherheit übersehen, ist mithin eine Beurteilung der zukünftigen Gestaltung der für die Bemessung der Rente maßgebenden Verhältnisse nicht möglich, so kann der Verletzte insoweit nur auf Feststellung der Schadensersatzpflicht klagen. Er muß dann später, wenn der Überblick möglich ist, den Betragsanspruch erheben. Es kann aber auch angemessen erscheinen, der Entscheidung die zur Zeit des Urteils vorhandene allgemeine Lage zunächst zu Grunde zu legen und es dem Ersatzpflichtigen zu überlassen, später die Abänderungs- Anm. 12.

klage zu erheben, wenn sich die Lage künftig anders als damals angenommen entwickeln sollte. RGZ. Bd. 145 S. 196.

Die Abänderungsklage des Verletzten ist z. B. zulässig, wenn er eine Rente für Erwerbsausfall bis zum 70. Lebensjahre verlangt und durch Urteil zugesprochen erhalten hat und sich nachträglich erweist, daß er, entgegen der ursprünglichen Annahme, dieses Lebensalter überschritten hat; er kann nunmehr im Wege der Klage nach § 323 ZPO. die Verlängerung der Zeitdauer der Rente verlangen, RGZ. Bd. 86 S. 377; vgl. auch RG. 19. Dez. 1918 in EisEntsch. 37 S. 175.

Dagegen kommt eine Abänderung nicht in Frage, wenn dem Verunglückten, obwohl nach dem gewöhnlichen Lauf der Dinge vorauszusehen war, daß er mit einem gewissen Alter auch ohne den Unfall zur Ruhe gesetzt worden wäre, dennoch eine Rente ohne zeitliche Begrenzung zuerkannt worden ist. Hier hätte von vornherein berücksichtigt werden müssen, daß der Verletzte voraussichtlich nicht bis zu seinem Lebensende einen durch den Unfall verursachten Schaden haben würde, und es hätte daher die Zeitdauer der Rente entsprechend begrenzt werden müssen; nicht aber hätte der Ersatzpflichtige auf die Möglichkeit einer künftigen Abänderungsklage hingewiesen werden dürfen. Diese Klage ist hier nicht zulässig, denn die nach dem gewöhnlichen Lauf der Dinge regelmäßig infolge höheren Alters eintretende Minderung der Erwerbsfähigkeit kann, eben weil sie schon im Zeitpunkt der Zuerkennung der Rente vorauszusehen war, nicht als eine nachträgliche Änderung der Verhältnisse angesehen werden, RGZ. Bd. 83 S. 65.

Die Abänderungsklage setzt voraus, daß die Ereignisse tatsächlich anders verlaufen sind, als im ersten Urteil angesichts der damaligen Verhältnisse als möglich angenomen ist, RG. 19. März 1917 in JW. 1917 S. 604.

War nach dem gewöhnlichen Verlauf der Dinge, nach der regelmäßigen und durchschnittlichen ärztlichen Erfahrung nicht vorauszusehen, daß sich der Gesundheitszustand des Verletzten später verschlimmern und seine Erwerbsfähigkeit vermindern werde — wenn auch ein Spezialist von besonderer Erfahrung an die spätere ungünstige Entwicklung wohl hätte denken können —, so kann der Verletzte Erhöhung der Rente verlangen, wenn die nicht erwartete Erwerbsminderung später eintritt, RG. 1. Febr. 1915 in RGZ. Bd. 86 S. 181 (= JW. 1915 S. 410).

Anm. 13. Tritt nach Erlassung eines Zwischenurteils über den Grund des Anspruchs (§ 304 ZPO.) eine wesentliche Veränderung der Verhältnisse ein, so kann diese noch im Betragsverfahren geltend gemacht werden, z. B. können diesfalls im Betragsverfahren noch Einwendungen gegen die Dauer der Rente erhoben werden, RG. 16. Nov. 1912 in WarnRspr. 1913 Nr. 123; auch Einwendungen gegen die Höhe der Rente; auch kann diesfalls der Verletzte im Betragsverfahren seinen Anspruch noch erweitern, RG. 11. Nov. 1920 in EisEntsch. 38 S. 156 (= JW. 1921 S. 1082); RG. 13. Juni 1921 in JW. 1923 S. 928; RG. 18. Jan. 1923 in EisEntsch. 40 S. 64.

Anm. 14. Die Abänderung setzt eine Klage (oder Widerklage) voraus, RG. 21. Juni 1907 in JW. 1907 S. 520, die auf Änderung des früheren Rentenurteils geht. Dieses frühere Urteil muß rechtskräftig sein, RGZ. Bd. 47 S. 405; Bd. 52 S. 346; Bd. 75 S. 24; Bd. 86 S. 381.

Anm. 15. Die Abänderungsklage ist nur bei Leistungs-, nicht bei Feststellungsurteilen zulässig, RGZ. Bd. 74 S. 121.

Anm. 16. Ist eine Rente ursprünglich zugesprochen, dann wegen Fortfalls der Erwerbsbeschränkung durch Abänderungsurteil aberkannt worden und wird sie jetzt wegen neu eingetretener Minderung der Erwerbsfähigkeit wieder verlangt, so ist § 323 anwendbar, RGZ. Bd. 108 S. 413. Es muß sich um künftig fällig werdende wiederkehrende Leistungen handeln; bei einmaligen Kapitalzahlungen, Abfindungssummen usw. ist die Abänderungsklage nicht gegeben, RG. 16. Juni 1924 in JW. 1925 S. 350; RGZ. Bd. 106 S. 398; vgl. auch KG. Berlin 4. Juni 1921 in JW. 1921 S. 1088; OLG. Breslau 1. Mai 1922 in JW. 1922 S. 1403; OLG. Kassel 16. Jan. 1920 in OLGRspr. Bd. 40 S. 376; KG. Berlin 22. Sept. 1920 in OLGRspr. Bd. 41 S. 271; z. B. auch nicht bei Verurteilung zu Schmerzensgeld, RG. 3. März 1921 in SeuffA. Bd. 76 S. 299.

Bei Abfindungsverträgen kann unter Umständen eine ergänzende Vertragsauslegung nach § 157 BGB. Abhilfe schaffen, OLG. Kassel 30. Juni 1922 in JW. 1922 S. 1536; OLG. Frankfurt 17. Mai 1923 in JW. 1923 S. 950. **Anm. 17.**

Änderungen im Sinne des § 323 ZPO. sind z. B. eine wesentliche Veränderung der Verhältnisse auf dem Arbeitsmarkt, RG. 21. Okt. 1898 in EisEntsch. 15 S. 319; nachträgliche allgemeine gesetzliche Gehaltserhöhung, die ohne den Unfall dem Verletzten zugute gekommen wäre, RGZ. Bd. 22 S. 90; RG. 26. Okt. 1906 in EisEntsch. 23 S. 289 (= JW. 1906 S. 767); RG. 1. Nov. 1906 in EisEntsch. 23 S. 290 (= JW. 1906 S. 768); wenn ein Beamter einer Privateisenbahn nach deren nachträglicher Verstaatlichung ohne den Unfall ein wesentlich höheres Einkommen bezogen haben würde, **Anm. 18.**
RG. 30. Jan. 1891 in EisEntsch. 8 S. 221 (= JW. 1891 S. 152);
wenn später Lohnsteigerungen eintreten, die ohne den Unfall auch dem Verletzten zugute gekommen wären,
OLG. Hamburg 21. Dez. 1925 in EisEntsch. 44 S. 359;
wenn Leistungen der Berufsgenossenschaft nachträglich weggefallen sind, RG. 17. Mai 1915 in EisEntsch. 32 S. 448.

Ist in dem die Rente festsetzenden Urteil davon ausgegangen, daß der Unfallverletzte dauernd erwerbsunfähig bleiben werde und kann er wider Erwarten später wieder voll oder teilweise arbeiten, so kann der Ersatzpflichtige Abänderung der Rente verlangen, RGZ. Bd. 68 S. 352; **Anm. 19.**
RG. 24. Mai 1895 in JW. 1895 S. 336;
RG. 7. Febr. 1899 in EisEntsch. 15 S. 353 (= JW. 1899 S. 168);
RG. 29. Mai 1899 in JW. 1899 S. 443;
RG. 6. Mai 1935 in JW. 1935 S. 2949;
Doch muß es sich um eine Arbeit handeln, die voraussichtlich auch künftig von Dauer sein wird. Eine ganz vorübergehende Beschäftigung wird eine Herabsetzung der Schadensersatzrente nicht rechtfertigen, RG. 6. Nov. 1893 in JW. 1893 S. 565.
VGL. auch RG. 28. Okt. 1943 in DR. 1944 S. 115.

Mit späteren kleinen Schwankungen des Grades der Erwerbsfähigkeit muß von vornherein gerechnet werden, sie stellen keine wesentliche Änderung der Verhältnisse dar, RG. 19. März 1917 in JW. 1917 S. 604. **Anm. 20.**

Dauernde wesentliche Geldentwertung kann die Klage auf Erhöhung der Rente begründen, RG. 23. Mai 1921 in JW. 1921 S. 1080; **Anm. 21.**
RG. 13. Juni 1921 in JW. 1923 S. 928.
KG. Berlin 16. Mai 1925 in JW. 1927 S. 186.
Der auf Aufwertung eines rechtskräftig zuerkannten Rentenbetrages in Anspruch genommene Rentenverpflichtete kann einwenden, daß der Verletzte inzwischen wiederhergestellt sei, RG. 5. Jan. 1928 in JW. 1928 S. 564.

Über die Abänderungsklage im Falle späterer Verheiratung der Verletzten vgl. RG. 19. März 1917 in EisEntsch. 34 S. 143 (= JW. 1917 S. 604); RG. 20. Mai 1925 in Recht 1925 Nr. 1448. **Anm. 22.**

Auch nachträgliche Gesetzesänderung kann die Klage nach § 323 begründen, RGZ. Bd. 166 S. 304. **Anm. 23.**

Hat nachträglich eigenes Verschulden des Verletzten (§ 254 Abs. 2 BGB.) seine Erwerbsfähigkeit ungünstig beeinflußt, z. B. eine Besserung verhindert, so kann dies eine Abänderungsklage zu Gunsten des Ersatzpflichtigen rechtfertigen, RGZ. Bd. 68 S. 352. **Anm. 24.**

Eine Pensionserhöhung kann eine Änderung im Sinne des § 323 darstellen, doch ist eine solche von nur 8% keine wesentliche, **Anm. 25.**
BayerObLG. 22. Dez. 1913 in EisEntsch. 30 S. 517.
Eine wesentliche Änderung der Verhältnisse ist die durch den Ausgang des Krieges 1918 völlig veränderte Laufbahn der früheren Offiziere und ihre geänderten Einkommens- und Ruhegehaltverhältnisse, RG. 27. Febr. 1928 in EisEntsch. 47 S. 282 (= VR. 1928 S. 285).

Erleidet der Verletzte später einen zweiten Unfall, der mit dem ersten nicht **Anm. 26.**

zusammenhängt, so kann die Abänderungsklage begründet sein, RG. 18. Mai 1911 in JW. 1911 S. 658.

Anm. 27. Bei der Abänderungsklage ist von den wirklich vorliegenden Verhältnissen, nicht von einer fiktiven Grundlage auszugehen, RGZ. Bd. 69 S. 306.

Anm. 28. Das rechtskräftige Urteil kann nach § 323 Abs. 3 nur für die Zeit nach Erhebung der Abänderungsklage geändert werden. Ist aber die Klage erhoben, so kann, auch wenn im Laufe des Verfahrens der Antrag geändert wird, das Urteil vom Zeitpunkt der Klageerhebung ab auch gemäß dem erst im Laufe des Verfahrens geänderten Antrage abgeändert werden, da schon mit Erhebung der Klage des § 323 das ganze frühere Urteil abgeändert werden darf, RGZ. Bd. 75 S. 24 (= JW. 1911 S. 103). Die Klage erschüttert für die Zeit nach ihrer Erhebung das angegriffene Urteil in seinem ganzen Umfange. Es kann für diese Zeit über die Höhe und Dauer der Rente unbeschränkt anderweit erkannt werden, RGZ. Bd. 75 S. 24 (25); RG. 11. Okt. 1923 in EisEntsch. 41 S. 75; OLG. Hamburg 21. Dez. 1925 in EisEntsch. 44 S. 359.

Anm. 29. Nach § 323 ist eine e n t s p r e c h e n d e Änderung des früheren Urteils vorzunehmen, die zuerkannte Rente ist daher entsprechend dem Ausmaß der Änderung der Verhältnisse herauf- oder herabzusetzen (zu weitgehend OLG. Hamburg 21. Dez. 1925 in EisEntsch. 44 S. 359).

Anm. 30. Nach § 323 Abs. 2 ist die Klage nur insoweit zulässig, als die Gründe durch Einspruch nicht mehr geltend gemacht werden können. Der Verletzte kann daher keine Rentenerhöhung verlangen, wenn er den Anspruch noch im Einspruchsverfahren — mag dies auch vom Ersatzpflichtigen veranlaßt sein — verfolgen konnte, RGZ. Bd. 104 S. 228.

Anm. 31. Der Anspruch auf die erhöhte Rente verjährt nach dem entsprechend anzuwendenden § 8 RHpflG. in 2 Jahren, und zwar nicht vom Unfall an, sondern vom Eintritt der Änderung der ursprünglichen Verhältnisse an, RG. 26. Okt. 1906 in EisEntsch. 23 S. 289 (= JW. 1906 S. 767); RG. 9. Okt. 1912 in WarnRspr. 1913 Nr. 4; RGZ. Bd. 86 S. 181 und S. 377; RG. 11. Nov. 1920 in JW. 1921 S. 1082; RG. 18. Jan. 1923 in EisEntsch. 40 S. 64; RGZ. Bd. 108 S. 38 (39); RG. 5. Febr. 1934 in VR. 1934 Sp. 157 (= JW. 1934 S. 1112).

Anm. 32. Die Abänderungsklage nach § 323 ZPO. ist unzulässig, wenn sich nicht die Verhältnisse des Verletzten geändert haben, sondern nur nachträglich eine andere Beurteilung derselben durch die Ärzte und das Gericht stattfindet. Hat z. B. das Gericht früher entsprechend dem damaligen Stand der ärztlichen Wissenschaft angenommen, die Erwerbsfähigkeit sei infolge einer traumatischen Neurose vermindert, und wird dies nunmehr als Irrtum erkannt und festgestellt, daß der Verletzte nur von einem auf psychopathischer Veranlagung beruhenden Rentenbegehren beherrscht und niemals in seiner Erwerbsfähigkeit beeinträchtigt war, so ist, da sein Gesundheitszustand der gleiche ist wie früher, die Abänderungsklage nicht gegeben, RGZ. Bd. 126 S. 239 (= JW. 1930 S. 1592); RG. 2. Juli 1930 in JW. 1930 S. 3315. Vgl. auch RG. 27. Febr. 1928 in VR. 1928 Sp. 285 (= EisEntsch. 47 S. 282).

Anm. 33. Hat der Verletzte infolge des Unfallverlustes des einen Beines später einen zweiten Unfall erlitten, so kann er Abänderungsklage erheben, RG. 5. Dez. 1927 in JW. 1928 S. 563.

§ 7a

Der Unternehmer oder der im § 1a bezeichnete Inhaber der Anlage haftet im Falle des § 7 Abs. 1 nur bis zu einer Jahresrente von 15 000 RM.

Die jetzige Fassung des § 7a beruht auf der Verordnung zur Änderung des RHpflG. vom 8. Dezember 1939 (RGBl. S. 2391). **Anm. 1.**
Durch das Gesetz zur Änderung des RHpflG. vom 15. Aug. 1943 (RGBl. S. 489) sind dann noch die Worte „oder der in § 1a bezeichnete Inhaber der Anlage" eingefügt worden.

Die Begrenzung der Schadensersatzpflicht bezieht sich nur auf die Ansprüche, die auf Grund des RHpflG. wegen Aufhebung oder Minderung der Erwerbsfähigkeit und wegen Vermehrung der Bedürfnisse des Verletzten sowie nach § 3 Abs. 2 RHpflG. einem Dritten gegeben sind, die mithin nach § 7 RHpflG. für die Zukunft auf Entrichtung einer Geldrente gehen. Nur die hiernach begründeten Geldrentenansprüche sind nach oben hin beschränkt, und zwar auf jährlich 15 000 RM. Diese Beschränkung ergreift demnach nicht solche Schadensersatzansprüche, die sich überhaupt nicht auf das RHpflG. gründen. Liegt also der Tatbestand so, daß dem Verletzten oder einem Dritten Schadensersatzansprüche aus unerlaubter Handlung nach §§ 823 ff. BGB. oder aus einem Vertrage zustehen, so ist die Zubilligung einer Jahresrente von mehr als 15 000 RM. möglich. **Anm. 2.**
Die Rentenbeschränkung gilt auch nicht für die in §§ 3 und 3a RHpflG. gegebenen Ansprüche auf Ersatz der Heilungskosten und der Beerdigungskosten. Für diese Kosten ist keine Begrenzung angeordnet.

Verunglückt jemand beim Betriebe der Bahnen verschiedener Unternehmer, z. B. bei einem Zusammenstoß zwischen einem Eisenbahnzug und einem Straßenbahnwagen, so haftet unter Umständen der eine Unternehmer wegen erwiesenen Verschuldens nach dem BGB. unbeschränkt, der andere nach dem RHpflG. nur in den Grenzen des § 7a. In diesem Falle hat die Ausgleichung im Innenverhältnis der Haftenden nach § 254 BGB. zunächst ohne Berücksichtigung der Haftungsgrenze zu erfolgen. Nur insoweit dann bei der Schadensverteilung auf die Haftenden bei dem begrenzt Haftenden die Grenze überschritten wird, hat die Beschränkung zu erfolgen. **Anm. 3.**

Fällt dem Verletzten eigenes Verschulden zur Last und hat er daher nur Anspruch auf Ersatz eines gemäß § 254 BGB. sich ergebenden Bruchteils seines Schadens, so ist dieser Bruchteil nicht aus dem Grenzbetrag von 15 000.— zu berechnen, sondern aus dem Gesamtbetrag des entstandenen Schadens, und erst dann ist zu prüfen, ob sich der so errechnete Bruchteil innerhalb der Haftungsgrenze hält, vgl. RG. in JW. 1916 S. 591. **Anm. 4.**

§ 7b

Im Falle des § 1a haftet der Inhaber der Anlage für Sachschaden nur bis zum Betrage von 25 000 RM., auch wenn durch dasselbe Ereignis mehrere Sachen beschädigt werden.

Sind auf Grund desselben Ereignisses an mehreren Personen Entschädigungen zu leisten, die insgesamt den Höchstbetrag von 25 000 RM. übersteigen, so verringern sich die einzelnen Entschädigungen in dem Verhältnis, in dem ihr Gesamtbetrag zu dem Höchstbetrag steht.

Abs. 1 und 2 gelten nicht für die Beschädigung von Grundstücken.

Anm. 1. § 7b ist durch das Gesetz zur Änderung des RHpflG. vom 15. Aug. 1943 (RGBl. Seite 489) eingefügt worden.

Anm. 2. Die Bestimmung enthält, wie z. B. auch § 7a, ferner § 12 KFG. und § 23 LVG., eine Beschränkung der Haftung der Höhe nach.
Da der Anlageninhaber ohne Rücksicht auf ein Verschulden haftet, ist es gerechtfertigt, diese strenge Gefährdungshaftung der Höhe nach zu begrenzen. Der Höchstbetrag der Entschädigung beträgt 25 000 RM., ohne Rücksicht darauf, daß durch dasselbe Ereignis mehrere Sachen beschädigt oder daß mehrere Sacheigentümer betroffen sind.

Anm. 3. Eine entsprechende Bestimmung, mit einer Höchsthaftungssumme von 15 000 RM., enthält auch § 4 des Sachschadengesetzes vom 29. April 1940.

Anm. 4. Bei der Beschädigung von Grundstücken ist die Haftpflicht nach oben hin nicht begrenzt. Dies läßt sich rechtfertigen, weil solche Fälle außerordentlich selten sind, in diesen seltenen Fällen aber ein unabsehbarer Schaden, z. B. Niederbrennen eines Gebäudes, angerichtet werden kann, der ersetzt werden muß.

§ 8

Die Forderungen auf Schadensersatz (§§ 1 bis 3a) verjähren in zwei Jahren von dem Unfall an. Gegen denjenigen, welchem der Getötete Unterhalt zu gewähren hatte (§ 3 Abs. 2), beginnt die Verjährung mit dem Tode. Im übrigen finden die Vorschriften des Bürgerlichen Gesetzbuchs über die Verjährung Anwendung.

Je weitgehender und strenger die Haftung des Betriebsunternehmers aus unverschuldeten Handlungen und Ereignissen zugelassen ist, umso notwendiger ist die Beschränkung der Haftung auf einen kurzen Zeitraum, mit dessen Ablauf der Unternehmer vor Ansprüchen geschützt wird, bezüglich deren der volle Sachverhalt nach längerer Zeit nicht mehr sicher aufzuklären ist; der Unternehmer darf auch nicht mit der Unsicherheit belastet bleiben, daß weitgehende Ansprüche noch nach Jahren erhoben werden, RG. 24. Okt. 1885 in JW. 1885 S. 358. Anm. 1.

Die Verjährung ist daher für die Forderungen auf Schadensersatz demäß §§ 1 bis 3a anders — nämlich für den Verunglückten ungünstiger — geregelt als für die Schadensersatzforderungen aus unerlaubten Handlungen im Sinne der §§ 823 ff. BGB. Zunächst ist die Verjährungsfrist kürzer. Während nach § 852 BGB. die Verjährungsfrist drei Jahre beträgt, setzt § 8 eine Verjährungsfrist von nur zwei Jahren fest. Anm. 2.

Auch der Beginn der Verjährungsfrist ist im RHpflG. anders festgelegt. Während nach § 852 BGB. die Verjährung erst beginnt, wenn der Verletzte von dem Schaden und von der Person des Ersatzpflichtigen Kenntnis erhalten hat, beginnt die Verjährung der Forderungen des Verunglückten aus dem RHpflG. schon von dem Unfall an, also ohne daß es darauf ankommt, wann er von dem Schaden Kenntnis erlangt und wann er erfährt, wer ihm haftpflichtig ist. Anm. 3.

Die Verjährung beginnt also mit dem Tage, an dem sich das schädigende Ereignis, z. B. die Zugentgleisung oder der Sturz aus dem Zuge, zugetragen hat, auch wenn sich erst später herausstellt, daß dieses Ereignis eine körperliche Verletzung herbeigeführt hat, RG. 13. März 1884 in EisEntsch. 3 S. 195 (= JW. 1884 S. 149).

Ist ein Unterhaltsberechtigter gemäß § 3 Abs. 2 geschädigt, so verjähren seine Ansprüche vom Tode des Unterhaltspflichtigen an, auch hier ohne Rücksicht darauf, wann der Berechtigte von dem Unfall, von dem Tode des Unterhaltspflichtigen und von der Person des Haftenden Kenntnis erhält. Anm. 4.

Auch wenn sich erst nach Jahren nach dem Unfall schädliche Folgen bemerkbar machen, greift nach 2 Jahren vom Unfall an die Einrede der Verjährung durch, falls der Verletzte nicht innerhalb dieser Verjährungsfrist Feststellungsklage bezüglich der Verpflichtung zum Ersatz etwa künftig entstehenden Schadens erhoben hat, Anm. 5.

RG. 5. Febr. 1881 in EisEntsch. 1 S. 38;
RG. 13. März 1884 in EisEntsch. 3 S. 195 (= JW. 1884 S. 149);
RG. 29. Nov. 1884 in EisEntsch. 3 S. 419;
RGZ. Bd. 61 S. 164 (168);
RG. 3. Jan. 1914 in EisEntsch. 31 S. 92 (= JW. 1914 S. 408);

Rechtsirrig ist die Meinung, vor Entstehung des Schadens könne der Lauf der Verjährung nicht beginnen, RG. 7. Okt. 1912 in JW. 1913 S. 22.

Befindet sich der Verletzte im Irrtum darüber, welcher Bergwerksunternehmer ihm haftpflichtig ist, und verklagt er eine falsche Person, so hindert selbst ein entschuldbarer Irrtum die Verjährung nicht, RG. 5. April 1882 in EisEntsch. 2 S. 255. Anm. 6.

Das RHpflG. gewährt eine Reihe verschiedener und durchaus selbständiger Ansprüche, wie Ersatz der Heilungskosten, der Beerdigungskosten, des Erwerbsschadens u. a. Jeder dieser Ansprüche verjährt selbständig, jeder muß innerhalb der zweijährigen Frist geltendgemacht werden. Dem Gesetz ist keineswegs ein allgemeiner Grundsatz des Inhalts zu entnehmen, daß, wenn Anm. 7.

durch Klage innerhalb der Verjährungsfrist irgendein sich aus dem RHpflG. ergebender Anspruch erhoben worden ist, damit für alle möglicherweise aus diesem Gesetz sich ergebenden Ansprüche der Verjährung vorgebeugt sei; jede einzelne Forderung, die nach dem RHpflG. entstehen kann, muß bei Vermeidung ihres Verlustes innerhalb der Verjährungsfrist geltendgemacht werden, RG. 30. Jan. 1891 in JW. 1891 S. 151.

Hat z. B. der Verletzte nur den Anspruch auf Ersatz der Heilungskosten rechtzeitig innerhalb von 2 Jahren nach dem Unfall eingeklagt, dagegen nicht den Anspruch auf Ersatz des infolge Minderung der Erwerbstätigkeit entstandenen Vermögensnachteils, vielleicht weil dieser Schaden sich bisher noch nicht fühlbar gemacht hatte, so ist letzterer Anspruch verjährt, und die rechtzeitige Einklagung der Heilungskosten ändert hieran nichts. Dieser Verjährung hätte durch rechtzeitige Erhebung einer Feststellungsklage bezüglich etwaiger weiterer Schäden vorgebeugt werden können.

Anm. 8. Die in § 8 vorgesehene kurze Verjährung findet keine Anwendung, wenn ein Betriebsunfall nicht in Frage steht, also nicht in solchen Fällen, auf die das RHpflG. gar nicht berechnet ist,
RG. 16. Nov. 1894 in JW. 1894 S. 592.

Anm. 9. Ist der Klageanspruch nicht nur auf das RHpflG., sondern auch auf §§ 823 ff. BGB. gestützt, so hat die Verjährung der Ansprüche aus dem RHpflG. nicht die Folge, daß nun auch die Ansprüche aus dem BGB. verjährt wären. Die Verjährung der letzteren geht ihre eigenen Wege, sie beginnt erst mit der Kenntnis des Verletzten von dem Schaden und der Person des Ersatzpflichtigen, auch beträgt hier die Frist drei Jahre.
RG. 26. Nov. 1917 in EisEntsch. 36 S. 76.

Anm. 10. Leitet der Verunglückte seine Ansprüche gegen den Eisenbahnunternehmer sowohl aus dem RHpflG., als auch aus Beförderungsvertrag her, so verjähren die vertraglichen Ansprüche nach § 195 BGB. erst in 30 Jahren,
RG. 17. April 1942 in VAE. 1942 S. 136.

Anm. 11. Ist der Anspruch auf Schadensersatz wegen Aufhebung oder Minderung der Erwerbsfähigkeit rechtzeitig eingeklagt, so spielt es keine Rolle für die Verjährung, ob dies zunächst in Form einer Kapitalabfindung geschehen ist und erst später statt dessen Rente verlangt wird, da die Klage auf Kapitalabfindung — in entsprechendem Umfang — auch die Verjährung des Rentenanspruchs (und umgekehrt) unterbricht; denn hier handelt es sich nicht um 2 verschiedene Ansprüche, sondern nur um verschiedene Formen der Befriedigung eines einheitlichen Anspruchs, RGZ. Bd. 77 S. 213; RG. 20. April 1914 in EisEntsch. 31 S. 351; RG. 28. Okt. 1920 in EisEntsch. 38 S. 154.

Anm. 12. Ausgleichungsansprüche eines Haftpflichtigen gegen einen Mithaftenden verjähren nach § 195 BGB. in 30 Jahren; auf sie findet weder § 852 BGB. noch § 8 RHpflG. oder § 14 KFG. Anwendung.

Insbesondere gilt die 3 jährige Verjährung des § 852 BGB. nicht für den Ausgleichungsanspruch eines Gesamtschuldners gegen einen anderen Gesamtschuldner gemäß § 426 BGB., da es sich hier nicht um einen Anspruch aus unerlaubter Handlung handelt, mag auch der Anspruch des Gläubigers gegen die Gesamtschuldner auf unerlaubter Handlung beruhen, RGZ. Bd. 69 S. 422; RGZ. Bd. 146 S. 97 (101).

Der Ausgleichungsanspruch aus § 17 KFG. ist völlig verschieden von dem Anspruch des Beschädigten: die Verjährungsvorschrift des § 14 KFG. findet daher keine Anwendung auf diesen Ausgleichungsanspruch, RGZ. Bd. 90 S. 290; RGZ. Bd. 146 S. 97 (101).

Ebenso bezieht sich die kurze Verjährung des § 8 RHpflG. nur auf die Ansprüche des Verunglückten selbst, nicht auf den Ausgleichungsanspruch nach §§ 840, 426, BGB., RG. 20. Jan. 1910 in EisEntsch. 26 S. 427 (= JW. 1910 S. 235). Eine entsprechende Anwendung des § 8 ist nicht zulässig.

Anm. 13. Eine Bestimmung darüber, daß die Verjährung gehemmt sei, solange der Ersatzpflichtige und der Ersatzberechtigte noch darüber verhandeln, ob die Schadensersatzpflicht durch außergerichtliche Einigung geregelt werden soll, wie sie § 6 des Gesetzes vom 29. April 1940, § 14 Abs. 2 KFG., § 25 Abs. 2

LVG. enthalten, fehlt im RHpflG. Doch gilt auch hier, daß dem Ersatzpflichtigen unter Umständen Arglist zur Last fällt, wenn er sich auf Verjährung beruft.

So kann es arglistig sein, wenn der Ersatzpflichtige mit dem Berechtigten über einen außergerichtlichen Ausgleich verhandelt und sich dann auf die inzwischen eingetretene Verjährung beruft, RGZ. Bd. 57 S. 372; Bd. 115 S. 135; RG. 18. Febr. 1927 in JW. 1927 S. 974; RG. 22. Mai 1928 in WarnRspr. 1928 S. 197.

Arglist kann auch bei einer Berufung auf Verjährung vorliegen, wenn ein unbeabsichtigtes Verhalten des Ersatzpflichtigen den Berechtigten abgehalten hat, rechtzeitig Klage zu erheben, wenn letzterer nach Treu und Glauben darauf vertrauen durfte, der Ersatzpflichtige werde Verjährung nicht geltend machen, RGZ. Bd. 144 S. 378; Bd. 145 S. 239; Bd. 153 S. 101.

Klagt der Verunglückte nur einen Teil seines Schadens ein, z. B. nur einen Teil der Heilungskosten, so hindert dies nicht die Verjährung des restlichen Teils; eine Teilklage unterbricht nur die Verjährung des eingeklagten Teilanspruchs, RGZ. Bd. 57 S. 372; Bd. 60 S. 387; Bd. 65 S. 398; Bd. 66 S. 366; Bd. 75 S. 302; Bd. 77 S. 215; Bd. 90 S. 290 (292); Bd. 108 S. 38; Anm. 14.
RG. 7. Okt. 1912 in JW. 1913 S. 22;
RG. 28. Okt. 1920 in EisEntsch. 38 S. 154;
RG. 11. Nov. 1920 in EisEntsch. 38 S. 156 (= JW. 1921 S. 1082);
vgl. auch RG. 19. Dez. 1907 in JW. 1908 S. 79.

Die Verjährung des nicht rechtzeitig eingeklagten Restanspruchs tritt auch dann ein, wenn die frühere Teilklage nach ihrer Natur die Feststellung des ganzen Anspruchs erforderlich machte; die Verjährung ist trotzdem nur insoweit unterbrochen, als der Anspruch durch die Klage rechtshängig geworden und damit die Möglichkeit einer rechtskräftigen Entscheidung gegeben war, RG. 7. Okt. 1912 in JW. 1913 S. 22. Anm. 15.

Ist der ganze Erwerbsschaden rechtzeitig eingeklagt, so kann die mit Rücksicht auf die Geldentwertung vorgenommene Erhöhung der Rentenansprüche im Laufe des Rechtsstreits nicht mit der Einrede der Verjährung nach § 8 RHpflG. bekämpft werden, RGZ. Bd. 108 S. 38. Anm. 16.

Geht der Anspruch des Verletzten auf einen anderen über, so ist dies ohne Einfluß auf den Beginn der Verjährung nach § 8, RGZ. Bd. 63 S. 382 (388); die Verjährung beginnt auch hier mit dem Unfall. Anm. 17.

Der Abänderungsanspruch aus § 323 ZPO. verjährt nach den für den Hauptanspruch geltenden Vorschriften, im Falle des § 8 RHpflG., mithin vom Tage des Eintritts der wesentlichen Änderung der Verhältnisse an, nicht erst von dem Zeitpunkt an, in dem der Verletzte von dieser Änderung Kenntnis erhält, RGZ. Bd. 86 S. 182; Bd. 86 S. 384; Bd. 108 S. 39; RG. 7. Okt. 1912 in WarnRspr. 1913 S. 3 (5); RG. in LeipzZ. 1923 Sp. 349; RG. 5. Febr. 1934 in JW. 1934 S. 1112. Anm. 18.

Soweit der Verletzte gegen den Betriebsunternehmer Ansprüche aus §§ 823 ff. BGB. hat, findet § 852 BGB. Anwendung. Die Verjährung dieser Ansprüche beginnt mit dem Zeitpunkt, in dem der Verletzte von dem Schaden und der Person des Ersatzpflichtigen Kenntnis erhält. Anm. 19.

Tritt später eine wesentliche Verschlimmerung der Unfallfolgen ein, die nicht von vornherein in Rechnung zu nehmen war, so beginnt die Verjährung erst mit der Kenntnis von dieser Verschlimmerung, RG. 13. Juni 1921 in EisEntsch. 39 S. 65 (= JW. 1921 S. 1532).

Nach § 208 BGB., der nach § 8 Satz 3 RHpflG. auch für die Ansprüche aus dem RHpflG. gilt, wird die Verjährung unterbrochen, wenn der Verpflichtete dem Berechtigten gegenüber den Anspruch anerkennt. Anm. 20.

Es genügt ein Verhalten des Betriebsunternehmers dem Verletzten gegenüber, aus dem sich das Bewußtsein des Schuldners von dem Bestehen der Schadensersatzverpflichtung klar und unzweideutig ergibt, RGZ. Bd. 73 S. 131.

Ein Anerkenntnis dem Grunde nach unterbricht die Verjährung in gleicher Weise wie die Erhebung einer Klage, die, ohne den Betrag der Forderung in den Rechtsstreit hineinzuziehen, auf deren Feststellung gerichtet ist, RGZ.

Bd. 63 S. 382 (389); RG. 19. Dez. 1907 in EisEntsch. 24 S. 376 (= JW. 1908 S. 79).

Ein Anerkenntnis, das nicht dem Berechtigten, sondern einem Andern, z. B. einem Armenverband gegenüber abgegeben wird, unterbricht nicht für den Verletzten die Verjährung, OLG. Breslau 3. Juli 1924 in VRR. 1925 S. 587.

Ist die Verpflichtung zur Bezahlung einer Unfallsrente nach dem RHpflG. dem Grunde nach anerkannt, so hindert dieses Anerkenntnis auch die Verjährung des auf § 323 ZPO. gestützten Anspruchs auf Erhöhung der Rente wegen wesentlicher Änderung der Verhältnisse, RGZ. Bd. 73 S. 131 (133).

Die Bezahlung einzelner Rechnungen von Arzt und Apotheker durch den Betriebsunternehmer unterbricht für sich allein nicht die Verjährung des Anspruchs auf Ersatz der künftig noch weiter entstehenden Heilungskosten, RG. 3. Jan. 1914 in EisEntsch. 31 S. 92 (= JW. 1914 S. 408).

Hat der Betriebsunternehmer mit dem Verletzten einen schriftlichen Anerkenntnisvertrag gemäß § 781 BGB. geschlossen, so tritt an die Stelle der zweijährigen Verjährungsfrist des § 8 die dreißigjährige Frist des § 195 BGB., RGZ. Bd. 75 S. 4. Doch muß ein wirkliches Anerkenntnis im Sinne des § 781 BGB. vorliegen, durch das eine von dem ursprünglichen Schuldverhältnis losgelöste selbständige Verpflichtung begründet wurde. Liegt ein solches nicht vor, so ist auch die 30 jährige Verjährungsfrist des § 195 BGB. nicht gegeben. Eine schriftliche Erklärung der Eisenbahn gegenüber dem unfallverletzten Reisenden, daß sie ihre Verpflichtung anerkenne, ihm nach den Bestimmungen des RHpflG. Schadensersatz zu leisten, ist kein solches Anerkenntnis im Sinne des § 781 BGB. Die genaue Anführung des Schuldgrundes schließt diese Deutung aus, RG. 17. April 1942 in VAE. 1942 S. 136.

Anm. 21. Der Umstand, daß nach § 8 die Ansprüche aus dem RHpflG. in der kurzen Frist von zwei Jahren, die schon mit dem Unfall zu laufen beginnt, verjähren, rechtfertigt ein Interesse des Verunglückten daran, daß die Schadensersatzpflicht des Betriebsunternehmers durch richterliche Entscheidung alsbald festgestellt werde, RGZ. Bd. 61 S. 164 (168); RGZ. Bd. 86 S. 374; RG. 21. Juni 1888 in EisEntsch. 6 S. 329; RG. 2. Nov. 1899 in EisEntsch. 16 S. 335; RG. 22. Sept. 1904 in EisEntsch. 21 S. 275; RG. 1. März 1906 in JW. 1906 S. 236; RG. 30. Jan. 1911 in EisEntsch. 28 S. 88. Vgl. auch Wussow „Feststellungsklagen im Haftpflichtrecht" in DR. 1944 S. 172.

§ 9

Die gesetzlichen Vorschriften, nach welchen außer den in diesem Gesetze vorgesehenen Fällen der Unternehmer einer in den §§ 1, 2 bezeichneten Anlage oder eine andere Person, insbesondere wegen eines eigenen Verschuldens, für den bei dem Betriebe der Anlage durch Tötung oder Körperverletzung eines Menschen entstandenen Schaden haftet, bleiben unberührt.

Die heutige Fassung des § 9 beruht auf Art. 42 EGBGB. Er bezieht sich nur auf reichsgesetzliche Vorschriften. Landesgesetze sind nach Art. 55 EGBGB. außer Kraft getreten, also auch solche, welche die Verpflichtung zum Schadensersatz für die beim Betriebe der Eisenbahnen usw. verursachten Tötungen und Körperverletzungen regelten. Anm. 1.

Art. 105 EGBGB. läßt nur die landesgesetzlichen Vorschriften unberührt, nach welchen der Unternehmer eines Eisenbahnbetriebs oder eines anderen mit gemeiner Gefahr verbundenen Betriebs für den aus dem Betrieb entstehenden Schaden in weiterem Umfang als nach dem BGB. verantwortlich ist. Dies betraf insbesondere die Haftung für Sachschäden. Diese Sachschadenhaftung, ist nunmehr durch das Gesetz vom 29. April 1940 (RGBl. S. 691) einheitlich geregelt worden.

Das RHpflG. bildet nicht die einzige und ausschließliche Grundlage für Schadensersatzansprüche gegen Unternehmer aus Betriebsunfällen. Es findet Anwendung auf die in ihm bezeichneten Unfallstatbestände, besagt aber nicht, daß, wenn der Tatbestand des § 1 oder 2 gegeben sei, nur Ansprüche aus dem RHpflG. und in dessen Grenzen erhoben werden könnten. Dies stellt § 9 klar. Ist z. B. zugleich der Tatbestand einer anderen reichsgesetzlichen Haftungsbestimmung gegeben, so kann der Verunglückte Ansprüche aus beiden Bestimmungen herleiten (vgl. auch RGZ. Band 57 S. 52, 54). Anm. 2.

Entsteht z. B. bei dem Betriebe durch Tötung oder Körperverletzung ein Schaden, so kann der Tatbestand so liegen, daß nicht nur § 1 RHpflG. Anwendung findet, sondern auch die Voraussetzungen einer unerlaubten Handlung im Sinne der §§ 823 ff. BGB. oder die des § 7 KFG. vorliegen oder eine Vertragsverletzung gegeben ist. In solchen Fällen ist der Verletzte — das besagt § 9 — nicht auf die Ansprüche aus dem RHpflG. beschränkt, sondern kann seine Klage außerdem auch noch auf die anderen gesetzlichen Bestimmungen stützen, zumal wenn sie erhöhte Ansprüche gewähren. Auch kann der Verletzte, wenn neben dem Betriebsunternehmer eine andere Person ihm auf Grund reichsgesetzlicher Vorschriften ersatzpflichtig ist, außer dem Unternehmer auch diese andere Person in Anspruch nehmen. Seine Ansprüche gegen dritte Personen werden nicht dadurch ausgeschlossen, daß ihm der Betriebsunternehmer nach § 1 oder 2 ersatzpflichtig ist.

Anm. 3.

Wird z. B. ein Fahrgast eines Eisenbahnzuges bei einem von dem Bahnunternehmer und von einem Kraftfahrzeughalter je schuldhaft herbeigeführten Eisenbahnunfall verletzt, so kann der Verunglückte seine Ansprüche nicht nur auf das RHpflG., sondern auch auf den Beförderungsvertrag, auf unerlaubte Handlung nach §§ 823 ff. BGB. und auf das KFG. stützen, vgl. RG. 3. Juni 1912 in JW. 1912 S. 873; RG. 1. Dez. 1913 in Warn. 1914 Nr. 53; RG. 28. Jan. 1913 in JW. 1913 S. 376; RG. 23. Mai 1914 in EisEntsch. 31 S. 244; RGZ. Band 88 S. 317; Band 90 S. 65, 68.

Insbesondere schließt der Abschluß des üblichen Beförderungsvertrages mit der Eisenbahn deren eventuelle Haftung aus unerlaubter Handlung und damit die Zuerkennung eines — im RHpflG. nicht vorgesehenen — Schmerzensgeldes nicht aus, RGZ. Band 86 S. 377, Band 88 S. 317. Sind die Voraussetzungen der §§ 823, 847 BGB. gegeben, so hat der Verletzte einen Anspruch auf Schmerzensgeld ohne Rücksicht darauf, daß der Vertrag ihm einen solchen nicht gewährt, RG. 19. Juni 1916 in JW. 1916 S. 1276 (= RGZ. Band 88 S. 317). Zustimmend auch v. d. Leyen in JW. 1916 S. 1276.

Anm. 4. Aus § 5 EVO. kann kein Anspruch auf Schmerzensgeld hergeleitet werden. Diese Bestimmung, wonach die Eisenbahn für ihre Leute und für andere Personen, deren sie sich bei Ausführung der Beförderung bedient, haftet, regelt nur die Haftung aus dem Beförderungsvertrage, nicht die aus unerlaubter Handlung, RG. 20. Jan. 1916 in JW. 1916 S. 488. Zustimmend auch v. d. Leyen in JW. 1916 S. 489.

Anm. 5. Das gleichzeitige Gegebensein eines weiteren Schuldgrundes kann für den Berechtigten insofern von Bedeutung sein, als dadurch für ihn Ansprüche über die Grenzen des RHpflG. hinaus bestehen können. So finden, wenn außer dem Tatbestand des § 1 RHpflG. zugleich der Tatbestand der unerlaubten Handlung im Sinne der §§ 823 ff. BGB. vorliegt, die Vorschriften der §§ 842, 845, 847 BGB. Anwendung, welche nicht gelten, wenn nur der Tatbestand des § 1 RHpflG. gegeben ist, RGZ. Band 57 S. 52.

So gewährt § 842 BGB. Ersatz für die Nachteile, welche die Handlung für den Erwerb oder das Fortkommen des Verletzten herbeiführt. Dies ist eine Erweiterung gegenüber den in §§ 3, 3a RHpflG. gewährten Ansprüchen. Vgl. auch RGZ. Bd. 95 S. 173.

§ 845 BGB. gibt — über das RHpflG. hinaus, das eine solche Verpflichtung nicht kennt — im Falle der Tötung oder Körperverletzung einem am Unfall nicht beteiligten Dritten einen Ersatzanspruch für die Dienste in Hauswesen und Gewerbe, zu denen ihm der Verunglückte verpflichtet war und die ihm infolge des Unfalls entgehen.

§ 847 BGB. gewährt dem Verletzten eine billige Geldentschädigung wegen des Nichtvermögensschadens. Ein solcher Anspruch ist nicht begründet, wenn nur der Tatbestand des § 1 oder 2 RHpflG. vorliegt, RG. 20. Jan. 1916 in JW. 1916 S. 488.

Anm. 6. Die Haftung anderer Personen — neben dem Betriebsunternehmer — kann auf Grund der §§ 823 ff., insbesondere auch nach § 832 (Verletzung der Aufsichtspflicht), § 833 (Tierhalterhaftung) und § 836 (Einsturz eines Bauwerks) begründet sein. Auch nach dem KFG. können neben dem aus dem RHpflG. haftenden Unternehmer dritte Personen ersatzpflichtig sein.

Anm. 7. Auch auf die Verjährungsfrist ist es von Einfluß, ob die Klage außer auf das RHpflG. auch noch auf andere Gesetze gestützt werden kann. Nach § 8 RHpflG. verjähren die Ansprüche in zwei Jahren von dem Unfall an. Werden zugleich Ansprüche aus §§ 823 ff. BGB. erhoben, so gilt für diese nach § 852 BGB. eine Verjährungsfrist von drei Jahren, und diese beginnt auch nicht mit dem Unfall, sondern erst in dem Zeitpunkt, in welchem der Verletzte von dem Schaden und der Person des Ersatzpflichtigen Kenntnis erlangt. Können auch vertragliche Ansprüche erhoben werden, so beträgt die Verjährungsfrist nach § 195 BGB. dreißig Jahre. Vgl. RG. 24. Okt. 1907 in EisEntsch. 24 S. 274 und RG. 17. April 1942 in VAE. 1942 S. 136: für den Anspruch aus Beförderungsvertrag kommt nur die dreißigjährige Verjährungsfrist des § 195 BGB. in Frage, nicht § 8 RHpflG. und nicht § 852 BGB. In RG. 6. Juli 1915 in EisEntsch. 32 S. 461 ist zutreffend ausgesprochen, daß bei Ansprüchen aus dem Beförderungsvertrag gegen die Eisenbahn wegen eines Betriebsunfalls nicht die kurze, sechsmonatliche Verjährungsfrist des § 638 BGB. gilt.

Anm. 8. Fahrgäste der Eisenbahn werden in der Regel bei Betriebsunfällen neben den Ansprüchen aus dem RHpflG. auch solche aus dem mit der Bahn geschlossenen Beförderungsvertrage haben. Dieser Vertrag ist ein Werkvertrag im Sinne des § 631 BGB. Er verpflichtet den Betriebsunternehmer u. a. auch, den Reisenden unbeschädigt an das Reiseziel zu bringen, mithin geeignete Vorkehrungen zu treffen, daß er weder durch Betriebsvorgänge noch durch Betriebsmittel und Einrichtungen beschädigt wird,

RGZ. Band 4 S. 192; Band 55 S. 335; Band 62 S. 119; Bd. 66 S. 12; Bd. 83 S. 343; RG. 13. Jan. 1908 in JW. 1908 S. 196; RG. 19. März 1912 in JW. 1912 S. 686; RG. 3. Juni 1912 in JW. 1912 S. 873; RG. 10. Juli 1914 in EisEntsch. 31 S. 371.

Anm. 9. Der Beförderungsvertrag enthält auch die Nebenverpflichtung des Eisenbahnunternehmers, für die Verkehrssicherheit der Zugänge zu den Zügen und der Ausgänge zu sorgen, RGZ. Band 55 S. 335; Bd. 86 S. 321; RG. 1. Juli 1904 in JW. 1904 S. 484; RG. 2. Febr. 1905 in JW. 1905 S. 185; RG. 24. Mai 1905 in JW. 1905 S. 426; RG. 23. Jan. 1908 in EisEntsch. 24 S. 389; RG. 10. Juli 1911 in JW. 1911 S. 824; RG. 10. Mai 1915 in JW. 1915 S. 703; RG. 26. Okt. 1917 in EisEntsch. 35 S. 271 (= JW. 1918 S. 171); RG. 5. Dez. 1918 in JW. 1919 S. 316 (= EisEntsch. 37 S. 170).

In solchen Fällen kann, selbst wenn ein Unfall bei dem Betriebe, wie er Voraussetzung des § 1 RHpflG. ist, nicht vorliegt, doch eine Schadensersatzpflicht der Eisenbahn aus dem Beförderungsvertrage gegeben sein. Siehe z. B. OLG. Stuttgart 20. April 1928 in JW. 1928 S. 1756.

Der nähere Inhalt und der Umfang der Vertragspflichten, die der Eisenbahnunternehmer gegenüber dem Fahrgast durch den Abschluß des Beförderungsvertrages übernimmt, ist nach Treu und Glauben unter Berücksichtigung der Verkehrssitte zu bestimmen. § 242 BGB. findet hier Anwendung, RGZ. Band 69 S. 357; RG. 14. Juli 1914 in EisEntsch. 31 S. 371. Anm. 10.

Auf Grund des Beförderungsvertrages haftet der Eisenbahnunternehmer gemäß § 278 BGB. auch für ein Verschulden der Angestellten, deren er sich zur Erfüllung seiner vertraglichen Pflichten bedient. Er hat deren Verschulden in gleichem Umfange zu vertreten wie eigenes Verschulden. Er kann sich hier auch nicht durch den Nachweis entlasten, daß er bei der Auswahl der Angestellten, bei ihrer Überwachung und der Leitung ihrer Verrichtungen, die im Verkehr erforderliche Sorgfalt beobachtet habe, RGZ. Band 55 S. 335; Bd. 62 S. 119; Bd. 83 S. 343; RG. 30. Jan. 1910 in EisEntsch. 28 S. 165; RG. 19. Sept. 1910 in EisEntsch. 27 S. 214; RG. 19. März 1912 in JW. 1912 S. 686; RG. 26. Okt. 1917 in EisEntsch. 35 S. 271. Anm. 11.

Andererseits muß sich auch der Verunglückte, soweit er sich auf den Beförderungsvertrag stützt, nach § 278 BGB. das Verschulden seines gesetzlichen Vertreters — z. B. ein unmündiges Kind, das Verschulden des Vaters — oder der Erfüllungsgehilfen wie ein eigenes Verschulden entgegenhalten lassen, ein Einwand, der nicht möglich ist, wenn die Ansprüche auf das RHpflG. gestützt sind. Anm. 12.

Hat die bei einem Eisenbahnunfall getötete Ehefrau die Fahrkarte gelöst, so steht dem Ehemann kein *vertraglicher* Schadensersatzanspruch gegen die Bahn zu, RG. 24. Mai 1905 in JW. 1905 S. 426. Anm. 13.

Die vertragliche Haftung des Eisenbahnbetriebsunternehmers beginnt mit dem Abschluß des Beförderungsvertrages mit dem Reisenden. Dieser Vertrag ist mit dem Ankauf der Fahrkarte durch den Fahrgast abgeschlosen, von diesem Zeitpunkt ab haftet ihm die Bahn für sichere Beförderung, RGZ. Bd. 4 S. 192; Anm. 14.

RG. 23. Jan. 1908 in EisEntsch. 24. S. 389; RG. 30. Jan. 1910 in EisEntsch. 28 S. 165; RG. 19. Sept. 1910 in EisEntsch. 27 S. 214.

Die Haftung des Betriebsunternehmers aus dem Beförderungsvertrage endet, sobald der Reisende nach Beendigung der Fahrt den Bahnhofsausgang durchschritten hat, RG. 6. Nov. 1912 in EisEntsch. 29 S. 339.

Will die Witwe eines unfallgetöteten Fahrgastes gegen die Eisenbahn Ansprüche aus dem von ihrem Ehemann geschlossenen Beförderungsvertrag erheben, so muß sie, falls ihm solche Ansprüche erwachsen sind, zunächst dartun, daß sie Erbin des Mannes geworden sei, RGZ. Bd. 69 S. 357 (361). Anm. 15.

In Fällen, in denen die Eisenbahn nur aus Beförderungsvertrag haftet, hat die Witwe des Getöteten keinen Anspruch auf Ersatz des ihr durch Verlust des Rechts auf Unterhalt entstandenen Schadens; aus dem Beförderungsvertrag kann ein solcher Anspruch nicht abgeleitet werden, RG. 19. Mai 1929 in JW. 1931 S. 1357. Anm. 16.

Der Beförderungsvertrag gewährt auch keinen Anspruch auf Ersatz des Nichtvermögensschadens im Sinne des § 847 BGB. Ein solcher könnte nur verlangt werden, wenn der Eisenbahnbetriebsunternehmer nach §§ 823 ff. BGB. haftet. Über die Bemessung des sogen. Schmerzensgeldes siehe RG. 19. Jan. 1944 in DR. 1944 S. 290. Anm. 17.

Anm. 18. Zu den Vertragspflichten der Bahn gehört normalerweise auch die Verpflichtung, im Winter erwärmte Wagen zur Verfügung zu stellen, RG. 14. Juli 1914 in EisEntsch. 31 S. 371.

Anm. 19. Ergibt sich aus den tatsächlichen Behauptungen des Klägers, daß er als Fahrgast eines Eisenbahnzuges bei einem Zusammenstoß verletzt worden ist, so kann das Gericht in seiner rechtlichen Beurteilung annehmen, daß die Ansprüche außer auf das RHpflG. auch auf den Beförderungsvertrag gestützt werden sollen, RG. 3. Juni 1912 in JW. 1912 S. 873. Es genügt, wenn der Kläger die entsprechenden tatsächlichen Behauptungen aufstellt, ohne die rechtliche Beurteilung daran zu knüpfen.

Anm. 20. Sind die Ansprüche des Verunglückten auch nach §§ 823 ff. BGB. begründet, so haben die Eltern Anspruch auf eine Geldrente als Ersatz für die ihnen entgehenden Dienste in Hauswesen oder Gewerbe nach § 845 BGB.; dieser Anspruch endet mit dem Zeitpunkt, in welchem der Verunglückte mutmaßlich geheiratet und einen eigenen Hausstand begründet haben würde, RG. 13. Juni 1941 in VAE. 1941 S. 181.

Anm. 21. Dem nach § 845 BGB. ersatzberechtigten Ehemann kann nicht entgegengehalten werden, daß er durch den Tod der ihm dienstverpflichteten Ehefrau die Kosten ihres Unterhalts erspare; denn die Unterhaltspflicht ist nicht Entgelt für geleistete Dienste, RG. 18. Okober 1934 in VR. 1934 S. 577; RGZ. Bd. 152 S. 208; RG. 4. April 1944 in DR. 1944 S. 771.

Anm. 22. Kann die Haftung der Eisenbahn auf schuldhaftes Verhalten von Angestellten gestützt werden, so bedarf es, wenn nach Lage der Sache ein Verschulden irgend eines Bahnbediensteten mitgewirkt haben muß, keiner Aufklärung, welcher Angestellte verantwortlich ist, RGZ. Bd. 83 S. 343; RG. 19. März 1912 in JW. 1912 S. 686.

§ 9a

Unberührt bleiben die reichsgesetzlichen Vorschriften, wonach der in § 1a bezeichnete Inhaber der Anlage für den Schaden in weiterem Umfang haftet oder die Haftung eines anderen begründet ist.

Diese Bestimmung ist eingefügt durch das Gesetz zur Änderung des RHpflG. vom 15. 8. 1943 (RGBl. S. 489). **Anm. 1.**

Sie regelt diejenigen Fälle, in denen der tatsächliche Sachverhalt sowohl den Tatbestand des § 1a RHpflG., als auch zugleich den Tatbestand anderer reichsgesetzlicher — nicht etwaiger landesgesetzlicher — Haftungsbestimmungen erfüllt. In diesen Fällen soll § 1a RHpflG. nicht ausschließlich gelten — so daß eine Ersatzpflicht nur aus § 1a und nur in den Grenzen des RHpflG. gegeben wäre —, sondern es steht dem Verletzten frei, auch Ersatzansprüche auf Grund anderer Reichsgesetze zu erheben, auch wenn sie der Art oder der Höhe nach über den Rahmen des RHpflG. hinausgehen.

Hat z. B. der Inhaber der Anlage zugleich eine vorsätzliche oder fahrlässige unerlaubte Handlung begangen, so daß auch der Tatbestand des § 823 BGB. vorliegt, so schließt der Umstand, daß der Verletzte Schadensersatzansprüche aus § 1a RHpflG. erheben kann, und daß er sie geltend macht, nicht aus, daß er seine Klage gegen den Inhaber auch auf §§ 823 ff. BGB. stützen kann.

In diesem Falle sind Ersatzansprüche gegeben, die das RHpflG. nicht kennt, z. B. auf Ersatz entgangener Dienste des Verletzten in Hauswesen oder Gewerbe nach § 845 BGB. und auf Ersatz des Nichtvermögensschadens nach § 847 BGB.

Der Umstand, daß der Inhaber der Anlage dem Verletzten nach § 1a schadensersatzpflichtig ist, hindert den Verletzten hiernach auch nicht, auch von einem anderen Schadensersatz zu verlangen, der nicht Inhaber der Anlage ist, aber ihm auf Grund einer andern reichsgesetzlichen Vorschrift, z. B. der §§ 823 ff. BGB., haftet. **Anm. 2.**

In diesem Falle haften nach § 840 BGB. der Inhaber der Anlage und der ersatzpflichtige Dritte als Gesamtschuldner im Sinne des § 421 BGB.

Das Verhältnis der Gesamtschuldner zu einander — das sogenannte Innenverhältnis — ist in § 9b RHpflG. geregelt. **Anm. 3.**

§ 9b

Ist der Schaden durch mehrere in § 1a bezeichnete Anlagen verursacht worden und sind die Inhaber der Anlagen einem Dritten kraft Gesetzes zum Ersatz des Schadens verpflichtet, so hängt im Verhältnis der Inhaber zu einander die Verpflichtung zum Ersatz sowie der Umfang des zu leistenden Ersatzes von den Umständen, insbesondere davon ab, inwieweit der Schaden überwiegend durch die eine oder andere Anlage verursacht worden ist. Das gleiche gilt, wenn der Schaden einem der Inhaber entstanden ist, von der Haftpflicht, die einen anderen von ihnen trifft.

Absatz 1 gilt entsprechend, wenn neben der Haftung des Inhabers der Anlage die Haftung eines anderen für den Schaden durch Gesetz bestimmt ist.

Anm. 1. Ist der Schaden durch mehrere in § 1a bezeichnete Anlagen verursacht worden und sind die Inhaber der Anlagen einem Dritten kraft Gesetzes zum Ersatz des Schadens verpflichtet, so hängt im Verhältnis der Inhaber zu einander die Verpflichtung zum Ersatz sowie der Umfang des zu leistenden Ersatzes von den Umständen, insbesondere davon ab, inwieweit der Schaden überwiegend durch die eine oder andere Anlage verursacht worden ist. Das gleiche gilt, wenn der Schaden einem der Inhaber entstanden ist, von der Haftpflicht, die einen anderen von ihnen trifft.

Anm. 2. Absatz 1 gilt entsprechend, wenn neben der Haftung des Inhabers der Anlage die Haftung eines anderen für den Schaden durch Gesetz bestimmt ist.

Anm. 3. Diese Bestimmung, die dem § 17 KFG. und dem § 8 des Sachschadengesetzes vom 29. April 1940 entspricht, ist durch das Gesetz zur Änderung des RHpflG. vom 15. August 1943 (RGBl. S. 489) eingefügt worden.

Sie regelt das Verhältnis der einem Dritten haftenden mehreren Inhaber mehrerer Anlagen zu einander und ebenso das Innenverhältnis zwischen dem haftenden Inhaber der Anlage zu einem ebenfalls kraft Gesetzes für den Schaden haftenden Dritten. Hiernach sind die als Gesamtschuldner Schadensersatzpflichtigen nicht, wie § 426 BGB. bestimmen würde, im Verhältnis zu einander zu g l e i c h e n Teilen verpflichtet, vielmehr richtet sich die Ersatzpflicht und ihr Umfang, wie in § 254 BGB., nach den Umständen. Unter den hiernach maßgebenden Umständen des einzelnen Falles ist von ausschlaggebender Bedeutung, inwieweit der Schaden überwiegend von dem einen oder dem anderen Teile verursacht worden ist. Neben der objektiven Kausalität aber kommen noch andere Umstände, z. B. der Grad der beiderseitigen subjektiven Verschuldung, in Betracht. Das Gericht hat in jedem einzelnen Falle eine Abwägung der auf beiden Seiten in Betracht kommenden Umstände vorzunehmen und danach die im Innenverhältnis der Haftenden geltende Ersatzpflicht zu bestimmen.

Anm. 4. Der Richter hat hier in weitem Umfange freie Hand (Koffka in DJ. 1940 S. 541). Bei der Abwägung und Festsetzung der verschiedenen Ausgleichsquoten kann er u. a. berücksichtigen, daß die eine der beteiligten Anlagen z. B. die weit größere Betriebsgefahr aufweist, daß den Inhaber der anderen Anlage dagegen ein erhebliches Verschulden trifft, u. ä. Dabei können die Umstände so liegen, daß im Innenverhältnis der Ersatzpflichtigen zu einander die Ausgleichspflicht des einen Inhabers völlig verneint wird.

§ 10

Die Bestimmungen des Gesetzes, betreffend die Errichtung eines obersten Gerichtshofes für Handelssachen, von 12. Juni 1869, sowie die Ergänzungen desselben werden auf diejenigen bürgerlichen Rechtsstreitigkeiten ausgedehnt, in welchen durch die Klage oder Widerklage ein Anspruch auf Grund des gegenwärtigen Gesetzes oder der in § 9 erwähnten landesgesetzlichen Bestimmungen geltend gemacht wird.

Diese Bestimmung will besagen, daß für diejenigen bürgerlichen Rechtsstreitigkeiten, in welchen durch Klage und Widerklage ein Anspruch auf Grund des RHpflG. geltend gemacht wird, das Reichsgericht in letzter Instanz zuständig sein soll. Sie sind mithin einem etwa errichteten Obersten Landesgericht, wie z. B. Bayern ein solches bis zur Aufhebung — 1. April 1935 — besaß, entzogen. Anm. 1.

Sachregister

(Die Zahlen bezeichnen die Seiten)

Nachweis wichtiger Gesetzesausgaben

mit und ohne Erläuterungen, größere und kleinere Kommentare, Lehrbücher, Sammelwerke, Entscheidungssammlungen, Zeitschriften

Walter de Gruyter & Co., Berlin W 35, Genthiner Str. 13

Winter 1949/50

Inhaltsübersicht

I. Allgemeines, Rechtsgeschichte, Rechtsphilosophie

Abhängige Länder. Eine Analyse des Begriffs von der ursprünglichen Herrschergewalt. Zugleich eine staatsrechtliche und politische Studie über Elsaß-Lothringen, die österreichischen Königreiche und Länder, Kroatien-Slavonien, Bosnien-Herzegowina, Finnland, Island, die Territorien der nordamerikanischen Union, Kanada, Australien, Südafrika. Von Dr. R. Redslob, o. Prof. der öffentl. Rechte a. d. Univers. Rostock. Oktav. 352 Seiten. 1914. 10.—

Aktienwesen und Spekulation. Eine ökonomische und rechtspsychologische Untersuchung. Von L. von Petrażycki, o. Prof. a. d. Univers. Petersburg. Oktav. IV, 226 Seiten. 1906. (Schweitzer.) Geb. 4.—

Albertus Gandinus und das Strafrecht der Scholastik. Von Dr. jur. H. U. Kantorowicz. 2 Bände. Oktav.
Bd. I: Die Praxis. Ausgewählte Strafprozeßakte des 13. Jahrhunderts nebst diplomatischer Einleitung. Von der Savigny-Stiftung unterstützt. XII, 428 Seiten. 1907. 12.—
Bd. II: Die Theorie. Kritische Ausgabe des Tractatus de maleficiis nebst textkritischer Einleitung. XXVI, 451 Seiten. 1926. 30.—

Allgemeiner Teil des Rechts, Der — — e —. Eine Darstellung der gemeinsamen Lehren des öffentlichen und des privaten Rechts. Von Dr. K. Friedrichs, Just. Rat. Oktav. X, 306 Seiten. 1927. 12.—, geb. 13.50

Alt-Regensburgs Gerichtsverfassung, Strafverfahren und Strafrecht bis zur Carolina. Nach urkundlichen Quellen dargestellt. Von Dr. H. Knapp, k. Reichsarchivrat i. Münster/W. Oktav. X, 375 Seiten. 1914. 8.—

Athenisches Gesetz über die Eleusinische Aparche, Ein — —. Von A. Elter. Quart. 56 Spalten. 1914. 3.—

Attische Geschworenengerichte, Die — n — —. Ein Beitrag zum attischen Staatsrecht. Von M. Fränkel. Oktav. VI, 112 Seiten. 1877. 1.60

Beiträge, Freiburger — — zur Strafvollzugskunde. Herausgeg. von Dr. E. Wolf. Oktav.
Heft 1: Die Stellung der deutschen Sozialisten zum Strafvollzug von 1870 bis zur Gegenwart. Von Dr. A. Behrle. 182 Seiten. 1931. 6.—
Heft 2: Quellenstudien zur Geschichte des deutschen Zuchthauswesens bis zur Mitte des 19. Jahrhunderts. Von Dr. jur. G. Saam. 112 Seiten. 1936. 5.—

Beiträge, Romanistische — — zur Rechtsgeschichte. Unter Mitwirkung von Fachgelehrten herausgeg. von L. Mitteis, J. Partsch, E. Rabel. Oktav.
Heft 1: **Der Kauf mit fremdem Geld.** Studien über die Bedeutung der Preiszahlung für den Eigentumserwerb nach griechischem und römischem Recht. Von F. Pringsheim, o. Prof. a. d. Univers. Göttingen. VI, 180 Seiten. 1916. 9.—
Heft 3: **De claris juris consultis.** Von Th. Diplovatatius. Herausgeg. von H. Kantorowicz, o. Prof. a. d. Univers. Freiburg, und Fr. Schulz, o. Prof. a. d. Univers. Bonn.
Bd. I: Lebensgeschichtliche Einleitung. Von H. Kantorowicz. De claris iuris consultis. Pars prior. Edidit F. Schulz. Mit 4 Tafeln. XXIV, 384 Seiten. 1919. 20.—

Heft 4: **Justa causa traditionis.** Eine Untersuchung über den Erwerb des Eigentums nach römischem Recht. Von Dr. A. Erhardt, Priv. Doz. i. Freiburg. VIII, 207 Seiten. 1930. 18.—
Heft 5: **Prätorische Bereicherungsklagen.** Von Dr. G. H. Maier. VIII, 174 Seiten. 1932. 10.—
Heft 6: **Antikes Lösungsrecht.** Von Dr. W. Felgentraeger, Ger. Ass. a. D. VII, 133 Seiten. 1933. 10.—

Beiträge zur Geschichte der deutschen Strafrechtspflege. Herausgeg. von Dr. M. Grünhut, Prof. i. Bonn und Dr. E. Schmidt, Prof. in Hamburg. Oktav.
Heft 1: Strafrechtspflege in Sachsen-Weimar-Eisenach unter Carl August. Von Dr. Fr. W. Lucht. 111 Seiten. 1929. 7.—
Heft 2: Stellung des Strafrichters in den Gesetzen der französischen Revolutionszeit (1791—1810). Von Dr. R. Höhn. 147 Seiten. 1929. 8.—
Heft 3: Das Strafrecht Italiens im ausgehenden Mittelalter. Untersuchungen über die Beziehungen zwischen Theorie und Praxis im Strafrecht des Spätmittelalters, namentlich im XIV. Jahrhundert. Von G. Dahm, Priv. Doz. a. d. Univers. Heidelberg. XXIV, 555 Seiten. 1931. 35.—

Beiträge zur Kenntnis des römisch-ägyptischen Grundbuchrechts. Von H. Lewald. Oktav. 100 Seiten. 1909. 3.50

Briefe und Erinnerungen. 1852—1868. Von R. v. Ihering. Oktav. 106 Seiten. 1907. (Schweitzer.) 1.80

Byzanz und Persien in ihren diplomatisch-völkerrechtlichen Beziehungen im Zeitalter Justinians. Ein Beitrag zur Geschichte des Völkerrechts. Von Dr. K. Güterbock, Geh. Just. Rat, Prof. der Rechte zu Königsberg. Oktav. VIII, 128 Seiten. 1906. 3.—

Civitas auf deutschem Boden bis zum Ausgange der Karolingerzeit, Die — —. Ein Beitrag zur Geschichte der deutschen Stadt. Von Dr. S. Rietschel, o. ö. Prof. a. d. Univers. Tübingen. Oktav. 102 Seiten. 1894. 3.—

Compensationsverfahren im vorjustinianischen stricti juris judicium, Das — —. Von E. Stampe. Oktav. IV, 98 Seiten. 1886. 2.60

Corpus juris civilis, Taschenwörterbuch zum — —, den Institutionen des Gajus und anderen römischen Rechtsquellen. 4.—5. Auflage. Klein-Oktav. IV, 172 Seiten. 1923. (Schweitzer.) 3.—

Corpus iuris germanici antiqui. Ex optimis subsidiis collegit, edidit et lectionum varietatem adiecit F. Walter. III tomi. Oktav. 1824. cplt. 12.—
Tomus I. Legem Salicam, Ripuariorum, Alamannorum, Baiuvariorum, Burgundionum, Frisionum, Angliorum et Werinorum, Saxonum, edictum Theodorici leges Wisigothorum, et edicta regum Langobardorum continens. XVI, 838 Seiten.
Tomus II. Capitularia regum Francorum usque ad Ludovicum pium continens. VIII, 867 Seiten.
Tomus III. Capitularia regum Francorum et imperatorum post Ludovicum pium, veterum formularum collectionem amplissimam, capitula regum et imperatorum legibus Langobardum addita, et appendicem variorum monumentorum continens. VIII, 803 Seiten.

Deutsche Rechtsaltertümer in unserer heutigen deutschen Sprache. Von L. Günther. Oktav. VII, 160 Seiten. 1903. 2.50

Eid, Der — — bei den Semiten in seinem Verhältnis zu verwandten Erscheinungen, sowie die Stellung des Eides im Islam. Von J. Pedersen. Quart. VIII, 242 Seiten. 1914. (Studien zur Geschichte und Kultur des islamischen Orients. 3. Heft.) 12.60

Enteignung, Die Grenzen der — —. Ein Beitrag zur Entwicklungsgeschichte des Enteignungsinstituts und zur Auslegung des Art. 153 der Weimarer Verfassung, von Dr. O. Kirchheimer. Oktav. 63 Seiten. 1930. 4.—

Entwicklung der Kompensation im römischen Rechte, Über die — —. Von Dr. P. Kretschmar, a. o. Prof. a. d. Univers. Gießen. Oktav. 80 Seiten. 1907. 2.80

Enzyklopädie der Rechtswissenschaft in systematischer Bearbeitung. Begründet von Dr. F. v. Holtzendorf. Unter Mitwirkung von G. Anschütz, L. v. Bar, E. v. Beling, E. Blume, H. Brummer, G. Cohn, K. Crome, H. Dietz, F. Dochow, E. Dorner, K. Flesch, B. Freudenthal, J. Gerstmeyer, O. v. Gierke, P. Heilborn, E. Heymann, Fr. Hiller, L. Laß, O. Lenel, A. Osterrieth, E. Rabel, P. Schoen, J. Stranz, G. Strutz, U. Stutz, H. Trumpler, K. v. Unzner, F. Wachenfeld, M. Wolff. Herausgeg. von Dr. J. Kohler, o. Prof. der Rechte i. Berlin. 7., der Neubearbeitung 2. Aufl. 5 Bände. Quart. Cplt. geb. 85.— Bd. I: IV, 558 Seiten. 1915. Bd. II: 462 Seiten. 1914. Bd. III: 452 Seiten. 1913. Bd. IV: 551 Seiten. 1914. Bd. V: 588 Seiten. 1914. In Gemeinschaft mit Verlag Duncker & Humblot in München.

Erfüllung, Die — —. 1. Teil: Historische und dogmatische Grundlagen. Von Dr. P. Kretschmar, a. o. Prof. a. d. Univers. Gießen. Oktav. 168 Seiten. 1906. 5.40

L'étude du droit romain comparé aux autres droits de l'antiquité. Von J. Gilson, Docteur en droit. Oktav. 295 Seiten. 1899. 4.—

Excommunikation, Einfluß der — — und der Delicta mere ecclesiastica auf die Fähigkeit zum Erwerb und zur Ausübung des Patronatrechts. (Dissertation.) Von Dr. E. Jacobi, o. Prof. a. d. Univers. Münster/W. Oktav. VIII, 76 Seiten. 1908. 2.20

Festgabe für Rudolf Stammler zum 70. Geburtstag am 19. Februar 1926. Herausgeg. von E. Tatarin-Tarnheyden. Mit 1 Bildnis und 1 Tafel. Oktav. 1926. 28.—, geb. 32.—

Festschrift für Ernst-Heinrich Rosenfeld zu seinem 80. Geburtstag am 14. August 1949. Gr.-Oktav. 243 Seiten. 1949. 16.—

Festschrift für Wilhelm Sauer zu seinem 70. Geburtstag am 24. Juni 1949. Mit Bibliographie. Gr.-Oktav. 296 Seiten. 1949. 18.—

Festschrift der Universität Leipzig zur 500jährig. Jubelfeier gewidmet von der Juristischen Gesellschaft in Leipzig. Oktav. 243 Seiten. 1909. 6.50

Fiducia im römischen Privatrecht, Die — —. Eine rechtsgeschichtliche Untersuchung. Von Dr. jur. P. Oertmann. Oktav. 262 Seiten. 1890. 5.—

Funkentelegraphie im Recht, Die — —. Eine rechts- und verkehrsgeschichtl. Abhandlung. Von Thurn. Lex.-Oktav. 150 Seiten. 1913. (Schweitzer.) 5.—

Gaii institutionum commentarii quattuor. Ex membranis deleticiis Veronensis bibliothecae capitularis eruit J. F. L. Goeschen. Accedit veteris iurisconsulti de iure fisci fragmentum ex aliis eiusdem bibliothecae membranis transcriptum. Carolus Lachmannus ad schedas Goeschenii, Hollwegii, Blumii recognovit. Editio tertia. Cum tabulis aeri incicis. Oktav. LXXV, 512 Seiten. 1842. 3.—

Gaii iurisconsulti institutionum commentarius quartus sive de actionibus. Recensuit, restituere conatus est, adnotationem perpetuam librumque observationum adjecit A. G. Heffter. Quart. VIII, LXXIV, 121 Seiten. 1827. 2.—

Gaii et Justiniani institutiones iures romani. Recognoverunt annotationem adjecerunt coniunctasque ediderunt C. A. C. Klenze et E. Böcking. Quart. XV, 292 Seiten. 1829. 3.—

Gerichtsbuch der Stadt Cassel aus 1505 und 1506. Von A. Stölzel. Oktav. II, 56 Seiten. 1913. 2.50

Gesetzgebung, Rechtsprechung und Verwaltung. Eine Zusammenstellung der wichtigsten geltenden Gesetze, Verordnungen und Befehle, insbesondere für Groß-Berlin, sowie ein Streifzug durch die aktuellen Fragen der heutigen Zeit. Von L. Mohn, RA und Notar, Richter a. Landger. Berlin. Oktav. 208 Seiten. 1948. 9.—

Gestaltung der deutschen politischen Einheit, Die — —. Von Koellreutter. Oktav. 15 Seiten. 1934. (Schweitzer.) —.60

Gottesurteil und Folter. Eine Studie zur Dämonologie des Mittelalters und der neueren Zeit. Von Prof. Dr. H. Fehr, Bern. Mit 1 Tafel. Oktav. 24 Seiten. 1926. 2.50

Handwörterbuch der Rechtswissenschaft. Unter Mitberatung von E. Bumke, L. Busch, L. Ebermayer, F. Endemann, E. Heymann, O. Strecker, K. v. Unzner. Herausgeg. von Dr. jur. F. Stier-Somlo, o. Prof. a. d. Univers. Köln und Dr. jur. A. Elster, Berlin. 7 Bände. Oktav.
Bd. I: Abandon-Deichgüter. XV, 912 Seiten. 1926. 35.—
Bd. II: Deichverbände-Giroverkehr. XII, 960 Seiten. 1927. 37.80
Bd. III: Glaubensfreiheit-Luxemburg. XII, 1004 Seiten. 1928. 43.20
Bd. IV: Mädchenhandel-Reichsexekution. X, 798 Seiten. 1927. 35.—
Bd. V: Reichsgericht-Territorialprinzip. X, 885 Seiten. 1928. 37.80
Bd. VI: Testament-Zwischenstreit. Abkürzungen, Mitarbeiterverzeichnis, Sachregister zu Bd. I—VI. XIII, 1231 Seiten. 1929. 50.40
Bd. VII: (Ergänzungsband). A—Z und Sachregister. VIII, 688 Seiten. 1931. 33.30

Histoire de la législation des anciens Germains. Von G. A. Davoud-Oghlou, 2 tomes. Oktav. 1845. Cplt. 8.—
Tome I: Wisigoths, Baiuvariens, Alamanns, Burgundions, Franc-Saliens, Francs-Ripuaires. CVIII, 660 Seiten. Tome II: Langobards, Thuringiens, Frisrons, Saxons. IV, 799 Seiten.

Imperatoris Justiniani institutionum libri IV. Ad fidem antiquorum librorum edidit E. Schrader in operis societatem accedentibus Theoph. Luca Fr. Tafelio, Gualth. Frider. Clossio, Christ. Joh. C. Maiero. Editio stereotypa. Oktav. VI, 216 Seiten. 1874. 1.—

Instutionen des römischen Rechts. Ein Lehrbuch. Von Dr. R. Leonhard, o. ö. Prof. der Rechtswissensch. i. Marburg. Oktav. XIV, 572 Seiten. 11.—, geb. 14.—

Interpellationsrecht, Das — — im Rahmen der modernen Ministerverantwortlichkeit. Von Dr. J. Hatschek, o. Prof. der Rechte a. d. Univers. Göttingen. Eine rechtsvergleichende Studie. (Veröffentlicht für die Geschäftsordnungskommission des Reichstags auf Wunsch ihres Vorsitzenden.) Oktav. 164 Seiten. 1909. 2.20

Intertemporales Recht, Das — — e. Das Recht der zeitlich verschiedenen Rechtsordnungen. Oktav. Von F. Affolter.
Bd. I: Das Intertemporale Privatrecht. 2 Teile.
Teil 1: Geschichte des intertemporalen Privatrechts. XIV, 652 Seiten. 1902. 18.—
Teil 2: System des deutschen bürgerlichen Übergangsrechts. XIV, 468 Seiten. 1903. 14.—

Jugendrecht. Ein Lehrbuch zur Einführung. Von Prof. Dr. A. Wegner. Oktav. VIII, 219 Seiten. 1929. 5.40, geb. 6.75

Juristenlatein, Das — —. Versuch einer Charakteristik auf Grundlage der Digesten. Von W. Kalb, k. Studienlehrer a. Melanchthon-Gymnasium i. Nürnberg. 2. Aufl. Gr.-Oktav. 90 Seiten. 1888. (Schweitzer.) 1.80

Juristische Daten. Nach Rechtsgebieten — unter Beifügung eines besonderen biographischen Abschnitts — chronologisch zusammengestellt. Von A. M. v. Biberstein. 3., verb. u. verm. Aufl. Oktav. IV, 147 Seiten. 1901. (Schweitzer.) 1.80

Juristisches Studium, Die Reform des — —. Von Dr. H. B. Gerland, o. ö. Prof. a. d. Univers. Jena. Oktav. 160 Seiten. 1911. 3.—

Kleines Satzlexikon für Behörden. Deutsch-Englisch. Von D. Borchard. Oktav. 1949. (Cram, de Gruyter & Co. Hamburg.) 2.40

Kreditauftrag, Der — —. Eine Studie nach römischem und neuem bürgerlichen Recht. Von O. Foerster. Oktav. 216 Seiten. 1903. 5.60

Kritische Vierteljahresschrift für Gesetzgebung und Rechtswissenschaft. Herausgeg. von E. Mezger, K. Blomeyer, J. Heckel, A. Hueck, E. Riezler, M. San Nicolò, Ch. Frhr. v. Schwerin, Professoren d. Münchener Juristenfakultät. Gr.-Oktav. Ab 1912 neue Folge. Der Band zu je 4 Heften. Bd. 14—18 je 8.—; Bd. 19 10.—; Bd. 20 16.—; Bd. 21 24.—; Bd. 22 32.50; Bd. 23 27.—; Bd. 24 31.—; Bd. 25 29.—; Bd. 26—32 je 28.— (Schweitzer).

Lex Salica. Zum akademischen Gebrauch herausgeg. und erläutert von H. Geffcken. Oktav. XIV, 332 Seiten. 1898. 7.—

Longi temporis praescriptio im klassischen römischen Rechte, Die, — —. Von J. Partsch. Oktav. 180 Seiten. 1906. 7.—

Magdeburger Fragen, Die — —. Von I. Fr. Behrend. Oktav. L, 300 Seiten. 1865. 6.50

Menschlicher Körper und die Persönlichkeitsrechte. Der — —. Von H. Schreuer. Oktav. 40 Seiten. 1919. —.70

Monumenta legalia antiquitatis Romanae, ex libros iuris Romani sparsa, quae in aere, lapide, aliave materia, vel apud veteres auctores extraneos, partim integra, partim mutila, sed genuina, supersunt. Delectu, forma et variarum lectionum adnotatione usui expeditiori adcommodavit, tum notitiam historicoliterariam omnium, quotquot, exillo genere exstant, monomentorum, tam legalium, quam aliorum praemisit Chr. G. Haubold. Opus ex adversariis defuncti auctoris, quantum fieri potuit, restituit E. Spangenberg. Oktav. CXXXII, 299 Seiten. 1830. 3.—

Mythos vom Recht, Der — — und seine empirischen Grundlagen. Von RRat Dr. Th. Jaehner. Oktav. 219 Seiten. 1933. (Schweitzer.) 10.—

Novae constutiones audientiae contradictarum in curia Romana promulgatae a. d. 1375. Nunc primum edidit. Von J. Förstemann. Oktav. 56 Seiten. 1897. 1.50

Personalexekution im Recht der Papyri, Zur — —. (Habilitationsschrift.) Von H. Lewald. Oktav. 76 Seiten. 1910. 2.50

Persönlichkeit des herrenlosen Sklaven, Die — —. Ein Stück aus dem römischen Sklavenrecht. Von Fr. Affolter. Oktav. VIII, 223 Seiten. 1913. 8.—

Privatrecht, Grundzüge des deutschen — — s. Von Cl. Frhr. v. Schwerin. 2. Aufl. Oktav. XII, 342 Seiten. 1928. (Lehrbücher und Grundrisse der Rechtswissenschaft Bd. XIII.) Geb. 9.90

Privatrecht, Römisches — —. Von F. Endemann. Mit Anhang: Quellenstudien. Oktav. X, 256 u. 30 Seiten. 1925. (Lehrbücher und Grundrisse der Rechtswissenschaft Bd. XII.) Geb. 9.50

Prozeß Heinrichs des Löwen, Der — —. Kritische Untersuchungen von F. Güterbock. Oktav. X, 210 Seiten. 1909. 5.—

Rechtsbegriffe, Über — —. Von Prof. Dr. P. Eltzbacher. Oktav. X, 84 Seiten. 1900. 2.—

Rechtsbuch, Armenisches — —. Mit Unterstützung der Königl. Akademie der Wissenschaften in Berlin. 2 Bände. Quart. Zusammen 40.—
Bd. I: Sempadscher Kodex aus dem 13. Jahrhundert oder Mittelarmenisches Rechtsbuch. Nach der Venediger und der Etschmiadziner Version unter Zurückführung auf seine Quellen herausgeg. und übersetzt von J. Karst. Text und Übersetzung. XXXII, 223 Seiten. 1905.
Bd. II: Sempadscher Kodex aus dem 13. Jahrhundert in Verbindung mit dem großarmenischen Rechtsbuch des Mechithar Gosch (aus dem 12. Jahrhundert). Unter Berücksichtigung der jüngeren abgeleiteten Gesetzbücher erläutert von J. Karst. Kommentar. VII, 424 Seiten. 1905.

Rechtsgefühl, Das — —. Rechtspsychologische Betrachtungen. Von E. Riezler, Prof. a. d. Univers. Freiburg i. Br. Oktav. 164 Seiten. 1921. (Schweitzer.) 1.80

Rechtsgemeinschaft, Die regelmäßige — —. Von Dr. K. Engländer. 1. Teil: Grundlegung. Oktav. IV, 360 Seiten. 1914. 8.—

Rechtsgeschichte, Deutsche — —. Von Dr. H. Fehr, Prof. i. Bern. 4., verb. Aufl. Oktav. XI, 280 Seiten. 1948. (Lehrbücher und Grundrisse der Rechtswissenschaft Bd. X.) Geb. 15.—

Rechtsgeschichte, Lehrbuch der deutschen —. Von R. Schröder und E. Frhr. v. Künßberg. 8. Aufl. in Vorbereitung.

Rechtsgeschichte, Römische — —. Von O. Karlowa. 2 Bände. Oktav.
Bd. I: Staatsrecht und Rechtsquellen. VIII, 1031 Seiten. 1885. 26.—
Bd. II: Privatrecht und Civilprozeß. Strafrecht und Strafprozeß. 1. Teil: Privatrecht. VI, 1416 Seiten. 1901. 40.—

Rechtsphilosophie, Lehrbuch der — —. Von Prof. Dr. Coing. In Vorbereitung. (Lehrbücher und Grundrisse der Rechtswissenschaft Bd. XX.) ca. 18.—

Rechtsphilosophie, Lehrbuch der — —. Von D. Dr. R. Stammler, Prof. a. d. Univers. Berlin. 3., verm. Aufl. Oktav. XV, 396 Seiten. 1928. 13.—, geb. 15.—

Rechtsphilosophie, Leitfaden der — —. Von Coing. In Vorbereitung. (Leitfaden der Rechtswissenschaft.)

Rechtsschule zu Bologna, Die Anfänge der — —. Von Dr. H. Fitting, o. Prof. der Rechte zu Halle. Oktav. 129 Seiten. 1888. 3.—

Rechtsvergleichende Studien zur Gesetzgebung Hammurapis, Königs von Babylon. Von Dr. jur. P. Koschaker, Prof. d. Rechte zu Leipzig. Oktav. XVII, 244 Seiten. 1917. 9.—

Rechtswechsel, Der — — im öffentlichen Recht und seine Einwirkung auf gleichwertige öffentlich-rechtliche Normen. Von Reg. Rat Dr. H. Vervier. Gr.-Oktav. 197 Seiten. 1923. (Schweitzer.) 5.40

Rechtswissenschaft, Einführung in die — —. Von Dr. A. Wegner, o. ö. Prof. der Rechte a. d. Westfälischen Wilhelms-Universität. 2., erw. und verb. Aufl. Oktav. 344 Seiten. 1948. Geb. 18.—

Recht und Gewalt. Von E. Brodmann. Oktav. 114 Seiten. 1921. 3.—

Reichsgericht, Fünfzig Jahre — — am 1. Oktober 1929. Von Dr. A. Lobe, Sen. Präs. a. Reichsger. i. R. Unter Mitarbeit von Mitgliedern und Beamten des Reichsgerichts, der Reichsanwaltschaft und der Rechtsanwaltschaft am Reichsgericht. Mit 14 Bildnissen und 15 Abb. Quart. VIII, 436 Seiten. 1929. 20.—, geb. 24.—

Reichsgerichtspraxis im deutschen Rechtsleben, Die — —. Festgabe der juristischen Fakultäten zum 50jährigen Bestehen des Reichsgerichts (1. Oktober 1929) in 6 Bänden unter Mitwirkung von G. Anschütz, E. Heymann, Th. Kipp, W. Kisch, A. Schultze, H. Siber. Herausgeg. von O. Schreiber. Quart. 1929. Cplt. 110.—, geb. 134.—
Bd. I: Öffentliches Recht. IV, 301 u. 54 Seiten. 18.—, geb. 22.—
Bd. II: Zivil- und Handelsrecht. IV, 326 u. 54 Seiten. 19.—, geb. 23.—
Bd. III: Zivil- und Handelsrecht (Fortsetzung). IV, 383 u. 54 Seiten. 22.—, geb. 26.—
Bd. IV: Handels- und Wirtschaftsrecht. IV, 335 u. 54 Seiten. 20.—, geb. 24.—
Bd. V: Strafrecht und Strafprozeß. IV, 321 u. 54 Seiten. 19.—, geb. 23.—
Bd. VI: Zivilprozeßrecht. IV, 334 u. 54 Seiten. 20.—, geb. 24.—

Richter und Rechtsprechung. Von Dr. A. Düringer, Reichsger. Rat. Oktav. 92 Seiten. 1909. (Erweiterter Sonderabdr. aus: Festschrift der Juristischen Gesellschaft in Leipzig zur 500jähr. Jubelfeier der Univers. Leipzig.) 2.—

Römisches Institutionen-System, Das — —, sein Wesen und seine Geschichte. Einleitender Teil. Tatbestand, Rechtsverhältnisse und Rechtsordnung. Grundlagen eines allgemeinen Teils des Privatrechts. Von Fr. Affolter. Oktav. VI, 568 Seiten. 1897. 12.—

Savigny, Friedrich Karl von — —. Ein Beitrag zu seiner Würdigung. Von Dr. R. Stintzing. Oktav. 59 Seiten. 1862. 1.—

Schöffensprüche, Magdeburger — —. Im Auftrage und mit Unterstützung der Savigny-Stiftung herausgeg. und bearb. von V. Friese und E. Liesegang. Bd. I (Abt. 1—4): Die Magdeburger Schöffensprüche für Groß-Salze, Zerbst und Anhalt, Naumburg und aus dem Kodex Harzgerodanus. Oktav. X, 872 Seiten. 1901. 20.—

Schuldvertrag und Treugelöbnis des Sächsischen Rechts im Mittelalter. Ein Beitrag zur Grundauffassung der altdeutschen Obligation. Von P. Puntschart. Oktav. XVIII, 515 Seiten. 1896. 14.—

Seedarlehen des Altertums, Das — —. Von Dr. H. Sieveking, RA i. Hamburg. Oktav. 48 Seiten. 1893. 1.40

Staatsgedanken des Reichsfreiherrn Karl vom Stein. Von Dr. E. Frhr. v. Scheurl, Hochschul- und Univers. Prof. i. Nürnberg. Oktav. 19 Seiten. 1931. (Schweitzer.) 1.—

Staatsrecht der Zaiditen, Das — —. Von R. Strothmann. Quart. XI, 109 Seiten. 1912. 4.50

Stendaler Urteilsbuch aus dem vierzehnten Jahrhundert, Ein — —, als Beitrag zur Kenntnis des Magdeburger Rechts. Von I. Fr. Behrend. Oktav. XVI, 122 Seiten. 1868. 2.80

Strohal, Emil. Ein Nachruf. Von L. Wenger. Mit einem Portrait. Oktav. 39 Seiten. 1914. 1.—

Syrische Rechtsbücher. Herausgeg. und übersetzt von E. Sachau. Quart. — Bd. I: Leges Constantini Theodosii Leonis. Aus der römischen Handschrift. XXIV, 224 Seiten. 1907. 16.—

Bd. II: Richterliche Urteile des Patriarchen Chenânîschô. Gesetzbuch des Patriarchen Timotheos. Gesetzbuch des Patriarchen Jesubarnun. Aus der römischen Handschrift. XXXIV, 212 Seiten. 1908. 16.—
Bd. III: Corpus iuris des persischen Erzbischofes Jesubocht. Erbrecht oder Canones des persischen Erzbischofes Simeon. Eherecht des Patriarchen Mâr Abhâ. Aus der römischen Handschrift. XXXV, 385 Seiten. 1914. 25.—

Taschenwörterbuch der Rechts- und Geschäftssprache. Englisch-Deutsch, Deutsch-Englisch. Von D. v. Beseler. 2., durchges. und erw. Aufl. Oktav. 271 Seiten. 1947. Geb. 15.—

Theorie der Exceptionen nach klassischem römischem Recht, Die — —. Von Dr. jur. J. v. Koschembahr-Lyskowski. Bd. I. Heft 1: Der Begriff der exceptio. Oktav. XXIII, 173 Seiten. 1893. 6.—

Übersiebnen der schädlichen Leute in Süddeutschland, Das — —. Ein rechtshistorischer Beitrag und Nachtrag. Von Dr. H. Knapp, k. Reichsarchivrat i. Münster/W. Oktav. 88 Seiten. 1910. 2.—

Untersuchungen zur Geschichte der deutschen Stadtverfassung.
Bd. I: Das Burggrafenamt und die hohe Gerichtsbarkeit in den deutschen Bischofsstädten während des früheren Mittelalters. Von Dr. S. Rietschel, o. ö. Prof. a. d. Univers. Tübingen. Oktav. XII, 344 Seiten. 1905. 10.—

Unzüchtige und die Kunst, Das — —. Eine juristische Studie für Juristen und Nichtjuristen. Von Prof. D. Dr. J. Lazarus. Oktav. 168 Seiten. 1909. 3.50

Urkunden zur Geschichte des deutschen Privatrechts. Von Dr. H. Loersch, Priv. Doz. der Rechte a. d. Univers. Bonn und Dr. R. Schröder, o. ö. Prof. der Rechte a. d. Univers. Heidelberg. Für den Gebrauch bei Vorlesungen und Übungen herausgeg. 3., neubearb. Aufl. von R. Schröder und L. Perels. Oktav. XXXII, 250 Seiten. 1912. 6.50, geb. 8.—

Vergleich im Prozesse, Der — —. Eine dogmatisch-historische Untersuchung. Von Dr. P. Kretschmar, a. o. Prof. a. d. Univers. Gießen. Oktav. 102 Seiten. 1896. 3.—

Verhandlungen des Deutschen Juristentages. Herausgeg. von dem Schriftführer-Amt der ständigen Deputation. Oktav. Preise der einzelnen Bände des 1.—37. Juristentages, soweit noch vorhanden, auf Anfrage.

Vermächtnisse, Die sogenannten gesetzlichen — —. Eine erbrechtliche Studie auf Grundlage des römischen und österreichischen Privatrechts unter Berücksichtigung anderer bedeutender Kodifikationen. Von L. Schiffner. Oktav. X, 222 Seiten. 1895. 7.—

Verwirkung, Die — —. Ein Beitrag zur Lehre von den zeitlichen Schranken der Ausübung der subjektiven Rechte. Von St. Karakantas. Oktav. 82 Seiten. 1938. (Aus: Hamburger Rechtsstudien.) (Cram, de Gruyter & Co. Hamburg.) 4.—

Vocabularium iurisprudentiae Romanae iussi instituti Savigniani compositum. Quart.

Vol. I. Fasc. 1: (a-accipio). 1894. 15.—
— — 2: (accipio-amitto). 1898. 15.—
— — 3: (amitto-ceterum). 1899. 15.—
— — 4: (ceterum-cymbium). 1903. 15.—

Vol. II. Fasc. 1: (dactyliotjea-doceo). 1906. 15.—
— — 2: (doceo-ex). 1913. 15.—
— — 3: (ex-gutturosus). 1933. 18.—

Vol. III. Fasc. 1: (habeo-idem). 1910. 15.—
— — 2: (imperator-in). 1931. 15.—
— — 3: (inaedifico-ipse). 1937. 15.—

Vol. IV. Fasc. 1: (nam-numen). 1914. 15.—
— — 2: (numeratio-per [Praepositio]). 1936. 15.—

Vol. V. Fasc. 1: (R-sed). 1910. 15.—
— — 2: (sed-sors, sortis). 1917. 15.—
— — 3: (sortior-tantus). 1931. 15.—
— — 4: (tantus-veneo). 1938. 15.—
— — 5: (venerabilis-zythum). 1939. 17.—

Vorträge aus dem allgemeinen Staatsrecht. Separatabdruck aus den Annalen des Deutschen Reichs. Von M. v. Seydel. Gr.-Oktav. 96 Seiten. 1903. (Schweitzer.) 2.40

Westgothenrecht, Entstehung und Geschichte des — — s. Von A. Helfferich. Oktav. VIII, 475 Seiten. 1858. 6.—

Wirtschaft und Recht nach der materialistischen Geschichtsauffassung. Eine Sozialphilosophische Untersuchung. Von D. Dr. R. Stammler, Prof. a. d. Univers. Berlin. 5., durch einen Nachtrag erg. Aufl. Oktav. VIII, 706 Seiten. 1924. 14.—, geb. 16.—

Wirtschafts-Rechts-Wissenschaft und Wirtschafts-Hochschule. Von M. Rumpf, Mannheim. Oktav. 40 Seiten. 1920. 1.60

Zenten des Hochstifts Würzburg, Die — —. Ein Beitrag zur Geschichte des süddeutschen Gerichtswesens und Strafrechts. Mit Unterstützung der Savigny-Stiftung. Von Dr. H. Knapp, k. Reichsarchivrat. 2 Bände. Oktav.
Bd. I: Die Weistümer und Ordnungen der Würzburger Zenten. 1. Abt. Mit 2 Abb. XII, 708 Seiten. 2. Abt. Mit 1 Abb. IV, 696 Seiten. 1907. 45.—
Bd. II: Das Alt-Würzburger Gerichtswesen und Strafrecht. XI, 979 Seiten. 1907. 30.—

II. Bürgerliches Recht

1. Das Bürgerliche Gesetzbuch

Abhandlungen, Zivilrechtliche und prozeßrechtliche — —. Herausgeg. von Dr. W. Kisch, Prof. a. d. Univers. Straßburg. Oktav.
Heft 1: Das Sammelvermögen. Von Dr. jur. O. Fischbach. XII, 171 Seiten. 1907. 4.50
Heft 2: Das Imperium des Richters. Ein Versuch kasuistischer Darstellung nach dem englischen Rechtsleben im Jahre 1906/07. Nebst 2 Anhängen: Criminal appeal act 1907 und Probation of offenders act 1907. Von A. Mendelssohn-Bartholdy. X, 236 Seiten. 1908. 6.—, geb. 7.—
Heft 3: Streitbefangenheit und Rechtsnachfolge als Voraussetzungen der §§ 265 und 266 der Zivilprozeßordnung. Von Dr. jur. R. Schuman. VIII, 84 Seiten. 1910. 2.50
Heft 4: Die Schadenersatzansprüche bei Körperverletzung und Tötung im Zweikampf. Von Dr. F. Simon. XI, 73 Seiten. 1913. 2.—

Achilles-Greiff, Bürgerliches Gesetzbuch nebst Einführungsgesetz, Jugendwohlfahrtsgesetz, Schiffsrechtsgesetz, Ehegesetz, Testamentsgesetz. Mit Anmerkungen und Sachregister und mit Erläuterungen der Verordnung über das Erbbaurecht, des Gesetzes über die religiöse Kindererziehung sowie von Teilen des Familienrechtsänderungsgesetzes, der Familienrechtsangleichungsverordnung und des Verschollenheitsgesetzes. 19. Aufl. Herausgeg. von Dr. G. Beitzke, R. Frhr. v. Godin, Dr. J. Greiff, Dr. F. Oegg. Oktav. XVI, 1360 Seiten. Dünndruckpapier. 1949. (Guttentagsche Sammlung Nr. 38/39.) Geb. 36.—

Alimentationspflicht, Die — — der Ehegatten. Von Dr. jur. et rer. pol. Fr. Scheppler. Gr.-Oktav. 43 Seiten. 1909. (Schweitzer.) 1.60

Anfechtbarkeit der Verträge für das Vermögen eines Dritten, Die — —. Eine zivilrechtliche Abhandlung. Von Dr. R. Leonhard, o. ö. Prof. der Rechtswissenschaft i. Marburg. Oktav. 56 Seiten. 1892. 1.50

Ausführungsgesetz, Bayerisches — — zum Bürgerlichen Gesetzbuch. Mit den einschlägigen Verordnungen. Erledigt von LGDir. H. Steinert. Oktav. 216 Seiten. 1930. (Schweitzers braune Handausg.) Geb. 7.90

Beiträge zur Lehre von den Realgewerbegerechtigkeiten nach bayerischem Landeszivilrecht. Von Fr. Neuburger. Gr.-Oktav. VII, 30 Seiten. 1913. (Schweitzer.) 1.—

Blanketterklärung, Die — —. Ihre juristische Konstruktion und ihre Behandlung nach dem materiellen Recht und dem Prozeßrecht. Von Dr. J. Siegel. Oktav. VIII, 69 Seiten. 1908. (Schweitzer.) 1.80

BGB, Lexikon des — —. Von Dr. H. Kußmann, RA und Notar i. Frankfurt a. M. 203 Seiten. 1949. 10.—

Bürgerliches Gesetzbuch, Allgemeiner Teil des — —. Von Prof. Dr. jur. H. Lehmann, Köln. 6., verm. u. verb. Aufl. Oktav. XVI, 384 Seiten. 1949. (Lehrbücher und Grundrisse der Rechtswissenschaft Bd. I.) Geb. 20.—

Bürgerliches Gesetzbuch, Familienrecht. Von Prof. Dr. jur. H. Lehmann, Köln. 2., verm. u. verb. Aufl. Oktav. 311 Seiten. 1948. (Lehrbücher und Grundrisse der Rechtswissenschaft Bd. IV.) 15.—

Bürgerliches Gesetzbuch. Erstes Buch. **Allgemeiner Teil.** Von E. Kummerow, RA und Notar. Oktav. 76 Seiten. 1949. (Leitfaden der Rechtswissenschaft Bd. 1.) 3.—

Bürgerliches Gesetzbuch. Zweites Buch. **Das Recht der Schuldverhältnisse.** 1. Hälfte: Allgemeiner Teil. Von Dr. R. Lehmann, Berlin. Oktav. 110 Seiten. 1947. (Leitfaden der Rechtswissenschaft Bd. 2.) 4.—

Bürgerliches Gesetzbuch. Zweites Buch. **Das Recht der Schuldverhältnisse.** 2. Hälfte: Besonderer Teil. Von Dr. R. Lehmann, Berlin. Oktav. 204 Seiten. 1948. (Leitfaden der Rechtswissenschaft Bd. 3.) 6.—

Bürgerliches Gesetzbuch. Drittes Buch. **Sachenrecht.** Von E. Kummerow, RA und Notar. Oktav. 138 Seiten. 1948. (Leitfaden der Rechtswissenschaft Bd. 6.) 4.50

Bürgerliches Gesetzbuch. Viertes Buch. **Familienrecht.** Von E. Kummerow, RA und Notar. Oktav. 122 Seiten. 1947. (Leitfaden der Rechtswissenschaft Bd. 4.) 4.—

Bürgerliches Gesetzbuch. Fünftes Buch. **Erbrecht.** Von E. Kummerow, RA und Notar. Oktav. 93 Seiten. 1947. (Leitfaden der Rechtswissenschaft Bd. 5.) 4.—

Bürgerliches Gesetzbuch, Handkommentar zum — —. (Kleiner Staudinger.) Auf Grund von J. v. Staudingers Kommentar bearb. von OLGRat F. Keidel. 3. Aufl. Oktav. 1231 Seiten. 1931. (Schweitzer.) Geb. 18.90

Bürgerliches Gesetzbuch nebst Einführungsgesetz. Textausgabe mit ausführlichem Sachregister. 21. Aufl. Oktav. 890 Seiten. Nachdruck. 1949. (Guttentagsche Sammlung von Textausgaben ohne Anmerkungen mit Sachregister.) Geb. 6.50

Bürgerliches Recht, Einführung in das — —. Ein kurzes Lehrbuch nach neuem System und neuer Lehrmethode. Von E. Stampe. 1. Teil: Einleitung. Die Gegenstände (Rechtsobjekte). Die Unternehmen und ihre Vermögen (Umformung der Lehre von den „Rechtssubjekten"). Oktav. X, 180 Seiten. 1920. 4.—

Bürgerliches Recht, Praktikum des — — für Vorgerücktere zum akademischen Gebrauch und zum Selbststudium. Von D. Dr. R. Stammler, Prof. a. d. Univers. Berlin. 2., umgearb. Aufl. Mit Fig. Oktav. XVI, 240 Seiten. 1903. 4.50

Bürgerliches Recht, Übungen im — —. Eine Anleitung zur Lösung von Rechtsfällen an Hand von praktischen Beispielen. Von Dr. H. Berg, LGRat. 2. Aufl. in Vorbereitung.

Bürgerliches Recht, Übungen im — — für Anfänger zum akademischen Gebrauch und zum Selbststudium. Von D. Dr. R. Stammler, Prof. a. d. Univers. Berlin. 5., durchgearb. Aufl. Oktav. 227 Seiten. 1922. 4.50, geb. 6.—

Bürgerliches Recht, Zehn Lösungen aus dem — — der Bayerischen Staatsprüfungs-Aufgaben. Von LGDir. F. Gerlach. 1920—1926. Oktav. 92 Seiten. 1931. (Schweitzer.) 2.30
Texte der Aufgaben. Oktav. 44 Seiten. 1931. —.90

Clausula rebus sic stantibus, Die sogenannte — — im Bürgerlichen Gesetzbuch. Von Dr. L. Stahl. Gr.-Oktav. 88 Seiten. 1909. (Schweitzer.) 2.50

Ehegesetz vom 20. Februar 1946 mit Abdruck der noch in Kraft befindlichen Bestimmungen der Durchführungsverordnungen zum Ehegesetz vom 6. Juli 1938. Von R. Frhr. v. Godin, RA i. München und H. Frhr. v. Godin, RA i. München. Mit Erläuterungen der §§ 606—639 Zivilprozeßordnung von Reichsgerichtsrat Dr. Tölke. Oktav. Zweite Auflage. (Guttentagsche Sammlung Deutscher Reichsgesetze Nr. 230.) Im Druck.

Ehescheidungsrecht. Die Ehescheidungsgründe des Bürgerlichen Gesetzbuches durch die Rechtsprechung erläutert. Eine Sammlung grundlegender Entscheidungen des Reichsgerichts, der Oberlandesgerichte usw. Von Dr. jur. G. Tunica, weil. LGDir. 2., umgearb. und erg. Aufl. von Prof. Dr. jur. et Dr. oec. publ. E. Goldschmidt. Oktav. XXIII, 217 Seiten. 1926. 7.50, geb. 9.—

Ehevertrag, Der — —. Preisschrift. Von Dr. A. v. Baligand. Oktav. 161 Seiten. 1906. (Schweitzer.) 4.—

Eigentumsrecht, Das — —. Von Dr. V. Kruse, o. Prof. a. d. Univers. Kopenhagen. Aus dem Dänischen übersetzt von Dr. K. Larsen. 3 Bände. Oktav.
Bd. I: XXI, 881 Seiten. 1931. Geb. 25.—
Bd. II: XIII, 880 Seiten. 1935. Geb. 25.—
Bd. III: XIII, 757 Seiten. 1936. Geb. 25.—

Eigentumsvorbehalt, Der — —. Von RA Chr. Meisner. Gr.-Oktav. 82 Seiten. 1932. (Schweitzer.) **2.80**

Eigentumsvorbehalt beim Kauf, Der — —. (BGB. § 455). Von Dr. jur. R. Jaffé. (Dissertation.) Oktav. XI, 100 Seiten. 1910. 3.—

Einheitsmietsvertrag, Der Deutsche — —. Erläutert von RA Dr. A. Dahm. Oktav. 87 Seiten. 1937. (Stilkes Rechtsbibl. Nr. 156.) 2.—

Einrede aus dem fremden Rechtsverhältnis, Die — —. Eine Untersuchung auf dem Gebiete des gemeinen, sowie des deutschen und österreichischen bürgerlichen Rechts. Von Dr. A. Rappaport, k. k. Ger. Sekr. Oktav. 274 Seiten. 1904. 6.—

Erbenhaftung nach dem Bürgerlichen Gesetzbuch, Die — —. 2 Bände. Von S. Riesenfeld, RA i. Berlin. Oktav. 1916. Cplt. geb. 18.—
1. Band. Die Grundsätze der Haftung. XII, 461 Seiten. —
2. Band. Das Inventar und die Mittel der Haftpflichtsbeschränkung. VIII, 455 Seiten.

Erbenhaftung und Nachlaßkonkurs im neuen Reichsrecht. Von Dr. jur., Dr. rer. pol. h. c. E. Jaeger, Prof. der Rechte zu Leipzig. Oktav. 117 Seiten. 1898. 3.—

Erbrecht des Bürgerlichen Gesetzbuches. Von F. Endemann. 2. Aufl. bearb. von Prof. Dr. jur. H. Lehmann, Köln. In Vorbereitung. (Lehrbücher und Grundrisse der Rechtswissenschaft Bd. V.) ca. 5.—

Erklärungshaftung. Ein Beitrag zum System des bürgerliehen Rechtes. Von Dr. jur. H. Hildebrandt, Ger. Ass. Oktav. 311 Seiten. 1931. 18.—

Grundschuld in ihren Beziehungen zur persönlichen Forderung, Die — —. Von W. Weisbecker. Gr.-Oktav. 48 Seiten. 1922. (Schweitzer.) —.90

Grundstücksmiete. Von Dr. F. Kiefersauer. 7. Aufl. In Vorbereitung. (Schweitzers braune Handausgabe.) ca. 8.—

Grundstückverkehrsrecht. Ergänzungsheft. Von Dr. F. Kiefersauer. Lex.-Oktav. 59 Seiten. 1943. (Schweitzer.) 1.80

Haftpflichtgesetz. Erläutert. Von Fr. Seligsohn. 2. Aufl. Oktav. 360 Seiten. 1931. 12.—, geb. 13.50

Haftpflichtgesetz, Das Reichs — —. Kommentar von E. Böhmer, OLGRat b. OLand. Ger. i. Tübingen. 172 Seiten. 1950. ca. 15.—

Hypothekenbeschaffung für Wohn- und Geschäftshäuser. Handbuch für die Praxis der Grundstückswirtschaft. Von Dr. M. Friedländer, RA i. Berlin. Oktav. VIII, 151 Seiten. 1929. 6.—, geb. 7.50

Juristische Person, Die abhängige — —. Von Kronstein. Gr.-Oktav. VI, 140 Seiten. 1931. (Schweitzer.) 7.60

Kauf zur Probe, Der — —. Rechtsbegriff, Rechtsnatur, Rechtsfolgen. Von Dr. L. Levy, RA i. Potsdam. Oktav. 87 Seiten. 1915. 2.—

Lehre vom Mißverständnis, Die — —. Eine zivilrechtliche Untersuchung. Von H. Titze. Oktav. XI, 516 Seiten. 1910. 11.—

Miete, Gesetzliche — —. Reichsmietengesetz in der Fassung der Bekanntgabe vom 24. April 1936. Erläutert von RA Dr. A. Dahm. Oktav. 140 Seiten. 1936. (Stilkes Rechtsbibl. Nr. 153.) Geb. 4.50

Mietrechtslexikon. Von RA A. Dahm, Düsseldorf. Handbuch des ges. Miet- und Wohnrechts im Reich und Preußen. Oktav. Mit 2 Nachträgen. 131 Seiten. 1930. (Stilkes Rechtsbibl. Nr. 93.) Geb. 3.15

Mitschuldklage, zugleich ein Beitrag zur Lehre von der Rechtskraft und dem Einheitsgrundsatz in Scheidungs- und Anfechtungssachen. Von Dr. jur. H. Hildebrandt, Ger. Ass. Oktav. 80 Seiten. 1933. 4.50

Nachbarrecht, Das in Bayern geltende — —. Von RA Chr. Meisner. 3. Aufl. Gr.-Oktav. 606 Seiten. 1923. (Schweitzer.) Geb. 8.50

Notweg, Der — —. Seine Geschichte und seine Stellung im heutigen Recht. Von Dr. G. Buch, a. o. Prof. d. Rechte a. d. Univers. Breslau. Gr.-Oktav. 101 Seiten. 1919. (Schweitzer.) 3.60

Planck's Kommentar zum Bürgerlichen Gesetzbuch nebst Einführungsgesetz. Bisher herausgeg. von Dr. E. Strohal. Bearbeitet von E. Brodmann, L. Busch, J. Ebbecke, F. Flad, M. Greiff, K. Gunkel, P. Knoke, M. Landois, A. Lobe, Fr. Oegg, H. Siber, O. Strecker, K. v. Unzner. 4., neu bearb. Aufl. Oktav.

Bd. I. **Allgemeiner Teil** (§§ 1—240). In 2 Halbbänden. Cplt. LXV, 606 Seiten. 1913. 15.—, geb. 17.—

Bd. II. **Recht der Schuldverhältnisse.** 1. Halbbd.: Allgemeiner Teil (§§ 241—432). XVIII, 640 Seiten. 1914. 15.—, geb. 17.—

— —. 2. Halbbd.: Besonderer Teil (§§ 433—853). XII, 1924 Seiten. 1928. 49.—, geb. 52.—

Bd. IV. 1. Halbbd.: **Familienrecht** (1. Abschn. §§ 1297—1588). VII, 701 Seiten. 1928. 26.—, geb. 28.—

Bd. V. **Erbrecht** (§§ 1922—2385). XII, 1163 Seiten. 1930. 51.—, geb. 54.—

Bd. III. **Sachenrecht.** 1. Halbbd.: Einleitung und §§ 854—1112 und Verordnung über das Erbbaurecht. Bearb. von E. Brodmann und O. Strecker. 941 Seiten. 1936. 43.—, geb. 47.—

— —. 2. Halbbd.: §§ 1113—1296. VIII, 721 Seiten. 1938. 49.—, geb. 53.—

Bd. II. 2. Hälfte: Recht der Schuldverhältnisse (Besonderer Teil) XII, S. 641—1924. 1928. 49.—

Praxis der Vertretungsverträge, Die — —. Von Dr. Fr. Beermann. Gr.-Oktav. 56 Seiten. 1929. (Schweitzer.) 2.70

Recht des Bürgerlichen Gesetzbuches, Das — — in Einzeldarstellungen. Oktav.

Nr. 3: **Das persönliche Eherecht des BGB** für das Deutsche Reich. Von Dr. L. Jacobi. 2., verb. u. verm. Aufl. 122 Seiten. 1899. 2.—, geb. 2.75

Nr. 4: **Das Recht der einzelnen Schuldverhältnisse im BGB.** Eine Darstellung und Erläuterung der Hauptbestimmungen. Von F. Schollmeyer. 2., völlig neubearb. Aufl. 241 Seiten. 1904. 5.—, geb. 6.—

Nr. 6: **Die Reichsgrundbuchordnung** und ihre landesrechtlichen Ergänzungen. Eine Einführung in das Grundbuchwesen des Deutschen Reichs mit besonderer Berücksichtigung Preußens. Von Dr. P. Siméon. 2., neubearb. Aufl. 125 Seiten. 1901. 3.—, geb. 3.75

Nr. 7: **Die allgemeinen Vorschriften des BGB über Rechte an Grundstücken.** Von O. Strecker. 121 Seiten. 1898. 2.50, geb. 3.25

Nr. 8: **Die Deliktsobligationen im System des BGB.** Kritische und dogmatische Randbemerkungen. Von Dr. Fr. v. Liszt. VI, 114 Seiten. 1898. 2.80

Nr. 10: **Der allgemeine Teil des BGB** in seinem Einflusse auf die Fortentwicklung der Rechtswissenschaft. Von Dr. R. Leonhard. XVI, 537 Seiten. 1900. 10.—

Nr. 11: **Das internationale Privatrecht des BGB.** Dargestellt von Th. Niemeyer. VI, 222 Seiten. 1901. 4.50

Nr. 12: **Das Recht der beweglichen Sachen nach dem BGB.** Von H. Buhl. 130 Seiten. 1901. 3.—

Sachenrecht des Bürgerlichen Gesetzbuches. Von Prof. Dr. J. W. Hedemann, Berlin. 2. Aufl. i. Vorbereitung. (Lehrbücher und Grundrisse der Rechtswissenschaft Bd. III.)

Sachenrecht, Grundriß des — — s bei Schiffen und Schiffsbauwerken. Von H. Wolff. Gr.-Oktav. 103 Seiten. 1949. (Cram, de Gruyter & Co. Hamburg.) 4.—

Schiffe und Schiffsbauwerke, Gesetz über Rechte an eingetragenen — — n. Vom 15. November 1940 und Durchführungsverordnung vom 21. Dezember 1940. Oktav. 88 Seiten. 1941. (Guttentagsche Sammlung von Textausgaben ohne Anmerkungen mit Sachregister.) 1.—

Schuldbereinigungsgesetz vom 3. September 1940. Von Dr. W. Vogels, Ministerialdirigent i. Reichsjust. Ministerium. Oktav. 253 Seiten. 1940. (Guttentagsche Sammlung Deutscher Reichsgesetze Nr. 221.) 5.—

Schuldrecht des Bürgerlichen Gesetzbuches. Von Prof. Dr. J. W. Hedemann, Berlin. Oktav. XXX, 422 Seiten. 1949. (Lehrbücher und Grundrisse der Rechtswissenschaft Bd. II.) Geb. 18.—

Schuldrecht, Neubau des — — s. Ein Beitrag zur Reform des deutschen Rechts. Von Reg. Präs. a. D. W. Dörr. Gr.-Oktav. 68 Seiten. 1934. (Schweitzer.) 4.—

Schuld und Haftung im geltenden Recht. Von Dr. Claudius Frhr. v. Schwerin, München. Oktav. 43 Seiten. 1911. (Schweitzer.) 1.30

Staudingers Kommentar zum Bürgerlichen Gesetzbuch. Mit Einführungsgesetz. 10., neubearb. Aufl. Lex.-Oktav. (Schweitzer.) Bisher erschienen: Bd. I. Einleitung von LGRat Dr. Fr. Brändl; **Allgemeiner Teil,** erläutert von Prof. Dr. E. Riezler. XII, 1104 Seiten. 1936. In 4 Lieferungen. Cplt. 44.—, in Halbleder geb. 49.50

Bd. II. Teil 1: **Recht der Schuldverhältnisse.** Lfg. 1: Einleitung und §§ 241—242 von AGRat D. Dr. W. Weber. 442 Seiten. 1940. 22.—

— —. Lfg. 2: **Recht der Schuldverhältnisse,** §§ 243—245, erläutert von D. Dr. W. Weber. 124 Seiten. 1941. 6.—

Bd. II. Teil 2: **Schuldverhältnisse,** §§ 433—610, von Dr. K. Kober, RA Dr. Fr. Ostler, Dr. Fr. Kiefersauer. 885 Seiten. 1937. In 3 Lieferungen. Cplt. 37.—, in Halbleder geb. 42.50

Bd. II. Teil 3: **Einzelne Schuldverhältnisse.** Lfg. 1: **Dienstvertrag,** §§ 611 bis 630, von Prof. Dr. Nipperdey. 480 Seiten. 1939. 20.—

— —. Lfg. 2: **Werkvertrag,** §§ 631—657, erläutert von Dr. K. Kober. 175 Seiten. 1939. 7.50

— —. Lfg. 3: **Recht der Schuldverhältnisse,** §§ 657—661, erläutert von Dr. K. Kober, §§ 662—704, erläutert von Prof. Dr. H. Nipperdey, §§ 705 bis 709, erläutert von K. Geiler, 271 Seiten. 1941. 11.50

— —. Lfg. 4: **Recht der Schuldverhältnisse,** §§ 709—740, erläutert von K. Geiler. 181 Seiten. 1941. 8.—

— —. Lfg. 5: **Recht der Schuldverhältnisse,** Anhang zu §§ 705 ff., erläutert von Dr. K. Geiler, §§ 741—758, erläutert von Dr. K. Kober, §§ 759—778, erläutert von Dr. Fr. Brändl, §§ 779—811, erläutert von Dr. K. Kober, §§ 812—822, erläutert von O. Lechner. 518 Seiten. 1943. 22.—

Bd. III. **Sachenrecht,** erläutert von Dr. K. Kober. 2 Teile. VIII, 1671 Seiten. 1936. In 6 Lieferungen cplt. 66.30, in Halbleder geb. 77.30

Bd. V. Teil 1: **Erbrecht.** Lfg. 1: Einleitung und §§ 1922, erläutert von Prof. Dr. G. Boehmer. 292 Seiten. 1938. 12.—

— —. Lfg. 2: **Erbrecht,** §§ 1923—2031, erläutert von Prof. Dr. H. Lehmann. 287 Seiten. 1944. 12.—

Bd. V, Teil 2: Erbrecht. Lfg. 1: Dritter Abschnitt. **Testament.** Einleitung zum dritten Abschnitt von W. Vogels, §§ 2064—2196, erläutert von K. Seybold. VIII, 290 Seiten. 1942. 12.50

Bd. VI, **Einführungsgesetz,** von H. Gramm. VIII, 574 Seiten. 1939. In 2 Lieferungen cplt. 25.—, in Halbleder geb. 29.50

Weitere Lieferungen und Teile gelangen Ende 1949 und Anfang 1950 zur Ausgabe.

Lfg. 6—9, 23 z. Z. nicht greifbar.

Sukzessivlieferungsvertrag, Der — —. Von Dr. jur. A. Hueck, Ger. Ass. Gr.-Oktav. 204 Seiten. 1918. (Schweitzer.) 4.50

Testamente und Erbverträge, Gesetz über die Errichtung von — — n, vom 31. Juli 1938. Erläutert von Dr. W. Vogels, MinDirig. i. Reichsjust. Min. 4. Aufl. bearb. von Dr. K. Seybold, Notar i. Sulzbach-Rosenberg/Opf. Oktav. 318 Seiten. 1949. (Schweitzer, Verlag für Rechtswissenschaft vorm. Fr. Vahlen G. m. b. H., Berlin.) Halbleinen 15.—

Testamentsvollstrecker, Der — —. Rechte und Pflichten des Testamentsvollstreckers. Von Dr. K. Wegler, RA i. Nürnberg und Dr. J. Leopold, AGRat i. Leipzig. Oktav. IX, 59 Seiten. 1938. 2.—

Todesfälle, Sachliche Beweise bei der Klärung von — — n. Von B. Kenyeres. Mit 83 Abb. Oktav. V, 216 Seiten. 1935. Geb. 12.—

Unterhaltsanspruch der geschiedenen Ehegatten, Der — —. Von Dr. H. Furler, RA i. Pforzheim, Prof. a. d. Techn. Hochsch. Karlsruhe. Oktav. 164 Seiten. 1941. 6.—

Veräußerungsverbot des Bürgerlichen Gesetzbuchs, Das — —. Von Dr. L. Raape, Priv. Doz. a. d. Univers. Bonn. Oktav. XIV, 210 Seiten. 1908. 5.—

Vereine ohne Rechtsfähigkeit nach dem neuen Rechte. Von Dr. O. Gierke, Geh. Just. Rat, o. Prof. d. Rechte a. d. Univers. Berlin. 2., erg. Aufl. Gr.-Oktav. 52 Seiten. 1902. (Schweitzer.) 1.—

Verjährung und gesetzliche Befristung. Von Weiß. Oktav. 155 Seiten. 1905. (Schweitzer.) 3.20

Verschollenheit, die Todeserklärung und die Feststellung der Todeszeit, Gesetz über die — —, vom 4. Juli 1939 (RGBl. I S. 1186). Erläutert von E. Kummerow, RA und Notar. Oktav. 63 Seiten. 1949. (Guttentagsche Sammlung Deutscher Reichsgesetze Nr. 234.) 2.80

Verschuldungsprinzip — Verursachungsprinzip. Von G. Marton. Oktav. 53 Seiten. 1926. (Schweitzer.) 1.80

Vertragsverletzungen, Die positiven — —. Von H. Staub. In 2. Aufl. herausgeg. und erg. von RA E. Müller. Oktav. 66 Seiten. 1913. 2.—

Viehgewährschaftsrecht, Das — —. Von RA Chr. Meisner. 3. Aufl. Oktav. 301 Seiten. 1927. (Schweitzer.) 8.—

Viehkauf (Viehgewährschaft). Von Dr. H. Stölzle, Just. Rat i. Kempten. Neubearb. von Dr. M. Graminger, München. Mit Kaiserl. Verordnung vom 27. März 1899, betr. die Hauptmängel und Gewährfristen beim Viehhandel. Von Dr. E. Fröhner, Geh. Reg. Rat. 7. Aufl. Oktav. 471 Seiten. 1935. (Guttentagsche Sammlung Deutscher Reichsgesetze Nr. 50.) 10.—

Vorteilsanrechnung, Die — — beim Erfüllungsausspruch. Von L. Decker. Gr.-Oktav. 75 Seiten. 1907. (Schweitzer.) 1.60

2. Handelsrecht

(Schiffahrtsrecht, Genossenschaften, Bank und Börse, Verschiedenes.)

Abzahlungsgeschäfte, Das Reichsgesetz betreffend die — —. Vom 16. Mai 1894. Von Dr. K.-A. Crisolli unter Mitwirkung von J. Crisolli. 4., völlig umgearb. Aufl. des Werkes von Hoffmann-Wilke. Oktav. 413 Seiten. 1931. (Guttentagsche Sammlung Deutscher Reichsgesetze Nr. 34.) Geb. 7.20

Aktiengesellschaft, Das Recht der entstehenden — —. Von Dr. L. Homberger Gr.-Oktav. VI, 45 Seiten. 1907. (Schweitzer.) 1.50

Aktiengesellschaften, Die Umgestaltungen der Satzungen der — — nach dem neuen Aktienrecht. Von Dr. W. Schmidt, RA und Notar i. Berlin. Oktav. 197 Seiten. 1938. 5.40

Aktiengesellschaften und Kommanditgesellschaften auf Aktien, Gesetz über — — (Aktiengesetz) vom 30. Januar 1937. Erläutert von R. Frhr. v. Godin, RA und Notar i. München und Dr. H. Wilhelmi, RA und Notar i. Frankfurt a. M. 2. Aufl. in Vorbereitung. (Guttentagsche Sammlung Deutscher Reichsgesetze Nr. 205.)

Aktiengesetz, Das — —. Kommentar zum HGB, Buch 2, Abschn. 3/4. Mit Einführungsgesetz, Durchführungsverordnungen und Einführungsverordnungen für Österreich und die sudetendeutschen Gebiete. Von Vizepräs. C. Ritter und OLGRat J. Ritter. 2., völlig neubearb. Aufl. Lfg. 1: §§ 1—144. VIII, 464 Seiten. 1938. 16.—. Lfg. 2: §§ 145—304; Einf. Ges. zum AkG. §§ 1—32; Durchf. Verord. zum AkG §§ 1—40; 3. Durchf. Verord. zum AkG; Wortregister. Gr.-Oktav. 370 Seiten. 1939. 15.20. Nachtrag 1940. —.80. Ges. Umf. VIII, 834 Seiten. 1939. (Schweitzer.) Mit Nachtrag 32.—, geb. 34.—

Aktienstrafrecht. Kommentar zu den §§ 288—304 des Aktiengesetzes. Von E. Schmidt. Oktav. 50 Seiten. 1940. 3.—

Aktienwesen, Die Entwicklung des deutschen — — s im 19. Jahrhundert. Von Dr. K. Bösselmann. Oktav. XI, 204 Seiten. 1939. 7.—

Aktienwesen, Die Sanierung unseres — — s. Von E. Brodmann. Oktav. 46 Seiten. 1931. 3.—

Aktionärschutz, Über — — nach deutschem, englischem und französischem Recht. Von Dr. W. Böhm. Oktav. IX, 114 Seiten. 1910. (Schweitzer.) 2.70

Aufschlußpflicht, Die — — von Vorstand und Aufsichtsrat gegenüber der Generalversammlung nach deutschem Aktienrecht. Von Dr. A. Arnold. Gr.-Oktav. 80 Seiten. 1908. (Schweitzer.) 2.40

Aufsichtsrat der Aktiengesellschaft, Der — —. Eine Darstellung seiner Aufgaben, Rechte und Pflichten für die Praxis. Von Dr. jur. E. Tremblau. Oktav. VIII, 100 Seiten. 1917. Geb. 3.—

Bankdepotgesetz. Gesetz über die Verwahrung und Anschaffung von Wertpapieren vom 4. Febr. 1937. Erläutert von RA Dr. K. H. Riecke. Oktav. 92 Seiten. 1937. (Stilkes Rechtsbibl. Nr. 163.) Geb. 2.40

Bank- und Kreditgesetzgebung, Die deutsche — —. Zusammengestellt von Dr. jur. J. C. D. Zahn, RA i. Berlin. Oktav. XVI, 342 Seiten. 1937. (Guttentagsche Sammlung Deutscher Reichsgesetze Nr. 202.) Geb. 6.—

Binnenschiffahrts- und Flößereirecht. Erläuterungswerk bearbeitet von O. Vortisch, RA und Notar und Prof. Dr. O. Zschucke. Oktav. XIX, 922 Seiten. 1938. (Guttentagsche Sammlung Deutscher Reichsgesetze Nr. 36.) Geb. 15.—

Devisengesetzgebung, Die — —. Texte und Regelungen (nach dem Stande vom 10. Februar 1937.) Von Dr. jur. K. Urbanek, RA i. Berlin. Mit Verweisungen. Oktav. 199 Seiten. 1937. (Stilkes Rechtsbibl. Nr. 158.) Geb. 4.80

D-Markbilanzgesetz und die Umstellung von Schuldverhältnissen. Kommentar von Dr. H. v. Boehmer, RA b. d. OLand. Ger. i. Düsseldorf. Oktav. XII, 393 Seiten. 1949. 12.—

Dokumentenakkreditive. Einheitliche Richtlinien und Gebräuche für Dokumentenakkreditive. Drucksache Nr. 82 der Internationalen Handelskammer. Neudruck Mai 1948. Herausgeg. unter Mitarbeit von Dr. E. Trost, Berlin. Oktav. 36 Seiten. 1948. (Kommissionsverlag.) 1.—

Erwerbs- und Wirtschaftsgenossenschaften, Das Reichsgesetz, betreffend die — —. Kleiner Kommentar. Begonnen von L. Parisius und Dr. H. Crüger. 26. Aufl. von Dr. J. Lang und Dr. L. Weidmüller. In Vorbereitung. (Guttentagsche Sammlung Deutscher Reichsgesetze Nr. 29.)

Erwerbs- und Wirtschaftsgenossenschaften, Das Reichsgesetz betreffend die — —. Kommentar zum praktischen Gebrauch für Juristen, Genossenschaften und ihre Mitglieder. Von L. Parisius und H. Crüger. Bis zur 3. Aufl. herausgeg. von L. Parisius und H. Crüger, später von H. Crüger und A. Crecelius. 12., neubearb. Aufl. von F. Citron. Oktav. XV, 605 Seiten. 1932. 25.20, geb. 27.—

Gesellschaften mit beschränkter Haftung, Das Reichsgesetz, betreffend die — —. Begonnen von L. Parisius und Dr. H. Crüger. 20. Aufl. von Dr. W. Schmidt, RA und Notar. In Vorbereitung. (Guttentagsche Sammlung Deutscher Reichsgesetze Nr. 32.)

Gesellschaften mit beschränkter Haftung, Kommentar zum Gesetz, betreffend die — — (früher Staub-Hachenburg). Von M. Hachenburg. 5. Aufl., unter Mitarbeit von F. Bing und W. Schmidt. 2 Bände. Oktav. Bd. I: §§ 1—34. VI, 527 Seiten. 1926. Bd. II: §§ 35—84. 452 Seiten. 1927. Neue Auflage in Vorbereitung.

Güter als Seefracht, Gefährliche — —. Neue, durch Nachträge verm. Aufl. 1. Teil: Gesetzliche Vorschriften für die Seeverfrachtung gefährlicher Güter im Auszuge. 2. Teil: Technische Erläuterungen zu den Stoffen des Güterverzeichnisses der Seefrachtordnung unter besonderer Berücksichtigung ihrer Zusammensetzung und gefährlichen Eigenschaften nebst Beispielen aus Seeunfällen. Für Schiffsoffiziere insbesondere Ladungsoffiziere, Verlader und Verfrachter. Von Schmaltz. Oktav. IV, 152 u. 10 Seiten. 1925. 3.—

Handbuch für Baugenossenschaften. Von A. Scheidt, Unterstaatssekr. d. Preuß. Ministeriums f. Volkswohlfahrt. 2., umgearb. Aufl. Oktav. X, 548 Seiten. 1920. 12.—, geb. 13.50

Handelsgesetzbuch nebst Einführungsgesetz vom 10. Mai 1897. Textausgabe mit Sachregister. 16. Aufl. (Guttentagsche Sammlung von Textausgaben ohne Anmerkungen mit Sachregister.) Oktav. 156 Seiten. 1949. 2.80

Handelsgesetzbuch, Das — — mit Ausschluß des Seerechts. Erläutert von Vizepräs. C. Ritter. 2. Aufl. Gr.-Oktav. 914 Seiten. 1932. (Schweitzer.) 28.—, geb. 30.50

Handelsgesetzbuch, Kommentar zum — —. Von Mitgliedern des früheren Reichsgerichts. 2. Aufl. 4 Bde. In Vorbereitung. Je Band ca. 50.—

Handelsgesetzbuch (ohne Seerecht). Mit den ergänzenden Vorschriften des Bürgerlichen Gesetzbuches. Mit Erläuterungen von Dr. E. Heymann, Geh. Just. Rat, o. Prof. a. d. Univers. Berlin, unter Mitarbeit von H. W. Kötter, RA i. Berlin. 3., durchges. Aufl. der Neubearb. (20. Gesamtaufl.) von H. W. Kötter. In Vorbereitung. (Guttentagsche Sammlung Deutscher Reichsgesetze Nr. 4.) Geb. ca. 20.—

Handelsgesetzbuch und Wechselordnung, sowie Nebengesetze und Auszug aus dem Bürgerlichen Gesetzbuche. Von Just. Rat. R. Basch. Erläutert durch die Rechtsprechung des Reichsgerichts. Neubearb. von W. Basch, RA a. Kammerger. u. Notar i. Berlin. 10. Aufl. Oktav. VIII, 460 Seiten. 1931. (Schweitzer.) Geb. 4.50

Handelsrecht, Deutsches — —. Ein Handbuch für den praktischen Gebrauch mit Anmerkungen aus der Rechtsprechung. Von Dr. W. Heun, LGDir. i. Berlin. 2 Bände. 2. Aufl. Oktav. Gesamtumf. XXIV, 1728 Seiten. 1944. (Schweitzer.) Geb. 21.—

Handelsrecht und Schiffahrtsrecht. Von Dr. J. v. Gierke, o. Prof. der Rechte a. d. Georg-August Univers. Göttingen. 6., umgearb. Aufl. Oktav. XIII, 567 Seiten. 1949. Geb. 24.—

Handelsrichter, Leitfaden für — —. Von Dr. M. Isaac, RA und Notar i. Berlin. Oktav. 134 Seiten. 1932. 3.60

Nachindossament des protestierten Wechsel, Das — —. Von Th. Böhme. (Dissertation.) Oktav. IV, 66 Seiten. 1908. 2.—

Nutzungsrecht an Unternehmen und Unternehmensbeteiligungen. Von R. Frhr. v. Godin, RA i. München. Oktav. XII, 129 Seiten. 1949. 8.—

Offene Handelsgesellschaften, Das Recht der — —. Systematisch dargestellt. Von Dr. A. Hueck, Prof. der Rechte a. d. Univers. München. Gr.-Oktav. 309 Seiten. 1946. 18.—

Offene Handelsgesellschaften, Kommanditgesellschaften und stille Gesellschaften von der Errichtung bis zur Auflösung. Nebst Vertrags- und Anmeldeformularen und mit Berücksichtigung des Steuerrechts. Von A. Starke. Oktav. XIV, 167 Seiten. 1928. 5.—

Recht der großen Haverei, Das — —. Von Dr. Ph. Heck, Ger. Ass. u. Priv. Doz. a. d. Univers. Berlin. Lex.-Oktav. XXXV, 839 Seiten. 1889. (Schweitzer.) 18.—

Seerecht, Das öffentliche — —. Erläutert von J. Sebba. Oktav. XVI, 596 Seiten. 1932. (Guttentagsche Sammlung Deutscher Reichsgesetze Nr. 19.) Geb. 11.70

Steuerrecht und Handelsrecht, Die Zusammenhänge zwischen — — und ihre Entwicklung untersucht an dem Gewinn und an der Bewertung. Eine bilanzrechtliche und bilanskritische Darstellung mit praktischen Beispielen. Von Dr. jur. J. Hein. Oktav. IX, 280 Seiten. 1928. 10.—, geb. 12.—

Stimmrecht des Aktionärs, Das — —. Von Dr. J. Haselberger. Gr.-Oktav. VIII, 68 Seiten. 1906. (Schweitzer.) 2.—

Übermäßiger Gewinn im Sinne der Preissteigerungsverordnung vom 23. Juli 1915/23. März 1916. Von RA Dr. A. Rosenthal, Hamburg. Lex.-Oktav. 19 Seiten. 1917. (Schweitzer.) —.80

Verfügungsrecht beim Frachtgeschäft, Das — —, mit besonderer Berücksichtigung des Postfrachtgeschäfts. Von Dr. jur. P. Leutke, Postinsp. Oktav. 270 Seiten. 1905. 5.—

Veröffentlichungen der Vereinigung der Handelsrechtslehrer Deutscher Hochschulen. Oktav. Heft 1: Bericht über die erste Tagung der Vereinigung in Berlin am 7. und 8. März 1927. Mit Beiträgen von E. Heymann, H. Wüstendörfer, O. Schreiber, A. Nußbaum. 65 Seiten. 1928. 5.—

Wechselgesetz und Scheckgesetz mit Anmerkungen und den Texten der Nebengesetze. Von A. Esderts. Oktav. 224 Seiten. 1935. (Stilke.) Geb. 5.50

Wechselgesetz und Scheckgesetz mit Nebengesetzen. Erläutert von Dr. P. Schaefer, Amtsgerichtsrat. Taschenformat. VII, 292 Seiten. Zweite vermehrte Auflage. 1941. (Schweitzer.) 4.—

Wechselordnung, Staub's Kommentar zur — —. Fortgesetzt von J. Stranz und M. Stranz. 13. Aufl. völlig neubearb. für das Wechselgesetz vom 21. Juni 1933. Von M. Stranz und Martin Stranz. Oktav. XII, 835 Seiten. 1934. Geb. 24.—

Wertpapiere, Gesetz über die Verwahrung und Anschaffung von — — n (Depotgesetz) vom 4. Februar 1937. Nebst einem Anhang: Schrankfachvertrag und verschlossene Einlage. Erläutert von Dr. G. Opitz, RA. Oktav. XXXII, 704 Seiten. 1937. (Guttentagsche Sammlung Deutscher Reichsgesetze Nr. 203.) Geb. 14.—

Wertpapiere, Recht der — — (einschl. Wechsel- und Scheckrecht). Von Cl. Frhr. v. Schwerin. 3. Aufl. bearb. von Prof. Dr. W. Siebert, Göttingen. In Vorbereitung. (Lehrbücher und Grundrisse der Rechtswissenschaft Bd. VII.)

III. Grenzgebiete des Bürgerlichen Rechts

1. Privat- und Sozialversicherung

Angestelltenversicherungsgesetz in der Fassung des Ausbaugesetzes vom 21. Dezember 1937 nebst Ausführungsbestimmungen. Kommentar von Dr. F. Allendorf und Dr. F. Haueisen. Mit einem Geleitwort von A. Grießmeyer. Oktav. 511 Seiten. 1938. (Guttentagsche Sammlung Deutscher Reichsgesetze Nr. 214.) Geb. 12.—
Nachtrag. 10 Seiten. 1938. —.30

Angestelltenversicherungsgesetz. Von Ministerialrat G. Ziegler. (Sonderdruck aus: Sammlung in der Praxis oft angewandter Verwaltungsgesetze und Verordnungen.) Oktav. 68 Seiten. 1927. (Schweitzer.) 1.10

Assekuranz, Geschichte der — — und der hanseatischen Seeversicherungsbörsen Hamburg, Bremen, Lübeck. Von F. Plaß. Gr.-Oktav. XIII, 790 Seiten. 80 Abb. und 3 Seeversicherungspolicen in Fksm. 1902. (Cram, de Gruyter & Co. Hamburg.) 18.—

Aufsichtsamt für das Versicherungswesen Groß-Berlin. Veröffentlichungen. 1. Jahrgang. Heft 1. 1948. 6.—. 2. Jahrgang. Heft 1. 1949. 3.80. — —. Heft 2. 1949. 3.60. — —. Heft 3. 1949. 4.—. — —. Heft 4. 1949. 3.20. Erscheinungsweise: Nach Bedarf. Preis je nach Umfang. Als nach dem Kriege wiedererschienene Fortsetzung der:

Veröffentlichungen des Reichsaufsichtsamts für Privatversicherung. Quart. 1.—38. Jahrgang (1939). Einzelne cplte. Jahrgänge sind aus Restbeständen noch lieferbar. Auf Wunsch nähere Angaben.

Beaufsichtigung der privaten Versicherungsunternehmungen und Bausparkassen vom 6. Juni 1931, Gesetz über die — —. Von RA Dr. jur. H. Goltz. Oktav. 165 Seiten. 1931. (Stilkes Rechtsbibl. Nr. 122.) Geb. 4.—

Brandversicherungsgesetz. Von Ministerialrat G. Ziegler. (Sonderdruck aus: Sammlung in der Praxis oft angewandter Verwaltungsgesetze und Verordnungen.) Oktav. 23 Seiten. 1927. (Schweitzer.) —.70

Frachtversicherung, Die — —. Von W. Mohr. Oktav. 60 Seiten. 1927. (Cram, de Gruyter & Co. Hamburg.) 2.70

Haftung des Versicherers, Die — — für Güter aus deutschen Schiffen in italienischen und portugiesischen Häfen. Von R. Martin. Gr.-Oktav. 40 Seiten. 1918. (Cram, de Gruyter & Co. Hamburg.) 4.—

Handwerkerversorgungsgesetz. Das Gesetz über die Altersversorgung für das deutsche Handwerk (Handwerkerversorgungsgesetz) vom 21. Dezember 1938 nebst der Durchführungs- und Ergänzungsverordnung vom 13. Juli 1939, den wichtigsten Vorschriften des Angestelltenversicherungsgesetzes u. sonstiger ergänzender Gesetze u. Verordnungen. Eingehend erläutert von Dr. H. Haaß, Sen. Präs. i. Reichsversicherungsamt, und R. Glanzmann, RGRat. Oktav. 368 Seiten. 1939. (Guttentagsche Sammlung Deutscher Reichsgesetze Nr. 219.) Mit Nachtrag 1940. Geb. 10.50
Nachtrag einzeln. 1.50

Kundenversicherung, Die Grundzüge der — — (Generalversicherung der Speditions- und Lagergüter) mit einer Einleitung über das Interesse als Element der Sachversicherung. Von Dr. J. Weygand, RA i. Leipzig. Oktav. 162 Seiten. 1914. 4.—

Lebensversicherung zu Gunsten Dritter, insbesondere der Interessenkonflikt zwischen dem Begünstigten und den Gläubigern des Versicherungsnehmers. Von W. Schwarz. Oktav. VIII, 50 Seiten. 1914. 1.25

Leistung und Gegenleistung im Versicherungsvertrage. Eine Grundfrage des Privatversicherungsgesetzes. Von Dr. Fr. Haymann, o. ö. Prof. der Rechte a. d. Univers. Köln. Oktav. 103 Seiten. 1933. 6.—

Obergutachten über Unfallvergiftungen. Dem Reichs-Versicherungsamt und anderen Gerichten erstattet. Von Prof. Dr. L. Lewim. Oktav. VIII, 379 Seiten. 1912. 5.—

Pflichtversicherung für Kraftfahrzeughalter und Kraftfahrversicherungsbedingungen. Textausgabe mit Erläuterung der gesetzlichen Vorschriften und Versicherungsbedingungen sowie mit Sachregister. Von G. E. Fromm, Sen. Präs. i. Reichsaufsichtsamt f. Privatversicherung. Oktav. XV, 267 Seiten. 1941. (Guttentagsche Sammlung Deutscher Reichsgesetze Nr. 223.) 5.—

Privatversicherungsrecht, Handbuch des — — s. Von Prof. Dr. W. Kisch. Lex.-Oktav. (Schweitzer.) Bd. II: Die Lehre von der Versicherungsgefahr. XXII, 604 Seiten. 1920. In 4 Lieferungen cplt. 11.70

Reichsknappschaftsgesetz, Das — — in der Fassung der Bekanntmachung vom 1. Juli 1926 nebst Einführungsgesetz zum Gesetz vom 23. Juni 1927. Von Prof Dr. Ing. e. h. M. Reuß, Wirkl. Geh. OBergrat und Dr. F. Hense, OBergrat a. D. 2. Aufl. Mit Nachtrag 1931. Oktav. XVI, 640 u. 7 Seiten. 1927. (Guttentagsche Sammlung Deutscher Reichsgesetze Nr. 155.) Geb. 10.80

Reichsversicherungsordnung, Die — — nebst dem Einführungsgesetze, den wichtigsten Ausführungsvorschriften und den ergänzenden Gesetzen und Verordnungen. Neue Aufl. in Vorbereitung. (Guttentagsche Sammlung Deutscher Reichsgesetze Nr. 161.)

Seeversicherung, Besonderheiten der — —. Von K. Doernberger. Gr.-Oktav. 66 Seiten. 1911. (Schweitzer.) 1.80

Seeversicherung, Das Recht der — —. Ein Kommentar zu den allgemeinen Deutschen Seeversicherungsbedingungen. Von C. Ritter. Gr.-Oktav. 1494 Seiten. 1924. Anastatischer Neudruck 1943. 2 Bände. (Cram, de Gruyter & Co. Hamburg.) Geb. 98.—

Seeversicherungsbedingungen, Allgemeine Deutsche — —. 24. Taus. Oktav. 56 Seiten. 1939. 1.80
Englische Ausgabe: **General Rules of Marine Insurance** adopted by the German Underwriters. Translated by A. Sieveking. Oktav. 64 Seiten. 1920. 2.70

Verantwortlichkeit des Versicherungsnehmers für das Verhalten Dritter. Von Prof. Dr. H. Möller, Univers. Hamburg. Oktav. 105 Seiten. 1939. (Schriften der Akademie für deutsches Recht, Gruppe für Handels- u. Wirtschaftsrecht H. 3.) 6.—

Versicherungsbedingungen für Haftpflichtversicherung, Allgemeine — —. §§ 1—4: Der Versicherungsschutz. Erläutert von Dr. jur. H. Oberbach. Oktav. XII, 280 Seiten. 1938. (Guttentagsche Sammlung Deutscher Reichsgesetze Nr. 213.) Geb. 9.20
— —. Teil II: §§ 5—6: Der Versicherungsfall. §§ 7—12: Das Versicherungsverhältnis. Oktav. 368 Seiten. 1947. (Guttentagsche Sammlung Deutscher Reichsgesetze Nr. 213 a.) 20.—

Versicherungsstatistik über die unter Reichsaufsicht stehenden Unternehmungen. Herausgeg. vom Reichsaufsichtsamte für Privatversicherung. Quart. Für 1902—1938 sind noch Restbestände vorhanden. Auf Wunsch nähere Angaben.

Versicherungsunternehmungen, Gesetz über die privaten — —. Vom 12. Mai 1901. Von Dr. jur. h. c. H. Koenige, Sen. Präs. a. Reichsgericht i. R. 3., umgearb. Aufl. von H. Koenige und A. Petersen, OReg. Rat a. D. Oktav. 856 Seiten. 1927. (Guttentagsche Sammlung Deutscher Reichsgesetze Nr. 62.) Geb. 18.—

Versicherungsvertrag, Das Zustandekommen des — — es. Von H. Hagemann. Oktav. 67 Seiten. 1934. (Aus: Hamburger Rechtsstudien.) (Cram, de Gruyter & Co. Hamburg.) 4.—

Versicherungsvertrag, Reichsgesetz über den — —. Von E. Bruck und H. Möller. 8. Aufl. in Vorbereitung. (Guttentagsche Sammlung Deutscher Reichsgesetze Nr. 83.)

2. Arbeitsrecht

Akkordvertrag, Der — — und der Tarifvertrag. Eine Darstellung zweier Vertragsarten aus dem modernen Wirtschaftsleben. Von P. Wölbling, Mag. Rat. Oktav. XIII, 482 Seiten. 1908. 10.—, geb. 11.—

Arbeitsgerichtsgesetz. Kommentar. 2., völlig neubearb. Aufl. von H. Dèpene unter Mitwirkung von Th. Rolfing und E. Heinitz. Oktav. XIX, 861 Seiten. 1932. (Guttentagsche Sammlung Deutscher Reichsgesetze Nr. 168.) Geb. 15.—

Arbeitsrecht. Von Loppuch. In Vorbereitung. (Leitfaden der Rechtswissenschaft.)

Arbeitsrecht der Bühne, Das — —. Von RA Dr. B. Riepenhausen. Oktav. 236 Seiten. 1943. 9.—

Arbeitsvertragsrecht. Die arbeitsrechtlichen Vorschriften der allgemeinen Gesetze mit Erläuterungen aus der höchstrichterlichen Rechtsprechung des Reichsarbeitsgerichts und der Landesarbeitsgerichte von Reichsgerichtsrat i. R. Dr. Czolbe, und Staatsrat Wagemann †. Oktav. XII, 774 Seiten. 1934. (Stilke.) Geb. 15.—

Arbeitszeit in Bäckereien und Conditoreien, Gesetz über die — — vom 29. Juni 1936 nebst der amtlichen Begründung und der Durchführungsbestimmung erläutert von Dr. R. Schneider unter Mitwirkung von H. Wolkersdörfer, Sen. Präs. b. Kammerger. Oktav. 103 Seiten. 1936. (Guttentagsche Sammlung Deutscher Reichsgesetze Nr. 199.) 1.80

Arbeitszeitordnung vom 26. Juli 1934 nebst den amtlichen Erläuterungen, den Ausführungsbestimmungen und anderen arbeitszeitrechtlichen Verordnungen. Erläutert von Dr. R. Schneider unter Mitwirkung von H. Wolkersdörfer, Sen. Präs. b. Kammerger. Oktav. 442 Seiten. 1937. (Guttentagsche Sammlung Deutscher Reichsgesetze Nr. 201.) Geb. 8.—

3. Gewerberecht

Gaststättengesetz vom 28. April 1930 mit den Durchführungs- und Ausführungsverordnungen des Reiches und Preußens. Kommentar von W. Huyke. Neue Aufl. in Vorbereitung. (Guttentagsche Sammlung Deutscher Reichsgesetze Nr. 176.)

Gewerbeordnung für das Deutsche Reich nebst Gaststättengesetz, Kinderschutzgesetz und Hausarbeitsgesetz. Mit Einleitung von A. Elster. Neue Aufl. von G. Erdmann in Vorbereitung. (Guttentagsche Sammlung von Textausgaben ohne Anmerkungen mit Sachregister.)

Pfandleihrecht, Das deutsche — —. Kommentar zum preußischen Pfandleihgesetz unter Berücksichtigung der außerpreußischen Gesetze. Von G. Lenzen. Oktav. XXVI, 266 Seiten. 1929. 20.—

Recht der Reklame, Das — —. Von Dr. F. Wolff, RA und Notar zu Berlin und Dr. K.-A. Crisolli, Ger. Ass. zu Berlin. Oktav. XX; 403 u. 54 Seiten. 1929. 9.—, geb. 10.—

Rechtliche Stellung der Geheimmittel und ähnliche Arzneimittel, Die — —. Von Dr. W. Stader. Oktav. 116 Seiten. 1929. (Stilkes Rechtsbibl. Nr. 89.) Geb. 3.15

4. Geistig-gewerblicher Rechtsschutz

Behandlung der literarisch-musikalischen Werke nach geltendem Recht. Von C. Petzl. Oktav. 61 Seiten. 1911. (Schweitzer.) 1.40

Beiträge zum Patentrecht. Von W. Dunkhase, Geh. Reg. Rat. 6 Hefte. Oktav.
Heft 1: Die Patentfähige Erfindung und das Erfinderrecht unter besonderer Berücksichtigung des Unionsprioritätsrechts. 2. Aufl. 148 Seiten. 1913. 3.—
Heft 2: Die Neuheit der Erfindung nach Patent- und Gebrauchsmusterrecht. 53 Seiten. 1913. 1.50
Heft 3: Die Prüfung der Erfindung auf Patentfähigkeit. 49 Seiten. 1913. 1.50

Heft 4: Der Patentschutz. 97 Seiten. 1914. 3.—
Heft 5: Das Patenterteilungsverfahren und das Patentamt. 152 Seiten. 1914. 4.—
Heft 6: Nichtigkeitsverfahren, Zwangslizenz und Zurücknahme des Patents. 51 Seiten. 1914. 1.50

Berner Übereinkunft über Internationales Urheberrecht, Die — —. Von H. Dungs. Oktav. 75 Seiten. 1910. (Guttentagsche Sammlung Deutscher Reichsgesetze Nr. 95.) Geb. —.90

Eigenbild im Recht, Das — —. Von Dr. J. Kohler, o. Prof. a. d. Univers. Berlin. Oktav. 66 Seiten. 1903. 2.—

Filmgewerbe, Verträge im — —. Insbesondere die Filmpacht, die Filmlizenz und der Filmserienvertrag. Von O. Böhm. Oktav. VII, 79 Seiten. 1919. 2.50

Geheimnis und Erfindungsbesitz. Von Dr. J. L. Seligsohn, RA i. Berlin. Oktav. 147 Seiten. 1921. 3.—

Gesetz zum Schutz der Warenbezeichnungen. Von Dr. A. Seligsohn, Just. Rat. 3. Aufl., bearb. in Gemeinschaft mit M. Seligsohn, RA und Notar i. Berlin. Oktav. 416 Seiten. 1925. 15.—, geb. 16.50

Gutachten der fünf preußischen Sachverständigenkammern für Urheberrecht. Eine Auswahl, bearb. und herausgeg. von E. Wollenberg. Oktav. VIII, 210 Seiten. 1936. 5.—

Patent, Der einheitliche Schutzgegenstand des — — s. Prüfung, Umgrenzung und Auslegung der Erfindungstragweite nach dem neuen Patentgesetz. Von Dr. jur. S. von der Trenck, RA a. Kammergericht. Oktav. XII, 260 Seiten. 1936. 12.—, geb. 13.—

Patentanspruch, Der —. Von Dr. E. Müller, Patentanwalt i. Berlin. Oktav. 93 Seiten. 1925. 4.—

Patentgesetz nebst Ausführungsbestimmungen. Von R. Lutter, Geh. Reg. Rat, unter Mitwirkung von Dr. O. Emersleben und Dr. jur. A. Elster. 11. Aufl. in Vorbereitung. (Guttentagsche Sammlung Deutscher Reichsgesetze Nr. 22.)

Patentgesetz und Gesetz, betreffend den Schutz von Gebrauchsmustern. Erläutert. Von Dr. A. Seligsohn, Just. Rat. 7. Aufl. Mit Nachtrag. Oktav. VIII, 622 u. 8 Seiten. 1932. 22.50, geb. 24.30

Rechtsschutz, Gewerblicher — —. Von Lindenmaier. In Vorbereitung. (Leitfaden der Rechtswissenschaft.)

Rechtsstellung des Drehbuchautors, Die — —. Von Dr. jur. Chr. Andritzky. Oktav. IX, 80 Seiten. 1931. 3.50

Schutz des Urheberrechtes im deutschen Rundfunk, Der — —. Von Dr. jur., Dr. Ing. G. Reininger. Oktav. 87 Seiten. 1929. 4.—

Unlauterer Wettbewerb, Gesetz gegen den — — vom 7. Juni 1909. Kurzer Kommentar für Praxis und Studium. Von Elster. Neue Aufl. in Vorbereitung. (Guttentagsche Sammlung Deutscher Reichsgesetze Nr. 37.)

Urheber- und Erfinderrecht, Deutsches — —. Eine systematische Darstellung. 1. Abt. Allgemeiner Teil, Besonderer Teil: Urheberrecht an Schriftwerken und Tonwerken; Urheberrecht an Kunstwerken und Photographien; Geschmacksmusterrecht. Von E. Riezler, Prof. a. d. Univers. Freiburg i. Br. Gr.-Oktav. 506 Seiten. 1909. (Schweitzer.) 7.20

Urheber- und Erfinder-, Warenzeichen- und Wettbewerbsrecht. (Gewerblicher Rechtsschutz.) Von Dr. jur. A. Elster. 2., stark erweiterte und völlig umgearb. Aufl. (Mit Abdruck der Gesetzestexte.) Oktav. XII, 611 Seiten. 1928. (Lehrbücher und Grundrisse der Rechtswissenschaft Bd. VIII.) 16.20

Warenzeichengesetz vom 5. Mai 1936 nebst Pariser Verbandsübereinkunft und Madrider Abkommen, erläutert von Dr. R. Busse, Senatsrat im Reichspatentamt in Berlin. 2. Aufl. Oktav. 636 Seiten. 1939. (Stilkes Rechtsbibl. Nr. 40.) Geb. 14.—

Gewerbe- und Industrie-Kommentar (GIK). Unter besonderer Berücksichtigung der Rechtsprechung des Reichsgerichts herausgeg. von H. Koenige. Bd. III: **Warenzeichenrecht.** Kommentar von Dr. A. Hagens, Sen. Präs. Oktav. VIII, 580 Seiten. 1927. 22.—, geb. 24.—

IV. Zivilprozeß

(Freiwillige Gerichtsbarkeit, Grundbuchrecht, Konkursordnung, Zwangsvollstreckung und Kostengesetze)

Beschlagnahme von Lohn, Gehalt und Diensteinkommen, Das Recht der — —. Auf Grundlage des Reichsgesetzes vom 21. Juni 1869, der Verordnung über Lohnpfändung vom 25. Juni 1919 nebst Abänderungen und der Zivilprozeßordnung dargestellt von G. Meyer, Just. Rat, RA b. d. Landger. Berlin und Notar. Mit Nachtrag 1932. Oktav. 175 u. 3 Seiten. 1930. (Guttentagsche Sammlung Deutscher Reichsgesetze Nr. 55.) Geb. 4.—

Beweislastregeln, Die Anwendung der — — im Zivilprozeß und das qualifizierte Geständnis. Von Dr. K. Korsch. Oktav. X, 140 Seiten. 1911. 3.—

Einschränkungen der Aufrechnung und der Konfusion im Konkurs, Die — —. Von Dr. jur. H. Kunick, Ger. Refr. Oktav. 77 Seiten. 1926. 2.50

Freiwillige Gerichtsbarkeit. Von Dr. H. W. Müller, OLGRat i. Reichsjust. Ministerium. 1949. In Vorbereitung. (Leitfaden der Rechtswissenschaft Bd. 8.) ca. 4.—

Freiwillige Gerichtsbarkeit, Die Gesetze des Reiches und Preußens über die — —. Textausgabe mit Sachregister. 2. Aufl. Oktav. 115 Seiten. 1947. (Guttentagsche Sammlung von Textausgaben ohne Anmerkung und Sachregister.) 3.60

Freiwillige Gerichtsbarkeit, Die Gesetze des Reiches und Preußens über die — —. Von H. Jastrow †. 9. Aufl. in Bearbeitung. (Guttentagsche Sammlung Deutscher Reichsgesetze Nr. 46.)

Gebührenordnung für Rechtsanwälte, Die deutsche — —, nebst den landesgesetzlichen Gebühren der Rechtsanwälte. Herausgeg. von LGRat Dr. A. Friedländer u. RA Dr. M. Friedländer. 9., völlig neubearb. Aufl. des Kommentars von Walter-Joachim. Lex.-Oktav. 839 Seiten. 1932. (Schweitzer.) Geb. 32.—

Gebührenordnung für Rechtsanwälte, Tabellen zur — —, zur Reichskostenordnung in freiwilliger Gerichtsbarkeit, zum Gerichtskostengesetz und Umsatzsteuergesetz nebst ergänzenden Bestimmungen und Erläuterungen. Zusammengestellt von G. Quandt, RA i. Brandenburg a. H. 15. Aufl. Oktav. 42 Seiten. 1949. Geb. 6.—

Gerichtliche und Verwaltungs-Meteorologie. Das Wetter in der Rechtsprechung für Gerichte und Rechtsanwälte, Verwaltungen, Magistrate und Hausbesitzer, Berufsgenossenschaften und Versicherungsgesellschaften, für Gewerbe, Handel und Technik. Mit 438 Beispielen aus der Praxis. Von Prof. Dr. C. Kassner, Priv. Doz. a. d. Techn. Hochschule Berlin. Oktav. 208 Seiten. 1921. 4.—

Gerichtsentlastung und Güteverfahren im Krieg und Frieden. Von H. Cahn, RA i. Nürnberg. Oktav. 75 Seiten. 1916. 2.—

Gerichtskostengesetz, Deutsches — — nebst Gebührenordnungen für Gerichtsvollzieher und für Zeugen und Sachverständige in den neuesten Fassungen. Auf der Grundlage der Sydow-Busch'schen Textausg. neu bearb. in 11. Aufl. von Dr. L. Busch, RGRat i. R. und O. Krieg, LGDir. Mit Nachtrag. Oktav. XI, 433 u. 4 Seiten. 1928. (Guttentagsche Sammlung Deutscher Reichsgesetze Nr. 15.) Geb. 6.75

Gerichtskostengesetz, Kommentar zum — —. Von LGRat Dr. A. Friedländer u. RA Dr. M. Friedländer. Gr.-Oktav. XXXIII, 621 Seiten. 1928. (Schweitzer.) Geb. 26.50

Gerichtskostengesetz, Preußisches — — (neueste Fassung). Nach dem Tode des früheren Herausgebers Dr. P. Siméon erläutert von O. Lindemann, Geh. OJust. Rat. 8., völlig umgearb. Aufl. Oktav. 439 Seiten. 1928. (Guttentagsche Sammlung preußischer Gesetze Nr. 17.) Geb. 7.20

Gerichtsverfassung, Deutsche — — auf dem Gebiet der streitigen und freiwilligen Rechtspflege. Von W. Dittmann. Gr.-Oktav. 136 Seiten. (Cram, de Gruyter & Co. Hamburg.) 6.—

Gerichtsverfassungsgesetz mit Einführungsgesetz. Begonnen von Dr. R. Sydow. Neue Aufl. in Vorbereitung. (Guttentagsche Sammlung Deutscher Reichsgesetze Nr. 14.)

Gläubigeranfechtung außerhalb des Konkursverfahrens, Die — —. Erläuterungen des Anfechtungsgesetzes mit systematischer Einführung. 2., völlig neubearb. Aufl. von Dr. jur., Dr. rer. pol. h. c. E. Jaeger, Prof. der Rechte zu Leipzig. Gr.-Oktav. VIII, 387 Seiten. 1938. Geb. 23.—

Grundbuchordnung in der Fassung der Bekanntmachung vom 5. August 1935. Mit Anmerkungen und einer Zusammenstellung der Reichsausführungsbestimmungen und der wichtigsten in Reichs-, Zonen-, und Landes-Gesetzen, -Verordnungen und -Verfügungen enthaltenen Vorschriften über die Grundbuchverfassung und das Grundbuchverfahren. Von Dr. P. Thieme, Sen. Präs. i. Celle. 3., neubearb. Aufl. Oktav. 356 Seiten. 1949. Halbleinen 19.—

Mit Sonderanhang für: Groß-Berlin und die Länder der sowjetischen Besatzungszone. Von Dr. K. Schwarze. 22.—

— — das Land Bayern. Von F. Reichhelm. 20.50

— — das französisch und amerikanisch besetzte Gebiet Württembergs. Von Prof. Dr. Baur. 22.—

— — das Land Hessen. Von Dr. jur. H. Eise. 24.—

— — das Land Bremen. Von Dr. H. L. Schüter. 21.50
(Stilkes Rechtsbibl. Nr. 80.)

Grundbuchordnung für das Deutsche Reich nebst den Ausführungsbestimmungen. Kommentar von W. Hesse in Verbindung mit E. Saage und N. Fischer. Neue Aufl. in Vorbereitung. (Guttentagsche Sammlung Deutscher Reichsgesetze Nr. 42.)

Grundbuchordnung, Kommentar zur — — unter besonderer Berücksichtigung der in Preußen und Bayern weitergeltenden landesrechtlichen Bestimmungen. Von G. Meikel. 4., neubearb. Aufl. von RRat Dr. W. Imhof. Gr.-Oktav. 1310 Seiten. 1940. (Schweitzer.) Geb. 53.—. In Lieferungen: Lfg. 1: 3.60; Lfg. 2: 6.—; Lfg. 3: 6.—; Lfg. 4: 7.20; Lfg. 5: 7.20; Lfg. 6: 20.—; Einbanddecke: 1.50

Grundbuchrecht, Das materielle und formelle deutsche — — in seiner Beziehung zum Liegenschaftskatasterdienst unter besonderer Berücksichtigung der bayerischen und rheinpfälzischen Verhältnisse. Von D. H. Richter. In Vorbereitung.

Grundbuchrecht, Zehn Lösungen aus dem — — der Staatsprüfungsaufgaben seit 1919. Von OARichter Dr. W. Kriener. Oktav. 95 Seiten. 1930. (Schweitzer.) 2.70

Grundbuchrecht, Zehn weitere Lösungen aus dem — — der Staatsprüfungsaufgaben seit 1919. Von OARichter Dr. W. Kriener. Oktav. 117 Seiten. 1934. (Schweitzer.) 2.70

Hinterlegungsordnung, Die Reichs — — vom 10. März 1937. Bearb. von Amtmann M. Bree. Oktav. 163 Seiten. 1937. (Stilkes Rechtsbibl. Nr. 164.) Mit Nachtrag. 1939. Geb. 5.20

Justizbeitreibungsordnung und Einziehung von Vermögensstrafen. Erläutert von R. Witte, Bez. Revis. b. d. Amtsger. Berlin. Oktav. 204 Seiten. 1937. (Guttentagsche Sammlung Deutscher Reichsgesetze Nr. 209.) Geb. 3.80

Konkursgläubigerrecht, Die Feststellung des — — s. KO. § 146. Von E. Bley. (Dissertation.) Oktav. VIII, 107 Seiten. 1914. 3.50

Konkursordnung, Kommentar zur — — und den Einführungsgesetzen, mit einem Anhang, enthaltend das Anfechtungsgesetz, die Vergleichsordnung, Auszüge aus den Kostengesetzen, Ausführungsgesetze und Geschäftsordnungen. Von Dr. jur., Dr. rer. pol. h. c. E. Jaeger, Prof. der Rechte zu Leipzig. 6. u. 7., neubearb. Aufl. Quart. Bd. I: (KO. §§ 1—46.) XXVIII, 828 Seiten. 1931. 49.—. Bd. II: (KO. §§ 47—244, Einführungsgesetze, Richtlinien, Nachtrag und Sachregister.) Quart. XIX, 1037 Seiten. 1933/36. 46.—

Konkursordnung, Vergleichsordnung und Anfechtungsgesetz mit Erläuterungen. Auf der Grundlage der Sydow-Busch'schen Textausg. mit Anmerkungen. 17. Aufl. von Prof. Bley in Vorbereitung. (Guttentagsche Sammlung Deutscher Reichsgesetze Nr. 13.)

Konkursrecht, Lehrbuch des — — s. Von Dr. jur., Dr. rer. pol. h. c. E. Jaeger, Prof. der Rechte zu Leipzig. 8., erw. Aufl. des Grundrisses zur Vorlesung über Konkursrecht. Quart. 255 Seiten. 1932. Geb. 13.50

Konkursrecht und Vergleichsordnung. Von Dr. H. W. Müller, OLGRat i. Reichsjust. Ministerium. 1949. In Vorbereitung. (Leitfaden der Rechtswissenschaft Bd. 10.)

Konkursrichter, Handbuch für — —. Von Senatspräs. OLGRat J. Senst. 4. Aufl., nach dem Tode des Verfassers durchges. von Dr. A. W. Müller. Gr.-Oktav. 301 Seiten. 1928. (Schweitzer.) Geb. 12.60

Kostenfestsetzungsverfahren, Das — — und die deutsche Gebührenordnung für Rechtsanwälte nebst den landesgesetzlichen Vorschriften in Preußen, Bayern, Sachsen, Württemberg, Baden und Hessen. Mit Erläuterungen. 14. Aufl. des Willenbücherschen Werkes in Gemeinschaftsarbeiten von LGDir. F. Junge, LGRat K. Breuer, RA Dr. J. A. Graf Westarp, RA Dr. J. von der Heyde, RA Dr. W. Petersen. Gr.-Oktav. VIII, 575 Seiten und 14 Seiten Tabellen. 1944. (Schweitzer.) 16.50

Kostengesetz und Gebührenordnungen der Rechtspflege. Textausgabe mit Verweisungen, Gebührentabellen und Sachregister. Herausgeg. von R. Witte, Bez. Revis. b. d. Amtsger. Berlin. Oktav. VIII, 288 Seiten. 1937. (Guttentagsche Sammlung Deutscher Reichsgesetze Nr. 204.) Geb. 3.50
Nachtrag. 14 Seiten. 1938. —.30

Kostenordnung vom 25. November 1935. Von Reichsger. Rat G. Rusche. Oktav. 300 Seiten. 1936. (Stilkes Rechtsbibl. Nr. 150.) Geb. 10.—

Kostenrechnung, ABC der — —. Teil 1: Die Gerichtskosten in familienrechtlichen Angelegenheiten, in Nachlaß- und Teilungssachen. Von H. Meyer, Bez. Revis. i. München und K. Schlegel. Just. Amtm. i. Berlin. Oktav. 261 Seiten. 1942. (Schweitzer.) 6.—

Lehrausgaben deutscher Gesetze. Herausgeg. von Dr. O. Bühler, o. ö. Prof. a. d. Univers. Münster/W. Bd. II: **Die Zivilprozeßordnung.** Sachlich geordnet, mit systematischen Paragraphenüberschriften und ausführlichem Sachregister herausgeg. von L. Rosenberg. Mit Nachtrag 1932. Oktav. XI, 564 u. 20 Seiten. 1930. Geb. 8.—

Lehrbücher des deutschen Reichsrechtes. Guttentag'sche Sammlung. Oktav. Nr. 1: **Der Reichs-Civilprozeß.** Von H. Fitting. 12. u. 13., neu durchges. Aufl. Mit Nachtrag: Die Neuerungen der Novelle zur Civilprozeßordnung vom 1. Juni 1909. XVIII, 798 u. 53 Seiten. 1907. 5.—
Nr. 3: **Das Reichs-Konkursrecht und Konkursverfahren.** Von H. Fitting. 3., völlig neubearb. Aufl. XVI, 523 Seiten. 1904. 4.—

Lohnpfändung, Recht der — —. Dargestellt und erläutert von Dr. H. Rühling, LGRat. Oktav. 244 Seiten. 1938. (Guttentagsche Sammlung Deutscher Reichsgesetze Nr. 216.) Geb. 5.—

Mit Ergänzung: Das neue Lohnpfändungsrecht. 1941. 1.50

Offenbarungseid und Haft im Zivilprozeß. Kommentar von W. Huyke. Oktav. 173 Seiten. 1930. (Guttentagsche Sammlung Deutscher Reichsgesetze Nr. 177.) Geb. 3.60

Prozeßführung, Die — — der im ordentlichen gesetzlichen Güterstand lebenden Ehefrau. Von Dr. jur. et rer. pol. Fr. Scheppler. Oktav. 60 Seiten. 1909. (Schweitzer.) 1.30

Das Publikum im Verkehr mit dem Amtsgericht in Familien-, Erb-, Nachlaß- und Testamentsangelegenheiten, Zivilprozessen, Aufgebotsachen, Arresten und einstweiligen Verfügungen, Zwangsvollstreckungssachen. Dargestellt in etwa 180 erläuterten Musteranträgen. Von O. Scheiblich. 5. Aufl. Gr.-Oktav. 211 Seiten. 1937. (Schweitzer.) 3.50

Reichskassenordnung vom 6. August 1927 (RKO.), mit Erläuterungen von Geh. ORGRat Ministerialdirigent i. R. R. Schulze und Ministerialrat Dr. E. Wagner. Oktav. 666 Seiten. 1930. (Stilkes Rechtsbibl. Nr. 92.) Geb. 16.—

Reichskostenordnung. (Verordnung über die Kosten in Angelegenheiten der freiwilligen Gerichtsbarkeit und der Zwangsvollstreckung in das unbewegliche Vermögen.) Vom 25. November 1935. Erläutert von O. Lindemann, Geh. OPostrat. Oktav. 195 Seiten. 1936. (Guttentagsche Sammlung Deutscher Reichsgesetze Nr. 198.) Geb. 3.50

Reichszivilprozeßordnung, Die — — mit Gerichtsverfassungsgesetz und den wichtigsten Nebengesetzen. Herausgeg. von Dr. H. W. Müller. OLGRat. Textausg. 2., neubearb. Aufl. Oktav. LVI, 678 Seiten. 1949. (Schweitzer.) 12.—, geb. 13.50

Sachbericht und Gutachten. Eine Anleitung in Grundrißform. Von LGRat Dr. E. Keßler. 2., neubearb. Aufl. Gr.-Oktav. 91 Seiten. 1937. (Schweitzer.) 2.—

Sachbeweis, Der —. Von W. Polzer. Oktav. Mit zahlreichen Abbildungen. XV, 184 Seiten. 1938. (Schweitzer.) Geb. 6.40

Sachlegitimation, Die — —. Von Dr. K. Rosenthal, Hamburg. Von der rechts- und staatswissenschaftl. Fakultät d. Univers. Würzburg gekrönte Preisschrift. Gr.-Oktav. 82 Seiten. 1903. (Schweitzer.) 2.—

Schiedsrecht. (Recht des privaten Schiedsverfahrens.) Von Dr. Fr. Prager, München. Oktav. 188 Seiten. 1931. (Schweitzer.) 5.—

Schiedsverfahren nach dem deutschen Recht, Das — —. Ein Lehr- und Handbuch für Laien und Juristen. Von H. Teßmer, Syndikus. Oktav. XVI, 301 Seiten. 1915. 7.—

Staatsanwalt in Zivilsachen, Die Tätigkeit des — —. Erläutert von Dr. L. Leiß, Staatsanw. i. München. Lex.-Oktav. 146 Seiten. 1942. (Schweitzer.) 4.—

Unterlassungsklage. Eine Übersicht für den Praktiker. Von RA Dr. A. Rosenthal. Oktav. 1916. (Schweitzer.) 2.40

Vergleichsordnung vom 26. Februar 1935 mit Erläuterungen von O. Krieg, Sen. Präs. beim Kammergericht. Zugleich Nachtrag zu Sydow-Busch-Krieg, Konkursordnung (ersetzt die Seiten 573—767 der 16. Aufl.). 10., völlig neubearb. Aufl. Oktav. VIII, 319 Seiten. 1937. (Guttentagsche Sammlung Deutscher Reichsgesetze Nr. 13a.) Geb. 6.—

Wahrheitspflicht im Zivilprozeß, Die —. Ein Vortrag. Von Dr. H. Welzel, Prof. i. Göttingen. Oktav. 27 Seiten. 1935. 2.—

Wert des Streitgegenstandes in bürgerlichen Rechtsstreitigkeiten, Der — —. Von Just. Insp. Fr. X. Berger. Gr.-Oktav. 103 Seiten. 1935. (Schweitzer.) 2.60

Zivilprozesse für den Rechtsunterricht, insbesondere für die Referendarübungen. Von R. Schneider. Oktav. 119 Seiten. 1914. 2.40

Zivilprozeßordnung und Gerichtsverfassungsgesetz. Begonnen von R. Sydow. 21. Aufl. in Vorbereitung. (de Gruytersche Sammlung Deutscher Gesetze.)

Zivilprozeßrecht. Von Dr. H. W. Müller, OLGRat. 1949. In Vorbereitung. (Leitfaden der Rechtswissenschaft Bd. 7.) ca. 4.—

Zwangshypothek, Die — —. Forschungen zu ihrer Geschichte und Theorie. Von Dr. H. Schanz, o. Prof. a. d. Univers. Würzburg. Oktav. (Schweitzer.) 1. Heft: Die gerichtliche Hypothek des französischen Rechts in ihrer geschichtlichen Entwicklung und Verbreitung. 240 Seiten. 1910. (Schweitzer.) 5.80. 2. Heft: Die Zwangshypothek des deutschen Rechts in ihrer geschichtlichen Entwicklung und Verbreitung. 213 Seiten. 1933. 7.—

Zwangsversteigerung und Zwangsverwaltung vom 24. März 1897, Gesetz über die — —. Mit besonderer Berücksichtigung der bayerischen Ausführungsbestimmungen und mit Beispielen. Von Sen. Präs. A. Steiner. 5., neubearb. Aufl. Lex.-Oktav. 720 Seiten. 1935. (Schweitzer.) Geb. 33.—

Zwangsvollstreckung. Ein Lehrbuch. Von Dr. K. Blomeyer, o. Prof. i. Jena. Oktav. 187 Seiten. 1933. (Lehrbücher und Grundrisse der Rechtswissenschaft Bd. XV.) Geb. 4.50

Zwangsvollstreckung, Die Gesetzgebung, betreffend die — — in das unbewegliche Vermögen im Reiche und in Preußen. Von Dr. J. Krech und Dr. O. Fischer. Neue Aufl. in Bearbeitung. (Guttentagsche Sammlung Deutscher Reichsgesetze Nr. 43.)

Zwangsvollstreckung in Forderungen und andere Vermögensrechte. Von F. Schubert, Just. Insp. i. Freiberg i. Sa. 2., neubearb. Aufl. Oktav. 310 Seiten. 1938. Geb. 5.50
Nachtrag. 1941. —.50

Zwangsvollstreckung und Zwangsversteigerung. Von Dr. H. W. Müller, OLGRat. In Vorbereitung. (Leitfaden der Rechtswissenschaft Bd. 9.)

Zwischenurteile, Über den Einfluß der — — und des bedingten Endurteils auf nachfolgende Versäumnisurteile. Von Zeitlmann. Oktav. 88 Seiten. 1893. (Schweitzer.) 2.—

V. Strafrecht und Strafprozeß

(einschl. Kriminologie)

Abhandlungen des Kriminalistischen Instituts an der Universität Berlin. Vierte Folge. Oktav. Begründet von Dr. Fr. v. Liszt. Herausgeg. von Dr. W. Graf Gleispach und Dr. E. Kohlrausch, Professoren des Strafrechts an der Universität Berlin.
Bd. I, Heft 1: **Liberalismus und Strafrecht im 19. Jahrhundert** unter Zugrundelegung der Lehren Karl Georg v. Waechters. Von Dr. H. Dannenberg. VII, 66 Seiten. 1925. 3.—

— —, Heft 2: **Die systematische Bedeutung der adaequaten Kausalitätstheorie** für den Aufbau des Verbrechensbegriffs. Von Dr. H. Tarnowski, RA a. Kammergericht. X, 340 Seiten. 1927. 18.—

— —, Heft 3: **Der Verrat von Betriebsgeheimnissen** nach englischem und nordamerikanischem Recht. Von Dr. jur. L. Ehrlich. VII, 75 Seiten. 1930. 4.—

— —, Heft 4: **Die juristische Natur der falschen Beweisaussage.** Ein Beitrag zur Geschichte und Systematik der Eidesdelikte, zugleich zur Frage einer Beschränkung der Strafbarkeit auf erhebliche falsche Aussagen. Von Dr. St. Kuttner. VI, 76 Seiten. 1931. 6.—

Bd. II, Heft 1: **Kriminalpolitik und Strafrechtssystematik** unter besonderer Berücksichtigung des sowjetrussischen Rechts. Von Dr. W. Gallas. VII, 88 Seiten. 1931. 5.—

— —, Heft 2: **Das Bewußtsein der Rechtswidrigkeit,** entwickelt an der Lehre vom Hausfriedensbruch. Von Dr. W. Goldschmidt. IX, 51 Seiten. 1931. 4.—

— —, Heft 3: **Bewährungsfrist vor dem Urteil.** Von Dr. jur. Fr. Hoefer. 90 Seiten. 1931. 4.—
Bd. III, Heft 1: **Der moderne Täterbegriff und der deutsche Strafgesetzentwurf.** Von Dr. R. Lange, Ger. Ass. VI, 79 Seiten. 1935. 3.50

— —, Heft 2: **Schutz von Staat und Volk im englischen Recht.** Im Vergleich mit einer rechtsvergleichenden Untersuchung der Verratsverbrechen. Von Dr. E. Schinnerer. XII, 99 Seiten. 1935. 4.50

— —, Heft 3: **Beiträge zur Lehre vom Adhäsionsprozeß.** Von Dr. jur. habil. A. Schönke, Ger. Ass. i. Berlin. XIV, 179 Seiten. 1935. 6.50

— —, Heft 4: **Hegels Notstandslehre.** Von Dr. P. Bockelmann. VI, 69 Seiten. 1935. 3.—

Bd. IV, Heft 1: **Kriminalität in Stadt und Land.** Von Dr. H. Buchardt. 168 Seiten. 1936. 8.—

— —, Heft 2: **Täuschung und Rechtswidrigkeit beim Kreditbetrug.** Von Dr. P. Burchardt. VI, 59 Seiten. 1937. 3.—

— —, Heft 3: **Die Auswirkungen des wertbeziehenden Denken in der Strafrechtssystematik.** Von Dr. H. Mittasch. X, 153 Seiten. 1939. 6.—

Bd. V, Heft 1: **Die notwendige Teilnahme.** Von Dr. R. Lange, Prof. i. Jena. IV, 102 Seiten. 1940. 5.—

— —, Heft 2: **Probleme der Strafe der Brandmarkung im Lichte von rechtsvergleichenden Quellen.** Von Dr. jur. Y. Chen. 56 Seiten. 1948. 4.—

§ 193. Beleidigung und berechtigte Interessen. Eine Sammlung von 40 strafrechtlichen Fällen nach der Spruchpraxis des Bayer. ObLG. Von J. Kurz. Gr.-Oktav. 28 Seiten. 1909. (Schweitzer.) —.50

Blankettfälschung, Die — —. Ihre Stellung innerhalb der Urkundenfälschung. Zugleich ein Beitrag zur Strafrechtsreform. Von Dr. jur. F. Hahn, Reutlingen. Oktav. VII, 76 Seiten. 1910. 1.20

Bücherei, kleine kriminalistische, — —. Herausgeg. von Dr. jur. H. Schneickert. Oktav.

Bd. I: **Die strafrechtlichen Aufgaben der Polizei.** Für den Polizeiunterricht und die Polizeipraxis. Von Dr. jur. H. Schneickert. 182 Seiten. 1923. 2.—

Bd. II: **Beobachtungs- und Ermittlungspraxis im Polizei- und Detektivdienst.** Von L. Philipp. 181 Seiten. 1923. 2.—

Bd. III: **Falschspieler.** Formen und Technik des Spielbetruges nebst einem Anhange: Der Spielprofessor und sein angebliches sicheres System beim Spiele gegen eine öffentliche Roulettebank. Von H. v. Manteuffel. Oktav. 90 Seiten. 1923. 2.—

Bd. IV: **Kriminalistische Spurensicherung.** Sammlung dienstlicher Anweisungen und sachverständiger Ratschläge für den Dienstgebrauch und für Polizeischulen. Herausgeg. von Dr. jur. H. Schneickert. 3., verb. Aufl. Mit 2 Abb. 117 Seiten. 1944. 2.80

Bd. V: **Gerichtsärztliche Tatbestandsfeststellungen** im Dienste der Polizei. Ein Leitfaden für Polizei- und Kriminalbeamte. Von Dr. med. P. Rehfeldt, Pol. med. Rat in Köln. 133 Seiten. 1927. Geb. 3.50

Bd. VI: **Kriminologie.** Von Dr. G. Ledig, OLGRat i. Dresden. 96 Seiten. 1947. 3.—

Entwurf 1925, Der — —. Von Dr. H. B. Gerland, o. ö. Prof. a. d. Univers. Jena. Allgemeiner Teil. Kritische Bemerkungen. Oktav. 96 Seiten. 1925. 5.—

Erforschung des Sachverhalts strafbarer Handlungen, Die — —. Ein Leitfaden für Beamte der Staatsanwaltschaft und des Polizei- und Sicherheitsdienstes. Von Dr. H. Groß, o. ö. Prof. d. Strafrechts a. d. Univers. Graz. 7. Aufl., neubearb. von Reg. Rat Dr. K. Leibig. Mit zahlreichen Abb. im Text. Gr.-Oktav. VIII, 231 Seiten. 1938. (Schweitzer.) Geb. 5.60

Gefängnisarbeit, Die — —. Vortrag, gehalten am 26. Juli 1900. Von Dr. Fr. v. Liszt, o. Prof. der Rechte i. Berlin. Oktav. 20 Seiten. 1900. (Sammlung gemeinverständlicher Vorträge, herausgeg. von der Berliner Finkenschaft.) —.60

Gehirn und Veranlagung des Verbrechers. Beiträge zur Aufhebung der Todesstrafe und zur Einführung eines Verwahrgesetzes. Im Anschluß an die Besprechung interessanter Rechtsfälle. Von Prof. Dr. med. M. Flesch. Oktav. 151 Seiten. 1929. 8.—

Geldstrafengesetz, Das — — vom 6. Februar 1924 mit Begründung und Ausführungsbestimmungen. Von Dr. A. Hellwig, LGDir. i. Potsdam. 3. Aufl. Oktav. XII, 187 Seiten. 1924. (Schweitzer.) 5.40

Gesetz und Schuld im Strafrecht. Von Dr. L. v. Bar, o. Prof. der Rechte i. Göttingen. 3 Bände. Oktav.
Bd. I. Das Strafgesetz. XII, 272 Seiten. 1906. 4.—
Bd. II. Die Schuld nach dem Strafgesetze. XIX, 855 Seiten. 1907. 12.—
Bd. III. Die Befreiung von Schuld und Strafe durch das Strafgesetz. XXVII, 610 Seiten. 1909. 8.—

Handbuch der Kriminalistik. Von Prof. Dr. H. Groß, o. ö. Prof. d. Strafrechts a. d. Univers. Graz, neu bearb. und erg. von Prof. Dr. E. Seelig, Dir. d. Kriminal. Inst. d. Univers. Graz. 8. Aufl. des „Handbuchs für Untersuchungsrichter als System der Kriminalistik". Oktav. Bd. I: 443 Seiten. 1942. (Schweitzer.) 14.—, Bd. II, Lfg. 2: IV, 214 Seiten. 1944. 6.50. Weitere Lieferungen erscheinen Anfang 1950.

Handlungsbegriff in seiner Bedeutung für das Strafrechtssystem, Der — —. Zugleich ein Beitrag zur Lehre von der rechtswissenschaftlichen Systematik. Von Dr. G. Radbruch, Priv. Doz. a. d. Univers. Heidelberg. Oktav. 147 Seiten. 1903. 3.—

Handwörterbuch der Kriminologie und der anderen strafrechtlichen Hilfswissenschaften. Unter Mitberatung von C. Drucker, Graf W. Gleispach, C. Hafner, M. Hagemann, F. Hartung, E. Kohlrausch, Müller-Heß. Herausgeg. von Dr. jur. A. Elster, Berlin und H. Lingemann, LGDir. i. Köln. Bd. II: Kriminalroman — Zwangs- und Fürsorgeerziehung. Mit Gesamtregister für Bd. I und II. Quart. X, 1208 Seiten. 1936. 69.50, geb. 75.—

Irrtum und Schuldbegriff im Strafrecht. I. Teil. Von Dr. E. Kohlrausch, Prof. a. d. Univers. Berlin. Oktav. VIII, 188 Seiten. 1903. 4.50

Jugendgerichtsgesetz vom 16. Februar 1923. Von AGRat H. Francke. 2. Aufl. Oktav. 133 Seiten. 1926. (Schweitzer.) 4.—

Kriminalistik, Die Photographie in der — —. Eine Einführung in die photographischen Arbeitsmethoden der naturwissenschaftlichen Kriminaluntersuchung. Von Dr. jur., Dr.-Ing. H. Tetzner, RA a. Landger. Traunstein. Mit 51 Abb. Oktav. VIII, 152 Seiten. 1949. 10.—

Krise des Strafrechts, Die — — und ihre Überwindung im Staatsgedanken. Von W. Gallas. Berliner Antrittsvorlesung. Oktav. 18 Seiten. 1933. (Sonderabdruck aus der Zeitschrift für die gesamte Strafrechtswissenschaft, 53. Band.) 1.—

Lehrbuch der Kriminologie. Von W. Sauer, Prof. a. d. Univers. Münster. ca. 280 Seiten. 1949. In Vorbereitung. ca. 13.—

Lehrbuch des deutschen Strafrechts. Von Dr. Fr. v. Liszt, o. Prof. der Rechte i. Berlin. 27. Aufl. in Bearbeitung.

Mitteilungen der Internationalen Kriminalistischen Vereinigung. Bulletin de l'Union Internationale de Droit Pénal. Deutsch und französisch. (11. bis 21. Band im Auftrage des Gesamtvorstandes redigiert von E. Rosenfeld.) Oktav.

Bd. I: 207 Seiten. 1889. 4.—

Bd. II: IV, 236 Seiten. Mit Beilage: Erste Landesversammlung der Gruppe Deutsches Reich. Halle a. S., den 26. und 27. März 1890. (Beilageheft zu Band 10 der Zeitschrift für die gesamte Strafrechtswissenschaft.) 88 Seiten. 1891. 4.—

Bd. III: IV, 429 Seiten. (Mit Beilage: Erste Versammlung der schweizerischen Landesgruppe. Bern, den 15. Juni 1891. [Sonderabdr. aus: Zeitschrift für Schweizer Strafrecht, H. 3.] 42 Seiten. 1891.) 1892. 6.—

Bd. IV: (Deutsch) IV, 367 Seiten. 1894. 8.—. (Französisch) IV, 416 Seiten. 1894. 8.—

Bd. V: IV, 552 Seiten. 1896. 8.—

Bd. VI: V, 604 Seiten. (Mit Beilage: Vorentwurf zu einem Schweizerischen Strafgesetzbuch nach den Beschlüssen der Expertenkommission.) IX, 132 Seiten. 1897. 8.—

Bd. VII: IV, 285 Seiten. (Mit Beilage: Sammlung außerdeutscher Strafgesetzbücher Nr. 11. XXIII, 126 Seiten. 1898.) 1899. 8.—

Bd. VIII: IV, 421 Seiten. (Mit Beilage: Sammlung außerdeutscher Strafgesetzbücher Nr. 14. 53 Seiten. 1899.) 1900. 8.—

Bd. IX: IV, 408 Seiten. 1902. 8.—

Bd. X: IV, 658 Seiten. 1902. 8.—

Bd. XI: IV, 863 Seiten. (Mit 2 Beilagen: Sammlung außerdeutscher Strafgesetzbücher Nr. 18. VII, 88 Seiten. 1903. — Materialien zur Lehre von der verminderten Zurechnungsfähigkeit. Herausgeg. von A. Gottschalk. X, 123 Seiten. 1904.) 1904. 12.—

Bd. XII: IV, 503 Seiten. (Mit 3 Beilagen: Sammlung außerdeutscher Strafgesetzbücher Nr. 20. XVI, 95 Seiten. 1904 und Nr. 21. VIII, 74 Seiten. 1905. — Materialien zur Lehre von der Rehabilitation. Gesammelt und herausgeg. von E. Delaquis und J. Polec. XLVIII, 498 Seiten. 1905.) 1905. 12.—

Bd. XIII: IV, LII, 784 Seiten. (Mit Beilage: Sammlung außerdeutscher Strafgesetzbücher Nr. 22. 20 Seiten.) 1906. 12.—

Bd. XIV: LII, 702 Seiten. 1907. 12.—

Bd. XV: VI, 664 Seiten. (Mit Beilage: Sammlung außerdeutscher Strafgesetzbücher Nr. 25. 114 Seiten.) 1908. 12.—

Bd. XVI: IV, XXXVII, 534 Seiten. (Mit 2 Beilagen: Sammlung außerdeutscher Strafgesetzbücher Nr. 27. 106 Seiten. 1909 und Nr. 30. 104 Seiten. 1910.) 1909. 12.—

Bd. XVII: IV, 576 Seiten. 1910. 12.—

Bd. XVIII: IV, 650 Seiten. (Mit 2 Beilagen: Sammlung außerdeutscher Strafgesetzbücher Nr. 31. 45 Seiten und Nr. 33. 37 Seiten.) 1911. 12.—

Bd. XIX: IV, 702 Seiten. (Mit 4 Beilagen: Sammlung außerdeutscher Strafgesetzbücher Nr. 34. XIV, 107 Seiten, Nr. 35. 12 Seiten, Nr. 36. 100 Seiten und Nr. 37. 37 Seiten.) 1912. 12.—

Bd. XX: IV, LII, 584 Seiten. (Mit 5 Beilagen: Sammlung außerdeutscher Strafgesetzbücher Nr. 38. 109 Seiten, Nr. 39. 188 Seiten, Nr. 40. 165 Seiten, Nr. 41. 43 Seiten und Nr. 42. 184 Seiten.) 1913. 12.—

Bd. XXI: VI, 710 Seiten. (Mit Beilage: Sammlung außerdeutscher Strafgesetzbücher Nr. 43. 46 Seiten.) 1914. 12.—

Bd. XXII: Enthält nur Heft 3 (als Beiheft zur Zeitschrift für Strafrechtswissenschaft Bd. 43, H. 4): 18. Tagung der deutschen Landesgruppe. 1924. 3.—; und Heft 4: 19. Tagung der deutschen Landesgruppe. 1924. 8.—

Hauptregister zu Bd. I—XII. 125 Seiten. 1905. 2.50

Mitteilungen der Internationalen Kriminalistischen Vereinigung. Neue Folge. Oktav.

Bd. I: 20. Tagung der deutschen Landesgruppe gemeinsam mit der Österreichischen Kriminalistischen Vereinigung zu Innsbruck vom 10.—12. September 1925. Im Auftrage des Vorstandes herausgeg. von E. M. Foltin. 256 Seiten. 1926. 14.—

Bd. II: 21. Tagung der deutschen Landesgruppe zu Bonn vom 9.—11. September 1926. Im Auftrage des Vorstandes herausgeg. von E. M. Foltin. 226 Seiten. 1927. 12.—

Bd. III: 22. Tagung der deutschen Landesgruppe zu Karlsruhe vom 11.—13. September 1927. XXIII, 224 Seiten. 1928. 13.—

Bd. IV: 23. Tagung der deutschen Landesgruppe zu Breslau am 24. u. 25. Mai 1929. XXIII, 211 Seiten. 1930. 7.—

Bd. V: 24. Tagung der deutschen Landesgruppe zu Essen am 28. u. 29. Mai 1931. XIII, 210 Seiten. 1931. 9.—

Bd. VI: 25. Tagung der deutschen Landesgruppe zu Frankfurt a. M. am 12. u. 13. September 1932. 219 Seiten. 1933. 8.—

Münzverbrechen und ihre Bekämpfung. Von RegRat Tartaruga, Ob. Pol. Rat. a. D. Lex.-Oktav. 53 Seiten. 1926. (Schweitzer.) 1.40

Nebenklage des Reichsstrafprozesses, Die — —. Ein Beitrag zu der Lehre von den Rechten des Verletzten im Strafverfahren. Von E. H. Rosenfeld. Oktav. VI, 212 Seiten. 1900. 4.—

Polizeihund als Gehilfe der Strafrechtsorgane, Der — —. Ein Hilfsbuch für Staaatsanwälte, Untersuchungsrichter, Verteidiger, Polizeibehörden usw. Von Dr. Th. Zell. Mit Abb. der gebräuchlichsten Polizeihunde. Oktav. 164 Seiten. 1909. 2.—

Reichsstrafprozeßrecht, Deutsches — — mit Einschluß des Strafgerichtsverfassungsrechts. Von E. Beling. Oktav. 568 Seiten. 1928. (Lehrbücher und Grundrisse der Rechtswissenschaft Bd. XVII.) 13.50

Sammlung außerdeutscher Strafgesetzbücher in deutscher Übersetzung. Herausgeg. von den Schriftleitungen der Zeitschrift für die gesamte Strafrechtswissenschaft und der Mitteilungen der Internationalen Kriminalistischen Vereinigung. Oktav.

Nr. 7: Das Strafgesetzbuch für das Großfürstentum Finnland vom 19. Dezember 1889 nebst Verordnung über die Strafvollstreckung. Übersetzt von J. Oehgvist. 85 Seiten. 1891. 2.—

Nr. 8: Das Mexikanische Strafgesetzbuch vom 7. Dezember 1871, gültig für den Bundesdistrikt und das Territorium Nieder-Kalifornien bezüglich der gemeinen Vergehen und für die ganze Republik bezüglich der Vergehen gegen den Bund. 188 Seiten. 1894. 3.50

Nr. 11: Entwurf eines allgemeinen Bürgerlichen Gesetzbuches für das Königreich Norwegen. Übersetzt von E. Rosenfeld und A. Urbye. XXIII, 126 Seiten. 1898. 4.—

Nr. 12: Das bulgarische Strafgesetzbuch vom 2. Februar 1896. 76 Seiten. 1897. 2.50

Nr. 14: Vorentwurf zu einem Strafgesetzbuch für das Kaiserlich japanische Reich. Übersetzt von A. Okada. 53 Seiten. 1899. 1.50

Nr. 15: Strafgesetzbuch der Republik Chile. Amtl. Ausg. Übersetzt von A. Hartwig. VIII, 109 Seiten. 1900. 3.—

Nr. 16: Allgemeines Bürgerliches Strafgesetzbuch für das Königreich Dänemark vom 10. Februar 1866 sowie Gesetz, betreffend die Behandlung einiger im allgemeinen bürgerlichen Strafgesetzbuch behandelter Verbrechen und Gesetz über Gewalt gegen schuldlose Personen vom 11. Mai 1897. Übersetzt von H. Bittl. 60 Seiten. 1901. 1.60

Nr. 17: Die bulgarische Strafprozeßordnung vom 3. April 1897. Übersetzt von A. Teichmann. 86 Seiten. 1902. 2.25

Nr. 18: Die norwegische Strafgesetzgebung des Jahres 1902. 1. Militärstrafgesetzbuch vom 22. Mai 1902. 2. Gesetz über das gerichtliche Verfahren in Militärstrafsachen vom 22. Mai 1902. 3. Gesetz vom 22. Mai 1902, enthaltend Änderungen im Gesetz über das gerichtliche Verfahren in Strafsachen vom 1. Juli 1887 (samt den seitherigen Änderungen). Übersetzt von A. Teichmann. 88 Seiten. 1903. 2.50

Nr. 19: Das Portugiesische Strafgesetzbuch. Übersetzt von F. Zander. XII, 120 Seiten. 1903. 3.—

Nr. 21: Die Ottomanische Strafprozeßordnung, veröffentlicht auf Jrade vom 5. Redscheb 1296 (25. Juni 1879). Übersetzt von W. Padel. VIII, 74 Seiten. 1905. 2.50

Nr. 22: Dänemark. 1. Interimistisches Gesetz Nr. 129 vom 1. April 1905 betr. Änderungen der Strafgesetze (Prügelgesetz). 2. Verordnung betr. Körperstrafe und Vollziehung. 3. Bekanntmachung Nr. 140 vom 6. September 1915 betr. die Durchführung der im interimistischen Gesetze vom 1. April enthaltenen Bestimmungen, daß Gefängnisstrafe bei gewöhnlicher Kost mit Arbeitszwang verbunden ist. 20 Seiten. 1906. —.60

Nr. 23: Strafgesetzbuch für das Kaiserlich japanische Reich vom 23. April 1907. Übersetzt von S. Oba. 47 Seiten. 1908. 1.50

Nr. 26: Spanisches Strafgesetzbuch. Vom 17. Juni 1870. Übersetzt von A. Hartwig. XIII, 127 Seiten. 1909. 3.—

Nr. 27: Neueste englische Kriminalpolitik. 1. Children Act, 1908. 2. Prevention of Crime Act, 1908. 3. Probation of Offenders Act, 1907. Übersetzt von E. Rosenfeld. 106 Seiten. 1909. 2.—

Nr. 31: Japanisches Militärstrafgesetzbuch vom 9. April 1908. Japanische Militärstrafgerichtsordnung vom 19. Oktober 1898. Übersetzt von R. Fujisawa. 45 Seiten. 1911. 1.20

Nr. 32: Vorentwurf zu einem Strafgesetzbuch für das Königreich Serbien. Nach der amtlichen Ausgabe übersetzt und herausgeg. von Z. Topalovits und H. Landsberg. 83 Seiten. 1911. 2.—

Nr. 33: Das Alkoholgesetz in Chile vom 18. Januar 1902. Übersetzt von A. Hartwig. 37 Seiten. 1912. 1.—

Nr. 34: Das Türkische Strafgesetzbuch vom 28. Zilhidje 1274 (9. August 1858) mit Novelle vom 6. Djemazi-ül-achyr 1329 (1. April 1911) und den wichtigsten Strafnebengesetzen. Übersetzt mit Einleitung und Anmerkungen von E. Nord. XIV, 107 Seiten. 1912. 3.50

Nr. 35: Englisches Spionagegesetz vom Jahre 1911. 12 Seiten. 1912. —.80

Nr. 36: Das Gerichtsverfassungsgesetz und die Strafprozeßordnung von Japan. Mit Anhang: Gesetz über die Gefangenenanstalten. Übersetzt und mit Anmerkungen versehen von M. Yamaoka und O. Kerry. 100 Seiten. 1912. 3.—

Nr. 37: a) Das belgische Kinderschutzgesetz vom 15. Mai 1912. b) Französisches Gesetz betr. Jugendgerichte und Schutzaufsicht vom 22. Juli 1912. Übersetzt von Rosenfeld. c) Entwurf eines deutschen Gesetzes über das Verfahren gegen Jugendliche. 37 Seiten. 1912. 1.—

Nr. 38: Das polizeiliche Strafverfahren in Ungarn. Übersetzt von G. von Szöllösy. 109 Seiten. 1912. 3.—

Nr. 39: Regierungsentwurf eines Österreichischen Strafgesetzbuches und einer Abänderung der Strafprozeßordnung (1912). 188 Seiten. 1913. 4.50

Nr. 40: Das Russische Militärstrafrecht. Übersetzt und bearbeitet von Klibanski. 165 Seiten. 1913. 3.50

Nr. 41: Ungarisches Jugendgerichtsgesetz vom Jahre 1913. Mit einem Vorwort von R. Vambéry. 41 Seiten. 1913. 1.—

Nr. 42: Die Strafprozeßordnung des Königreichs Italien vom 27. Februar 1913, nebst dem Einführungsgesetze dazu. Mit Anhang: Gesetz des Königreichs Italien betreffend die Irrenhäuser und die Irren vom 14. Februar 1904. Übersetzt und mit Anmerkungen versehen von G. Erich. 184 Seiten. 1913. 4.50

Nr. 43: Das englische Gesetz betr. die Fürsorge und Verwahrung geistig Minderwertiger. Übersetzt von E. Behrend. 46 Seiten. 1914. 1.20

Nr. 44: Japanische Strafgesetze. 1. Schwurgerichtsverordnung vom 18. April 1923 und strafrechtliche Nebengesetze. Übersetzt von H. Kusano, L. Sugiura und F. Bartelt. 2. Strafvollzugsgesetz vom 28. März 1908 nebst Ausführungsverordnung vom 16. Juni 1908. Übersetzt von T. Tokiwa und W. Gentz. Mit 6 Abb. 55 Seiten. 1927. 3.—

Nr. 45: Die Auslieferungsgesetze Norwegens, Schwedens und Finnlands. Mit einer systematischen Darstellung der Grundzüge des nordischen Auslieferungsrechts im Hinblick auf den Erlaß eines deutschen Auslieferungsgesetzes. Von E. Wolgast. VIII, 487 Seiten. 1928. 20.—

Nr. 46: Das Türkische Strafgesetzbuch vom 1. März 1926. Gesetz Nr. 765 (Türkisches Gesetzblatt Nr. 320 vom 13. März 1926). Ausführungsgesetz zum türkischen Strafgesetzbuch vom 26. April 1926. Übersetzt von K. Ziemke. 138 Seiten. 1927. 5.—

Nr. 47: Entwurf eines griechischen Strafgesetzbuches. Übersetzt und eingeleitet von D. G. Venturas. 123 Seiten. 1928. 7.—

Nr. 48: Italienischer Vorentwurf zu einem neuen Strafgesetzbuch (Progetto di un nuovo codice penale). Übersetzt von K. Bunge. XXXII, 224 Seiten. 1928. 10.—

Nr. 49: Strafgesetzbuch (U golownyi Kodex) der Russischen Sozialistischen Föderation Sowjet-Republik (R.S.F.S.R.) vom 22. November 1926 mit den Änderungen bis zum 1. August 1930. Übersetzt von W. Gallas. 1931. 4.—

Nr. 50: Das italienische Strafgesetzbuch vom 19. Oktober 1930. Übersetzt von Dr. K. Bunge. 227 Seiten. 1933. 7.—

Nr. 51: Das italienische Jugendgerichtsgesetz vom 20. Juli 1934 mit Erläuterungen und einem geschichtlichen Überblick über das italienische Jugendstrafrecht. Von Dr. E. Pritsch. 51 Seiten. 1935. 2.—

Nr. 52: R. Sieverts. Das englische Jugendwohlfahrts- und Jugendgerichtsgesetz vom 13. April 1933. (Children and Young Persons Act, 1933) (23 Geo. 5. Ch. 12). Unter Mitwirkung von Dr. jur. E. Hennings übersetzt, mit einer Einleitung und Anmerkungen versehen von Dr. jur. E. Sieverts. 116 Seiten. 1938. 7.—

Nr. 53: G. von Leask. Das australische Strafrecht, dargestellt von RA Leask, Sydney. Übersetzt von Dr. M. von Gottstein. VI, 203 Seiten. 1939. 8.—

Nr. 54: Das Rumänische Strafgesetzbuch. Carol II. vom 18. März 1936 mit den Abänderungsgesetzen vom 8. April 1936, 22. Dezember 1936, 22. Januar 1938, 24. September 1938 und 7. Oktober 1939. In deutscher Übertragung mit einer rechtsgeschichtlichen Einführung und rechtsvergleichenden Texthinweisen. 224 Seiten. 1942. 12.—

In Vorbereitung: Criminal Iustice Bill. Übersetzt von H. Sieverts.

Schwurgerichte, Erläuterungen der bayerischen Verordnung über die Wiedereinführung der — —. Von E. Brandstetter. In Vorbereitung.

Strafgesetzbuch mit Erläuterungen nebst den wichtigsten Nebengesetzen und einem Anhang über Strafprozeßrecht, Wirtschafts- und Jugendstrafrecht. Zum Gebrauch für Polizei-, Kriminal- und Gendarmeriebeamte. Von LGRat Dr. W. Petters. 20., vollk. neubearb. u. verm. Aufl. Oktav. 1949. In Vorbereitung. (Schweitzer.) ca. 7.20

Strafgesetzbuch, Deutsches — — mit Nebengesetzen. Textausgabe mit Erläuterung der Änderungen. 2. Aufl., besorgt von Dr. R. Lange. Oktav. 168 Seiten. 1949. (Guttentagsche Sammlung von Textausgaben ohne Anmerkungen mit Sachregister.) 6.—

Strafgesetzbuch für das Deutsche Reich mit Nebengesetzen. Von Dr. E. Kohlrausch. 39./40. Aufl. besorgt von Dr. R. Lange, Prof. der Rechte a. d. freien Univers. Berlin. In Vorbereitung. (Guttentagsche Sammlung Deutscher Reichsgesetze Nr. 2.) Geb. ca. 25.—

Strafgesetzreform, Prinzipien einer — —. 1. Die soziale Aufgabe der Strafe. Das Strafensystem. Von J. C. W. Thyrén. Oktav. 200 Seiten. 1910. 5.—

Strafprozeß. Von K. Schäfer. In Vorbereitung. (Leitfaden der Rechtswissenschaft.)

Strafprozeß und Strafrecht, Die Eidesreform in — —. Von M. Boehringer. Oktav. 203 Seiten. 1931. 10.—

Strafprozeßfälle mit Lösungen, Praktische — —. Von LGRat Dr. W. Petters. 5., vollk. umgearb. Aufl. (Petters, Strafrecht und Strafprozeß, Bd. II.) Oktav. XIV, 156 Seiten. (Schweitzer.) 8.—

Strafprozeßordnung für das Deutsche Reich, Die — — vom 22. März 1924 nebst dem Gerichtsverfassungsgesetz und den Gesetzen vom 24. November und 6. Dezember 1933. Kommentar. Von E. Löwe, A. Hellweg und W. Rosenberg. 19., völlig umgearb. Aufl. von H. Gündel, F. Hartung, H. Lingemann und E. Niethammer. Oktav. XII, 1545 Seiten. 1934. 58.—, geb. 63.—

Strafprozeßordnung und Gerichtsverfassungsgesetz. 25. Aufl., besorgt von Dr. R. Lange, Prof. der Rechte a. d. freien Univers. Berlin. In Vorbereitung. (Guttentagsche Sammlung Deutscher Reichsgesetze Nr. 12.)

Strafprozeßordnung und Gerichtsverfassungsgesetz. Textausgabe. Neue Aufl. in Vorbereitung. (Guttentagsche Sammlung von Textausgaben ohne Anmerkungen mit Sachregister.)

Strafprozeßrecht, Zehn Lösungen aus dem — — der Bayerischen Staatsprüfungs-Aufgaben. Von LGDir. F. Gerlach. 1921—1926. Oktav. 101 Seiten. 1931. (Schweitzer.) 2.70

Texte der Aufgaben. Oktav. 72 Seiten. 1931. 1.30

Strafrecht. Von K. Schäfer. In Vorbereitung. (Leitfaden der Rechtswissenschaft.)

Strafrecht, Das deutsche — — in seinen Grundzügen. Von Dr. H. Welzel, Prof. i. Göttingen. 2. Aufl. Oktav. 296 Seiten. 1949. Geb. 14.—

Strafrecht, Deutsches — —. Allgemeiner Teil. Von A. Köhler. Oktav. VIII, 723 Seiten. 1917. 11.50

Strafrecht. Grundriß zu Vorlesungen und Leitfaden zum Studium. Von Prof. Dr. F. van Calker. 4. Aufl. Lex.-Oktav. 199 Seiten. 1933. (Schweitzer.) Geb. 7.40

Strafrechtliche Arbeitsmethode de lege ferenda. Von Dr. L. Zimmerl, Priv. Doz. Oktav. 354 Seiten. 1931. 12.—

Strafrechtliche Aufsätze und Vorträge. Von Dr. Fr. v. Liszt, o. Prof. der Rechte i. Berlin. 2 Bände. Oktav. Bd. I: 1875—1891. 560 Seiten. Bd. II: 1892—1904. 519 Seiten. 1905. 20.—

Strafrechtliche Fälle für Übungen an Universitäten und bei Justizbehörden. Von R. Frank. 9., durchges. Aufl. 56 Seiten. 1933. 1.50

Strafrechtsfälle, Praktische — — mit Lösungen. Von LGRat Dr. W. Petters. 9., vollk. umgearb. u. verm. Aufl. (Petters, Strafrecht und Strafprozeß, Bd. I.) Oktav. 523 Seiten. 1949. (Schweitzer.) 20.—

Strafrechtslehre, Allgemeine — —. 2., völlig neue Aufl. **der Grundlagen des Strafrechts.** Mit Leitsätzen zur Anfertigung von Übungsarbeiten und Urteilen. Von W. Sauer, Prof. a. d. Univers. Münster. Oktav. XII, 264 Seiten. 1949. Halbleinen 14.—

Strafrecht und Strafverfahren. Eine Sammlung der wichtigsten Gesetze des Strafrechts und des Strafverfahrens mit Erläuterungen. Für den Praktiker zum Handgebrauche begründet von Dr. Dalcke, weil. Gen. Staatsanw., Geh. Just.Rat. 35., neubearb. Aufl. besorgt von LGDir. Dr. E. Fuhrmann und OLGRat Dr. K. Schäfer. In Vorbereitung. (Schweitzer.) ca. 35.—

Strafvollstreckung, Die — —. Durchführung der Vollstreckung gerichtlicher Strafen mit Beispielen. Von A. Roeschel, Just. Insp., und E. Blaese. Oktav. 280 Seiten. 1944. 7.50

Strafvollstreckung, Die — —. Ein Handbuch für bayerische Strafvollstreckungsbehörden. Von H. Stoiber, II. Staatsanw. b. Landger. München I. 2. Aufl. Lex.-Oktav. 226 Seiten. 1930. (Schweitzer.) Geb. 4.30

Strafvollzug, Persönlichkeitsforschung und Differenzierung im — —. Von W. Petrzilka. Oktav. 184 Seiten. 1930. (Cram, de Gruyter & Co. Hamburg.) 7.20

System und Praxis der Daktyloskopie und der sonstigen technischen Methoden der Kriminalpolizei. Von R. Heindl. 3., neubearb. und verm. Aufl. Mit 21 Bildertafeln und 905 Abb. im Text. Oktav. VIII, 779 Seiten. 1927. 36.—, geb. 40.—

Todesstrafe, Die — —. Ein Gutachten. Von M. Liepmann. Oktav. 220 Seiten. 1912. 4.—

Typen der Kriminellen, Die — —. Von Prof. Dr. E. Seelig und AGRat Dr. K. Weindler. Oktav. 194 Seiten. 1949. (Schweitzer.) (Grazer Kriminologische Schriften. Herausgeg. vom Kriminol. Inst. d. Univers. Graz.) 9.60

Übungen, Strafrechtliche — —. Siebzig Rechtsfälle und siebzig lehrmäßige Aufgaben. Von Prof. Dr. h. c. E. Niethammer, Reichsger. Rat a. D. Oktav. 76 Seiten. 1948. 3.50

Veruntreuung an vertretbaren Sachen, Die — —. Von Dr. W. Graf Gleispach, o. Prof. der Rechte i. Freiburg. Oktav. 205 Seiten. 1905. 4.—

Wirtschaftsstrafverordnungen. Erläutert von Dr. E. Fuhrmann, LGDir. i. Berlin. Oktav. IX, 203 Seiten. 1943. (Schweitzer.) 5.—

Zeitschrift für die gesamte Strafrechtswissenschaft. Gegründet von Dr. Fr. v. Liszt und A. Dochow. Oktav. Von den bisher erschienenen 62 Bänden sind aus Restbeständen noch einzelne Bände cplt. lieferbar. Neuerscheinen wird vorbereitet.

VI. Öffentliches Recht

1. Staats- und Völkerrecht, ausländisches Recht

Bankaufsichtsgesetze der Welt, Die — — in deutscher Sprache. Im Auftrage des Deutschen Instituts für Bankwissenschaft und Bankwesen gesammelt von Dr. jur. J. C. D. Zahn, RA i. Berlin. Gr.-Oktav. XXX, 819 Seiten. 1937. Geb. 30.—

Beiträge zum ausländischen und internationalen Privatrecht. Herausgeg. in Gemeinschaft mit E. Heymann, M. Pagenstecher, F. Schlegelberger, H. Titze, M. Wolff. Von E. Rabel. (Institut für ausländisches und internationales Privatrecht.) Oktav.

Heft 1: **Vertraglicher Schutz gegen Schwankungen des Geldwertes.** (Goldklauseln und andere Abreden zur Minderung des Valutarisikos.) Von Dr. A. Nußbaum, Prof. a. d. Univers. Berlin. 85 Seiten. 1928. 5.—

Heft 2: **Die Haftung des Verkäufers einer fremden beweglichen Sache in den Vereinigten Staaten** von Amerika in Vergleichung mit dem deutschen bürgerlichen Recht. Von Dr. J. Wolff. 84 Seiten. 1930. 4.—

Heft 3: Die **Bereicherungshaftung im anglo-amerikanischen Rechtskreis** in Vergleichung mit dem deutschen bürgerlichen Recht. Von Dr. W. Friedmann. 148 Seiten. 1930. 7.—

Heft 4: **Die Wirkungen der Wechselerklärungen** im internationalen Privatrecht. Von Dr. L. Raiser, Ass. a. Inst. f. ausl. u. int. Priv. Recht. 124 Seiten. 1931. 9.—

Heft 5: **Die Struktur des vertraglichen Schuldverhältnisses im angloamerikanischen Recht.** Von Dr. M. Reinstein. 256 Seiten. 1932. 15.30

Heft 6: **Die Fahrlässigkeit im nordamerikanischen Deliktsrecht** unter vergleichender Berücksichtigung des englischen und des deutschen Rechts. Von Dr. F. Keßler. 187 Seiten. 1932. 9.—

Heft 7: **Zessionsrecht.** 1. Teil. Von Dr. K. Arndt, Ger. Ass. 175 Seiten. 1932. 6.—

Heft 8: **Der Rechtserwerb vom Nichtberechtigten an beweglichen Sachen und Inhaberpapieren** im deutschen internationalen Privatrecht. Von Dr. K. Duden, Ass. a. Inst. f. ausl. u. int. Priv. Recht. 137 Seiten. 1934. 5.—

Heft 9: **Vertragsansprüche Dritter im französischen Recht** unter Vergleichung mit dem deutschen Recht dargestellt an Hand der Fälle der action directe. Von Dr. E. Wahl. IX, 227 Seiten. 1935. 9.—

Heft 10: **Die Ultra-Vires-Lehre im englischen Privatrecht.** Von Dr. C. Schlink, Ger. Ass. XVI, 183 Seiten. 1935. 6.—

Heft 11: **Beiträge zum Problem der internationalen Doppelbesteuerung.** Die Begriffsbildung im internationalen Steuerrecht. Von Dr. W. Wengler, Ass. a. Inst. f. ausl. u. int. Priv. Recht. XIV, 198 Seiten. 1935. 6.—

Heft 12: **Das englische Konkursrecht.** Von Dr. F. Eckstein. XV, 351 Seiten. 1935. 10.—

Heft 13: **Probleme der Aufrechnung:** Gegenseitigkeit und Liquidität rechtsvergleichend dargestellt. Von Dr. G. Kegel, Ass. a. Kaiser Wilh.-Inst. f. ausl. u. intern. Priv. Recht. XI, 225 Seiten. 1938. 7.—

Heft 14: **Studien zur Bedingungslehre.** 1. Teil: Über bedingte Verpflichtungsgeschäfte. Von Dr. A. Blomeyer, Ger. Ass. II, 120 Seiten. 1938. 4.—

Heft 15: **Studien zur Bedingungslehre.** 2. Teil: Über bedingte Verfügungsgeschäfte. Von Dr. A. Blomeyer. 165 Seiten. 1939. 5.—

Heft 16: **Vormund und Mündel im englischen Recht,** verglichen mit französischem und deutschem Recht. Von Dr. H. Abderhalden. VI, 197 Seiten. 1939. 6.—

Heft 18: **Der Neubürger im internationalen Privatrecht.** Fortwirkungen früheren Statuts bei Wechsel der maßgebenden Rechtsordnung. Von Dr. M. Ferid, Staatsanw. u. Priv. Doz. i. München. 1. Teil: Allgemeine Grundlagen. 113 Seiten. 1949. 6.80

Heft 19: **Vorkriegsverträge in Friedensverträgen.** Von Dr. E. Wolff, Präs. d. Obersten Ger. Hofes f. d. brit. Zone. XII, 196 Seiten. 1949. 8.80

Heft 20: **Internationales Zivilprozeßrecht.** Von E. Riezler. VIII, 710 Seiten. 1949. 30.—

Ab Heft 18 in Gemeinschaft mit Verlag J. B. C. Mohr (Paul Siebeck), Tübingen.

Beiträge zum ausländischen öffentlichen Recht und Völkerrecht. Herausgeg. in Gemeinschaft mit Fr. Glum, L. Kaas, E. Kaufmann, E. Schmitz, R. Smend, H. Triepel. Von V. Bruns. (Institut für ausländisches öffentliches Recht und Völkerrecht.) Oktav.

Heft 1: **Staatsrecht und Politik.** Rede beim Antritt des Rektorats der Friedrich-Wilhelm-Universität zu Berlin am 15. Oktober 1926. Von H. Triepel. 40 Seiten. 1927. 2.—

Heft 2: **Volksentscheid und Volksbegehren.** Ein Beitrag zur Auslegung der Weimarer Verfassung und zur Lehre von der unmittelbaren Demokratie. Von Dr. C. Schmitt, o. ö. Prof. der Rechte a. d. Univers. Bonn. 54 Seiten. 1927. 2.60

Heft 3: **Der Aufbau des britischen Reiches.** (Der Verhandlungsbericht der Reichskonferenz von 1926.) Eingeleitet und herausgeg. von Dr. K. Heck, Ger. Ass. 152 Seiten. 1927. 6.—

Heft 4: **Die Souveränität.** Ein Beitrag zur Theorie des Staats- und Völkerrechts. Von Dr. H. Heller, a. o. Prof. a. d. Univers. Berlin. 177 Seiten. 1927. 8.50

Heft 5: **Die Missionsfreiheit nach den Bestimmungen des geltenden Völkerrechts.** Von Dr. Th. Grentrup. 112 Seiten. 1927. 5.50

Heft 6: **Das Minoritätenproblem und seine Literatur.** Kritische Einführung in die Quellen und die Literatur der europäischen Nationalitätenfrage der Nachkriegszeit unter besonderer Berücksichtigung des völkerrechtlichen Minderheitenschutzes. Allgemeiner Teil. Von J. Robinson, RA in Kaunas. 165 Seiten. 1928. 9.—

Heft 7: **Der Reichssparkommissar.** Von Dr. K. Bilfinger o. ö. Prof. der Rechte a. d. Univers. Halle. 68 Seiten. 1928. 3.60

Heft 8: **Die völkerrechtliche Stellung der fremden Truppen im Saargebiet.** Von Dr. H. M. Bumiller. 156 Seiten. 1928. 9.—

Heft 9: **Das Recht des Ausnahmezustandes im Auslande.** (Frankreich, Belgien, Niederlande, Italien, England, Irland.) Bearb. i. Inst. f. ausl. öffentl. Recht u. Völkerrecht. 295 Seiten. 1928. 14.—

Heft 10: **Die Beziehungen zwischen dem Parlament und den Gerichten in England.** Eine rechtsvergleichende Studie. Von Dr. H. B. Gerland, o. ö. Prof. a. d. Univers. Jena. 137 Seiten. 1928. 8.—

Heft 11: **Zu den Problemen des fascistischen Verfassungsrechts.** Von Dr. G. Leibholz, Prof. a. d. Univers. Greifswald. 112 Seiten. 1928. 5.—

Heft 12: **Der deutsche und der französische Reichswirtschaftsrat.** Ein Beitrag zu dem Problem der Repräsentation der Wirtschaft im Staat. Von Dr. Fr. Glum. 188 Seiten. 1929. 9.—

Heft 13: **Das Wesen der Repräsentation unter besonderer Berücksichtigung des Repräsentativsystems.** Ein Beitrag zur allgemeinen Staats- und Verfassungslehre. Von Dr. G. Leibholz, Prof. a. d. Univers. Greifswald. 214 Seiten. 1929. 14.—

Heft 14: **Die Rechtsstellung der russischen Handelsvertretungen.** Von B. Schenk Graf von Stauffenberg, Prof. a. d. Univers. Greifswald. 94 Seiten. 1930. 6.—

Heft 15: **Die Verfassungswandlung.** Von Dr. Hsü Dau-Lin. 182 Seiten. 1932. 5.40

Heft 16: **Das deutsche Vorkriegsvermögen in Rußland** und der deutsche Entschädigungsvorbehalt. Von Dr. C. Menzel, AGRat i. Altona. IV, 236 Seiten. 1931. 9.—

Heft 17: **Zur Problematik des Volkswillens.** Von Dr. E. Kaufmann. 19 Seiten. 1931. 1.50

Heft 18: **Das parlamentarische Wahlrecht.** Ein Handbuch über die Bildung der gesetzgebenden Körperschaften in Europa. Von Dr. K. Braunias. Bd. I: Das Wahlrecht in den einzelnen Staaten. XVIII, 640 Seiten. 1932. 22.50, geb. 24.30

Heft 18a: **Das parlamentarische Wahlrecht.** Bd. II: Allgemeiner Teil. XII, 320 Seiten. 1932. 15.—, geb. 17.—

Beschränkung der deutschen Gerichtsbarkeit, Die — —. Die Gesetzgebung der Besatzungsmächte, insbesondere Gesetze Nr. 2 und Nr. 52 und Befehl 124 nebst Ausführungsbestimmungen. Zusammengestellt und erläutert. Von Dr. G. Nehlert, LGRat. Oktav. 136 Seiten. 1948. (Guttentagsche Sammlung Deutscher Reichsgesetze Nr. 233.) 5.—

Börsengesetzgebung, Die — — der Vereinigten Staaten. Sonderdruck aus dem „Bank-Archiv“, Zeitschrift für Bank- und Börsenwesen 37./38. Jhrg. Von Dr. H. Trumpler. 90 Seiten. 1938. 2.50

Demokratie und Verfassungsreform. Wege zum Ausbau der Legislative und zur Stabilisierung der Exekutive in der Reichsverfassung vom 11. August 1919. Von H. Graf v. Schmettow. Oktav. 103 Seiten. 1925. 2.50

Deutsches Internationales Privatrecht, Die Grundlagen des — —. Von Dr. G. Melchior, Den Haag. Oktav. XXXI, 558 Seiten. 1932. 24.—

Englische Gerichtsverfassung, Die — —. Von Dr. H. B. Gerland, o. ö. Prof. a. d. Univers. Jena. Eine systematische Darstellung. 2 Halbbände. Oktav. 1. Halbband: XVI, 612 Seiten. 2. Halbband: 407 Seiten. 1910. 40.—

Englischer Strafprozeß des 13. Jahrhunderts, Studien und Skizzen zum — —. Von Dr. K. Güterbock, Geh. Just. Rat, Prof. der Rechte zu Königsberg. Oktav. 83 Seiten. 1914. 2.50

Entscheidungen des Oberprisengerichts in Berlin. Herausgeg. im Auftr. des Reichsjustizministeriums. Oktav. Bd. I: XVII, 444 Seiten. 1918. 14.—. Bd. II: XV, 338 Seiten. 1921. 10.—

Haager Abkommen über Internationales Privatrecht, Sechs — —. Von H. Dungs. Oktav. 116 Seiten. 1910. (Guttentagsche Sammlung Deutscher Reichsgesetze Nr. 98.) Geb. 1.35

Internationales Privatrecht nach dem Einführungsgesetz zum Bürgerlichen Gesetzbuch. Von Dr. H. Habicht, aus dem Nachlaß herausgeg. von M. Greiff. Oktav. VI, 254 Seiten. 1907. 6.—

Internationale Schiedssprechung. Eine Sammlung der für das Deutsche Reich verbindlichen Verträge und Vertragsbestimmungen, die sich auf internationale Gerichtsbarkeit, Schiedsgerichtsbarkeit sowie Vergleichsverfahren beziehen, nebst den dazugehörigen deutschen Regierungsdenkschriften. Herausgeg. und eingeleitet von H. Kraus. Oktav. XXXVI, 348 Seiten. 1929. (Guttentagsche Sammlung Deutscher Reichsgesetze Nr. 174.) Geb. 9.—

Minderheitsregierung in Großbritannien. Verfassungsrechtliche Untersuchungen zur neuesten Entwicklung des britischen Parlamentarismus. Von RA Dr. K. Loewenstein, München. Gr.-Oktav. III, 72 Seiten. 1925. (Schweitzer.) 3.—

Monroedoctrin in ihren Beziehungen zur amerikanischen Diplomatie und zum Völkerrecht, Die — —. Von Dr. jur. H. Kraus. Oktav. 480 Seiten. 1913. 9.—

Musta' min, Der — —. Ein Beitrag zum internationalen Privat- und Völkerrecht des islamischen Gesetzes. Von Dr. J. Hatschek, o. Prof. der Rechte a. d. Univers. Göttingen. Mit 7 Tafeln. Oktav. 108 Seiten. 1920. 5.—

Pariser Völkerbundsakte, Die — — nebst den Urkunden über die Pariser Verhandlungen, dem Haager Schiedsgerichtsabkommen usw. Mit einer historischen Einleitung versehen und erläutert. Von H. Wehberg. 2. Aufl. der „Abkommen der Haager Friedenskonferenz". Oktav. 175 Seiten. 1919. (Guttentagsche Sammlung Deutscher Reichsgesetze Nr. 99.) 4.—

Parlamentsrecht des Deutschen Reiches, Das — —. Von Dr. J. Hatschek, o. Prof. der Rechte a. d. Univers. Göttingen. Im Auftrage des deutschen Reichstages dargestellt. 1. Teil. Quart. XI, 628 Seiten. 1915. 16.—

Preußisches Verfassungsrecht, Das — —. Auf der Grundlage der Verfassung des Freistaats Preußen systematisch dargestellt. Von Dr. F. Stier-Somlo, Prof. des öffentl. Rechts. Oktav. VII, 173 Seiten. 1922. 3.30

Rechtsverhältnisse bei verschiedenen Völkern der Erde, Die — —. Ein Beitrag zur vergleichenden Ethnologie. Von A. Bastian. Oktav. LXXX, 435 Seiten. 1872. 8.—

Reichsrecht, Die abstrakte Forderung nach deutschem — —. Von L. Brütt. Oktav. 320 Seiten. 1908. 7.—

Reichs- und Staatsangehörigkeitsgesetz vom 22. Juli 1913 unter besonderer Berücksichtigung der bayerischen Verhältnisse. Erläutert von MinRat J. Woeber. 5. Aufl., bearbeitet von ORRat K. A. Fischer. Oktav. 272 Seiten. 1932. (Schweitzers braune Handausgabe.) 4.50

Reichs- und Staatsangehörigkeitsgesetz vom 22. Juli 1913. Erläutert mit Benutzung amtlicher Quellen und unter vergleichender Berücksichtigung der ausländischen Gesetzgebung. Von Dr. W. Cahn, Kais. Geh. Legat. Rat z. D. Oktav. XVII, 608 Seiten. 1914. 13.50, geb. 16.—

Rheinlandabkommen, Das — — sowie die Verordnungen der Interalliierten Rheinlandkommission. Dreisprachige Textausgabe mit Erläuterungen. Von H. Vogels und Dr. W. Vogels, Reg. Räte b. Reichskommissar f. d. bes. rhein. Gebiete in Koblenz. 2 Bände. Oktav. Bd. I: 144 Seiten. 1920. 4.50. Bd. II: Die Verordnungen 12—82 und die Anweisungen 8—12. 248 Seiten. 1921. 7.50

Staatsbankerott und internationales Recht. Von der Bluntschli-Stiftung gekrönte Preisschrift. Mit Anhang: Die Organisation der intern. Kontrolle der griechischen Staatsfinanzen. Von Dr. R. Pflug, München. Lex.-Oktav. 101 Seiten. 1898. (Schweitzer.) 4.50

Staatstheorien der französischen Nationalversammlung von 1789, Die — —, ihre Grundlagen in der Staatslehre der Aufklärungszeit und in den englischen und amerikanischen Verfassungsgedanken. Von Dr. R. Redslob, o. Prof. der öffentl. Rechte a. d. Univers. Rostock. Oktav. 368 Seiten. 1912. 10.—

Verfassung des Deutschen Reiches, Die — — vom 11. August 1919 mit den wichtigsten Nebengesetzen. Mit Einleitung. 3. Aufl. Oktav. 104 Seiten. 1931. (Guttentagsche Sammlung von Textausgaben ohne Anmerkungen und Sachregister.) —.90

Verfassung des Deutschen Reiches. Erläutert von RRat Dr. L. Gebhard. Gr.-Oktav. 622 Seiten. 1932. (Schweitzer.) Geb. 24.70

Verfassung des Deutschen Reichs vom 11. August 1919, Die — —. Ein systematischer Überblick. Von Dr. F. Stier-Somlo, Prof. des öffentl. Rechts. 3., erg. u. wesentl. veränd. Aufl. Oktav. VIII, 238 Seiten. 1925. 7.—

Verfassung und Verwaltung des Deutschen Reiches nebst den wichtigen Nebengesetzen. Von Dr. jur. M. Gebhardt, Ger. Ass. a. D. Ein Hilfsbuch für die Examina in Justiz und Verwaltung sowie für die Doktorprüfung. Oktav. X, 506 Seiten. 1912. 7.—

Verfassung der Vereinigten Staaten von Nordamerika, Die — —. „Was war, was ist — was wird?“ Von James M. Beck. Nach der 9., im Jahre 1925 erschienenen, mit einer Einführung von Calvin Coolidge versehenen Ausg., in genehmigter Übersetzung herausgeg. von A. Friedmann. Mit einer Einleitung von W. Simons. Mit 2 Abb. Oktav. XVI, 438 Seiten. 1928. 8.—

Verfassungsentwicklung von Algerien, Die — —. Mit einem Anhang: Gesetzestexte und Entwürfe. Von H. Gmelin. Quart. XXXIX, 453 u. IV, 115 Seiten. Mit 1 Karte im Text. 1911. (Aus: Abhandlungen des Hamburgischen Kolonial-Instituts.) (Cram, de Gruyter & Co. Hamburg.) 18.—

Verfassungsrecht, Bayerisches — —. Von Dr. H. Nawiasky. Gr.-Oktav. XXIII, 558 Seiten. 1923. (Schweitzer.) 12.80, geb. 14.80

Veröffentlichungen der Vereinigung der deutschen Staatsrechtslehrer. Oktav.

Heft 1: **Der deutsche Förderalismus.** Die Diktatur des Reichspräsidenten. Referate von G. Anschütz, K. Bilfinger, C. Schmitt und E. Jacobi. Verhandlungen der Tagung der Deutschen Staatsrechtslehrer zu Jena am 14. und 15. April 1924. Mit Eröffnungsansprache und einer Zusammenfassung der Diskussionsreden. 146 Seiten. 1924. 5.—

Heft 2: **Der Schutz des öffentlichen Rechts.** Die neueste Entwicklung des Gemeindeverfassungsrechts. Referate von W. Jellinek, G. Lassar, F. Stier-Somlo, L. von Köhler, H. Helfritz. Verhandlungen der Tagung der Deutschen Staatsrechtslehrer zu Leipzig am 10. und 11. März 1925. Mit Eröffnungs- und Begrüßungsansprachen sowie einer Zusammenfassung der Diskussionsreden. 265 Seiten. 1925. 12.—

Heft 3: **Die Gleichheit vor dem Gesetz im Sinne des Art. 109 der Reichsverfassung.** Der Einfluß des Steuerrechts auf die Begriffsbildung des öffentlichen Rechts. Berichte von E. Kaufmann, H. Nawiasky, A. Hensel und O. Bühler. Verhandlungen der Tagung der Deutschen Staatsrechtslehrer zu Münster i. W. am 29. und 30. März 1926. Mit einem Auszug aus der Aussprache. 140 Seiten. 1927. 7.—

Heft 4: **Das Recht der freien Meinungsäußerung.** Der Begriff des Gesetzes in der Reichsverfassung. Berichte von K. Rothenbücher, R. Smend, H. Heller und M. Wenzel. Verhandlungen der Tagung der Deutschen Staatsrechtslehrer zu München am 24. und 25. März 1927. Mit einem Auszug aus der Aussprache. 215 Seiten. 1928. 10.—

Heft 5: **Wesen und Entwicklung der Staatsgerichtsbarkeit.** Überprüfung von Verwaltungsakten durch die ordentlichen Gerichte. Berichte von H. Triepel, H. Kelsen, M. Layer und E. von Hippel. Verhandlungen der Tagung der Deutschen Staatsrechtslehrer zu Wien am 23. und 24. April 1928. Mit einem Auszug aus der Aussprache. 238 Seiten. 1929. 12.—

Heft 6: **Bundesstaatliche und gliedstaatliche Rechtsordnung.** Verwaltungsrecht der öffentlichen Anstalt. Berichte von F. Fleiner, J. Lukas, L. Richter und A. Köttgen. Verhandlungen der Tagung der Deutschen Staatsrechtslehrer zu Frankfurt a. M. am 25. und 26. April 1929. Mit einem Auszug aus der Aussprache. 166 Seiten. 1929. 9.—

Heft 7: **Entwicklung und Reform des Beamtenrechts.** Die Reform des Wahlrechts. Berichte von H. Gerber, A. Merkl, H. Pohl und G. Leibholz. Verhandlungen der Tagung der Deutschen Staatsrechtslehrer zu Halle am 28. und 29. Oktober 1931. Mit einem Auszug aus der Aussprache. III, 212 Seiten. 1932. 10.80

Völkerrecht, Das — — ein Pseudorecht. Von St. E. Edmunds. Autorisierte Übersetzung des amerikanischen Werkes The Lawless Law of Nations (1925) von C. Bruns. Oktav. VII, 465 Seiten. 1933. 6.—

Völkerrecht, Das Problem des — — s. Eine Studie über den Fortschritt der Nationen zu einem universellen Staatensystem, das die Geltung des Völkerrechts verbürgt. Entworfen unter Verwertung der theoretischen und diplomatischen Versuche, die seit dem römischen Weltreich des Mittelalters und bis zu den Haager Konferenzen unternommen sind, und vornehmlich gegründet auf die Entwicklungsgeschichte der Schweizer Eidgenossenschaft. Von Dr. R. Redslob, o. Prof. der öffentl. Rechte a. d. Univers. Rostock. Oktav. VI, 392 Seiten. 1917. 10.—

Völkerrecht, Lehrbuch des — — s. Von D. Anzilotti. Bd. I: Einführung — Allgemeine Lehren. Vom Verfasser durchgesehene und autorisierte Übertragung nach der 3., erw. und revidierten italienischen Aufl. Von C. Bruns und K. Schmid. Oktav. XII, 429 Seiten. 1929. 17.—, geb. 18.—

Wahlgesetz, Kommentar zum — — und zur Wahlordnung im deutschen Kaiserreich. Von Dr. J. Hatschek, o. Prof. der Rechte a. d. Univers. Göttingen. Oktav. 414 Seiten. 1920. 8.—

Wörterbuch des Völkerrechts. Begonnen von Prof. Dr. J. Hatschek, Göttingen, fortgesetzt von Dr. K. Strupp, Frankfurt/M. 3 Bände. Oktav.
Bd. I: Aachen — Lynchfall. VI, 860 Seiten. 1924.
Bd. II: Maas — Utschiali. 779 Seiten. 1925.
Bd. III: Vasallenstaaten — Zwangsversicherung. Mit Anhang: Abessinien — Weltgerichtshof, Sachverzeichnis mit Mitarbeiterregister. 1316 Seiten. 1929. Neue Auflage in Vorbereitung.

Zeitschrift für ausländisches öffentliches Recht und Völkerrecht. Herausgeg. in Gemeinschaft mit E. Kaufmann, R. Smend, H. Triepel, L. Kaas, F. Glum von V. Bruns. (Institut für ausländisches öffentliches Recht und Völkerrecht.) Quart. Aus Restbeständen sind noch einzelne Hefte der Bände 1—12 lieferbar. Auf Wunsch nähere Angaben.

2. Verwaltungsrecht

Aufenthalts- und Freizügigkeitsgesetz. Mit Vollziehungsvorschriften und den einschlägigen Gesetzen (z. B.: Zigeunergesetz). Von MinRat Dr. G. Ziegler. 4. Aufl. Oktav. 210 Seiten. 1930. (Schweitzers braune Handausgabe.) Geb. 6.90

Bauordnung, Die bayerische — —. Von Bez. Amtm. G. Heilmann u. K. Weinisch. 3. Aufl. Oktav. 708 Seiten. 1931. (Schweitzers braune Handausgabe.) Geb. 12.60

Baupolizeigesetze, Die preußischen — — nebst den sonstigen einschlägigen Reichs- und Landesgesetzen erläutert von H. Heine. Oktav. 404 Seiten. 1928. (Guttentagsche Sammlung preußischer Gesetze Nr. 64.) Geb. 7.20

Baupolizeirecht, Münchener — —. Die Münchener Bauordnung und die Münchener Staffelbauordnung. Mit Erläuterungen und Abdruck der einschlägigen Bestimmungen. Von Dr. K. Helmreich, Dr. F. Schels, Dr. A. Steinhauser. Oktav. 550 Seiten. 1927. (Schweitzer.) Geb. 16.—

Beamtengesetz. Von MinRat G. Ziegler. (Sonderdruck aus: Sammlung in der Praxis oft angewandter Verwaltungsgesetze und Verordnungen.) Oktav. 60 Seiten. 1927. (Schweitzer.) 1.40

Bergbau und Grundbesitz nach preußischem Recht unter Berücksichtigung der übrigen deutschen Berggesetze. Von W. Westhoff, Just. Rat, RA und Notar zu Dortmund. 2 Bände. Oktav. Bd. I: Der Bergschaden. XXII, 407 Seiten. 1904. Geb. 9.—. Bd. II: Die Grundabtretung. Die öffentlichen Verkehrsanstalten. XXVI, 437 Seiten. 1906. Geb. 9.50

Berggesetz, Allgemeines — — für die preußischen Staaten mit Kommentar. Von Dr. jur. H. Brassert. 2. Aufl., bearb. von H. Gottschalk. Oktav. XXIX, 1291 Seiten. 1914. 27.—

Berggesetz, Bayerisches —. 3. Aufl., bearb. von ORRat L. Nothaas u. RRat H. Miesbach. Oktav. 988 Seiten. 1927. (Schweitzers braune Handausgabe.) Geb. 25.60

Berggesetz, Preußisches Allgemeines — — nebst Nebengesetzen und wichtigen den Bergbau betreffenden Bestimmungen mit Erläuterungen. Von Dr. jur. H. Ebel, OBergrat. 5. Aufl. XVI, 692 Seiten. 1944. (Guttentagsche Sammlung preußischer Gesetze Nr. 12.) 25.—

Bergrecht, Grundzüge des — — s. Von C. Voelkel. Oktav. 3. Aufl. in Vorbereitung.

Bergrecht, Lehrbuch des preußischen — — s mit Berücksichtigung der übrigen deutschen Bergrechte. Von Dr. R. Klostermann, OBergrat. Oktav. XII, 499 Seiten. 1871. 8.—

Bergschäden, Die Entschädigung für — —. Zugleich ein Beitrag zur Lehre vom Schadenersatz. Von Dr. E. Holländer, Ger. Ass. Oktav. 204 Seiten. 1903. 5.—

Bergwesen. Von MinRat G. Ziegler. (Sonderdruck aus: Sammlung in der Praxis oft angewandter Verwaltungsgesetze und Verordnungen.) Oktav. 60 Seiten. 1927. (Schweitzer.) —.90

Berlin, Gesetz über die Bildung der neuen Stadtgemeinde — —. Vom 27. April 1920. Bearbeitet von P. Wölbling. Mag. Rat der Stadt Berlin. 2. Aufl. mit dem Gesetz zur Änderung des Gesetzes vom 7. Oktober 1920, den Ausführungsbestimmungen und dem Ortsgesetz für die Durchführung der Verhältniswahl. Mit 1 Karte. Oktav. 140 Seiten. 1921. (Guttentagsche Sammlung preußischer Gesetze Nr. 59.) Geb. 1.25

Berliner Stadtrecht. Ein Handbuch des Verwaltungsrechts der Stadt Berlin. Von P. Wölbling, Mag. Rat Oktav. IX, 251 Seiten. 1911. 5.—, geb. 5.75

Berufsbeamtentum, Das — — im neuen demokratischen Staat. Eine staatsrechtliche Studie von Dr. C. Heyland, o. Prof. des öffentl. Rechts i. Gießen. Oktav. 156 Seiten. 1949. 6.—

Besoldung der Kommunalbeamten in Preußen, Die — — unter Berücksichtigung der 24. Ergänzung zum Reichsbesoldungsgesetz und des Deutschen Beamtengesetzes. Bearbeitet von Gerichtsass. a. D. H. Schönebeck unter Mitwirkung von Ministerialdirigent H. Seel und MinRat Dr. U. Krauthausen. Oktav. 212 Seiten. 1937. (Stilke.) Geb. 6.60

Besoldungsgesetz, Preußisches — —. Kommentar. Mit Gehaltstafeln. Von MinRat Dr. H. Erythropel †. 5. Aufl., neubearb. von MinRat O. König. Oktav. X, 564 Seiten. 1932. (Schweitzer.) Geb. 14.80

Denkschriftenband zur Begründung des Entwurfs eines Gesetzes betreffend Änderungen im Finanzwesen. (Zusammengestellt vom Reichsschatzamt.) 4 Teile in 5 Bänden. Quart. 1908. 9.—

Teil 1: Das Finanzwesen der öffentlichen Körperschaften Deutschlands. V, 857 Seiten.

Teil 2: Die Finanzen von Frankreich, Großbritannien und Irland, Italien, Japan, Österreich-Ungarn, Rußland, der Schweiz, den Vereinigten Staaten von Amerika. VI, 442 Seiten.

Teil 3: Materialien zur Beurteilung der Wohlstandsentwicklung Deutschlands im letzten Menschenalter. 132 Seiten.

Teil 4: Materialien zur Beurteilung der Zusammenhänge zwischen dem öffentlichen Schuldenwesen und dem Kapitalmarkte. III, 287 Seiten. Zusammenfassung, Sachregister, Zusätze und Berichtigungen zu Teil 1—4. Mit graphischen Darstellungen und Erläuterungen. XXXII, 34, 6 Seiten.

Dienstordnung, Die allgemeine — — für die bayerischen Staatsbehörden vom 12. Januar 1933. Handausgabe mit Anmerkungen und Sachverzeichnis. Von MinRat Dr. Joh. R. v. Schelhorn. Oktav. 160 Seiten. 1933. (Schweitzer.) 4.50

Disziplinargesetz, Das preußische — — für die nichtrichterlichen Beamten nebst dem Disziplinargesetze für die Privatdozenten. Erläutert und mit den ergänzenden Gesetzesbestimmungen, zumal der Strafprozeß- und Zivilprozeßordnung, versehen von Dr. jur. E. v. Dultzig, Reg. Rat a. D. Oktav. XIV, 364 Seiten. 1914. (Guttentagsche Sammlung preußischer Gesetze Nr. 51.) Geb. 3.80

Eisenbahnverkehrsordnung, Die — — vom 16. Mai 1928 mit Allgemeinen Ausführungsbestimmungen sowie dem Internationalen Übereinkommen über den Eisenbahnfrachtverkehr vom 30. Mai 1925 und dem Internationalen Übereinkommen über den Eisenbahn-Personen- und -Gepäckverkehr vom 12. Juni 1925. Nach dem Tode von Blume herausgeg. mit Anmerkungen von Dr. jur., Dr. rer. pol. h. c. W. Weirauch. 8. Aufl. in Vorbereitung. (Guttentagsche Sammlung Deutscher Reichsgesetze Nr. 91.)

Entschädigungspflicht des Staates für Eingriffe in das private Flußeigentum nach bayerischem Recht. Von Dr. A. Arnold. Gr.-Oktav. 36 Seiten. 1931. (Schweitzer.) 1.80

Fischereigesetz, Bayerisches — — vom 15. August 1908 mit der Landesfischereiordnung vom 23. März 1909 und allen Vollzugsvorschriften. Von Staatsrat J. Bleyer. 5. Aufl. Oktav. 438 Seiten. 1934. (Schweitzers braune Handausgabe.) Geb. 10.80

Fischereigesetz, Das preußische — — vom 11. Mai 1916 in der geltenden Fassung. Erläutert von A. Born. Oktav. 428 Seiten. 1928. (Guttentagsche Sammlung preußischer Gesetze Nr. 62.) Geb. 6.75

Flurbereinigungsgesetz, Bayerisches — — vom 5. August 1922 nach der Fassung vom 11. Februar 1932. Für die Praxis erläutert von MinRat Dr. G. Seubelt. 2., neubearb. Aufl. Oktav. 438 Seiten. 1934. (Schweitzers braune Handausgabe.) Geb. 5.—

Forstgesetz, Das bayerische — —. Kommentar. Mit den Vollzugsvorschriften, dem Aufforstungsgesetz und dem Pfälzischen Forststrafgesetz. Von Dr. W. Wonhas. Gr.-Oktav. 545 Seiten. 1931. (Schweitzer.) 25.—

Gemeindebetriebe, Zum Recht der — —. Öffentlich und privatrechtlich betriebene Gemeindeanstalten und Einrichtungen. Von O. Sperlich, Kiel. (Sonderabdruck aus: Annalen des Deutschen Reichs 1931.) Gr.-Oktav. 100 Seiten. 1931. (Schweitzer.) 4.—

Geschlechtskrankheiten, Gesetz zur Bekämpfung der — —. Erläutert von LGDir. Dr. A. Hellwig. Oktav. 500 Seiten. 1928. (Schweitzers braune Handausgabe.) Geb. 10.30

Gesetzgebung über die allgemeine Landesverwaltung, Die — — und über die Zuständigkeit der Verwaltungs- und Verwaltungsgerichtsbehörden. Bearbeitet von Dr. K. Friedrichs, Just. Rat. 3., durchges. Aufl. Mit Nachtrag 1932. Oktav. XXIII, 295 u. 18 Seiten. 1927. (Guttentagsche Sammlung preußischer Gesetze Nr. 42.) Geb. 4.50

Gesundheitswesen, Die reichs- und landesrechtlichen Bestimmungen auf dem Gebiete des — — s. Zusammengestellt von Dr. jur. et rer. pol. W. Voß, Pol. Verw. Rechtsrat. Oktav. 608 Seiten. 1929. (Guttentagsche Sammlung Deutscher Reichsgesetze Nr. 172.) Geb. 9.90

Höchstpreis, Der — —. Eine systematische Untersuchung auf Grund der Erfahrungen der deutschen Kriegswirtschaft. Von Reg. Rat Dr. E. Stern. Oktav. VIII, 305 Seiten. 1923. (Schweitzer.) 9.—

Irrengesetzgebung in Deutschland, Die — —, nebst einer vergleichenden Darstellung des Irrenwesens in Europa. (Für Ärzte, Juristen und gebildete Laien.) Von Prof. Dr. E. Rittershaus. Oktav. VI, 261 Seiten. 1927. 12.—

Jahrbuch der Entscheidungen für Bau- und Grundstücksrecht. 1937. Von C. Saß. Oktav. VIII, 192 Seiten. 1937. (Schweitzer.) 3.50
— —. 1938. 200 Seiten. 1938. 4.—

Jugendamt als Gemeindewaisenrat, Das — —. Von P. Niestroj. Oktav. 91 Seiten. 1932. 3.—

Justizbauverwaltung, Die preußische — — unter Benutzung amtlichen Materials dargestellt unter Mitwirkung von E. Paterna und P. Regener. Von E. Friedrichs. Oktav. VII, 384 Seiten. 1929. Geb. 18.—

Kriminalpolizeidienst, Handbuch für den praktischen — —. Ein Lehrbuch. Von W. Polzer. Gr.-Oktav. 273 Seiten. 1922. (Schweitzer.) 2.50

Kurtaxe, Die — —. Betrachtungen über ihre rechtliche Natur. Von Dr. J. Kohler, o. Prof. a. d. Univers. Berlin. Oktav. 48 Seiten. 1902. 1.—

Landeskulturbehörden, Gesetz über die — — nebst den für das Verfahren der Landeskulturbehörden geltenden Vorschriften des Landesverwaltungsgesetzes und den Ausführungsvorschriften des Ministers für Landwirtschaft, Domänen und Forsten. Von W. Holzapfel. Oktav. 176 Seiten. 1920. (Guttentagsche Sammlung preußischer Gesetze Nr. 57.) Geb. 1.80

Lastenausgleich, Der — —. Soforthilfegesetz. Sammlung und Kommentierung sämtlicher Gesetze und Verordnungen sowie der laufenden Rechtsprechung auf dem Gebiete der Soforthilfe und des Lastenausgleichs. Teil I: Wortlaut der Gesetze und Verordnungen. Teil II: Kommentierung. Herausgeg. und erläutert von Dr. P. Binder, Staatssekr. a. D.; Dipl.-Kfm. Dr. J. Drexl, MinRat; Dipl.-Kfm. Dr. W. Wehe, Wirtschaftspr.; A. Seweloh, Reichsrichter a. D. des vorm. Reichsfinanzhofs; Dr. L. Zimmerle, Reg. Dir. Din A 5. 984 Seiten in loser Blattform. 1949. (Guttentagsche Sammlung Deutscher Reichsgesetze Nr. 235.) Halbleinen 38.—

Leichen- und Begräbnispolizei in Bayern nebst Dienstvorschrift für den Leichenbeschauer. Von L. A. Grill. 3. Aufl. Oktav. 128 Seiten. 1925. (Schweitzer.) 4.—

Maß- und Gewichtsgesetz vom 13. Dezember 1935 in der Fassung vom 18. Mai 1936. Zusammengestellt von RA Dr. A. Dahm. Oktav. 204 Seiten. 1937. (Stilkes Rechtsbibl. Nr. 162.) Geb. 5.50

Oberbergpolizeiliche Vorschriften, Die — — **für Bayern.** Textausgabe mit Anmerkungen und Sachregister. 4. Aufl. Oktav. 71 Seiten. 1927. (Schweitzer.) 1.10

Ödlandgesetz, Bayerisches — — mit den Ausführungsbestimmungen. Erläutert von MinRat Dr. O. Woerner. Oktav. 266 Seiten. 1925. (Schweitzers braune Handausgabe.) Geb. 5.90

Öffentliches Sachen-Recht, Hauptprobleme des — —. Eine Studie zur Methodik und Dogmatik des deutschen Verwaltungsrecht. Von Dr. Th. Maunz, Priv. Doz. a. d. Univers. München. Gr.-Oktav. XVI, 316 Seiten. 1933. (Schweitzer.) 9.—

Pflegekind, Das — —. Von P. Niestroj. Oktav. 99 Seiten. 1932. 3.—

Preußische Verwaltung, Handwörterbuch der — —. Von Bitter. 3., vollst. umgearb. Aufl. Unter Mitwirkung zahlreicher hoher Reichs- und Preußischer Staatsbeamten herausgeg. von Dr. B. Drews, Staatsminister a. D. und Dr. Fr. Hoffmann, wirkl. Geh. OReg. Rat i. Berlin. 2 Bände. Quart. 1928. Bd. I: Abbaugerechtigkeiten-Kyffhäuserbund. VIII, 1134 Seiten. Bd. II: Lackfabriken-Zwischenkredit. VII, 1220 Seiten. (Verlag von: Walter de Gruyter & Co., Berlin; Carl Heymanns Verlag, Berlin; Roßberg'sche Verlagsbuchh., Leipzig.) 30.—, geb. 36.—

Rechnungslegungsordnung für das Reich vom 3. Juni 1929 (RRO.), mit Erläuterungen von Geh. ORGRat Ministerialdirigent i. R. R. Schulze und MinRat Dr. E. Wagner, 2., durchges. u. erw. Aufl. Oktav. XVI, 666 Seiten. 1941. (Stilkes Rechtsbibl. Nr. 100.) Geb. 16.20

Recht der pfälzischen Pfarrpfründestiftung beider Konfessionen, Das — —. Von W. Gruber. Gr.-Oktav. 199 Seiten. 1913. (Schweitzer.) 4.50

Rechtskartei, Neue — — für Berlin und Brandenburg, enthaltend sämtliche Rechtsvorschriften der Alliierten, des Magistrats Berlin und der Provinzialverwaltung Brandenburg. Von Dr. E. Kohlrausch, o. Prof. a. d. Univers. Berlin und Dr. E. Koffka, RAnwältin i. Berlin. Oktav. 1946. Loseblattausgabe. 30.—

I. Nachtrag. Enthält Ergänzungen zu Teil I Berliner Recht. 1947. 12.—

II. Nachtrag. Brandenburgisches Recht. 1948. ca. 800 Seiten. 30.—

Reichsbewertungsgesetz und Bodenschätzungsgesetz. Textausgabe mit Einführung und Erläuterungen. Von M. Renzi, MinRat i. Preuß. Finanzministerium. Oktav. VII, 194 Seiten. 1935. (Guttentagsche Sammlung Deutscher Reichsgesetze Nr. 190c.) 2.80
Nachtrag zu Nr. 190 c (Reichsbewertungsgesetz, Bodenschätzungsgesetz, erläutert von M. Renzi) enthaltend Durchführungsbestimmungen usw. zu beiden Gesetzen. Oktav. VIII, 167 Seiten. 1935. (Guttentagsche Sammlung Deutscher Reichsgesetze Nr. 190c II.) 2.—

Rückerstattung feststellbarer Vermögensgegenstände in der amerikanischen Besatzungszone. Militärregierungsgesetz Nr. 59 vom 10. November 1947, mit Ausführungsvorschriften. Erläutert. Von R. Frhr. v. Godin, RA i. München und H. Frhr. v. Godin, RA i. München. Oktav. VIII, 319 Seiten. 1948. (Guttentagsche Sammlung Deutscher Reichsgesetze Nr. 232.) 12.—

Sammlung in der Praxis oft angewandter Verwaltungsgesetze und Verordnungen. Von G. Ziegler, MinRat i. Bayer. Staatsministerium f. soziale Fürsorge.

Bd. I: Reichsgesetze und Verordnungen. 5. Aufl. Oktav. XVI, 771 Seiten. 1927. (Schweitzer.) Geb. 17.—

Bd. II: Bayerische Gesetze und Verordnungen. Oktav. II, 1072 Seiten. 1927. Geb. 20.25

Nachtrag: 120 Seiten. 1928. 2.40

Schornsteinfegerwesen, Die reichsgesetzliche Regelung des — —. Von A. K. Maier. Oktav. 20 Seiten. 1936. (Schweitzer.) —.30

Schulwesen in Bayern, Das höhere — —. Eine kurze Darstellung für die Bedürfnisse des Verwaltungsbeamten. Von Dr. W. Wonhas. Lex.-Oktav. 43 Seiten. 1936. (Schweitzer.) —.60

Signalementslehre. Handbuch der Personalbeschreibung und -feststellung für den Polizeiunterricht, den Erkennungs- und Fahndungsdienst. Mit zahlreichen Illustrationen. Von Dr. H. Schneickert. 3. Aufl. Oktav. 241 Seiten. 1937. (Schweitzer.) Geb. 5.40

Soforthilfe, Die — —. Die Leistungen auf Grund des Soforthilfegesetzes. Auszug aus dem Kommentarwerk „Der Lastenausgleich". Abteilung II B — Gesetz zur Milderung dringender sozialer Notstände (Zweiter Teil). Herausgeg. und erläutert von Dr. P. Binder, Staatssekr. a. D.; Dipl.-Kfm. Dr. J. Drexl, MinRat; Dipl.-Kfm. Dr. W. Wehe, Wirtschaftspr.; A. Seweloh, Reichsrichter a. D. des vorm. Reichsfinanzhofs; Dr. L. Zimmerle, Reg. Dir. Din A 5. 218 Seiten. 1949. 12.—

Straßenbaulasten, Die Heranziehung der Anlieger zu den —, auf Grund des § 15 des Fluchtliniengesetzes vom 2. Juli 1875 in Entscheidung, Kostenberechnung und bildlicher Darstellung. Von C. Saß, Gemeindebaurat. Mit einem Plan. Oktav. 102 Seiten. 1913. 4.50

Straßen- und Baufluchtengesetz. Gesetz, betreffend die Anlegung von Straßen und Plätzen in Städten und ländlichen Ortschaften. Vom 2. Juli 1875. Kommentar. (Vormals von R. Friedrichs). Von H. v. Strauß und Torney und C. Saß. 7., neubearb. Aufl. unter Berücksichtigung des Wohnungsgesetzes usw. von O. Meyer. Oktav. 367 Seiten. 1934. Geb. 12.—

Straßenverkehrsrecht (Reichsgesetz über den Verkehr mit Kraftfahrzeugen) mit den einschlägigen Nebenbestimmungen, insbesondere der **Reichsstraßen-Verkehrsordnung** und einem technischen Leitfaden mit Abbildungen, von Geh. RGRat Ministerialdirigent Dr. F. Müller. 16., umgearb. Aufl. Mit zahlreichen, z. T. farbigen Abbildungen. Gr.-Oktav. XVI, 1132 Seiten. 1949. (Stilkes Rechtsbibl. Nr. 44.) Geb. 56.—

Telegraphenwege-Gesetz, Das — —. Vom 18. Dezember 1899 nebst der Ausführungsanweisung vom 26. Januar 1900. Von C. Wolf, Postrefr. a. d. Kaiserl. OPostdir. i. Köln. Oktav. 99 Seiten. 1916. (Guttentagsche Sammlung Deutscher Reichsgesetze Nr. 120.) Geb. —.90

Verkehrssicherheit der Reichswasserstraßen, Die Haftung für die — —. (Öffentlichen Binnenwasserstraßen.) Zugleich eine Untersuchung zur Frage der rechtlichen Natur des Eigentums des Deutschen Reichs an seinen Wasserstraßen. Von Dr. jur. M. Kaczmarzyk. Oktav. XIX, 197 Seiten. 1936. 9.—, geb. 10.50

Verkehrsunfälle, Die polizeiliche Untersuchung von — — n. Von M. Julier. 2. Aufl. Oktav. Mit 25 Abb. u. 15 Skizzen. 200 Seiten. 1949. (Schweitzer.) Halbleinen 10.—

Vermögens- und Haushaltsrecht, Das neue — — der deutschen Gemeinden. Systematische Darstellung. Von Dr. H. Stenger. 2. Aufl. Oktav. XI, 409 Seiten. 1939. (Schweitzer.) 11.50

Verwaltungsgesetzbuch für Preußen. Systematische Zusammenstellung der wichtigsten Verwaltungsgesetze und Verordnungen. Für Praxis und Unterrichtszwecke bearbeitet. Von H. Reichelt. Quart. VII, 1302 Seiten. 1914. Geb. 7.60

Verwaltungsrecht. Grundriß. Von Dr. E. Frhr. v. Turegg, LGDir. In Vorbereitung. (Lehrbücher und Grundrisse der Rechtswissenschaft Bd. XIX.) ca. 18.—

Verwaltungsrecht. Leitfaden. Von Dr. jur. habil. E. Frhr. v. Turegg, LGDir. Oktav. 141 Seiten. 1949. (Leitfaden der Rechtswissenschaft Bd. 11.) 7.—

Verwaltungsrecht, Grundriß des bayerischen — — s unter Berücksichtigung des Reichsrechts. Von Dr. K. Helmreich. Gr.-Oktav. 247 Seiten. 1928. (Schweitzer.) 7.20

Verwaltungsstreitverfahren. Von MinRat G. Ziegler. (Sonderdruck aus: Sammlung in der Praxis oft angewandter Verwaltungsgesetze und Verordnungen.) Oktav. 27 Seiten. 1927. (Schweitzer.) —.55

Verwaltungsstreitverfahren, Das — —. Praktisches Handbuch auf wissenschaftlicher Grundlage bearbeitet. Von F. Kunze, wirkl. geh. ORRat. Oktav. XV, 625 Seiten. 1908. 12.—

Volksschullehrergesetz. Von MinRat G. Ziegler. (Sonderdruck aus: Sammlung in der Praxis oft angewandter Verwaltungsgesetze und Verordnungen.) Oktav. 29 Seiten. 1927. (Schweitzer.) —.55

Wasserrecht. Von MinRat G. Ziegler. (Sonderdruck aus: Sammlung in der Praxis oft angewandter Verwaltungsgesetze und Verordnungen.) Oktav. 39 Seiten. 1927. (Schweitzer.) —.70

Wasser- und Bodenverbandrecht. Erläutert von Dr. A. Bochalli, Reg. Präs. a. D. i. Münster/W. und K. Linckelmann, RA i. Hannover. 2., verm. und verb. Aufl. des Kommentars zum Wasserverbandgesetz und zur 1. Wasserverbandverordnung von Dr. Bochalli. (Guttentagsche Sammlung Deutscher Reichsgesetze Nr. 212.) 386 Seiten. 1949. 10.—

Wildschadengesetz, Das — —. Vom 11. Juli 1891. Von Dr. A. Holtgreven, OLGPräs. und Dr. Th. Wolff, OLGRat. 4., verm. und verb. Aufl. VIII, 216 Seiten. 1902. 4.—

Zeitschrift für Bergrecht. Bis zu seinem Tode herausgeg. von Dr. jur. H. Brassert. Redigiert und herausgeg. von den rechtskundigen Ministerialräten der Bergabteilung des Preußischen Ministeriums für Handel und Gewerbe. Oktav. Von den Bänden 1—78 sind noch Restbestände lieferbar. Auf Wunsch nähere Angaben. Neuerscheinen wird vorbereitet.

3. Steuerrecht

Biersteuergesetz, Das — — vom 26. Juli 1918 mit Durchführungsbestimmungen. Nebengesetzen und Erläuterungen. Von Zapf-Siegert. 3. Aufl., bearb. von MinRat Siegert. Oktav. VI, 429 Seiten. 1931. (Schweitzer.) Geb. 15.—

Bürgersteuergesetz, Das — — vom 16. Oktober 1934 in der Fassung des Änderungsgesetzes vom 16. Oktober 1935 mit der Durchführungsverordnung und den Verwaltungsvorschriften nebst der Saarland-Bürgersteuerverordnung vom 28. Oktober 1935. Für die Praxis erläutert von Dr. H. Schick, Reg. Ass. a. Finanzamt Kaiserslautern. Oktav. 133 Seiten. 1936. (Stilkes Rechtsbibl. Nr. 146.) Geb. 3.20

Einkommensteuergesetz vom 27. Februar 1939 in der Fassung des Gesetzes Nr. 12 der Alliierten Kontrollbehörde (Kontrollrat) vom 11. Februar 1946 und des Gesetzes Nr. 12 vom 19. Dezember 1947. Textausgabe mit kurzen Erläuterungen. Von Dr. H. Wagelaar, Wirtschaftsprüfer. 2. Aufl. Oktav. 303 Seiten. 1948. (Guttentagsche Sammlung Deutscher Reichsgesetze Nr. 228.) 4.50

Gewerbesteuergesetz vom 1. Oktober 1936. Mit Durchführungs-VO. und Richtlinien. Erläutert von ORRat Dr. M. Metz. Oktav. 396 Seiten. 1937. (Schweitzers braune Handausgabe.) Geb. 7.50

Gewerbesteuergesetz (GewStG.) vom 1. Dezember 1936 nebst Einführungsgesetz (EinfGRealStG) vom 1. Dezember 1936 und Durchführungsvorschriften. Von ORGRat E. Kaemmel und RGRat W. Schmiedeke. Oktav. 325 Seiten. 1937. (Stilkes Rechtsbibl. Nr. 166.) Geb. 8.50

Gewerbesteuergesetz vom 1. Dezember 1936 (RGBl. I S. 979). Textausgabe mit kurzen Erläuterungen. Von Dr. H. Wagelaar, Wirtschaftsprüfer. Oktav. 256 Seiten. 1947. (Guttentagsche Sammlung Deutscher Reichsgesetze Nr. 231.) 6.—

Grunderwerbssteuergesetz vom 12. September 1919 (RGBl. S. 1617) in der Fassung des Gesetzes vom 11. März 1927 (RGBl. I S. 72) nebst Einleitung, Sachregister und Ausführungsbestimmungen und den einschlägigen Vorschriften des Finanzausgleichs-Steuermilderungsgesetzes und Steuerstrafrechts für die Praxis erläutert. Von Dr. E. Hagelberg und Dr. L. Krämer, RAnwälte i. Berlin. 2., völl. umgearb. und erw. Aufl. Oktav. 355 Seiten. 1928. Geb. 15.—

Grundsteuergesetz vom 1. Dezember 1936 mit Durchführungsbestimmungen. Durch eine ausführliche Einführung erläuterte Textausgabe von E. Dziegalowski, MinRat i. R. Oktav. VIII, 416 Seiten. 1937. (Guttentagsche Sammlung Deutscher Reichsgesetze Nr. 206.) Geb. 7.—
Nachtrag. 72 Seiten. 1938. 1.—

Grundsteuergesetz mit Durchführungsverordnung und den wichtigsten einschlägigen Erlassen. Von ORRat Dr. M. Metz. Oktav. 318 Seiten. 1938. (Schweitzers braune Handausgabe.) Geb. 7.—
Nachtrag. 47 Seiten. 1938. —.80

Kapitalverkehrsteuergesetz vom 16. Oktober 1934 nebst den zu dem Gesetz erlassenen Durchführungsbestimmungen und den sonstigen Vorschriften über die Kapitalverkehrsteuer. Erläutert durch Dr. B. Keßler, ORGRat. Oktav. XVI, 352 Seiten. 1935. (Guttentagsche Sammlung Deutscher Reichsgesetze Nr. 193.) Geb. 7.—

Körperschaftssteuergesetz vom 16. Oktober 1934 in der Fassung des Gesetzes Nr. 12 der Alliierten Kontrollbehörde (Kontrollrat) vom 11. Februar 1946. Textausgabe mit kurzen Erläuterungen. Von Dr. H. Wagelaar, Wirtschaftsprüfer. Oktav. 212 Seiten. 1947. (Guttentagsche Sammlung Deutscher Reichsgesetze Nr. 229.) 7.50

Lohnsteuer, Das Recht der — —. Von Dr. W. Spohr. Oktav. 256 Seiten. 1936. (Stilkes Rechtsbibl. Nr. 151.) Geb. 7.50

Preußische Gemeindesteuern (Rechtsmittel und Rechtsprechung.) Von W. Theisen, Reg. Rat. Oktav. 160 Seiten. 1926. 6.—, geb. 7.20

Reichsabgabenordnung vom 22. Mai 1931. Textausgabe mit kurzen Erläuterungen. Von Dr. H. Wagelaar, Wirtschaftsprüfer. Oktav. 256 Seiten. 1949. (Guttentagsche Sammlung Deutscher Reichsgesetze Nr. 236.) Geb. 7.50

Stempelsteuergesetz, Das — — vom 31. Juli 1895 nebst Ausführungsbestimmungen, dem Erbschaftssteuer-, Wechselstempelsteuer- und Reichsstempelgesetz. Kommentar für den praktischen Gebrauch. Von H. Hummel, wirkl. Ger. OFinanzrat und F. Specht, Reichsger. Rat. Oktav. XXIII, 1392 Seiten. 1906. 30.—

Steuerersparungen, Steuererleichterungen und Härteverfahren im deutschen Steuerrecht. Von Dr. J. Hein. Oktav. 148 Seiten. 1933. (Stilkes Rechtsbibl. Nr. 132.) Geb. 3.50

Steuergesetz, Religionsgesellschaftliches — —. Von MinRat G. Ziegler. (Sonderdruck aus: Sammlung in der Praxis oft angewandter Verwaltungsgesetze und Verordnungen.) Oktav. 6 Seiten. 1927. (Schweitzer.) —.25

Umsatzsteuergesetz vom 16. Oktober 1934 nebst Durchführungsbestimmungen. Mit systematischer Einführung und Erläuterungen versehen von H. Hog. Oktav. VIII, 211 Seiten. 1935. (Guttentagsche Sammlung Deutscher Reichsgesetze Nr. 190 d.) 2.50

Urkundensteuergesetz (UrkStG) vom 5. Mai 1936. Bearbeitet von Reichsgerichtsrat G. Rusche und Amts- und Landrichter Dr. Rensch. Oktav. 260 Seiten. 1936. (Stilkes Rechtsbibl. Nr. 154.) Geb. 8.—

Vermögensteuergesetz vom 16. Oktober 1934 und **Erbschaftssteuergesetz** in der Fassung des Gesetzes zur Änderung des Erbschaftssteuergesetzes vom 16. Oktober 1934. Mit systematischer Einführung versehen und erläutert von R. Arens. Oktav. VII, 203 Seiten. 1935. (Guttentagsche Sammlung Deutscher Reichsgesetze Nr. 190 b.) 2.80

Vermögensteuergesetz. Von A. Lüke. In Vorbereitung.

Versicherungssteuergesetz. Erläuterungsbuch (unter Berücksichtigung des Versicherungsrechts). Gesetzestext, Durchführungsbestimmungen von Dr. M. Wunschel, ORGRat und R. Kostboth, Amtsrat i. Reichsfinanzministerium. Oktav. XI, 376 Seiten. 1937. (Guttentagsche Sammlung Deutscher Reichsgesetze Nr. 208.) Geb. 9.—

Wandergewerbesteuergesetz vom 10. Dezember 1937. Unter besonderer Berücksichtigung der gewerbepolizeilichen Vorschriften und Entscheidungen der Länder Preußen und Bayern, in Ansehung des Landes Bayern gleichzeitig. 3. Aufl. Erläutert von ORRat L. Jacob. Oktav. 218 Seiten. 1938. (Schweitzers braune Handausgabe.) Geb. 6.—

Wechselsteuergesetz vom 2. September 1935 mit Nebenbestimmungen. Zusammengestellt von RegOberinsp. F. Fricke. Oktav. 59 Seiten. 1935. (Stilkes Rechtsbibl. Nr. 143.) 1.20

Wechselsteuergesetz vom 2. September 1935 nebst dem Wechselgesetz vom 21. Juni 1933, den Durchführungsbestimmungen zum Wechselsteuergesetz vom 2. September 1935 und den sonstigen Vorschriften, die bei der Anwendung des Wechselsteuergesetzes in Betracht kommen. Für die Praxis erläutert von Dr. B. Keßler, ORGRat. Oktav. 152 Seiten. 1935. (Guttentagsche Sammlung Deutscher Reichsgesetze Nr. 197.) 3.—

Wertzuwachssteuerrecht nach der preußischen Mustersteuerordnung und der Berliner Steuerordnung. Von Dr. E. Hagelberg und Dr. L. Krämer, RAnwälte i. Berlin. Kommentar. Oktav. XXIV, 252 Seiten. 1930. 12.—, geb. 13.50

4. Kirchenrecht

Kirchengesetz, Das preußische — —, betreffend Abänderungen der kirchenpolitischen Gesetze vom 21. Mai 1886. Von Dr. P. Hinschius, o. Prof. der Rechte a. d. Univers. Berlin. Oktav. XI, 115 Seiten. 1886. 3.—

Kirchengesetz, Das preußische — —, betreffend Abänderungen der kirchenpolitischen Gesetze vom 29. April 1887. Von Dr. P. Hinschius, o. Prof. der Rechte a. d. Univers. Berlin. Nachtragsheft zu der Ausgabe des preußischen Kirchengesetzes vom 21. Mai 1886. Von Dr. P. Hinschius, o. Prof. der Rechte a. d. Univers. Berlin. Oktav. VII, 37 Seiten. 1887. —.50

Kirchengesetze, Die preußischen — — der Jahre 1874 und 1875 nebst dem Reichsgesetze vom 4. Mai 1874. Herausgeg. mit Einleitung und Kommentar. Von Dr. P. Hinschius, o. Prof. der Rechte a. d. Univers. Berlin. Oktav. XXVIII, 229 Seiten. 1875. 5.—

Kirchengesetze des Jahres 1873, Die preußischen — —. Herausgeg. mit Einleitung und Kommentar. Von Dr. P. Hinschius, o. Prof. der Rechte a. d. Univers. Berlin. Oktav. XLVIII, 212 Seiten. 1873. 5.50

Kirchenrecht, Das — — der Katholiken und Protestanten in Deutschland. Von Dr. P. Hinschius, o. Prof. der Rechte a. d. Univers. Berlin. Oktav. Band I—VI: System des katholischen Kirchenrechts mit besonderer Rücksicht auf Deutschland.
Bd. I: 2 Hälften. XIV, 639 Seiten. 1869. 10.—
Bd. II: 2 Hälften. X, 714 Seiten. 1878. 10.—
Bd. III: VIII, 853 Seiten. 1883. 26.—
Bd. IV: Mit alphabetischem Sachregister zu Bd. I—IV. X, 925 Seiten. 1888. 30.—
Bd. V: XII, 978 Seiten. 1895. 31.—
Bd. VI: 1. Abt. VIII, 425 Seiten. 1897. 14.—

Recht und Kirche. Betrachtungen zur Lehre von der Gemeinschaft und der Möglichkeit eines Kirchenrechtes. Von D. Dr. R. Stammler, Prof. a. d. Univers. Berlin. Oktav. 120 Seiten. 1919. 2.—, geb. 3.—

Staat und Kirche in Bayern. System des bayerischen Staatskirchenrechts. Bd. I, Lfg. 1. Von Hz. W. L. Doering. Gr.-Oktav. 187 Seiten. 1928. (Schweitzer.) 5.—

VII. Volkswirtschaftslehre

Abnehmender Bodenertrag, Das Gesetz des — — seit J. von Liebig. Eine dogmengesch. Untersuchung von Dr. J. Eßlen. Lex.-Oktav. 298 Seiten. 1905. (Schweitzer.) 7.20

Baukredit, Der — —. Von Dipl. Ing. Dr. K. F. Stöhr. Gr.-Oktav. 172 Seiten. 1921. (Schweitzer.) 3.20

Deutsches Bankwesen, Das — —. Von Dr. J. Löhr. Dir. d. bayer. Handelsbank i. München. Gr.-Oktav. 178 Seiten. 1921. (Schweitzer.) 2.50

Dumping, Das — —. Preisunterbietungen im Welthandel. Von Dr. D. Perl. Gr.-Oktav. VIII, 139 Seiten. 1921. (Schweitzer.) 3.30

Einführung in die Politik. Von Prof. Dr. F. van Calker. Oktav. 188 Seiten. 1927. (Schweitzer.) Geb. 5.80

Geldwirtschaft, Die deutsche — —. Von Dr. F. Federau. Oktav. 95 Seiten. 1949. 4.—

Juristische Natur der Kontingente. (Beteiligungsziffern). Von Dr. R. Beer. Oktav. VIII, 79 Seiten. 1927. (Schweitzer.) 3.60

Orient — Export, Der — —. Von W. K. Kubié. Oktav. 140 Seiten. 1918. (Schweitzer.) 3.10

Rücktritt vom Kartell. Von Dr. K. Schröter, München. Oktav. 117 Seiten. 1927. (Schweitzer.) 4.50

Tauschsozialismus und Freigeld. Eine dogmengesch. krit. Untersuchung zur Freigeldlehre. Von Dr. W. Wegelin, St. Gallen. Gr.-Oktav. 126 Seiten. 1921. (Schweitzer.) 3.10

Treuhandwesen in der deutschen Volkswirtschaft, Das — —. Von Syndikus Dr. O. Hintner, Nürnberg. Lex.-Oktav. 182 Seiten. 1926. (Schweitzer.) 7.20

Wiederaufbau in Theorie und Praxis, Grundlagen und Gedanken über den — —. Von C. Saß. In Vorbereitung.

VIII. Entscheidungs-Sammlungen, Zeitschriften

Aufsichtsamt für das Versicherungswesen Groß-Berlin. Veröffentlichungen. 1. Jahrgang. Heft 1. 1948. 6.—. 2. Jahrgang. Heft 1. 1949. 3.80. — —. Heft 2. 1949. 3.60. — —. Heft 3. 1949. 4.—. Erscheinungsweise: Nach Bedarf, Preis je nach Umfang.

Entscheidungen des Oberprisengerichts in Berlin. Herausgeg. im Auftr. des Reichsjustizministeriums. Oktav. Bd. I: XVII, 444 Seiten. 1918. 14.—. Bd. II: XV, 338 Seiten. 1921. 10.—

Entscheidungen des Obersten Gerichtshofes für die Britische Zone. Herausgeg. von den Mitgliedern des Gerichtshofes und der Staatsanwaltschaft.
Entscheidungen des Obersten Gerichtshofes für die Britische Zone in **Zivilsachen.** Bezugspreis für die Heftausgabe (5 Hefte) pro Band 8.—, für die Bandausgabe pro Band geb. 10.—
Entscheidungen des Obersten Gerichtshofes für die Britische Zone in **Strafsachen.** Bezugspreis für die Heftausgabe (5 Hefte) pro Band 8.—, für die Bandausgabe pro Band geb. 10.—
Bisher liegen vor: Zivilsachen. Bd. I, Heft 1—5; Bd. II, Heft 1—3.
Strafsachen. Bd. I, Heft 1—5; Bd. II, Heft 1.
Einbanddecken für den cplt. Band 1.20.

Entscheidungen des Reichsarbeitsgerichts. Herausgeg. von den Mitgliedern des Gerichtshofes. Oktav. Einzelne, der bisher erschienenen 27 Bände, sind aus Restbeständen noch lieferbar. Auf Wunsch nähere Angaben.

Entscheidungen des Reichsgerichts. Herausgeg. von den Mitgliedern des Gerichtshofes und der Reichsanwaltschaft. Oktav. 2 Sammlungen.
1. Entscheidungen des Reichsgerichts **in Zivilsachen.** Zur Vervollständigung dieser amtlichen Sammlung sind noch Restbestände vorhanden. Je 7.—, geb. 9.—. Für die Registerbände bestehen besondere Preise.
2. Entscheidungen des Reichsgerichts **in Strafsachen.** Restbestände noch lieferbar. Je 7.—, geb. 9.—. Für die Registerbände bestehen besondere Preise. Auf Wunsch nähere Angaben.

Entscheidungen des Reichsgerichts, die grundlegenden — — und des Reichsmilitärgerichts auf dem Gebiete des Strafrechts. Für das Studium und die Praxis bearbeitet. Von Dr. M. Apt. Oktav.
Bd. I: Strafrecht. 3. Aufl. Von Dr. M. Apt und Dr. E. Beling. VII, 376 Seiten. 1903.
Bd. II: Das Rheinische Civilrecht. Von Dr. O. Francken. X, 193 Seiten. 1893.
Bd. III: Strafprozeß. Von C. Jacusiel. VIII, 235 Seiten. 1893.
3 Bände cplt. 14.—, geb. 17.—

Entscheidungen des Reichsgerichts in Zivilsachen. Gekürzte Ausgabe der amtlichen Sammlung. Eine Auswahl der für die jetzigen Rechtsverhältnisse noch wichtigen Entscheidungen aus den Bänden 1—171. Nach Fachgebieten zusammengestellt und mit einem chronologischen Register versehen. Herausgeg. von Prof. Dr. Auerbach, RA i. Berlin; Dr. Eylau, Präs. d. Patentamtes i. Berlin; Graf RAnwältin i. Berlin; Dr. Knoll, Ministerialdir. i. Berlin; Kummerow, RA i. Berlin; Reuß, RA i. Berlin; Dr. W. Schmidt, RA i. Düsseldorf; Dr. Swarzenski, LGDir. i. Berlin; Dr. Vahldieck, RA i. Berlin. Etwa 30 Bände.
Geb. je etwa 10.— bis 12.—

Entscheidungen des Reichsgerichts in Strafsachen. Gekürzte Ausgabe der amtlichen Sammlung. In Vorbereitung.

Juristische Rundschau. Mit Beiblatt: Mitteilungen aus der Berliner Justiz und Rechtsanwaltschaft. Herausgeg. von Dr. S. Loewenthal, Chefpräs. des Landger. Berlin, Dr. K. Wergin, Präs. der Rechtsanw. Kammer Berlin, R. Frhr. v. Godin, RA i. München, Prof. Dr. E. Reimer, Präs. d. Deutschen Patentamtes i. München, Dr. E. Wolff, Präs. des Obersten Ger. Hofes f. d. Brit. Zone i. Köln und Dr. W. Schmidt, RA i. Düsseldorf. Ab Juli 1949 2mal monatlich. Je Heft 32 Seiten. Vierteljährl. 9.— Einzelne Hefte der Jahrgänge 1925—1945, cplt. Jahrgänge und einzelne Hefte der ab 1. Juli 1947 wiedererschienenen Zeitschrift, sind aus Restbeständen noch lieferbar. Einbanddecken für die Jahrgänge 1947 und 1948. 1.25

Kritische Vierteljahresschrift für Gesetzgebung und Rechtswissenschaft. Herausgeg. von E. Mezger, K. Blomeyer, J. Heckel, A. Hueck, E. Riezler, M. San Nicolò, Ch. Frhr. v. Schwerin, Professoren d. Münchener Juristenfakultät. Gr.-Oktav. Ab 1912 neue Folge. Der Band zu je 4 Heften. Bd. 14—18 je 8.—; Bd. 19 10.—; Bd. 20 16.—; Bd. 21 24.—; Bd. 22 32.50; Bd. 23 27.—; Bd. 24 31.—; Bd. 25 29.—; Bd. 26—32 je 28.—. (Schweitzer.)

Rechtsprechung der Oberlandesgerichte auf dem Gebiete des Zivilrechts. Herausgeg. von B. Mugdan und R. Falkmann. Oktav.
1.—42. Band. (Bd. 35, 36, 38, 40, 42 vergriffen) 1900—1922. Je 4.50, geb. 6.—
43. Band. 1924. 7.50, geb. 9.—
44.—46. Band. (Bd. 45 nur H. 2—9 vorhanden) 1925—1928. Je 8.—, geb. 9.50
(Fortsetzung s. Rechtsprechung, Höchstrichterliche.)

Rechtsprechung, Höchstrichterliche — — auf dem Gebiete des Strafrechts. Geleitet und herausgeg. von A. Feisenberger. Sonderbeilage der Zeitschrift für die gesamte Strafrechtswissenschaft. Oktav. 1.—3. Jahrgang. 1925—1927. Je 12.—, geb. 13.50
(Fortsetzung s. Rechtsprechung, Höchstrichterliche.)

Rechtsprechung, Höchstrichterliche — —. Vereinigte Entscheidungs-Sammlung der bisherigen Zeitschriften: Rechtsprechung der Oberlandesgerichte in Zivilsachen, Höchstrichterliche Rechtsprechung in Strafsachen und Die Rechtsprechung, Beilage der Juristischen Rundschau. Herausgeg. von E. Friedrichs und A. Feisenberger. Von den Jahrgängen 1—18 (1942) sind aus Restbeständen noch cplte. Jahrgänge und einzelne Hefte lieferbar. Ab 1943 verschmolzen mit der Zeitschrift „Das Deutsche Recht". Preisangaben auf Wunsch.

Reichsgerichtsentscheidungen in kurzen Auszügen. Oktav. 2 Sammlungen.

— — **in Zivilsachen** und — — **in Strafsachen.** Von beiden Sammlungen sind aus Restbeständen noch cplte. Bände lieferbar. Auf Wunsch nähere Angaben. (Schweitzer.)

Veröffentlichungen des Reichsaufsichtsamts für Privatversicherung. s. Abschn. III, 1 (S. 20).

Zeitschrift für Ausländisches und Internationales Privatrecht. Herausgeg. in Gemeinschaft mit E. Heymann, H. Titze, M. Wolff, M. Pagenstecher, F. Schlegelberger und H. Lewald von E. Rabel. (Institut für ausländisches und internationales Privatrecht.) Quart. Aus Restbeständen sind noch einzelne Hefte der Jahrgänge 1—14 einschl. der Sonderhefte lieferbar. Auf Wunsch nähere Angaben. Wiedererschienen mit dem 15. Jhrg. 1949. H. 1. Begründet von E. Rabel. Herausgeg. vom Kaiser

Wilhelm-Institut für ausländisches und internationales Privatrecht. Dir.: H. Dölle. Erscheinungsweise: Vierteljährlich in Heften von 150 bis 170 Seiten. Abonnementspreis pro Heft 12.—, Einzelheftpreis 14.50. Berechnung erfolgt, auch gegenüber Abonnenten, heftweise. Im Gemeinschaftsverlag mit J. C. B. Mohr (Paul Siebeck) Tübingen.

Zeitschrift für ausländisches öffentliches Recht und Völkerrecht. Herausgeg. in Gemeinschaft mit E. Kaufmann, R. Smend, H. Triepel, L. Kaas, F. Glum von V. Bruns. (Institut für ausländisches öffentliches Recht und Völkerrecht.) Quart. Aus Restbeständen sind noch einzelne Hefte der Bände 1—12 lieferbar. Auf Wunsch nähere Angaben.

Zeitschrift für Bergrecht. Bis zu seinem Tode herausgeg. von Dr. jur. H. Brassert. Redigiert und herausgeg. von den rechtskundigen Ministerialräten der Bergabteilung des Preußischen Ministeriums für Handel und Gewerbe. Oktav. Von den Bänden 1—78 sind noch Restbestände lieferbar. Auf Wunsch nähere Angaben. Neuerscheinen wird vorbereitet.

Zeitschrift für die gesamte Strafrechtswissenschaft. Gegründet von Dr. Fr. v. Liszt und A. Dochow. Oktav. Von den bisher erschienenen 62 Bänden sind aus Restbeständen noch einzelne Bände cplt. lieferbar. Neuerscheinen wird vorbereitet.

IX. Verschiedenes

Justizstaatsdienst, Fünf Aufgaben der Prüfungen für den mittleren — — mit Lösungen aus dem Grundbuch-, Familien-, Erb- und Vollstreckungsrecht. Von OARichter Dr. W. Kriener. Oktav. 91 Seiten. 1933. (Schweitzer.) 2.60

Pandektenübungen, Praktische — — für Anfänger zum akademischen Gebrauch und zum Selbststudium. Von D. Dr. R. Stammler, Prof. a. d. Univers. Berlin. Oktav. X, 536 Seiten. 1896. 7.50, geb. 8.60

Rechtsfälle, Kinkels — — mit Lösungen. Bearb. von Dr. W. E. Kinkel. Oktav. (Schweitzer.)
Bd. I: **Arbeitsrecht.** 124 Seiten. 1936. 2.80
Bd. II: **Bauernrecht.** 85 Seiten. 1938. 2.60
Bd. III: **Bürgerliches Recht.** 101 Seiten. 1939. 2.80

Texte, Juristische — —, für Vorlesungen und Übungen. Herausgeg. von F. Schulz und Cl. Frhr. v. Schwerin. Oktav.
1. Texte zu Übungen im römischen Privatrecht I. Ausgewählt von F. Schulz. 32 Seiten. 1925. 1.40
2. Quellen zur Geschichte der Eheschließung I. Ausgewählt von Cl. Frhr. v. Schwerin. 1925. 3.20
3. Die Epitome Ulpiani des Codex Vaticanus Reginae 1128. Herausgeg. von F. Schulz. XII, 62 Seiten. 1926. 3.20
4. Quellen zur Geschichte der Eheschließung II. Ausgewählt von Cl. Frhr. v. Schwerin. 60 Seiten. 1930. 3.50

Zivilrechtspraktikum. Zum Selbststudium und zum Lehrgebrauche. Von R. Schück. 4., verm. Aufl. herausgeg. von G. Schreiber. Oktav. 160 Seiten. 1930. Geb. 6.—

Lösungen zu dem von R. Schück herausgegebenen Zivilrechtspraktikum. Nach dem Bürgerlichen Gesetzbuch bearb. für Studierende und Referendare. Von H. von der Mosel, RA i. Dresden. 5. Aufl. Oktav. 235 Seiten. 1931. 6.—, geb. 6.50

Kolibri 360 GmbH
Ferdinand-Jühlke-Straße 7
99095 Erfurt, Deutschland
produktsicherheit@kolibri360.de